UTB 2713

Eine Arbeitsgemeinschaft der Verlage

Beltz Verlag Weinheim · Basel
Böhlau Verlag Köln · Weimar · Wien
Verlag Barbara Budrich Opladen · Farmington Hills
facultas.wuv Wien
Wilhelm Fink München
A. Francke Verlag Tübingen und Basel
Haupt Verlag Bern · Stuttgart · Wien
Julius Klinkhardt Verlagsbuchhandlung Bad Heilbrunn
Lucius & Lucius Verlagsgesellschaft Stuttgart
Mohr Siebeck Tübingen
C. F. Müller Verlag Heidelberg
Orell Füssli Verlag Zürich
Verlag Recht und Wirtschaft Frankfurt am Main
Ernst Reinhardt Verlag München · Basel
Ferdinand Schöningh Paderborn · München · Wien · Zürich
Eugen Ulmer Verlag Stuttgart
UVK Verlagsgesellschaft Konstanz
Vandenhoeck & Ruprecht Göttingen
vdf Hochschulverlag AG an der ETH Zürich

Wilhelm Schneider

BWL-Crash-Kurs
Finanzbuchführung

2., aktualisierte Auflage

UVK Verlagsgesellschaft mbH

Zum Autor:
Dr. Wilhelm Schneider ist Akademischer Direktor am Institut für Betriebswirtschaftslehre an der Universität Regensburg.

Bibliografische Information der Deutschen Nationalbibliothek
Die Deutsche Nationalbibliothek verzeichnet diese Publikation in der
Deutschen Nationalbibliografie; detaillierte bibliografische Daten
sind im Internet über http://dnb.d-nb.de abrufbar.

ISBN 978-3-8252-2713-5

© UVK Verlagsgesellschaft mbH, Konstanz 2008

Lektorat: Andrea Vogel, Zürich
Satz und Layout: Claudia Wild, Stuttgart
Einbandgestaltung: Atelier Reichert, Stuttgart
Druck: Ebner & Spiegel, Ulm

UVK Verlagsgesellschaft mbH
Schützenstr. 24 · 78462 Konstanz
Tel. 07531-9053-21 · Fax 07531-9053-98
www.uvk.de

Inhalt

Vorwort zur 2. Auflage

In der nach relativ kurzer Zeit erschienenen Neuauflage wurden vor allem die Änderungen des Umsatzsteuergesetzes und des Unternehmenssteuerreformgesetzes 2008 neu eingearbeitet. Durch diese Änderungen wurde der Großteil der Beispiele betroffen, die alle neu berechnet werden mussten. Neu aufgenommen wurden insbesondere die Ergebnisverwendungsbuchungen bei Aktiengesellschaften. Die im Vorwort der ersten Auflage beschriebene systematische Grundstruktur des Buches wurde aber unverändert beibehalten.

Der Verfasser bedankt sich bei Frau Dipl.-Kffr. Andrea Vogel und Frau Uta C. Preimesser für die ausgezeichnete Betreuung und die zahlreichen konstruktiven Anmerkungen und Verbesserungsvorschläge.

Regensburg, im September 2007 Wilhelm Schneider

Vorwort zur 1. Auflage

Lehrbücher zur Finanzbuchführung bereiten das zu vermittelnde Fachwissen zumeist nach institutionalen Kriterien auf. So wird etwa nach der Verbuchung des Warenverkehrs die Verbuchung des Wechselverkehrs, anschließend die Verbuchung der Lohn- und Gehaltsaufwendungen, dann die Verbuchung der Abschreibungen usw. dargestellt. Für diese Aufbereitung des Lehrstoffes spricht, dass der an Spezialproblemen interessierte Leser einen vergleichsweise schnellen Zugriff zu der von ihm nachgefragten Thematik hat. Andererseits entspricht die institutionale Darstellung nicht der Geschäftswirklichkeit. Es gibt keinen separaten Waren-, Wertpapier- oder Zahlungsverkehr. Ein Handelsbetrieb z. B. produziert und verkauft Dienstleistungen, wobei der Ein- und Verkauf von Waren eine zweifellos wichtige, nicht aber die einzige Komponente darstellt. Offen bleibt bei dieser Vorgehensweise z. B., welche Zahlungsformen bei der Darstellung des Warenverkehrs zugrunde gelegt werden. Die Verbuchung möglicher Zahlungsformen wird nicht selten in einem eigenen Bereich abgehandelt. Hinzu kommt, dass gerade Anfänger nicht selten Geschäftsbeziehungen des Buchführungspflichtigen mit Lieferanten und Kunden verwechseln, ein Problem, dessen Vermeidung durch eine institutionale Gliederung nicht unbedingt gefördert wird.

Diese Nachteile werden bei einer funktionalen Aufbereitung des Lehrstoffes vermieden. Das vorliegende Lehrbuch orientiert sich demzufolge für die Darstellung der laufenden Verbuchung von Geschäftsvorfällen primär an den betrieblichen Funktionen **Beschaffung**, **Produktion** und **Absatz**, ergänzt durch die „Nebenfunktionen" „privat veranlasste Geschäftsvorfälle" und „sonstige Geschäftsvorfälle". Zur letzten Gruppe zählen insbesondere die Steuerzahlungen, Spenden und Schadensfälle aller Art. Innerhalb der eigentlichen betrieblichen Funktionsbereiche wird jeweils zwischen Leistung und Gegenleistung unterschieden. Für die „Nebenfunktionen" entfällt diese Typisierung allerdings, da hier entweder die Leistung oder die Gegenleistung fehlt.

Die funktionale Darstellung hat nicht nur den Vorteil, dass sie dem realen Geschäftsablauf folgt, sie bietet überdies Erleichterungen beim Erlernen des Buchführungswissens, da z. B. die **umsatzsteuerliche Behandlung** von Geschäftsvorfällen ebenso wie die Bestimmung der **Erfolgswirksamkeit** nach funktionalen und nicht nach institutionalen Kriterien erfolgt. Auch die Buchführungspraxis wird seit langer Zeit durch funktionale Arbeitsabläufe bestimmt, wie z. B. die Einrichtung von Kreditoren- und Debitorenbuchhaltungen belegt. Nachteil der funktionalen Darstellung ist aber die gelegentlich nicht zu vermeidende Problemwiederholung. So treten z. B. bei der Verbuchung der Zahlungsformen auf der Beschaffungs- und Absatzseite grundsätzlich inhaltsgleiche Fragestellungen auf. Dieser Nachteil wiegt aber in Anbetracht des durch diese Vorgehensweise geförderten Gesamtverständnisses der doppelten Finanzbuchführung eher gering.

Die funktionale Darstellung erlaubt zugleich die Ableitung eines Regelwerkes zur Begründung der Erfolgswirksamkeit von Geschäftsvorfällen. Soweit ersichtlich, wurden Regeln zur Erfolgswirksamkeit bislang nicht aufgestellt und systematisiert. In den Kapiteln zur Verbuchung laufender Geschäftsvorfälle werden daher Regeln aufgestellt, die es erlauben, die Erfolgswirksamkeit von Geschäftsvorfällen für die Funktionsbereiche eindeutig festzulegen.

Umfang und Abbildungstechnik der laufenden Geschäftsvorfälle werden maßgeblich durch den Inhalt und die Gliederung des Jahresabschlusses bestimmt. Daher werden vor der laufenden Verbuchung von Geschäftsvorfällen zunächst der Inhalt und die Gliederung von Bilanz und Gewinn- und Verlustrechnung erörtert. Der Inhalt der Bilanz wiederum wird nahezu ausschließlich durch die Ergebnisse der Inventur festgelegt. Um aber den Anforderungen eines Kurzlehrbuches gerecht zu werden, werden die zentralen Probleme der Inventur nicht am Anfang des Buches, sondern erst im Kapitel „Vorbereitende Abschlussbuchungen" behandelt.

Das vorliegende Lehrbuch wendet sich insbesondere an Studierende im Grundstudium und in Bachelor-Programmen ohne Vorkenntnisse auf dem Gebiet der Finanzbuchführung. Vorkenntnisse zu allgemeinen kaufmännischen Sachverhalten wie z. B. Einleitung und Abwicklung von Handelsgeschäften, Zahlungsformen und Zahlungsarten jeweils mit den zugehörigen Belegarten wären jedoch wünschenswert.

Der Verfasser bedankt sich bei Frau Dipl.-Kffr. Andrea Vogel für die ausgezeichnete Betreuung und die zahlreichen konstruktiven Anmerkungen und Verbesserungsvorschläge. Mein besonderer Dank gilt auch Herrn cand. rer. pol. Anton Preis für seine konstruktive Mithilfe bei der Korrektur der Erstfassung des Manuskripts.

Regensburg, im August 2005   Wilhelm Schneider

1 Einführung

1.1 Grundlegendes zur Finanzbuchführung

Die erste systematische Abhandlung zur Buchführung stammt von LUCA PACIOLI (1455–1517), einem Zeitgenossen und Freund LEONARDO DA VINCIS, und wurde 1494 in Venedig in der Enzyklopädie mit dem Titel *Summa de Arithmetica* veröffentlicht. Nördlich der Alpen hat MATTHÄUS SCHWARZ, der Chefbuchhalter von JAKOB FUGGER, im Jahre 1518 mit seiner „Musterbuchhaltung" das erste Lehrbuch zur Buchführung in deutscher Sprache verfasst. JAKOB FUGGER der Reiche sah in der Buchführung, auf deren Präzision er großen Wert legte, vor allem ein wichtiges Werkzeug zur Gewinnermittlung. Von ihm ist überliefert, dass er bereits mehr an der Gesamtwirkung seiner geschäftlichen Aktivitäten interessiert war und im GEWINN → Glossar ein geeignetes Maß zur Beurteilung dieser Gesamtwirkung sah.

Heute ist der Aufgabenbereich der Finanzbuchführung im Wesentlichen durch gesetzliche Vorschriften, insbesondere durch die Rechnungslegungsvorschriften des Handelsgesetzbuches (HGB) abgegrenzt. Während die Buchführung seit dem Mittelalter von Kaufleuten ausschließlich freiwillig praktiziert wurde, verpflichtet das im Jahre 1897 eingeführte HGB in seinem dritten Buch alle Kaufleute zur Führung von Handelsbüchern.

Unter dem Oberbegriff „Handelsbücher" werden im dritten Buch des HGB u. a. Vorschriften zur (laufenden) Buchführung, zur Durchführung einer Inventur, zur Aufstellung eines Inventars und eines Jahresabschlusses und zur Aufstellung eines Konzernabschlusses zusammengefasst. Die Einteilung des Gesetzes ist nicht ganz schlüssig,

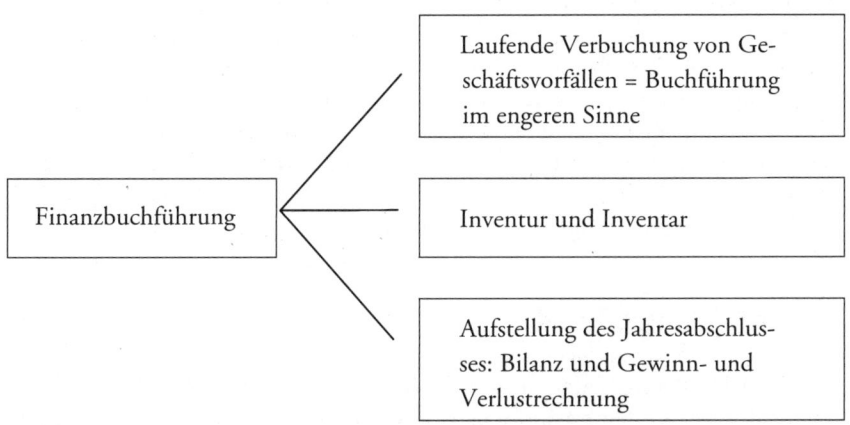

Abbildung 1.1: Arbeitsbereiche der Finanzbuchführung

da z. B. in § 257 HGB die Handelsbücher u. a. neben dem Inventar und dem Jahres-abschluss aufgelistet wird. Damit wird deutlich, dass entgegen der Gesamtüberschrift des dritten Buches des HGB Jahresabschlüsse und Inventare keine Handelsbücher sind und damit ihre Aufstellung auch keine Buchführungtätigkeit darstellt. Ähnliches er-gibt sich aus § 317 Abs. 1 HGB, wenn festgestellt wird, dass in die Prüfung des Jahres-abschlusses die Buchführung einzubeziehen ist. Das HGB verwendet den Begriff „Buchführung" in den §§ 238, 239 HGB oder §§ 317, 321 HGB, wobei sich Buch-führung in diesem Sinne wohl nicht vollständig mit der „Führung von Handels-büchern" in den §§ 239, 251 oder 319 HGB deckt. Um diese gesetzlichen Unschärfen zu umgehen, wäre es wohl besser von einer Unternehmensbuchführung zu sprechen. In einer Unternehmensbuchführung werden im Gegensatz zu einer Betriebsbuchfüh-rung vor allem die laufenden Vorgänge und die dadurch verursachten Ergebnisse mit Außenstehenden (z. B. Gläubigern und Kunden) abgebildet. Der Begriff Unterneh-mensbuchführung hat sich allerdings nicht durchgesetzt. Daher wird im Folgenden der auch in der Praxis häufig anzutreffende Begriff **Finanzbuchführung** anstelle von Unternehmensbuchführung verwendet. Die Finanzbuchführung deckt als Oberbegriff alle praktisch wichtigen Bereiche bei der Führung von Handelsbüchern ab. Unter Fi-nanzbuchführung ist daher

- die Buchführung im engeren Sinne, d. h. die Verbuchung **laufender Geschäftsvor-fälle** (§ 238 Abs. 1 HGB),
- die Durchführung einer INVENTUR → Glossar und Aufstellung eines INVENTARS → Glossar (§§ 240 ff. HGB) sowie
- die Aufstellung eines Jahresabschlusses bestehend aus BILANZ → Glossar und GE-WINN → Glossar – **und Verlustrechnung** (§§ 242 ff. HGB) zu verstehen.

Eine **Finanz**buchführung in diesem Sinne beschränkt sich dabei aber nicht nur auf die Abbildung unmittelbar liquiditätswirksamer Geschäftsvorfälle. Sie bildet vielmehr alle Geschäftsvorfälle und Zustände ab, die nach den relevanten gesetzlichen Bestimmun-gen, z. B. nach den Vorschriften des HGB oder nach einschlägigen steuerlichen Vor-schriften, abgebildet werden müssen oder dürfen. Spezialprobleme des dritten Buches des HGB, z. B. die Erstellung eines Anhangs und Lageberichts für Kapitalgesellschaf-ten oder die Aufstellung eines Konzernabschlusses sind zwar ebenfalls Aufgaben der Fi-nanzbuchführung, bleiben aber im Folgenden außer Betracht. Damit ist zugleich das in diesem Buch abzuhandelnde Lernprogramm abgegrenzt → **vgl. Abbildung 1.1.**

1.2 Buchführungspflicht

§ 238 Abs. 1 HGB schreibt vor, dass „jeder Kaufmann ... verpflichtet (ist), **Bücher** zu führen und in diesen seine **Handelsgeschäfte** und die Lage seines Vermögens nach den Grundsätzen ordnungsmäßiger Buchführung ersichtlich zu machen."

Die gesetzliche Buchführungspflicht gilt für Einzelkaufleute und (Personen-) Handelsgesellschaften (OHG und KG) im Sinne der §§ 1–6 HGB. Über Verweise im AktG (§ 3 Abs. 1 AktG) und im GmbHG (§ 13 Abs. 3 GmbHG) wird klargestellt, dass auch Kapitalgesellschaften der Buchführungspflicht unterliegen. Warum genau dieser Personenkreis und nicht auch andere natürliche oder juristische Personen, etwa die gesamte Gruppe der sog. freien Berufe im Sinne des § 18 EStG, z. B. Rechtsanwälte, Ärzte, Journalisten, Architekten, Wirtschaftsprüfer, Steuerberater u. a., zur Buchführung verpflichtet wurden, lässt sich heute nur noch bedingt nachvollziehen. Gerade die Mitglieder der freien Berufe gehören traditionsgemäß zu den eher einkommensstarken Berufsgruppen, sie müssen aber bis heute weder nach handelsrechtlichen noch nach steuerrechtlichen Vorschriften eine Buchführung einrichten und ihre Geschäftsvorfälle in den zu führenden Büchern verbuchen, obwohl sie nahezu ausnahmslos Gewinne für ihre persönliche Einkommensteuer berechnen müssen.

1.3 Ziele einer Finanzbuchführung nach handelsrechtlichen Vorschriften

Der Grund warum ausschließlich für Kaufleute eine gesetzliche Buchführungspflicht geregelt wurde, ist primär in der schon in der Zeit vor Einführung des HGB nicht selten auftretenden absichtlichen und unabsichtlichen Schädigung ihrer Gläubiger zu suchen. Namentlich Kapitalgesellschaften ließen ihre Gläubiger, vor allem also Banken, Lieferanten, Arbeitnehmer, aber auch den Staat als Steuergläubiger, im Stich. Durch die Einführung der bis heute im Wesentlichen unveränderten Buchführungspflichten wollte man also vor allem den an sich im gesamten HGB erkennbaren **Gläubigerschutz** zusätzlich unterstützen. Der Schutz der Gläubiger des Kaufmanns ist also der ursprüngliche Zweck der handelsrechlichten Buchführungsvorschriften. Durch spätere Reformen sollte auch noch der **Schutz von Minderheiten** in Handelsgesellschaften verbessert werden. Minderheiten sind Gesellschafter, die ähnlich beschränkte Mitwirkungs- und Informationsmöglichkeiten haben wie Gläubiger. Minderheiten in diesem Sinne können vor allem Kommanditisten einer KG, Gesellschafter einer GmbH oder sog. Kleinaktionäre einer AG sein. Anders als der Gläubigerschutz, zielt der Minderheitenschutz also vor allem auf Anteilseigner mit faktisch geringen Gesellschafterrechten. Bei Kapitalgesellschaften wird der Gläubiger- und Minderheitenschutz zusätzlich durch **Ausschüttungsbemessungs- und Ausschüttungssperrfunktionen** des Jahresabschlusses abgesichert.

> **Merksatz**
> Zusammenfassend kann gesagt werden, dass die handelsrechtlichen Aufgaben der Finanzbuchführung darin zu sehen sind, die Geschäftstätigkeit von kaufmännischen

Unternehmen zum Schutz von außenstehenden Gläubigern und in ihren Rechten beschränkten Eigentümern zu dokumentieren und durch Sicherung der Substanz („Ausschüttungssperre") bei gleichzeitiger Sicherung einer Mindestausschüttung die Rechtspositionen der Unternehmensbeteiligten insgesamt zu bewahren.

Neben den vom Handelsrecht vorgegebenen Zielen hat sich in der Unternehmenspraxis noch ein anderer Zweck bzw. eine andere Funktion des Jahresabschlusses entwickelt, die hier als **„Zeugnisfunktion"** bezeichnet wird. Jahresabschlüsse haben in der Praxis vielfach den Zweck Zeugnis über die Qualität der Unternehmensführung abzugeben. Erfolgreiche Unternehmer sind danach solche, die über mehrere Geschäftsjahre hinweg „gute" Jahresabschlüsse und (hohe) Gewinne ausweisen. Unternehmerischer Misserfolg dokumentiert sich hingegen in „schlechten" Bilanzen und „roten Zahlen", d. h. in Verlusten. Der Vorstand einer Aktiengesellschaft muss z. B. nach § 90 Abs. 1 Nr. 2 AktG u. a. über die Rentabilität der Gesellschaft, insbesondere über die Rentabilität des Eigenkapitals sowie über Geschäfte, die für die Rentabilität oder Liquidität von Bedeutung sind, berichten – eine Aufgabe, die nur mit der handelsrechtlichen Finanzbuchführung erfüllt werden kann. Diese Zeugnisse stellen sich die Unternehmensverantwortlichen regelmäßig selbst aus, gegebenenfalls überprüft durch Mitglieder der steuerberatenden und wirtschaftsprüfenden Berufe. Der Trend, unternehmerischen Erfolg durch Ergebnisse der (handelsrechtlichen) Finanzbuchführung zu belegen, ist aber keine deutsche Besonderheit. Er gilt vielmehr weltweit. Internationale (Konzern-) Buchführungszahlen werden vielfach als oberste Unternehmensziele definiert, obwohl die handelsrechtliche Rechnungslegung – wie angedeutet – nicht für die Unternehmenslenkung und Unternehmensführung entwickelt worden ist. In letzter Zeit sucht man aber verstärkt nach anderen Zielgrößen, z. B. die Maximierung der Beteiligungswerte der Unternehmenseigner (sog. Shareholder-value-Konzept). Mittlerweile hat aber auch ein Teil der Praxis erkannt, dass einseitiges kapitaleignerorientiertes Denken zu langfristigen Sozialkonflikten führen kann, deren Folgen bei vorausschauender Unternehmensführung in die strategische Unternehmensplanung einfließen müssen.

1.4 Aufgaben einer Finanzbuchführung nach handelsrechtlichen Vorschriften

Der Gesetzgeber hat versucht, seine Ziele mit einer Reihe von Einzelpflichten für die buchführungspflichtigen Kaufleute zu verwirklichen. Leider werden die von den Kaufleuten geforderten Maßnahmen zum Teil nur sehr oberflächlich beschrieben. § 239 HGB enthält einige Regeln, wie der Kaufmann seine Handelsbücher führen muss. Welche Handelsbücher im Einzelnen zu führen sind, ist aber aus dieser und auch aus anderen handelsrechtlichen Vorschriften nicht zu erkennen.

Aus dem System der Vorschriften des dritten Buches des HGB wird aber klar, dass unter Buchführung nicht nur die laufende Verbuchung von Geschäftsvorfällen, sondern auch die Durchführung einer Inventur, die Aufstellung eines Inventars und die Aufstellung eines Jahresabschlusses zu verstehen ist.

Wichtig ist dabei vor allem der Abs. 2, der besagt, dass „die Eintragungen in Büchern und die sonst erforderlichen Aufzeichnungen … **vollständig**, **richtig**, **zeitgerecht** und **geordnet** vorgenommen werden (müssen)." Daraus ergeben sich bereits wichtige Prinzipien der kaufmännischen Buchführung: das Prinzip der Vollständigkeit der Abbildung der Geschäftsvorfälle, das Prinzip der Abbildungstreue, das Prinzip der Zeitnähe der Abbildung und das Prinzip der sachlich oder chronologisch geordneten Abbildung. Welche Folgen die Beachtung dieser grundlegenden Prinzipien für praktische Buchführungstätigkeit haben, wird später zu erörtern sein → vgl. S. 71 ff.

In § 240 HGB verpflichtet das Gesetz die Kaufleute weiterhin zur Durchführung einer INVENTUR → Glossar und zur Aufstellung eines INVENTARS → Glossar. Ohne dass dies ausdrücklich gesagt wird, versteht das Gesetz unter einer Inventur die nach § 240 Abs. erforderlichen Tätigkeiten. Danach hat jeder Kaufmann im Zuge der Inventur

„… seine Grundstücke, seine Forderungen und Schulden, den Betrag seines baren Geldes sowie seine sonstigen Vermögensgegenstände genau zu verzeichnen und dabei den Wert der einzelnen Vermögensgegenstände und Schulden anzugeben." Er hat eine solche Inventur einmalig für den Gründungszeitpunkt und in der Folgezeit für den Schluss eines jeden Geschäftsjahrs durchzuführen. Ist die Inventur abgeschlossen ist „…innerhalb der einem ordnungsmäßigen Geschäftsgang entsprechenden Zeit…" die Aufstellung eines Inventars zu bewirken.

Mit der Aufzeichnung der laufenden Geschäftsvorfälle in den Handelsbüchern, der Durchführung der Inventur und der Aufstellung eines Inventars sind aber noch nicht alle Pflichten eines Kaufmanns zur Erfüllung der Ziele der handelsrechtlichen Rechnungslegung aufgezählt. Nach § 242 Abs. 1 HGB ist der Kaufmann weiterhin verpflichtet, einmalig im Gründungszeitpunkt und für den Schluss eines jeden folgenden Geschäftsjahres nicht nur ein Inventar, sondern auch eine BILANZ → Glossar aufzustellen. Weiterhin bestimmt § 242 Abs. 2 HGB, dass auch eine GEWINN- UND VERLUSTRECHNUNG → Glossar für den Schluss eines jeden Geschäftsjahres aufzustellen ist. Bei Personenunternehmen bilden nach § 242 Abs. 3 HGB die Bilanz und die Gewinn- und Verlustrechnung – nicht aber das Inventar – zusammen den **Jahresabschluss**. Bei Kapitalgesellschaften gehört nach § 264 Abs. 1 HGB auch der Anhang zum Jahresabschluss. Der Kaufmann ist also verpflichtet, für den Schluss eines jeden Geschäftsjahres einen Jahresabschluss aufzustellen.

Damit sind die pflichtgemäß zu erfüllenden Aufgaben eines Kaufmanns im Wesentlichen umrissen.

Die Frage ist nun, welche Arbeiten zur Erfüllung der handelsrechtlichen Aufgaben im Detail und in welcher Reihenfolge erforderlich sind.

1.5 Arbeitsschritte innerhalb der Finanzbuchführung

Die nachfolgende Darstellung der theoretischen Grundlagen sowie der Technik der Finanzbuchführung orientiert sich in der programmatischen Abfolge unmittelbar an der Reihenfolge der innerhalb eines Geschäftsjahres chronologisch zu vollziehenden Maßnahmen. Geht man dabei davon aus, dass die in der Finanzbuchführung abzubildende Geschäftstätigkeit mit der Gründung des Unternehmens beginnt, so ergeben sich typischerweise die in der nachfolgenden Tabelle dargestellten Arbeitsschritte:

	Gründungsjahr (Gründung zum 1.1.)	*Datum*
1.	Gründungs*inventur*	1.1.
2.	Aufstellung des Gründungsinventars	1.1.
3.	Aufstellung einer Gründungseröffnungsbilanz	1.1.
4.	Zerlegung der Gründungseröffnungsbilanz in aktive und passive Bestandskonten (Sachkonten, Hauptbuch sowie Einrichtung von Grundbüchern und Geschäftsfreundebüchern (Kontokorrente)	1.1.
5.	Vorkontierung der Eröffnungs- und laufenden Buchungen des Geschäftsjahres in einer Buchungsliste (Prima Nota)	1.1. – 31.12.
6.	Eintragung der buchungspflichtigen Geschäftsvorfälle in die Grund- und Kontokorrentbücher	1.1. – 31.12.
7.	Verbuchung (Eintragung) der laufenden Geschäftsvorfälle auf den Sachkonten des Hauptbuches (Einrichtung zusätzlicher Bestandskonten sowie Erfolgs- und Privatkonten)	1.1. – 31.12.
8.	Durchführung der Abschlussinventur	31.12.
9.	Aufstellung des Abschlussinventars	31.12.
10.	Durchführung der vorbereitenden Abschlussbuchungen (Sachkonten und Hauptabschlussübersicht	31.12.
11.	Durchführung der eigentlichen Abschlussbuchungen (Sachkonten)	31.12.
12.	Aufstellung der Schlussbilanz, der Gewinn- und Verlustrechnung sowie evtl. eines Anhangs und Lageberichts	31.12.
	Folgejahr	*Datum*
1.	Aufstellung der Eröffnungsbilanz (identisch mit der Schlussbilanz des Vorjahres)	1.1.
2.	Zerlegung der Eröffnungsbilanz in aktive und passive Bestandskonten (sog. Jahresübernahme)	1.1.
3.	Vorkontierung der Eröffnungs- und laufenden Buchungen des Geschäftsjahres in einer Buchungsliste (Prima Nota)	1.1. – 31.12.
4.	Eintragung der buchungspflichtigen Geschäftsvorfälle in die Grund- und Kontokorrentbücher	1.1. – 31.12.

	Folgejahr	*Datum*
5.	Verbuchung (Eintragung) der laufenden Geschäftsvorfälle auf den Sachkonten des Hauptbuches (Einrichtung zusätzlicher Bestandskonten sowie Erfolgs- und Privatkonten)	1.1. – 31.12.
6.	Durchführung der Abschlussinventur	31.12.
7.	Aufstellung des Abschlussinventars	31.12.
8.	Durchführung der vorbereitenden Abschlussbuchungen (Sachkonten und Hauptabschlussübersicht	31.12.
9.	Durchführung der eigentlichen Abschlussbuchungen (Sachkonten)	31.12.
10.	Aufstellung der Schlussbilanz, der Gewinn- und Verlustrechnung sowie evtl. eines Anhangs und Lageberichts	31.12.
	usw.	

Tabelle 1.1: Arbeitsschritte in einer Finanzbuchführung während des Geschäftsjahres (Geschäftsjahr = Kalenderjahr)

Aus den oben für zwei Geschäftsjahre aufgelisteten Arbeitsschritten wird bereits erkennbar, welche Fachkenntnisse ein Sachverständiger auf dem Gebiet der handelsrechtlichen Buchführung mindestens besitzen muss.

Fachkenntnisse eines Sachverständigen
1. Er muss gute Kenntnisse für die Durchführung der Inventur und die Aufstellung eines Inventars haben,
2. er muss wissen, wie eine Bilanz aufgebaut ist und wo der Bilanzinhalt herkommt,
3. er muss den Aufbau einer Gewinn- und Verlustrechnung verstehen, die Entstehung von Aufwendungen und Erträgen begründen und eine inhaltliche, d. h., nicht nur rechentechnisch begründete Beschreibung eines errechneten Gewinnes oder Verlustes vornehmen können,
4. er muss wissen, welche Geschäftsvorfälle laufend verbucht werden müssen,
5. er muss das für die Verbuchung erforderliche „Handwerkszeug", z. B. die Einrichtung, laufende Verwendung und den Abschluss von Sachkonten, Grund- und Kontokorrentbüchern sowie die Bildung von Buchungssätzen beherrschen,
6. er muss in der Lage sein, die unternehmerische Wirklichkeit, die sich in Geschäftsvorfällen konkretisiert, in die Modellsprache der Buchführung zu übertragen,
7. er muss schließlich auch gewisse steuerliche Kenntnisse besitzen, insbesondere Kenntnisse auf dem Gebiet des Umsatzsteuerrechtes evtl. auch auf dem Gebiet des Einkommensteuer-, Körperschaftsteuer- und Gewerbesteuerrechtes,

8. schließlich wird heute von einem Fachmann auf dem Gebiet des Rechnungswesens erwartet, dass er EDV-Lösungen zu diesem Problembereich beurteilen
   und notfalls auch selbst herbeiführen kann.

1.6 Methoden zum Erwerb von systematischem Buchführungswissen

Wer das System der Finanzbuchführung lernt, erwirbt anwendungsbezogenes Wissen, das in die kaufmännischen Lehrberufe integriert wird und auf „höherer" Ebene in Vorbereitungskursen zur Bilanzbuchhalter-, Steuerberater- und Wirtschaftsprüferprüfung vermittelt wird. In der Praxis gibt es eine Vielzahl von Berufsbezeichnungen für hauptberuflich auf dem Gebiet der Buchführung tätige Personen. Als Beispiele seien genannt der Bilanzbuchhalter, der Hauptbuchhalter, der Kreditoren- oder Debitorenbuchhalter, der Lohnbuchhalter, der Anlagenbuchhalter oder allgemein der Finanzbuchhalter. Der Beruf des Kontoristen ist in Zeiten der EDV-Buchführung nahezu ausgestorben bzw. durch den Beruf der Datenerfassungskraft ersetzt.

Für den Erwerb dieses anwendungsbezogenen Fachwissens konkurrieren grundsätzlich zwei Vorgehensweisen:

Man beginnt relativ bald mit der sog. laufenden Buchführung, d. h., mit der Verbuchung laufender Geschäftsvorfälle. Die für die Verbuchung typischer Geschäftsvorfälle erforderlichen Buchungssätze werden weitgehend auswendig gelernt. Der Jahresabschluss wird als Ergebnis der laufenden Buchführung interpretiert. Es gilt also die Regel:

„von der laufenden Buchführung zu Bilanz und Gewinn- und Verlustrechnung".

Zusammenhänge zwischen Inventur und Bilanz und Gewinn bzw. Verlust werden nicht oder allenfalls am Rande problematisiert. Das Systemverständnis bleibt dabei häufig außer Betracht. Diese Art der Ausbildung reicht eher nur für die geringer verdienenden Berufsgruppen innerhalb des Arbeitsbereiches Buchführung.

Die Vorgehensweise, die im Folgenden gewählt wird, geht von anderen Überlegungen aus:

Laufende Buchführung bedeutet die Fortschreibung wertmäßiger Änderungen von Bilanzposten, kann also mit Verständnis nur erfolgen, wenn die möglichen Änderungen möglicher Bilanzposten vom Buchführenden oder einem Beurteiler von Zahlenergebnissen der Buchführung erkannt werden. Bilanzposten sind mit ihren €-Beträgen nicht das Ergebnis der laufenden Buchführung, sondern der unternehmerischen Wirklichkeit. Bilden die Buchungen die Wirklichkeit nicht richtig oder unvollständig ab, wäre die Bilanz falsch, wenn die rechnerischen Bilanzposten zuvor nicht mit den „wirklichen" Bilanzbeständen abgestimmt würde. Diese Abstimmungsaufgabe übernehmen die Werte der Inventur. Daraus folgt, dass der Bilanzinhalt durch die Inventurergebnisse bestimmt wird. Die Kausalfolge lautet also:

Inventur ➔ (Inventar) ➔ Bilanz ➔ laufende Buchführung

Daraus folgt, dass derjenige, der ein Systemverständnis der Buchführung erwerben will, zunächst verstehen muss, was ein möglicher Bilanzinhalt sein kann. Der mögliche Bilanzinhalt ist aber durch die Inventurergebnisse bestimmt. Bevor das Wissen zum Jahresabschluss erworben wird, sind also die Ansatz- und Bewertungsregeln der Inventur zu lernen. Dabei wird man feststellen, dass es eine „Bilanzpolitik" im strengen Sinne nicht gibt. Bilanziert werden dürfen nur das Vermögen und die Schulden, die – von wenigen Ausnahmen abgesehen – durch Inventur bestätigt worden sind. Dies kann man sich an einem einfachen Beispiel aus dem privaten Alltag verdeutlichen.

Angenommen, man hat am Morgen in der Geldbörse einen gezählten und gerechneten Bestand von 50,00 €. Den ganzen Tag über ereignen sich folgende „Geschäftsvorfälle":

1. Auszahlung von 10,00 € für den Kauf eines Buches;
2. Auszahlung von 1,00 € für eine Spende;
3. Auszahlung für das Mittagessen: 5,67 €;
4. Einzahlung durch ein Geldgeschenk der Eltern: 20,00 €.

Diese „Geschäftsvorfälle" könnten z. B. wie folgt aufgezeichnet (verbucht) werden:

	Auszahlungen	Einzahlungen	
Morgenbestand			50,00
1. Buchkauf	10,00		
2. Spende	1,00		
3. Mittagessen	5,67		
4. Geldgeschenk		20,00	
Summen	16,67	20,00	
Einzahlungsüberschuss			3,33
Abendbestand			53,33

Der Abendbestand ist bis jetzt nur berechnet. Der tatsächliche Abendbestand kann – wie auch der tatsächliche Morgenbestand nur durch Zählen und Berechnen festgestellt werden. Der Inventurbestand bestimmt also den Bargeldbestand und damit das tatsächliche Vermögen. Der durch laufende Buchführung berechnete Bestand hat insoweit nur Kontrollfunktion. Würden sich als Inventurbestand z. B. 52,33 € ergeben, würde der berechnete Bestand eine Überprüfung der Inventur und der laufenden Aufzeichnung auslösen. Bleibt es laut Inventur bei den 52,33 €, ist das im Inventar und später in der Bilanz aufzunehmende Vermögen nicht 53,33 €, sondern nur 52,33 €. In der laufenden Buchführung müsste eine zusätzliche Buchung erfolgen, die Auskunft über den Fehlbetrag von einem Euro liefert. Dadurch würde auch die Berechnung der Wirklichkeit angepasst. Würde man umgekehrt die Wirklichkeit der Berechnung durch Erhöhung des Bargeldbestandes aus anderen Quellen anpassen, ohne diesen Geschäftsvorfall darzustellen (zu „buchen"), läge zumindest eine Verschleierung der Wirklichkeit vor. Würde man die Einlage von einem Euro aus anderen Quellen hingegen buchen, bliebe die Inventurdifferenz erhalten.

Damit ist geklärt, dass nicht die laufende Buchführung, sondern die (zutreffende) Inventur des Vermögens und der Schulden (= die Wirklichkeit) den Inhalt der Bilanz bestimmt. Der mögliche Bilanzinhalt wiederum bestimmt den Umfang der buchungspflichtigen Geschäftsvorfälle.

Würden z. B. die Eltern während des Tages eine weitere Zahlung versprechen, die allerdings an ein Ereignisses gebunden wäre, dessen Eintritt wenig wahrscheinlich ist, wäre das zwar eine Geschäftsvorfall; aus der Sicht des Bargeldbestandes tritt aber keine Änderung ein, der erwartete zweifelhafte Bargeldbestand könnte nicht verbucht werden. Betrachtet man das Versprechen der Eltern dennoch als Vermögen, wäre allerdings zu beachten, dass es sich nicht um verkehrsfähiges Vermögen handelt. Der Anspruch könnte kaum an Dritte zum Erwerb einer Gegenleistung abgetreten werden. Aus der Sicht des handelsrechtlichen Gläubigerschutzes ist es daher kein Vermögen; das Versprechen ist kein buchungsfähiger Geschäftsvorfall.

Damit dürfte klar sein, dass das Erlernen mit Systemverständnis dem oben aufgezeigten Weg

Inventur ➜ (Inventar) ➜ Bilanz ➜laufende Buchführung

folgen muss.

Obwohl nach dieser Systematik mit dem Erlernen der Inventur und der Aufstellung eines Inventars begonnen werden müsste, soll – um den Anforderungen eines Kurzlehrbuches besser gerecht zu werden – im Folgenden mit der Bilanz begonnen werden. Die Probleme der Inventur und die Aufstellung eines Inventars werden bei der Darstellung der vorbereitenden Abschlussbuchungen mitbehandelt.

Zusammenfassung

Das HGB hat allen Kaufleuten die Buchführungspflicht auferlegt, um die Gläubiger des Kaufmanns zu schützen. Zusätzlich soll die Erfüllung der Buchführungspflicht auch zur Wahrung der Rechte von Minderheiten im Bereich der Gesellschafter von Personen- und Kapitalgesellschaften beitragen. In der Berichterstattung der Medien, aber auch bei Kreditwürdigkeitsprüfungen steht aber vermehrt die Zeugnisfunktion des (veröffentlichten) Jahresabschlusses im Vordergrund.

Zur Erfüllung der Buchführungspflicht müssen drei Aufgabenbereiche bearbeitet werden:

- Aufstellung des Jahresabschlusses, bestehend aus Bilanz, Gewinn- und Verlustrechnung sowie eines Anhangs bei Kapitalgesellschaften,
- Durchführung der Inventur und Aufstellung eines Inventars
- Verbuchung der laufenden Geschäftsvorfälle.

Zum systematischen Erlernen des Fachwissens ist es zweckmäßig, nicht mit der Verbuchung laufender Geschäftsvorfälle, sondern mit den Anforderungen und Inhalten des Jahresabschlusses zu beginnen.

2 Bilanz und Bilanzierung

2.1 Äußere Form und allgemeiner Inhalt der Bilanz

Im Gegensatz zum Inventar, das für die Darstellung der Vermögensgegenstände und Schulden die Staffelform verwendet, bedient sich die BILANZ → Glossar einer zweiseitigen Darstellungsform mit Hilfe eines T-Kreuzes. Für Kapitalgesellschaften ist gemäß § 266 Abs. 1 HGB die Kontoform vorgeschrieben. Leider hat der Gesetzgeber versäumt, zu beschreiben, was unter Kontoform zu verstehen ist, zumal der Begriff „Konto" sonst an keiner Stelle des HGB verwendet wird. Keinesfalls dürfte damit die Staffelform gemeint sein, da diese Bezeichnung in § 275 Abs. 1 HGB ausdrücklich für die Aufstellung einer Gewinn- und Verlustrechnung Verwendung findet. Betrachtet man die veröffentlichten Jahresabschlüsse werden aber sowohl die Bilanz als auch die Gewinn- und Verlustrechnung (contra legem?) zumeist in Staffelform dargestellt.

Die zweiseitige Darstellungsform mit Hilfe eines T-Kreuzes geht historisch betrachtet offenbar auf eine stilisierte Waage zurück (italienisch: bilancia = Waage), deren beide Seiten (Waagschalen) sich im Gleichgewicht befinden. Andererseits könnte der waagrechte Strich auch als eindeutiger Anfang der Bilanzierung interpretiert werden, „vor" dem Strich liegt gleichsam das Vorjahr bzw. im Gründungsjahr die vorunternehmerische Sphäre.

Die linke Seite der Bilanz heißt **Aktivseite**, die rechte Seite **Passivseite** [vgl. auch §§ 246 Abs. 2, 266 Abs. 2 und 3 HGB].

Aktivseite	Bilanz für den	Passivseite

Abbildung 2.1: Bilanz in T-Kreuz-Form

Der Bezeichnung „Aktiv" im Begriff Aktivseite liegt offenbar die Vorstellung des unternehmerisch Tätigen, Mehrwerterzielenden durch Umformung und Umschlag von bestimmten Vermögensformen – in der handelsrechtlichen Bilanz von Vermögensgegenständen – zugrunde. Der Bezeichnung „Passiv" liegt hingegen eher die Vorstellung zugrunde, dass die im Unternehmen investierten Mittel Anspruch auf Verzinsung haben und außerdem Ansprüche auf Rückzahlung dieser Mittel bestehen, und zwar grundsätzlich unabhängig davon, ob das Vermögen Mehrwerte erzielt oder nicht.

Merksatz
Die **Bilanz** ist eine zweiseitige Darstellung des Vermögens des Kaufmanns und der Ansprüche, die auf seinem Vermögen lasten.

Das Vermögen wird auf der Aktivseite ausgewiesen. **Aktivieren** heißt daher, auf der Aktivseite einen Vermögensposten mit seinem gesetzlich zulässigen Wert auszuweisen. Ansprüche auf das Vermögen werden auf der Passivseite ausgewiesen.

Ansprüche an das Vermögen des Kaufmanns sind entweder **Gläubigeransprüche**, also Ansprüche von Banken, Lieferanten, Soziaversicherungsträgern, Finanzbehörden u. a. Soweit diese Ansprüche sicher sind, werden sie aus der Sicht des Kaufmanns als **Verbindlichkeiten** bezeichnet. Unsichere Ansprüche von Gläubigern heißen aus der Sicht des Kaufmanns **RÜCKSTELLUNGEN** ⇢ Glossar. Verbindlichkeiten und Rückstellungen werden unter dem Oberbegriff **Schulden** zusammengefasst.

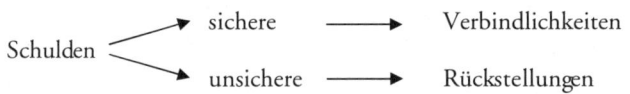

Abbildung 2.2: Gliederung der Schulden

Auf der Passivseite wird neben den Schulden auch das Eigenkapital ausgewiesen. **Passivieren** bedeutet also, Verbindlichkeiten und Rückstellungen sowie Positionen des Eigenkapitals mit ihren gesetzlich zulässigen Werten in der Bilanz anzusetzen.

Die Unternehmensschulden werden zu ihrem Rückzahlungsbetrag auf der Passivseite ausgewiesen, als rechnerische (veränderliche) Restgröße im Vergleich zum Vermögen verbleibt der Anspruch des Kaufmanns auf sein im Handelsgewerbe befindliches Vermögen, das sog. **Eigenkapital**.

Merksatz
Das Eigenkapital ist formal die Differenz zwischen Vermögen und Schulden. Materiell ist das Eigenkapital der Wert der Ansprüche des Kaufmanns auf sein Vermögen, errechnet nach den handels- bzw. steuerrechtlichen Ansatz- und Bewertungsvorschriften.

Es ist also eine abstrakte Anspruchsgröße, die in der Wirklichkeit nicht nachgewiesen werden und nur indirekt, also durch Berechnung bestimmt werden kann.

Zur Angleichung an den Begriff Eigenkapital bezeichnet man in der Betriebswirtschaftslehre – jedoch nicht in einer handelsrechtlichen Vorschriften genügenden Bilanz – die Schulden auch als Fremdkapital[1], die Summe aus Fremdkapital und Eigenkapital als Unternehmenskapital bzw. einfach als Kapital. Die Passivseite wird demzufolge oft auch Kapitalseite genannt. Dieser Begriff findet sich auch in modernen Unternehmenssteuerungskonzepten, wenn z. B. die Verzinsung des eingesetzten „Kapitals" berechnet wird. Kapital im Bilanzsinne kann daher als Summe der (nominellen) Ansprüche, d. h. der Eigentümer- und Gläubigeransprüche, auf das im Eigentum des Unternehmens bzw. Kaufmanns befindliche Unternehmensvermögen definiert werden. Im Folgenden wird der Begriff **Fremdkapital** als Sammelbegriff für sichere und unsichere Schulden für die Bilanz jedoch nicht verwendet, da er zumindest in den Gliederungsvorschriften für Kapitalgesellschaften nicht vorkommt.

Obwohl dies im Gesetz nicht explizit vorgeschrieben ist, werden für die Aktiv- und die Passivseite der Bilanz Summen berechnet, die als Bilanzsummen bezeichnet werden. In veröffentlichten Bilanzen finden sich auch die Bezeichnungen „Summe Aktiva" bzw. „Summe Passiva", manchmal werden auch nur die Summen ohne jede Bezeichnung ausgewiesen. Die Bilanzsumme der Aktivseite ist zugleich die Summe des Vermögens des Kaufmanns nach handels- bzw. steuerrechtlichen Ansatz- und Bewertungsvorschriften. Die Bilanzsumme der Passivseite gibt den Gesamtbetrag der Gläubiger- und Eigentümeransprüche wieder, die auf dem Vermögen des Kaufmanns lasten.

Formal gilt dabei stets die sog. **Bilanzgleichung**, die besagt:

> Bilanzsumme der Aktivseite = Bilanzsumme der Passivseite oder
> Summe des Vermögens = Summe Eigenkapital + Summe Schulden

Die bereits bei LUCA PACIOLI dargestellte Bilanzgleichung bringt also zum Ausdruck, dass die Summe des Vermögens grundsätzlich gleich der Summe der auf dem Vermögen lastenden Ansprüche der Gläubiger und Eigentümer ist. Damit ist zugleich auch eine Begründung für die zwangsläufige Summengleichheit der Aktivseite und Passivseite einer Bilanz gegeben. Man könnte auch sagen, die Summengleichheit der Bilanzseiten unterstellt, dass auf jedem Euro Vermögenswert ein entsprechender Anspruch lastet, dass es also handelsrechtlich kein „anspruchsfreies" Vermögen in diesem Sinne gibt. Eine ähnliche Denkweise findet sich auch in der Einteilung des Grundbuches für den Nachweis der Grundstücke und der darauf ruhenden Belastungen.

Ein „normales Bilanzbild" weist also ein Vermögen aus, das höher als die Schulden ist, der rechnerische Rest bildet das Eigenkapital.

---

1 Die Rechnungslegungsvorschriften des HGB verwenden den Begriff Fremdkapital in den Bilanzgliederungsvorschriften nicht. Allerdings wird der Begriff Fremdkapital, insoweit etwas beziehungslos, in §§ 255 Abs. 3 und 284 Abs. 2 Nr. 5 HGB erwähnt.

Aktivseite		Bilanz		Passivseite
Vermögen	100	Eigenkapital		40
		Schulden		60
Bilanzsumme	100	Bilanzsumme		100

Geht man für das obige Beispiel davon aus, dass die Hälfte des Vermögens z. B. durch einen nicht versicherten Betriebsschaden verloren geht, dann ergäbe sich zunächst folgendes Bilanzbild:

Aktivseite		Bilanz		Passivseite
Vermögen	50	Eigenkapital		–10
		Schulden		60
Bilanzsumme	50	Bilanzsumme		50

Das heißt, die Ansprüche der Gläubiger – die Schulden – sind höher als das zu Anschaffungswerten bewertete Vermögen. Der aufgrund der Bedingungen der Bilanzgleichung erforderliche Bilanzausgleich kann bzw. muss entweder durch Aufwertung des Vermögens, z. B. durch Wertaufholung i. S. d. §§ 253 Abs. 5, 254, 280 HGB, oder durch Ausweis eines Korrekturpostens auf der Aktivseite, z. B. mit der Bezeichnung „Forderung an das Privatvermögen des Kaufmanns oder an die Gesellschafter von Personengesellschaften". In der Praxis spricht man dabei etwas ungenau von einem **negativen Eigenkapital**. Der oben gezeigte Ausweis eines negativen Eigenkapitals auf der Passivseite ist aber nicht zulässig, da innerhalb der Buchführung und Bilanzierung keine Vorzeichen verwendet werden (dürfen). Das negative Eigenkapital muss daher positiv auf der Aktivseite ausgewiesen werden. Bei Kapitalgesellschaften kann Überschuldung vorliegen, was nach § 19 Abs. 1 Insolvenzordnung ein Grund für die Eröffnung eines Insolvenzverfahrens wäre. Nach § 19 Abs. 2 Insolvenzordnung liegt „Überschuldung vor, wenn das Vermögen des Schuldners die bestehenden Verbindlichkeiten nicht mehr deckt. Bei der Bewertung des Vermögens des Schuldners ist jedoch die Fortführung des Unternehmens zugrunde zu legen, wenn diese nach den Umständen überwiegend wahrscheinlich ist." Nach Abs. 3 wird der Grund für die Eröffnung eines Insolvenzverfahrens auf Personengesellschaften erweitert, wenn „... bei einer Gesellschaft ohne Rechtspersönlichkeit kein persönlich haftender Gesellschafter eine natürliche Person (ist), so gelten die Abs. 1 und 2 entsprechend. Dies gilt nicht, wenn zu den persönlich haftenden Gesellschaftern eine andere Gesellschaft gehört, bei der ein persönlich haftender Gesellschafter eine natürliche Person ist."

Aktivseite		Bilanz	Passivseite
Vermögen	50	Schulden	60
„Forderung"	10		
Bilanzsumme	60	Bilanzsumme	60

Statt der Bezeichnung „Forderung" kann auch die Bezeichnung Eigenkapital gewählt werden. Die Bezeichnung VERLUST → Glossar oder JAHRESFEHLBETRAG → Glossar wäre allenfalls für den in der laufenden Abrechnungsperiode verursachten Eigenkapitalbetrag zutreffend, könnte aber insoweit missverständlich sein, da der Verlust (Jahresfehlbetrag) der Periode noch höher war als das negative Eigenkapital. Im vorangegangenen Beispiel hat ein Verlust von 50 das positive Eigenkapital von 40 aufgebraucht und ein negatives Eigenkapital von 10 erzeugt. 10 ist also nicht der gesamte, sondern nur ein Teil des Verlustes.

Kapitalgesellschaften haben in solchen Fällen § 268 Abs. 3 HGB zu beachten. Dort heißt es:

„Ist das Eigenkapital durch Verluste aufgebraucht (ein Verbrauch durch Privatentnahmen ist – anders als bei Personenunternehmen – nicht möglich, *Anm. des Verf.*), und ergibt sich ein Überschuss der Passivposten über die Aktivposten, so ist dieser Betrag am Schluss der Bilanz auf der Aktivseite gesondert unter der Bezeichnung ‚Nicht durch Eigenkapital gedeckter Fehlbetrag' auszuweisen."

Auffällig ist die Bezeichnung Fehlbetrag statt Jahresfehlbetrag. Diese Bezeichnung berücksichtigt, dass der Jahresfehlbetrag im ersten Jahr eher größer, in Folgejahren – soweit solche noch eintreten – eher niedriger als der (aufgelaufene) Fehlbetrag ist. Es kann also Jahresfehlbeträge geben, ohne dass ein Fehlbetrag entsteht. Umgekehrt kann trotz Realisation von Jahresüberschüssen am Jahresende dennoch ein Fehlbetrag ausgewiesen werden. Insgesamt ist der Begriff Fehlbetrag treffgenauer als der Begriff Jahresfehlbetrag. Fehlbetrag ist der Betrag, der zur Erreichung eines positiven Eigenkapitals fehlt. Der Jahresfehlbetrag hingegen wird mit dem Verlust gleichgesetzt (vgl. auch § 268 Abs. 3 HGB). Es gilt aber, dass nicht alles, was dem Kaufmann (der Kapitalgesellschaft) fehlt, sein Verlust ist und nicht alles was Verlust i. S. d. HGB ist, fehlt dem Kaufmann.

Bei Personengesellschaften, für die die Vorschriften der §§ 264 a ff. HGB zu beachten sind, ist nach § 264 c Abs. 2 HGB entweder die Bezeichnung „Einzahlungsverpflichtungen persönlich haftender Gesellschafter" oder, wenn keine Einzahlungsverpflichtungen vorliegen, die Bezeichnung „Nicht durch Vermögenseinlagen gedeckter Verlustanteil persönlich haftender Gesellschafter" zu verwenden.

2.2 Bilanzierung

Unter Bilanzierung wird im Folgenden die Gliederung und Bewertung des Vermögens, der Schulden und des Eigenkapitals verstanden.

2.2.1 Gliederung der Bilanz

Zur Form der Darstellung wird im HGB zunächst ausgeführt, dass Posten der Aktivseite nicht mit Posten der Passivseite verrechnet werden dürfen (§ 246 Abs. 2 HGB). Die Bezeichnung „Posten" bezieht sich bei Kapitalgesellschaften auf die Gliederungsvorschriften der Bilanz in § 266 HGB. Darüber hinaus sind nach § 247 Abs. 1 HGB auf der Aktivseite das **Anlage-** und **Umlaufvermögen** sowie die (aktiven) RECHNUNGS-ABGRENZUNGSPOSTEN → Glossar gesondert auszuweisen.

Merksatz

Unter Anlagevermögen sind nach § 247 Abs. 2 HGB diejenigen Gegenstände (Vermögensgegenstände?) auszuweisen, die bestimmt sind, dauernd dem Geschäftsbetrieb des Unternehmens zu dienen. Dabei ist die Zeitdauer nur in Verbindung mit dem Tatbestandsmerkmal „dienen" relevant. Ein sog. „Ladenhüter" der ständig zum Verkauf bestimmt ist, wird durch die längere Anwesenheitszeit im Betriebsvermögen nicht zum Anlagevermögen. Für die Praxis kann man dennoch vereinfachend davon ausgehen, dass Vermögensgegenstände, die dem Unternehmen länger als ein Jahr dienen sollen, dem Anlagevermögen zuzurechnen sind [vgl. auch § 7 Abs. 1 EStG]. Dabei kommt es lediglich auf die Verwendungsabsicht an. Alle anderen Vermögensgegenstände stellen Umlaufvermögen dar.

Aktive Rechungsabgrenzungsposten sind Forderungen oder forderungsähnliche Positionen; die Forderungen resultieren aus Vorauszahlungen des Kaufmanns für Dienstleistungen und Nutzungen und sind nicht auf Geld, sondern auf durch Zeitablauf erfüllte Leistungen gerichtet. Beispiele sind eigene Vorauszahlungen für Miete, Zins, zeitabhängig vergütete Arbeitsleistungen von Arbeitnehmern, Versicherungen oder Kfz-Steuern.

Auf der Passivseite sind entsprechend das Eigenkapital, die Schulden (!) sowie die (passiven) Rechnungsabgrenzungsposten gesondert auszuweisen.

Merksatz

Passive Rechungsabgrenzungsposten sind Verbindlichkeiten des Kaufmanns, die aus Vorauszahlungen an den Kaufmann für noch zu erbringende Dienstleistungen und Nutzungen resultieren. Diese Verbindlichkeiten sind nicht auf Geld, sondern auf durch Zeitablauf zu erfüllende Leistungen gerichtet. Beispiele sind an den Kaufmann geleistete Vorauszahlungen für Miete (Leasing), Zins oder auch für Pachtnutzungen.

Mit der Formulierung in § 247 Abs. 1 HGB ist zugleich klargestellt, dass eine Bilanz in handelsrechtlichem Sinne in jedem Falle – d. h. auch bei Fehlen von Schulden – eine Passivseite besitzt. Für die jeweils errechneten Seitensummen der Bilanz sind – wie schon angedeutet – keine Fachbezeichnungen vorgeschrieben. Nach diesen Vorschriften stellen sich also Form und Inhalt der Bilanz allgemein wie folgt dar:

Zusammenfassend lässt sich nach dem bisher Gesagten und unter Beachtung von § 246 Abs. 1 HGB damit der Inhalt einer Bilanz allgemein wie folgt umschreiben:

Aktivseite	Bilanz für den	Passivseite
Vermögen = Summe der Vermögensgegenstände, die sich im wirtschaftlichen Eigentum des Kaufmanns befinden, bewertet zu (fortgeführten) Anschaffungs- oder Herstellungskosten und gegliedert nach Anlage- und Umlaufgegenständen.	**Eigenkapital** = Ansprüche des Kaufmanns an sein Vermögen (formal: Differenz zwischen Vermögen und Schulden).	
	Schulden: Ansprüche von Gläubigern an das Vermögen des Kaufmanns (sichere Ansprüche = Verbindlichkeiten, unsichere Ansprüche = **Rückstellungen**)	
Rechnungsabgrenzungsposten	Rechnungsabgrenzungsposten	

Abbildung 2.3: Inhalt der Bilanz

Für eine detailliertere Gliederung bestehen für Nichtkapitalgesellschaften – mit Ausnahme der bereits erwähnten Ausweisvorschriften – keine genauen Vorschriften.

So könnte z. B. eine Bilanz für ein Einzelunternehmen wie folgt gegliedert werden:

Aktivseite	Bilanz für den 31.12.2007		Passivseite
A. Anlagevermögen		A. Eigenkapital	4.493.915,00
I. Grundstücke		B. Rückstellungen	
1. Grund u. Boden	1.710.000,00	I. Steuerrückstellungen	31.410,00
2. Gebäude	855.000,00	C. Verbindlichkeiten	
II. Maschinen	1.135.000,00	I. Verbindlichkeiten gg. Kreditinstituten	150.000,00
III. Betriebs- u. Geschäfts-ausstattung	405.000,00	II. Verbindlichkeiten aus Lieferungen und Leistungen	35.700,00
B. Umlaufvermögen			
I. Vorräte		III. sonstige Verbindlichkeiten	19.425,00
1. Rohstoffe	191.250,00	D. Rechnungsabgrenzungs-posten	2.600,00
2. Hilfsstoffe	11.475,00		
3. Betriebsstoffe	16.875,00		
4. Fertigerzeugnisse	174.550,00		
5. Waren	101.250,00		
II. Forderungen und sonstige Vermögensgegenstände			
1. Forderungen aus Lieferungen und Leistungen	21.420,00		
2. sonstige Vermögensgegenstände	35.000,00		
III. Flüssige Mittel			
1. Bankguthaben	60.000,00		
2. Kasse	12.730,00		
C. Rechnungsabgrenzungs-posten	3.500,00		
Bilanzsumme	4.733.050,00	Bilanzsumme	4.733.050,00

Die Gliederung könnte z. B. durch Ausweis von Zwischenposten mit zugehörigen Summen, z. B. für das Anlage- und das Umlaufvermögen, ergänzt werden.

Ausführliche Gliederungsvorschriften bestehen nach den §§ 265 ff. HGB nur für Kapitalgesellschaften sowie für Einzelkaufleute und Personenhandelsgesellschaften, die unter das Publizitätsgesetz fallen. Die in § 266 Abs. 2 u. 3 HGB aufgeführten Bilanzpositionen geben zugleich einen guten Überblick über die Vermögensgegenstände, die zum Vermögen eines Kaufmanns gehören können. Das Anlagevermögen wird nochmals in **Immaterielle Vermögensgegenstände**, **Sachanlagen** und **Finanzanlagen** untergliedert, wobei eigentlich auch Finanzanlagen immaterielles Vermögen darstellen. Das Umlaufvermögen wird in **Vorräte**, **Forderungen und sonstige Vermögensgegenstände**, **Wertpapiere**, **Kassenbestand**, **Bankguthaben** u. a. gegliedert. Obwohl in der Bilanz nur das vorhandene bzw. das noch nicht verbrauchte Vermögen ausgewiesen wird, folgt die Gliederung des Umlaufvermögens grundsätzlich der Realität der typischen unternehmerischen Tätigkeit: „Verbrauch von Vorräten für die Produktion" ➔ „Herstellung von unfertigen und fertigen Erzeugnissen" ➔ „Verkauf der Erzeugnisse auf Ziel" ➔ „Bezahlung der Kunden durch Barzahlung oder Banküberweisung" ➔ „Kauf von Vorräten auf Ziel oder durch sofortige Bezahlung per Kasse oder Bank" ➔ „Verbrauch von Vorräten für die Produktion" usw. Voraussetzung für diesen „Umlaufprozess" ist u. a. der Einsatz und der Verbrauch bzw. die Abnutzung des Anlagevermögens. Der Einsatz von Produktionsfaktoren, die nicht als Vermögensgegenstände im Sinne der handelsrechtlichen Rechnungslegungsvorschriften anzusehen sind, z. B. der Verbrauch von Arbeitsleistungen, nicht fester Energie oder von sonstigen Dienstleistungen und Nutzungen, ist aus der Bilanzgliederung nicht unmittelbar ersichtlich, da diese Produktionsfaktoren kein Vermögen des Kaufmanns darstellen. Das Vermögen des Kaufmanns besteht nur aus Vermögensgegenständen. Was Vermögensgegenstände in diesem Sinne sein können, hat das HGB nicht ausdrücklich definiert. Keine Vermögensgegenstände sind z. B. das Personal, geschenkte Vermögensgegenstände und sog. geringwertige Wirtschaftsgüter i. S. v. § 6 Abs. 2 EStG. Schließlich sind nur Vermögensgegenstände zu erfassen, bei denen der Kaufmann wirtschaftlicher Eigentümer ist. WIRTSCHAFTLICHES EIGENTUM ➔ Glossar besteht z. B. bereits an gekauften, aber noch nicht bezahlten Vermögensgegenständen. Vermögensgegenstände, die auf (Zahlungs-) Ziel gekauft wurden, sind in der Bilanz auszuweisen, gleichzeitig sind die zugehörigen Lieferantenschulden auf der Passivseite zu erfassen. Bei Personenunternehmen ist zusätzlich zu beachten, ob die Vermögensgegenstände und auch die Schulden dem Betriebs- oder dem Privatvermögen zuzurechnen sind. Dabei ist eine Aufteilung von Vermögensgegenständen – mit Ausnahme von (bebauten) Grundstücken – nicht möglich. Die Vermögensgegenstände sind entweder vollständig dem Betriebs- oder dem Privatvermögen zuzuordnen. Ähnliche Probleme existieren bei Kapitalgesellschaften zumindest handelsrechtlich nicht.

Eine Besonderheit stellt bei Kapitalgesellschaften auch die Gliederung des Eigenkapitals dar. Bei Kapitalgesellschaften gibt es anders als bei Personenunternehmen kein haftendes Privatvermögen. Das Eigenkapital wird daher vor allem aus Gläubigerschutzgründen weiter untergliedert in **gezeichnetes Kapital** und RÜCKLAGEN ➔ Glossar. Nach § 272 Abs. 1 HGB ist das gezeichnete Kapital „… das Kapital, auf das die Haftung der Gesellschafter für die Verbindlichkeiten der Kapitalgesellschaft gegenüber den Gläubigern beschränkt ist." Auffällig ist die wörtliche Beschränkung auf Verbindlichkeiten, also auf sichere Schulden. Nach § 283 HGB ist das gezeichnete Kapital zum Nennbetrag anzusetzen. Das gezeichnete Kapital heißt bei Aktiengesellschaften

Grundkapital (§§ 6, 152 Abs. 1 AktG) und bei der GmbH **Stammkapital** (§§ 5, 42 Abs. 1 GmbHG). Bei Kommanditgesellschaften und offenen Handelsgesellschaften i. S. v. § 264 a HGB sind nach § 264 c Abs. 2 HGB die **Kapitalanteile** an Stelle des gezeichneten Kapitals auszuweisen.

Rücklagen sind also in der Bilanz gesondert auszuweisende Eigenkapitalteile, die es nur bei Kapitalgesellschaften sowie bei den Sonderfällen der §§ 264 ff. HGB gibt. Welche Rücklagen bei Kapitalgesellschaften zu unterscheiden und wie diese Rücklagen zu gliedern sind, ergibt sich zunächst § 266 Abs. 3 HGB und weiterer Vorschriften des HGB, z. B. den §§ 270 ff. HGB, sowie aus besonderen Vorschriften des Aktien- und GmbH-Gesetzes.

Nach § 266 Abs. 3 HGB ist zu unterscheiden zwischen:

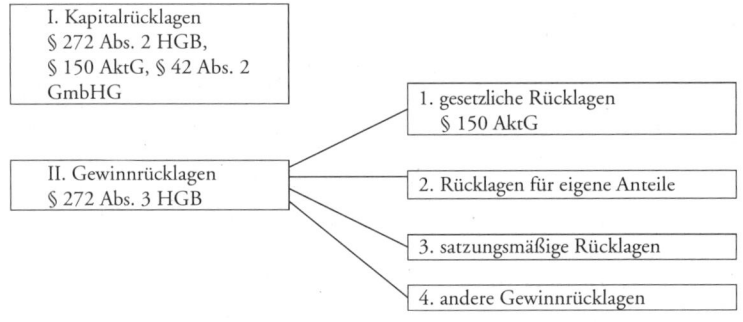

Abbildung 2.4: Rücklagen

Als **KAPITALRÜCKLAGEN** → Glossar sind nach § 272 Abs. 2 HGB nur auszuweisen
1. der Betrag, der bei der Ausgabe von Anteilen einschließlich von Bezugsanteilen über den Nennbetrag oder, falls ein Nennbetrag nicht vorhanden ist, über den rechnerischen Wert hinaus erzielt wird;
2. der Betrag, der bei der Ausgabe von Schuldverschreibungen für Wandlungsrechte und Optionsrechte zum Erwerb von Anteilen erzielt wird;
3. der Betrag von Zuzahlungen, die Gesellschafter gegen Gewährung eines Vorzugs für ihre Anteile leisten;
4. der Betrag von anderen Zuzahlungen, die Gesellschafter in das Eigenkapital leisten.

Als **GEWINNRÜCKLAGEN** → Glossar dürfen nur Beträge ausgewiesen werden, die im Geschäftsjahr oder in einem früheren Geschäftsjahr aus dem Ergebnis gebildet worden sind. Dazu gehören aus dem Ergebnis zu bildende **gesetzliche** oder auf **Gesellschaftsvertrag** oder **Satzung** beruhende Rücklagen und **andere Gewinnrücklagen**.

Die Rücklagen für eigene Anteile werden in dieser Vorschrift nicht explizit genannt. Gewinnrücklagen sind also Vermehrungen des Eigenkapitals aus der Geschäftstätigkeit von Kapitalgesellschaften. Kapitalrücklagen hingegen entstehen grundsätzlich durch gesellschaftsrechtliche Erhöhungen des Eigenkapitals, z. B. durch Ausgabe neuer Aktien mit über dem Nennbetrag liegenden Kurswerten.

Die gesetzliche Gewinnrücklage ist nur von Aktiengesellschaften und Kommanditgesellschaften auf Aktien zu bilden. Für die GmbH fehlen entsprechende Vorschriften. Die Bildung und Auflösung gesetzlicher Rücklagen ist in § 150 AktG geregelt. Die Bildung und Auflösung von Rücklagen für eigene Anteile ist in § 272 Abs. 4 HGB geregelt; die Bildung und Auflösung satzungsmäßiger Gewinnrücklagen regelt sich nach den Bestimmungen der Gesellschaftssatzung. Ausdrückliche gesetzliche Vorschriften bestehen dafür nicht. Allerdings können Verstöße gegen die Bildung satzungsmäßiger Gewinnrücklagen bei Aktiengesellschaften zu einer Nichtigkeit des Jahresabschlusses gemäß § 256 Abs. Nr. 4 AktG führen.

Ursache für die Bildung anderer Gewinnrücklagen können Satzungsbestimmungen oder Beschlüsse der Organe der Aktiengesellschaft (Vorstand, Aufsichtsrat, Hauptversammlung) sein. Welche Beträge durch Verwendung des Jahresüberschusses im Einzelfall den anderen Gewinnrücklagen zugeführt werden können, wird in § 58 AktG genau geregelt. Für die GmbH bestehen hingegen keine gesetzlichen Vorschriften. Die Auflösung anderer Gewinnrücklagen ist grundsätzlich frei (vgl. z. B. auch §§ 207 f. AktG) und erfolgt bei der Feststellung des Jahresabschlusses nach den §§ 172 f. AktG.

Merksätze
1. Verwechsle nie Rückstellungen mit Rücklagen; Rücklagen gibt es nur bei Kapitalgesellschaften; sie sind dort Teile des Eigenkapitals. Rückstellungen sind unsichere Schulden (Gläubigeransprüche); sie kommen in den Jahresabschlüssen aller Rechtsformen vor, sind also nicht auf Kapitalgesellschaften beschränkt.
2. Verwechsle weder Rücklagen noch Rückstellungen mit Geld. Geld ist Vermögen, Rücklagen sind Eigentümeransprüche, Rückstellungen unsichere Gläubigeransprüche auf das Vermögen des Kaufmanns.

Ungeachtet dessen findet man auch in der wirtschaftlichen Fachpresse nicht selten eine Verwechslung von Rücklagen und Rückstellungen wie z. B. diese:

„Als weiteres Modell ist die steuerliche Begünstigung von Firmenrückstellungen im Gespräch: Sie verbleiben heute oft im Betrieb, weil sie bei einer Ausschüttung besteuert würden." [FTD vom 14.3.2006]

oder für eine sich abzeichnende Kartellstrafe wegen verbotener Preisabsprachen:

„Da der Konzern keine Rücklagen gebildet hat, belastet die Strafe… (die) Bilanz." [FTD vom 22.2.2007]

Im ersten Fall waren Rücklagen, im zweiten Fall Rückstellungen gemeint. Wie eine Bilanz bei Kapitalgesellschaften zu gliedern ist, wird in § 266 HGB geregelt. Nach dieser Vorschrift ist die Bilanz in Kontoform (besser: in Form eines T-Kreuzes) aufzustellen. Danach ist eine Bilanz von Kapitalgesellschaften wie folgt zu gliedern:

Aktivseite   Bilanz für den 31.12.20..   Passivseite

Aktivseite	Passivseite
A. Anlagevermögen:	A. Eigenkapital:
I. Immaterielle Vermögensgegenstände:	I. Gezeichnetes Kapital;
1. Konzessionen, gewerbliche Schutzrechte und ähnliche Rechte und Werte sowie Lizenzen an solchen Rechten und Werten;	II. Kapitalrücklage;
	III. Gewinnrücklagen
2. Geschäfts- oder Firmenwert;	1. gesetzliche Rücklagen;
3. geleistete Anzahlungen	2. Rücklagen für eigene Anteile;
II. Sachanlagen:	3. satzungsmäßige Rücklagen;
1. Grundstücke, grundstücksgleiche Rechte und Bauten einschließlich der Bauten auf fremden Grundstücken;	4. andere Gewinnrücklagen;
	IV. Gewinnvortrag/Verlustvortrag;
2. technische Anlagen und Maschinen;	V. Jahresüberschuss/Jahresfehlbetrag.
3. andere Anlagen Betriebs- und Geschäftsausstattung;	B. Rückstellungen:
	1. Rückstellungen für Pensionen und ähnliche Verpflichtungen;
4. geleistete Anzahlungen und Anlagen im Bau;	2. Steuerrückstellungen;
III. Finanzanlagen:	3. sonstige Rückstellungen
1. Anteile an verbundenen Unternehmen	C. Verbindlichkeiten:
2. Ausleihungen an verbundene Unternehmen;	1. Anleihen, davon konvertibel;
3. Beteiligungen;	2. Verbindlichkeiten gg. Kreditinstituten;
4. Ausleihungen an Unternehmen mit denen ein Beteiligungsverhältnis besteht;	3. erhaltene Anzahlungen auf Bestellungen;
5. Wertpapiere des Anlagevermögens;	4. Verbindlichkeiten aus Lieferungen und Leistungen;
6. sonstige Ausleihungen.	5. Verbindlichkeiten aus der Annahme gezogener Wechsel und der Ausstellung eigener Wechsel;
B. Umlaufvermögen:	
I. Vorräte:	6. Verbindlichkeiten gegenüber verbundenen Unternehmen;
1. Roh-, Hilfs- und Betriebsstoffe;	
2. unfertige Erzeugnisse, unfertige Leistungen;	7. Verbindlichkeiten gegenüber Unternehmen mit denen ein Beteiligungsverhältnis besteht;
3. fertige Erzeugnisse und Waren;	
4. geleistete Anzahlungen;	

Aktivseite	Bilanz für den 31.12.20..	Passivseite

I. Forderungen und sonstige Vermögensgegenstände:
  1. Forderungen aus Lieferungen und Leistungen;
  2. Forderungen gegen verbundene Unternehmen;
  3. Forderungen gegen Unternehmen, mit denen ein Beteiligungsverhältnis besteht;
  4. sonstige Vermögensgegenstände;
III. Wertpapiere:
  1. Anteile an verbundenen Unternehmen;
  2. eigene Anteile;
  3. sonstige Wertpapiere;
IV. Kassenbestand, Bundesbankguthaben, Guthaben bei Kreditinstituten und Schecks
C. Rechnungsabgrenzungsposten.
		8. sonstige Verbindlichkeiten davon aus Steuern, davon im Rahmen der sozialen Sicherheit.
		D. Rechnungsabgrenzungsposten.

Abbildung 2.5: Gliederung der Bilanz nach § 266 HGB

Große und mittelgroße Kapitalgesellschaften i. S. v. § 267 Abs. 2 und 3 HGB müssen die einzelnen Posten der Bilanz gesondert und in der vorgeschriebenen Reihenfolge ausweisen. Kleine Kapitalgesellschaften i. S. v. § 267 Abs. 1 HGB brauchen nur eine verkürzte Bilanz aufzustellen, in die nur die mit Buchstaben und römischen Zahlen bezeichneten Posten gesondert und in der vorgeschriebenen Reihenfolge aufgenommen werden brauchen. Dies wäre sicher auch eine mögliche Gliederungsform für Einzelkaufleute und Personenhandelsgesellschaften. Aus der Auflistung der Grundsätze für die Bilanzgliederung in § 265 HGB seien weiter erwähnt:

- die Pflicht zur Angabe des entsprechenden Vorjahresbetrages (§ 265 Abs. 2 HGB),
- die Möglichkeit, Posten weiter zu untergliedern und bei Bedarf zusätzliche Bilanzposten einzuführen (§ 265 Abs. 5 HGB),
- die Möglichkeit der Zusammenfassung von Posten, die mit arabischen Zahlen versehen sind (§ 265 Abs. 7 HGB) und
- der Nichtausweis von Posten des gesetzlichen Gliederungsschemas, wenn den Posten kein Geldbetrag zugewiesen werden kann (§ 265 Abs. 8 HGB).

Es ist allerdings nochmals zu betonen, dass diese Grundsätze nur für Kapitalgesellschaften gelten. Der Gesetzgeber hat ausdrücklich darauf hingewiesen, dass auch durch

Auslegung der Grundsätze ordnungsmäßiger Buchführung eine Anwendung dieser Vorschriften für Einzelkaufleute und Personenhandelsgesellschaften nicht hergeleitet werden kann. Für Banken gelten ebenso wie für Versicherungen für die Bilanz gesonderte Gliederungsvorschriften nach den §§ 340 a und 341 a HGB.

Inwieweit sich die Unternehmenspraxis an die Gliederungsvorschriften des HGB gebunden fühlt, kann man durch Vergleich der im Bundesanzeiger oder im Internet veröffentlichten Jahresabschlüsse mit den Vorschriften des § 266 HGB überprüfen. Dabei wird man oft erhebliche Unterschiede zum gesetzlich vorgeschriebenen Gliederungsschema feststellen können.

2.2.2 Wertansätze der Bilanzposten

Die einzelnen Bilanzposten enthalten anders als im Inventar keine Mengenangaben, sondern nur noch Wertangaben. Die möglichen Wertansätze („die Bewertung") der Vermögensgegenstände und Schulden werden insbesondere durch die Vorschriften der §§ 252 ff. HGB bestimmt. Dabei kann zwischen einer Bewertung im Normalfall und in Sonderfällen unterschieden werden.

2.2.2.1 Bewertung im Normalfall
2.2.2.1.1 *Bewertung zu Anschaffungskosten*
Vermögensgegenstände, die gekauft worden sind, müssen nach § 253 Abs. 1 HGB mit den ANSCHAFFUNGSKOSTEN → Glossar bewertet werden. Wie die Anschaffungskosten zu berechnen sind, bestimmt sich nach § 255 Abs. 1 HGB.

   Rechnungsbetrag
– offen ausgewiesene Umsatzsteuer
   Anschaffungspreis ohne Umsatzsteuer
– Minderungen des Anschaffungspreises, z. B. durch Lieferantenskonti[2], -gutschriften, -preisnachlässe sowie direkt zurechenbare Lieferantenboni
+ **Anschaffungsnebenkosten**, z. B. direkt zurechenbare Transportaufwendungen, Versicherungszahlungen, Zölle, Anschlusskosten, Anmeldegebühren
+ nachträgliche Anschaffungskosten, z. B. Anlieger- oder Erschließungsbeiträge, Zubehör
= **Anschaffungskosten**

Abbildung 2.6: Berechnungsschema für Anschaffungskosten

---

2 Durch Lieferantenskonto wird streng genommen nicht der Anschaffungspreis, sondern der Rechnungsbetrag gemindert.

Beispiel

15.10.: Kauf von Rohstoffen auf Ziel für 1.000,00 € + 190,00 € USt = 1.190,00 €; für den Transport der Rohstoffe wurden 200,00 € + 38,00 € USt = 238,00 € einzeln zurechenbare Transportaufwendungen durch Barzahlung entrichtet. Der Rechnungsbetrag wurde am 20.10. durch Abzug von 2 % Skonto durch Banküberweisung beglichen.

Berechnung der Anschaffungskosten für die Rohstoffe am 20.10.:

Rechnungsbetrag	1.190,00
– offen ausgewiesene Umsatzsteuer	– 190,00
= Anschaffungspreis ohne Umsatzsteuer	1.000,00
+ Anschaffungsnebenkosten	200,00
– Lieferantenskonti 2 %	20,00
= Anschaffungskosten	1.180,00

2.2.2.1.2 *Bewertung zu Herstellungskosten*

Selbst hergestellte Vermögensgegenstände sind nach § 253 Abs. 1 HGB zu HERSTEL-LUNGSKOSTEN → Glossar zu bewerten. Eine genauere Bewertung zu Herstellungskosten setzt eigentlich das Vorhandensein einer Kosten- und Leistungsrechnung (KLR) voraus. Da die Einrichtung einer Kosten- und Leistungsrechnung für Kaufleute nicht Pflicht ist, ermöglicht die Berechnungsvorschrift der Herstellungskosten in § 255 Abs. 2 u. 3 HGB die Ermittlung einer Wertuntergrenze (UG) auf der Basis der Aufwendungen der Finanzbuchführung, die den selbst hergestellten Vermögensgegenständen **einzeln** zurechenbar sind. Diese Berechnung der Herstellungskosten ist grundsätzlich auch ohne Kosten- und Leistungsrechnung möglich.

In die Berechnung dieser Wertuntergrenze müssen nach § 255 Abs. 2 HGB die „Materialkosten", die „Fertigungskosten" sowie die „Sondereinzelkosten der Fertigung" einbezogen werden. Mit **Materialkosten** sind Aufwendungen gemeint, die den unfertigen oder fertigen Erzeugnissen **einzeln** zurechenbar sind; dies trifft vor allem für Rohstoffaufwendungen und evtl. für Hilfsstoffaufwendungen zu. Betriebsstoffaufwendungen sind regelmäßig nicht einzeln zurechenbar. Mit **Fertigungskosten** sind Aufwendungen gemeint, die den unfertigen oder fertigen Erzeugnissen **einzeln** zurechenbar sind. Im Bereich der trifft dies mit Abstrichen vor allem für Akkordlohnaufwendungen mit den jeweils zugehörigen Sozialaufwendungen zu. Zeitlohnaufwendungen, Gehaltsaufwendungen oder Abschreibungsaufwendungen sind dagegen regelmäßig nicht einzeln zurechenbar.

Sondereinzelkosten der Fertigung sind eher seltene Ausnahmefälle, z. B. nur einmalig verwendbare Formen, Zeichnungen, Pläne u. a.

Für Aufwendungen im Material- und Fertigungsbereich, die den Erzeugnissen nur **gemeinsam** zurechenbar sind, besteht im Handelsrecht – anders als im Steuerrecht – ein Einbeziehungswahlrecht. Durch die Verwaltung verursachte Aufwendungen können den Erzeugnissen regelmäßig nur gemeinsam zugerechnet werden. Für sie besteht sowohl handels- auch als steuerrechtlich ein Einbeziehungswahlrecht.

Sondereinzelkosten des Vertriebs dürfen wie auch Vertriebsgemeinkosten nie in die Herstellungskosten einbezogen werden.

Bewertungsobergrenze (OG) für den Ansatz der Herstellungskosten bildet damit die Summe aus den Material- und Fertigungseinzelkosten zuzüglich der gesamten Materialgemeinkosten, Fertigungsgemeinkosten und Verwaltungsgemeinkosten. Der Ansatz von Zwischenwerten ist zulässig.

Beispiel

	Damenstrickwesten		Damenpullover	
	Typ 1	Typ 2	Typ 1	Typ 2
Rohstoffkosten	21,00	22,50	10,00	10,00
+ Materialgemeinkosten	2,10	2,25	1,00	1,00
+ Akkordlohnkosten	10,00	10,00	5,00	5,00
+ Fertigungsgemeinkosten	6,00	6,00	3,00	3,00
= Herstellkosten der KLR	39,10	40,75	19,00	19,00
+ Verwaltungsgemeinkosten	3,40	4,25	2,50	3,00
= Herstellungskosten OG HGB	42,50	45,00	21,50	22,00
+ Vertriebsgemeinkosten	2,50	2,50	2,50	2,50
= Selbstkosten KLR	45,00	47,50	24,00	24,50

Als Herstellungskosten ohne Berücksichtigung von Gemeinkosten errechnen sich:

	Damenstrickwesten		Damenpullover	
	Typ 1	Typ 2	Typ 1	Typ 2
Herstellungskosten	31,00	32,50	15,00	15,00

Die Herstellungskosten auf Basis der einzeln zurechenbaren Aufwendungen bilden zugleich die Wertuntergrenze der Bewertung, die nur in den Ausnahmefällen der §§ 253 Abs. 3 und 4 HGB unterschritten werden dürfen.

2.2.2.1.3 *Bewertung zu fortgeführten Anschaffungs- oder Herstellungskosten*
Nach § 253 Abs. 2 HGB sind die Anschaffungskosten oder Herstellungskosten von Vermögensgegenständen des Anlagevermögens, deren Nutzung zeitlich begrenzt ist um ABSCHREIBUNGEN → Glossar zu vermindern.

Merksatz
Abschreibungen sind Wertminderungen der Anschaffungs- oder Herstellungskosten. Bei abnutzbaren Vermögensgegenständen des Anlagevermögens werden die Anschaffungs- oder Herstellungskosten über die planmäßige (handelsrechtlich) bzw. betriebsgewöhnliche (steuerlich) Nutzungsdauer der Vermögensgegenstände verteilt. Abschreibungen in diesem Sinne sind über die Nutzungsdauer dauernde Wertminderungen. Bei anderen Vermögensgegenständen – z. B. Grund und Boden oder Vermögensgegenständen des Umlaufvermögens – werden durch Abschreibungen einmalige Wertminderungen berücksichtigt. Ausnahmsweise kommen solche Abschreibungen für einmalige Wertminderungen nach § 253 Abs. 2 Satz 3 HGB auch für abnutzbare Anlagegegenstände in Betracht.

Die für die Praxis wichtigste Abschreibung ist die zeitanteilig gleichmäßig verrechnete Wertminderung, die auch als **lineare Abschreibung** bezeichnet wird.

Beispiel
Am 15.10. wird ein Pkw für 34.000,00 € + 6.460,00 € USt = 40.460,00 € gegen Banküberweisung gekauft. Die Anschaffungsnebenkosten betragen 1.000,00 €. Die Anschaffungskosten des Pkw in Höhe von 35.000,00 € sind über 7 Jahre (84 Monate) planmäßige Nutzungsdauer gleichmäßig zu verteilen. Im Jahr der Anschaffung und im letzten Jahr der planmäßigen Nutzung ist die Abschreibung monatsanteilig zu berechnen. Am Ende der Nutzungsdauer soll ein Restwert von 1,00 € aktiviert bleiben, solange der Pkw noch im Vermögen des Kaufmanns verbleibt.

Jahr	1	2	3	4	5	6
Abschreibung	1.250,00	5.000,00	5.000,00	5.000,00	5.000,00	5.000,00
Bilanzansatz	33.750,00	28.750,00	23.750,00	18.750,00	13.750,00	8.750,00

Jahr	7	8				
Abschreibung	5.000,00	3.749,00				
Bilanzansatz	3.750,00	1,00				

Würden die Anschaffungskosten nicht linear, sondern (geometrisch) degressiv, z. B. mit dem steuerlich derzeit[3] höchstmöglichen Degressionssatz von 30 % vom jeweiligen Restbuchwert (nicht von den Anschaffungskosten!) abgeschrieben, ergäbe sich grundsätzlich folgende Verteilung der Abschreibung auf die Nutzungsdauer:

Jahr	1	2	3	4	5	6
Abschreibung	2.625,00	9.712,50	6.798,75	4.759,13	3.331,39	2.331,97
Bilanzansatz	32.375,00	22.662,50	15.863,75	11.104,63	7.773,24	5.441,27

Jahr	7	8
Abschreibung	1.632,38	1.142,67
Bilanzansatz	3.808,89	2.666,22

Um das unerwünschte Ergebnis eines Restbuchwertes am Ende der planmäßigen Nutzungsdauer in Höhe von 2.666,22 € zu vermeiden, wird während der Nutzungsdauer zur linearen Abschreibung gewechselt. Die Berechnung der linearen Abschreibung erfolgt nach der Formel: Restbuchwert nach degressiver Abschreibung/Restnutzungsdauer. Gemäß § 7 Abs. 3 EStG ist dies auch steuerlich ausdrücklich zulässig. Würde z. B. nach dem dritten Jahr der Nutzungsdauer zur linearen Abschreibung gewechselt könnten bis zum Ende der Nutzungsdauer pro Jahr 3.172,75 € abgeschrieben werden. Die lineare Restwertabschreibung führt allerdings zu anderen Jahresabschreibungen für den Rest der Nutzungsdauer wie eine von Anfang an verrechnete lineare Abschreibung, die in jedem Jahr der Nutzung von den Anschaffungs- oder Herstellungskosten berechnet wird.

Im Normalfall wird die Bewertung von Vermögensgegenständen vom sog. **Anschaffungswertprinzip** dominiert. Für Verbindlichkeiten gilt das Anschaffungswertprinzip als Rückzahlungsprinzip, d. h., Verbindlichkeiten sind mit dem Rückzahlungsbetrag zu bewerten. Rückstellungen sind mit geschätzten Auszahlungsverpflichtungen zu bewerten, wobei nach § 253 Abs. 1 HGB eine Abzinsung nur erlaubt ist, soweit die den Rückstellungen zugrunde liegenden Verbindlichkeiten einen Zinsanteil enthalten.

Das Anschaffungswertprinzip gilt auch für die Berechnung von Herstellungskosten, da deren Werte ausschließlich vom Beschaffungsmarkt abgeleitet werden. Höhere Werte als die Anschaffungs- oder Herstellungskosten dürfen bei Vermögensgegenständen nicht angesetzt werden. Dies verhindert auch § 252 Abs. 1 Nr. 4 HGB in dem das sog. **Realisationsprinzip** kodifiziert wird, das besagt, dass Gewinne bei der Bewertung von Vermögensgegenständen und Schulden erst berücksichtigt werden dürfen, wenn sie am Abschlussstichtag realisiert sind. Mit dieser Vorschrift wird der explizite Ausweis sog. STILLER RESERVEN → Glossar in der Handelsbilanz verhindert.

---

3 Ab 2008 ist die degressive Abschreibung für steuerliche Zwecke nicht mehr zulässig.

Merksatz

Stille Reserven sind aus der Bilanz nicht ersichtliches Eigenkapital. Stille Reserven können im Vermögen oder in den Schulden enthalten sein. Im Bereich der Schulden ergeben sich vor allem bei Rückstellungen stille Reserven, wenn die Rückstellungen aus Vorsichtsgründen zu hoch angesetzt wurden. Negative stille Reserven, d. h. zu hoch ausgewiesenes Eigenkapital, ergeben sich insbesondere, wenn das Vermögen (unwissentlich) zu hoch bewertet wurde bzw. wenn Rückstellungen zu niedrig oder überhaupt nicht gebildet wurden.

2.2.2.2 Bewertungen in Sonderfällen

2.2.2.2.1 *Strenges und gemildertes Niederstwertprinzip*

Nach § 253 Abs. 3 HGB müssen bei Vermögensgegenständen des Umlaufvermögens Abschreibungen vorgenommen werden, um zu verhindern, dass diese in der Bilanz mit einem höheren Wert angesetzt werden als ein niedrigerer Wert, der sich aus einem Börsen- oder Marktpreis am Abschlussstichtag ergibt.

Beispiel

Für den Abschlussstichtag errechnet sich ein buchmäßiger Endbestand von bestimmten Warenvorräten in Höhe von 40.000,00 €. Im Zuge der Inventur wurde für den 31.12. festgestellt, dass sich bei einer Bewertung zu Marktpreisen (ohne USt) lediglich einen Wert von 37.000,00 € ergibt. Ob die Wertminderung von Dauer sein wird, konnte in der kurzen Zeit nach dem Bilanzstichtag nicht festgestellt werden.

Nach § 253 Abs. 3 HGB müssen die Warenvorräte für die Aktivierung auf 37.000,00 € abgeschrieben werden (strenges Niederstwertprinzip). Nach § 6 Abs. 1 Nr. 2 Satz 2 EStG dürfte für die Zwecke der steuerlichen Gewinnermittlung eine Abwertung nur vorgenommen werden, wenn die Wertminderung von Dauer wäre. Wäre dies der Fall, müsste aber wegen des nach § 5 Abs. 1 EStG geltenden Maßgeblichkeitsprinzip der Handelsbilanz für die Steuerbilanz auch für die steuerliche Gewinnermittlung eine Abwertung vorgenommen werden. Wäre hingegen eine Wertminderung von Dauer nicht nachweisbar, müsste zwar in der Handelsbilanz eine Abwertung auf 37.000,00 € erfolgen, in der Steuerbilanz blieben die Waren aber unverändert mit 40.000,00 € aktiviert.

Für Vermögensgegenstände des Anlagevermögens gilt nach § 253 Abs. 2 Satz 3 HGB grundsätzlich das sog. gemilderte Niederstwertprinzip. Abnutzbare oder nichtabnutzbare Anlagegegenstände brauchen nicht abgewertet zu werden, wenn sich für den Bilanzstichtag eine Wertminderung ergibt. Dies hat sicherlich damit zu tun, dass für das

Anlagevermögen definitionsgemäß eine Veräußerung nicht geplant ist. Allerdings greift auch hier das strenge Niederstwertprinzip, wenn die Wertminderung voraussichtlich von Dauer ist.

Beispiel

Für den 31.12. des Vorjahres wurde damit gerechnet, dass die Gemeinde für ein Grundstück, das für 500.000,00 € als Bauerwartungsland für den Bau eines Geschäftsgebäudes erworben wurde, ein Bauverbot erteilen wird. Der mögliche Schaden wäre etwa 300.000,00 €. Für den 31.12. des Vorjahres wäre eine Abwertung zwar zulässig, aber nicht Pflicht.

Für den Abschluss des laufenden Jahres ist bekannt, dass die Gemeinde im November ein Bebauungsverbot verfügt hat. Wurde zum Vorjahr noch keine Abwertung vorgenommen, muss die Abwertung auf 200.000,00 € für den Bilanzstichtag wegen des jetzt geltenden strengen Niederstwertprinzips vorgenommen werden.

2.2.2.2.2 *Zuschreibungen*

Fraglich ist, welche Bewertung vorzunehmen ist, wenn sich die Werte von Vermögensgegenstände, die in früheren Geschäftsjahren abgeschrieben worden, wieder erhöhen. Dazu bestimmt § 253 Abs. 5 HGB eindeutig, dass ein niedrigerer Wertansatz nach Absatz 2 Satz 3, Absatz 3 oder 4 HGB beibehalten werden darf, auch wenn die Gründe dafür nicht mehr bestehen; nach dem Gesetz besteht also ein sog. **Beibehaltungswahlrecht**. Würde z. B. der Wert obigen Grundstücks wegen neuer Gerüchte über zukünftige Bebauungsmöglichkeiten wieder ansteigen, könnte der Wert von 200.000,00 € in der Handelsbilanz beibehalten werden. Stille Reserven könnten zwar, bräuchten aber nicht aufgelöst werden. Werden sie aufgelöst, bilden die historischen Anschaffungskosten die Wertobergrenze. Für die Steuerbilanz ist hingegen das Wertaufholungsgebot gem. § 6 Abs. 1 Nr. 2 S. 3 EStG i. V. m. § 6 Abs. 1 Nr. 1 S. 4 EStG zu beachten. Hier muss eine Aufwertung (Zuschreibung) auf den neuen Wert erfolgen; die Anschaffungskosten bilden die Obergrenze der Zuschreibungspflicht.

2.2.2.2.3 *Sofortabschreibung für geringwertige Wirtschaftsgüter*

Geringwertige Wirtschaftsgüter (= Vermögensgegenstände) des beweglichen abnutzbaren Anlagevermögens mit Anschaffungs- oder Herstellungskosten bis 150,00 € sowie entgegen des Gesetzeswortlautes auch sog. Trivialsoftware müssen nach § 6 Abs. 2 EStG im Jahr der Anschaffung sofort vollständig abgeschrieben werden. Bewegliche Wirtschaftsgüter des abnutzbaren Anlagevermögens von mehr als 150,00 € bis zu 1.000,00 € sind in einen jahrgangsbezogenen Sammelposten einzustellen. Der Sammelposten ist im Wirtschaftsjahr der Bildung und den folgenden vier Wirtschaftsjahren mit jeweils einem Fünftel gewinnmindernd aufzulösen.

Obwohl diese Vorschrift zunächst nur für die Steuerbilanz gilt, findet sie auch in der Handelsbilanz Anwendung. Eine Abschreibungspflicht besteht allerdings nicht.

2.2.2.2.4 Festbewertung

Für das Sachanlagevermögen sowie für Roh-, Hilfs- und Betriebsstoffe (nicht für Waren und Erzeugnisse!) ist gemäß §§ 240 Abs. 3, 256 HGB eine sog. Festbewertung zulässig, wenn die Vermögensgegenstände regelmäßig ersetzt werden und ihr Gesamtwert für das Unternehmen von nachrangiger Bedeutung ist. Was unter nachrangiger Bedeutung im Einzelfall zu verstehen ist, ist nicht abschließend geklärt. Für Bildung von Festwerten in der Steuerbilanz gelten folgende **Regeln**:

Ist der bei der Inventur ermittelte Wert um 10 % höher als der bisherige Festwert, muss der Festwert erhöht werden, ist der ermittelte Wert um weniger als 10 % höher kann der Festwert geändert werden. Für steuerliche Zwecke ist jedenfalls bei Wertminderungen des Festwertes zu prüfen, ob diese von Dauer sind. Soweit dies der Fall ist, kann bzw. muss – wegen des Maßgeblichkeitsprinzips der Handels- für die Steuerbilanz (§ 5 Abs. 1 EStG) – eine Abwertung vorgenommen werden. Handelsrechtlich gilt für das Umlaufvermögen auf jeden Fall das strenge Niederstwertprinzip. Für das Anlagevermögen kann handelsrechtlich auch abgewertet werden, wenn die Wertminderung nicht von Dauer ist (für Kapitalgesellschaften ist aber § 279 Abs. 1 HGB zu beachten); steuerlich wäre insoweit wegen § 6 Abs. 1 Nr. 1 Satz 2 EStG keine Abwertung möglich. Für fest bewertete Anlagegüter kann keine Abschreibung (Absetzung) für Abnutzung vorgenommen werden.

Weitere Voraussetzungen für die Bildung von Festwerten sind nach § 240 Abs. 3 HGB, dass sich der Bestand der betreffenden Vermögensgegenstände seiner Größe, Zusammensetzung und seinem Wert nach nur geringfügig verändert. Soweit diese Voraussetzungen erfüllt sind, dürfen die Vermögensgegenstände mit einer gleichbleibenden Menge und einem gleichbleibendem Wert angesetzt werden. Die Mengenfestsetzung ist allerdings in der Regel alle drei Jahre durch eine körperliche Bestandsaufnahme zu aktualisieren.

Für die Bewertung des beweglichen abnutzbaren Anlagevermögens konkurriert die Festbewertung mit der Möglichkeit, geringwertige Wirtschaftsgüter i. S. v. § 6 Abs. 2 EStG bis 150,00 € Anschaffungskosten sofort abzusetzen und nicht im Inventar und der Bilanz auszuweisen.

2.2.2.2.5 Höchstwertprinzip für Verbindlichkeiten

Für die Bewertung von Verbindlichkeiten gilt in Analogie zum strengen Niederstwertprinzip das strenge Höchstwertprinzip. Für die Praxis bedeutet dies konkret, dass z. B. bei Verbindlichkeiten aus Lieferungen und Leistungen der zuvor abgestimmte Wertansatz ohne Änderung aus der Saldenliste zu übernehmen ist. Eine Ausnahme besteht lediglich bei Verbindlichkeiten in ausländischer Währung, sofern der Kurs seit der Entstehung der Verbindlichkeit gestiegen ist. In diesen Fällen muss der €-Betrag der Verbindlichkeit wegen des strengen Höchstwertprinzips entsprechend erhöht werden, da alle Verbindlichkeiten und damit auch Fremdwährungsverbindlichkeiten wie auch die Vermögensgegenstände in € zu bewerten sind. Die Anschaffungskosten der gekauften Vermögensgegenstände erhöhen sich durch die Aufwertung der Verbindlichkeiten nicht; Kosten der Geldbeschaffung (Finanzierungskosten) sind keine Anschaffungsnebenkosten. Die Währungsverluste vermindern vielmehr das Eigenkapital.

Zusammenfassend kann gesagt werden, dass die Bewertung des Vermögens und der Schulden nach dem Anschaffungswert-, Realisations- und Höchstwertprinzip Ausprägungen des übergeordneten **Vorsichtsprinzips** sind. Das Vorsichtsprinzip selbst ist wiederum ein „Mittel" zur Erfüllung des den handelsrechtlichen Rechnungslegungsvorschriften zugrunde liegenden Gläubigerschutzgedankens. Ausfluss des Vorsichtsprinzips ist aber auch das **Imparitätsprinzip**. Das Imparitätsprinzip besagt, dass für die Bewertung von Vermögensgegenständen die Verwirklichung von Gewinn- und Verlustbeiträgen nicht gleichwertig behandelt wird. Konkret heißt dies, dass Gewinne nur durch Verkauf, grundsätzlich nicht aber durch Bewertungsmaßnahmen realisiert werden können. Generell gilt: „nur der Kunde bringt Gewinne, Verluste können aber durch alle Betriebsbereiche, auch durch Kunden verursacht werden."

Anders als Gewinne müssen (strenges Niederstwertprinzip) bzw. dürfen (gemildertes Niederstwertprinzip) vorhersehbare Risiken und Verluste nicht erst bei Verkauf, d. h. bei ihrer tatsächlichen Realisation, sondern bereits im Zeitpunkt ihres Bekanntwerdens berücksichtigt werden.

Beispiel

Am 31.12. wird für die Aktien mit Anschaffungskosten von 20.000,00 € ein Kurswert von 18.000,00 € festgestellt. Befinden sich die Aktien im Umlaufvermögen, müssen sie auf 18.000,00 € abgewertet werden. Befinden sich die Aktien im Anlagevermögen brauchen sie allerdings nicht abgewertet zu werden. Angenommen, die Aktien befinden sich auch im nächsten Jahr noch im Vermögen des Kaufmanns. Der Kurswert der Aktien steigt aber auf 22.000,00 €. Handelsrechtlich darf eine Wertaufholung bis höchstens zu den Anschaffungskosten vorgenommen werden, eine Aufwertung bis auf den aktuellen Kurswert ist wegen des Anschaffungs- und Realisationsprinzips nicht erlaubt. Imparitätisch ist der Abwertungszwang im Vergleich zum Aufwertungsverbot aufgrund eines sonst gegebenen Verstoßes gegen das Realisationsprinzip.

2.3 Bedeutung der Bilanz

Die Bedeutung der Bilanz kann unter verschiedensten Gesichtspunkten erörtert werden. Im Folgenden wird nur die Bedeutung der Bilanz im Vergleich zum Inventar in Bezug auf betriebswirtschaftliche Aspekte der Bilanzanalyse sowie innerhalb des Systems der Buchführung diskutiert.

2.3.1 Bilanz und Inventar

Im INVENTAR → Glossar werden die Ergebnisse der INVENTUR → Glossar verzeichnet. Zeitlich wird das Inventar vor der Bilanz aufgestellt. Im Inventar als auch in der Bilanz werden das Vermögen und die Schulden des Kaufmanns dargestellt. Die Unterschiede zwischen Inventar und Bilanz liegen vor allem in der **Form** der Darstellung. Im Einzelnen ergeben sich insbesondere folgende Abweichungen:

1. Alle Einzelpositionen des Inventars werden zu Bestandsgruppen – sog. Bilanzposten i. S. d. § 266 HGB – zusammengefasst. Damit entfallen alle Mengenangaben, in der Bilanz sind nur noch die Postenbezeichnungen mit entsprechenden Wertangaben in Euro enthalten. Zusätzlich wird der Posten „Eigenkapital" eingerichtet.
2. Neben dieser Verdichtung des Datenmaterials bedient sich die Bilanz bei der Darstellung des Vermögens und der Schulden nicht der Staffelform, sondern der zweiseitigen Darstellung mit Hilfe eines T-Kreuzes.
3. Bezüglich der Wertgrößen bzw. Wertsummen der einzelnen Posten besteht zwischen Bilanz und Inventar Wertidentität. Der Bilanzinhalt leitet sich – von wenigen Ausnahmen, z. B. im Bereich der Rückstellungsbildung, abgesehen – genauso wie der Inhalt des Inventars unmittelbar aus den Inventurergebnissen ab. In der Bilanz wird das Zahlenmaterial im Vergleich zum Inventar lediglich zusätzlich verdichtet.

Zusammenfassend lässt sich sagen, dass die Bilanz eine schnelle Übersicht über die am (Inventur-) Stichtag vorhandenen Bestände liefert; sie ist eine verdichtete Abschrift des Inventars; die Bedeutung des Inventars liegt dagegen vor allem in der mengenmäßigen (Einzel-) Darstellung der im Unternehmen vorhandenen Vermögensgegenstände und Schulden.

2.3.2 Bilanz und Betriebswirtschaftslehre

Die Bedeutung des „richtigen" Bilanzinhalts in Bezug auf unterschiedliche Ziele von Unternehmungen oder Kapitalanleger ist seit längerem Gegenstand zahlreicher betriebswirtschaftlicher Publikationen. Seit Beginn dieses Jahrhunderts wurde bis zum gegenwärtigen Zeitpunkt eine große Anzahl mehr oder minder ausgereifter Bilanzlehren entwickelt. Aus der Vielzahl der dabei untersuchten möglichen Bilanzziele seien z. B. erwähnt: das Ziel der Substanzerhaltung, der Ausschüttungssperre, der periodengerechten Gewinnermittlung für steuerliche Zwecke, der internen Kontrolle des Betriebsgeschehens, ferner das Ziel der Verwirklichung des Gläubiger- bzw. Anteilseignerschutzes, der Feststellung einer Unternehmensinsolvenz, der Bestimmung des Unternehmenswertes sowie der Prognose der Aktienkursentwicklung usw. Im Folgenden soll lediglich eine mögliche betriebswirtschaftliche Bilanzinterpretation angedeutet werden, die namentlich dem Anfänger das Bilanzverständnis erleichtert.

Die Aktivseite der Bilanz repräsentiert die Vermögensgegenstände, die sich im wirtschaftlichen Eigentum des Kaufmanns befinden, allgemein also die Mittel, die im Handelsgewerbe investiert sind (**Investition**). Demgegenüber zeigt die Passivseite, aus welchen Quellen die Investition finanziert wurde, also die Mittelherkunft (**Finanzierung**).

Aktivseite	Bilanz	Passivseite
Investition	Finanzierung	
(Mittelverwendung)	(Mittelherkunft)	

Abbildung 2.7: Bilanzinhalt als Information über Investition und Finanzierung

Die Darstellung der Unternehmensinvestition und -finanzierung ist allerdings auf die Abbildungsmöglichkeiten der handelsrechtlichen Bilanz beschränkt. Die Darstellung ist zunächst lediglich zeitpunktbezogen. Daneben werden die Investition und folglich auch die Unternehmensfinanzierung ausschließlich auf der Grundlage von (fortgeführten) Anschaffungswerten dargestellt. Höhere (noch nicht durch Verkauf realisierte) Verkaufspreise dürfen bei der Bewertung – wie bereits dargelegt – nicht berücksichtigt werden. Schließlich zeigt die Bilanz auch nicht die gesamte Unternehmensfinanzierung auf der Grundlage von Anschaffungswerten. Nicht ausgewiesen werden Investitionen, die sich weder mengenmäßig noch wertmäßig als Zugang bzw. Werterhöhung von Vermögensgegenständen niederschlagen. Diese Fälle werden bilanzmäßig weder als Investition noch als Finanzierung erfasst.

Beispiel

Das Unternehmen G. Meier wird im Wege einer gemischten Bar- und Sachgründung zum 1.5.20.. in gemieteten Geschäftsräumen gegründet. G. Meier bringt Waren im Wert von 50.000,00 € (= 100 Stck. à 500,00 €) sowie Bargeld in Höhe von 10.000,00 € ein. Daneben nimmt er einen Bankkredit von 20.000,00 € auf. Der Geldbetrag wird auf dem Kontokorrentkonto G. Meiers bei der betreffenden Bank gutgeschrieben. Die Gründungsbilanz hat demnach folgendes Aussehen:

Aktivseite	Gründungsbilanz für den 1.5.20..		Passivseite
Warenvorräte	50.000,00	Eigenkapital	60.000,00
Bankguthaben	20.000,00	Bankdarlehen	20.000,00
Kasse	10.000,00		
Bilanzsumme	80.000,00	Bilanzsumme	80.000,00

Abbildung 2.8: Gründungsbilanz

Erster Geschäftsvorfall ist die Durchführung von Werbemaßnahmen (Werbeinserate, Haushaltsmitteilungen, Handzettel), für die an ein Werbebüro am 31.5.20.. 15.000,00 € überwiesen wurden (die Umsatzsteuer bleibt zunächst außer Betracht). Nach diesem Geschäftsvorfall sieht die Bilanz wie folgt aus:

Aktivseite	Bilanz für den 31.5.20..		Passivseite
Warenvorräte	50.000,00	Eigenkapital	45.000,00
Bankguthaben	5.000,00	Bankdarlehen	20.000,00
Kasse	10.000,00		
Bilanzsumme	65.000,00	Bilanzsumme	65.000,00

Abbildung 2.9: Fortschreibung der Gründungsbilanz

Da die Zahlungen für die Werbemaßnahmen weder zu einer Anschaffung eines neuen VERMÖGENSGEGENSTANDES → Glossar führen, noch den Wert bereits vorhandener Vermögensgegenstände erhöhen, mindert sich das Vermögen um 15.000,00 €, die Werbeinvestition wird in der Bilanz nicht dargestellt. Der Ausweis eines Vermögensverlustes ist unmittelbarer Ausdruck einer am Gläubigerschutzziel orientierten vorsichtigen Vermögensdarstellung. Entsprechend vermindert sich die auf der Passivseite ausgewiesene Anspruchssumme, da sich der Ausweis nicht auf den ursprünglich finanzierten Betrag, sondern nur auf das am Bilanzstichtag vorhandene Bilanzvermögen bezieht. Obwohl das Bankguthaben unmittelbar aus Fremdmitteln finanziert wurde, darf die Zahlung durch Banküberweisung nicht zu einer Verminderung des Bankdarlehens führen, da das Bankdarlehen im Fälligkeitszeitpunkt in nomineller Höhe zurückbezahlt werden muss. Die (bilanzielle) Vermögenseinbuße führt daher zu einer entsprechenden Minderung des Eigenkapitals. Die gegenwärtigen Ansprüche Meiers auf sein Vermögen decken sich nicht mehr mit der ursprünglichen Finanzierungs- bzw. Einlagensumme, er hat den vom Gläubigerschutzgedanken (mit-) bestimmten Erfolgsermittlungsregeln zufolge einen Verlust erlitten, obwohl durch die Werbemaßnahmen der Wert seines Geschäftes möglicherweise gestiegen ist. Ob dies wirklich der Fall ist, werden erst die zukünftigen Verkaufs- und Einkaufstransaktionen beweisen, wenn sich der gestiegene Wert in zusätzlichen Geld- und Sachmitteln konkretisiert. Ähnliche Effekte sind bei Personalinvestitionen, Umweltinvestitionen oder Forschungs- und Entwicklungsinvestitionen zu beobachten.

Allgemein ist schließlich zu beachten, dass die Ergebnisse der Buchführung, insbesondere auch der handelsrechtlich ermittelte Gewinn, in vielen Unternehmen als oberste (operative) Steuerungsgrößen bzw. als Oberziele verwendet werden. Für diese Zwecke wurde allerdings die handelsrechtliche Rechnungslegung nicht konzipiert. Fehllenkungen und Fehlentscheidungen durch Verwendung ungeeigneter Messmethoden der Zielbestimmung und Zielerreichung sind daher wahrscheinlich.

2.3.3 Bilanz und laufende Verbuchung von Geschäftsvorfällen

Die handelsrechtliche Bilanz ist für die laufende Verbuchung von Geschäftsvorfällen (sog. „laufende Buchführung") von zentraler inhaltlicher Bedeutung. Durch die laufende Buchführung werden nur **wertmäßige** Änderungen von Bilanzposten dargestellt. Die laufende Buchführung knüpft nicht an das Inventar an. Daraus folgt z. B., dass Geschäftsvorfälle, die lediglich **mengenmäßige** Änderungen bewirken, keine buchungsfähigen Geschäftsvorfälle sind. Auf Einzelheiten wird im Kapitel zur laufenden Buchführung näher eingegangen → vgl. S. 71 ff.

Zusammenfassung

In der Bilanz als Hauptbestandteil des handelsrechtlichen Jahresabschlusses werden auf der Aktivseite das Vermögens des Kaufmanns und auf der Passivseite die Ansprüche auf das Vermögen des Kaufmanns dargestellt. Die Ansprüche gliedern sich in Gläubigeransprüche (Schulden) und Ansprüche des Kaufmanns auf sein Vermögen (Eigenkapital). Die Ansprüche sind wertmäßig stets gleich dem Wert des Vermögens. Bei einem schuldenfreien Unternehmen ist der Wert des Vermögens gleich dem Wert des Eigenkapitals.

Das Vermögen besteht aus Vermögensgegenständen, die sich in wirtschaftlichem Eigentum des Kaufmanns befinden. Die Schulden des Kaufmanns gliedern sich in sichere Schulden (Verbindlichkeiten) und ungewisse Schulden (Rückstellungen).

Die Bewertung des Vermögens und der Schulden wird vom allgemeinen Vorsichtsprinzip bestimmt, das vor allem den Gläubigerschutz sicherstellen soll. Zur Verwirklichung des allgemeinen Vorsichtsprinzips lassen sich aus den handelsrechtlichen

Bewertungsvorschriften das Anschaffungswertprinzip, das Realisationsprinzip, das strenge und gemilderte Niederstwertprinzip, das Höchstwertprinzip für Schulden und das Imparitätsprinzip ableiten.

Explizite Gliederungsvorschriften für den Jahresabschluss existieren handelsrechtlich nur für Kapitalgesellschaften. Danach ist die Bilanz in Kontoform aufzustellen, wobei für die Detailgliederung die Regelungen in § 266 HGB zu beachten sind.

Kontrollfragen

1. Woraus besteht der Jahresabschluss nach handelsrechtlichen Rechnungslegungsvorschriften und wann ist der Jahresabschluss aufzustellen?
2. Wie ist eine Bilanz grundsätzlich aufgebaut?
3. Was versteht man unter der Bilanzgleichung?
4. Was versteht man unter Eigenkapital?
5. Welche Bedeutung kommt dem Begriff Fremdkapital in der handelsrechtlichen Bilanz zu?
6. Warum sind beide Seiten einer Bilanz wertmäßig gleich hoch?
7. Was versteht man unter dem negativen Eigenkapital?
8. Wie ist der Inhalt einer Bilanz durch das HGB allgemein abgegrenzt?
9. Wie ist eine Bilanz zu gliedern?
10. Wie sind Vermögensgegenstände und Schulden grundsätzlich zu bewerten?
11. Welche Bewertungsgrundsätze gelten für Vermögensgegenstände und Schulden allgemein?
12. Wie sind Anschaffungskosten und Herstellungskosten zu berechnen?
13. Wie sind Vermögensgegenstände des abnutzbaren Anlagevermögens zu bewerten?
14. Wie sind Verbindlichkeiten und Rückstellungen zu bewerten?
15. Was ist der Unterschied zwischen Rücklagen und Rückstellungen?
16. Welche Bedeutung besitzt die Bilanz im Vergleich zum Inventar?
17. Welche Bedeutung besitzt die Bilanz für betriebswirtschaftliche Fragestellungen?
18. Welche Bedeutung besitzt die Bilanz für die Durchführung der laufenden Buchführung?

3 Gewinn- und Verlustrechnung als notwendiger Bestandteil des Jahresabschlusses

3.1 Formale und inhaltliche (materielle) Definition von Gewinnen und Verlusten

3.1.1 Formale Definition

Nach den handelsrechtlichen Rechnungslegungsvorschriften muss jeder Buchführungspflichtige eine **GEWINN- UND VERLUSTRECHNUNG** → Glossar aufstellen. Die Gewinn- und Verlustrechnung muss durch Gegenüberstellung der **AUFWENDUNGEN** → Glossar und **ERTRÄGE** → Glossar erfolgen. Eine Gewinnermittlung allein auf der Grundlage der Inventur, wie sie grundsätzlich durch sog. Eigenkapitalvergleich möglich ist, führt zwar zum gleichen Ergebnis erfüllt aber die handelsrechtlichen Ausweisvorschriften nicht.

Das HGB liefert keine Definitionen von Aufwendungen und Erträgen. Grundsätzlich kann man Aufwendungen und Erträge folgebezogen oder ursachenbezogen definieren.

Folgebezogene Definition von Aufwendungen und Erträgen
Aufwendungen sind betriebliche Minderungen des Eigenkapitals, also betriebliche Minderungen der Ansprüche des Kaufmanns auf sein Vermögen. **Erträge** sind betriebliche Mehrungen des Eigenkapitals, also betriebliche Mehrungen der Ansprüche des Kaufmanns auf sein Vermögen.

Für die schwierige Frage, durch welche Geschäftsvorfälle Aufwendungen und/oder Erträge verursacht werden, kann eine ursachenbezogene Definition hilfreich sein.

Ursachenbezogene Definition von Aufwendungen und Erträgen
Aufwendungen sind bewerteter, mengenmäßiger Verbrauch von Gütern, Dienstleistungen und Nutzungen verursacht durch die betriebliche Leistungserstellung (Produktion) und Leistungsverwertung (Absatz) und durch sonstige nicht produktionsbedingte Unternehmenszwecke sowie durch die Aufrechterhaltung der Betriebsbereitschaft (Kapazität) einer Abrechnungsperiode. Nach dieser Definition verursacht auch ein dem Unternehmen zugefügter Schaden Aufwand.

Erträge sind nach den handels- bzw. steuerrechtlichen Vorschriften bewerteter Wertzuwachs durch den Verkauf von Gütern, Dienstleistungen und Nutzungen, durch die Produktion von Gütern sowie durch sonstige nicht produktions- oder verkaufsverursachte Vorgänge einer Abrechnungsperiode. Sonstige Erträge in diesem Sinne sind erhaltene Subventionen, Versicherungsleistungen, Erstattungen von erfolgswirksamen Steuern u. a. Verkaufserträge sind zugleich **Zweckerträge**, wenn sie durch den Verkauf von selbst produzierten Gütern, Dienstleistungen oder Nutzungen verursacht werden, die dem eigentlichen Geschäftsgegenstand zuzurechnen sind; sonst sind sie **neutrale Erträge**, z. B. verursacht durch den Verkauf von Wertpapieren oder Anlagegegenständen.

Was unter GEWINN → Glossar bzw. VERLUST → Glossar zu verstehen ist, definiert das HGB ebenfalls nicht explizit. Aus § 242 Abs. 2 HGB ergibt sich jedoch indirekt eine formale Definition von Gewinnen bzw. Verlusten.

Formale Definition von Gewinnen und Verlusten
Gewinn ist die positive Differenz zwischen Erträgen abzüglich Aufwendungen und Verlust die positive Differenz zwischen Aufwendungen abzüglich Erträgen.
Gewinn = Erträge – Aufwendungen, wenn die Erträge höher sind als die Aufwendungen
Verlust = Aufwendungen – Erträge, wenn die Aufwendungen höher sind als die Erträge

Beispiel

Gewinn	=	Erträge	-	Aufwendungen
1.250.000	=	6.500.000	-	5.250.000

Verlust	=	Aufwendungen	-	Erträge
500.000	=	7.000.000	-	6.500.000

Der Verlust wird also ebenfalls positiv ausgewiesen. Diese Berechnung von Gewinnen und Verlusten macht deutlich, dass Gewinne auch entstehen können, wenn Aufwendungen verursacht worden sind bzw., dass Verluste bzw. keine Gewinne auch entstehen können, wenn Erträge verursacht worden sind. Umgekehrt gilt aber auch, dass ohne Erträge keine Gewinne und ohne Aufwendungen keine Verluste entstehen können.

Regel

Verwechsle nie **Ertrag** mit Gewinn und **Aufwand** mit Verlust. Gewinn und Verlust sind bereits verrechnete (saldierte) Größen.

Für die seltenen Fälle, in denen die Summe der Erträge gleich der Summe der Aufwendungen ist, gibt es keine Fachbezeichnung. Üblicherweise wird dann ein Gewinn von 0,00 € ausgewiesen (Praxisjargon: „schwarze oder rote Null").

Bei Kapitalgesellschaften heißt der Gewinn in diesem Sinne nach § 275 Abs. 2 bzw. 3 HGB JAHRESÜBERSCHUSS → Glossar und der Verlust JAHRESFEHLBETRAG → Glossar.

Unbedingte Voraussetzung für eine Gewinnermittlung nach handelsrechtlichen Vorschriften ist das Wissen darüber, durch welche buchungspflichtigen Geschäftsvorfälle **Aufwendungen** und **Erträge verursacht** werden. Zu dieser Frage gibt das HGB keine unmittelbaren Auskünfte. Im weiteren Verlauf dieser Arbeit wird versucht, die dafür gültigen Regeln abzuleiten.

3.1.2 Inhaltliche Definition

Inhaltlich können Gewinne bzw. Verluste **folgebezogen** oder **ursachenbezogen** definiert werden.

Folgebezogene Definition

Jeder Euro Gewinn erhöht unmittelbar das Eigenkapital, also die Ansprüche des Kaufmanns an sein Vermögen. Ein direkter Zusammenhang zur „Geldvermehrung" (Liquiditätserhöhung) besteht aber nicht. Entsprechend vermindert jeder Euro Verlust das Eigenkapital. Ein direkter Zusammenhang zur „Geldverminderung" (Liquiditätsverminderung) besteht aber nicht.

Ursachenbezogene Definition

Unmittelbare Ursachen für Gewinne sind nur Erträge. Dabei ist aber zu beachten, dass nur Verkaufserträge – nicht aber Erträge durch Lagerproduktion oder durch selbst erstellte Anlagen – den Gewinn erhöhen. Erträge aus der Auflösung von Rückstellungen oder von Pauschalwertberichtigungen auf Forderungen erhöhen zwar den Gewinn des laufenden Geschäftsjahres, haben aber in den Vorjahren bei ihrer Bildung den Gewinn vermindert bzw. den Verlust erhöht. Bei **Gesamtbetrachtung** entsteht durch solche Vorgänge – anders als bei Verkaufserträgen – keine Eigenkapitalvermehrung.

Neben den Erträgen sind für die Gewinnberechnung die in der Abrechnungsperiode verursachten Aufwendungen entscheidend. Eine schwierige Frage ist dabei u. a., durch welche Geschäftsvorfälle Aufwendungen verursacht werden bzw. durch welche Geschäftsvorfälle niemals Aufwendungen und damit niemals Gewinnminderungen verursacht werden. Die dafür bestehenden Regeln werden bei der Verbuchung laufender Geschäftsvorfälle behandelt.

Merksatz

Bei der Betrachtung eines **abgeschlossenen Geschäftsjahres** gilt:

Durch alle Erträge **eines Geschäftsjahres** wird das **Eigenkapital** erhöht, es gibt aber Erträge, die nur das Eigenkapital erhöhen, nicht aber den Gewinn. Daneben gibt es Erträge, die zwar in der betrachteten Periode den Gewinn erhöhen, bei Betrachtung von mehreren Perioden aber keine Gewinnerhöhung verursachen (z. B. erfolgserhöhende Auflösung von Rückstellungen und Pauschalwertberichtigungen), sondern erfolgsneutral wirken.

Durch alle Aufwendungen wird das Eigenkapital eines Geschäftsjahres vermindert. Es gibt aber Aufwendungen, die zwar in der betrachteten Periode den Gewinn vermindern, bei Betrachtung von mehreren Perioden (z. B. erfolgsmindernde Bildung von Rückstellungen und Pauschalwertberichtigungen) oder bei Aktivierung der produzierten Vermögensgegenstände (z. B. Produktion von Fertigerzeugnissen auf Lager, selbsterstellte Anlagengegenstände aller Art) keine Gewinnminderung verursachen, sondern erfolgsneutral wirken.

3.2 Gliederung der handelsrechtlichen Gewinn- und Verlustrechnung

Für Einzelunternehmen und Personengesellschaften existieren keine ausdrücklichen gesetzlichen Gliederungsvorschriften für die Gewinn- und Verlustrechnung. Sie sind daher beim Ausweis und bei der Gliederung der Aufwendungen und Erträge innerhalb der Gewinn- und Verlustrechnung weitgehend ungebunden. Einschränkungen ergeben sich aber z. B. aus den allgemeinen Jahresabschlussgrundsätzen der §§ 243–246 HGB, insbesondere auch aus dem Vollständigkeitsgebot des § 246 Abs. 1 HGB und dem Verrechnungsverbot von Aufwendungen und Erträgen nach § 246 Abs. 2 HGB. Aufgrund letzterer Vorschrift ist nach hier vertretener Auffassung daher z. B. die Nettomethode beim Abschluss des Warenverkehrs, die Verrechnung von Anlagenaufwendungen mit Anlagenerträgen zu „Verlusten" bzw. „Gewinnen" oder die Nettomethode beim Abschluss des Wertpapierverkehrs nicht zulässig.

Generell gilt: Gewinne bzw. Verluste werden als Salden von Aufwendungen und Erträgen errechnet[4], nicht aber, wie bisher vielfach praktiziert, nach Saldierung außerhalb des Kontenzusammenhanges gebucht. Gebucht werden vielmehr ausschließlich Aufwendungen und Erträge → **vgl. dazu die spätere Begründung zur Einrichtung von Aufwands- und Ertragskonten, S. 87**. Durch die Beachtung dieser Regel wird die Transparenz der Buchführung wesentlich erhöht.

Für Personenunternehmen kann die Gewinn- und Verlustrechnung entweder in T-Kreuz- oder in Staffelform nach dem **Gesamtkosten-** oder dem **Umsatzkostenverfahren** erstellt werden. Eine einfach strukturierte Gewinn- und Verlustrechnung eines Einzelunternehmens in T-Kreuz-Form nach dem GESAMTKOSTENVERFAHREN → **Glossar** könnte danach wie folgt aussehen:

Aufwendungen	Gewinn- und Verlustrechnung für den 31.12.20..		Erträge
1. Roh-, Hilfs- und Betriebsstoffaufwendungen	5.000.000	1. Umsatzerlöse	10.000.000
		2. Bestandserhöhung	
2. Lohn- u. Gehaltsaufwendungen	1.400.000	unfertiger u. fertiger	
3. Sozialaufwendungen	400.000	Erzeugnisse	2.000.000
4. Abschreibungen	1.500.000	3. sonstige Erträge	1.000.000
5. Energieaufwendungen	800.000		
6. Kommunikationsaufwendungen	400.000		
7. Zinsaufwendungen	200.000		
8. sonst. Aufwendungen	300.000		
9. Steueraufwendungen	540.000		
10. Gewinn	2.460.000		
	13.000.000		13.000.000

Abbildung 3.1: Gewinn- und Verlustrechnung nach dem Gesamtkostenverfahren (T-Kreuz-Form)

Die Seitensummen der Gewinn- und Verlustrechnung in T-Kreuz-Form haben keine eindeutigen Bezeichnungen. Nicht zutreffend ist die in der Praxis gelegentlich zu findende Bezeichnung „Summe der Aufwendungen" für die linke Seite, wobei der Gewinn zusammen mit den Aufwendungen ebenfalls als „Aufwand" bezeichnet wird. Hingegen wäre die Bezeichnung „Summe der Erträge" für die rechte Seitensumme zwar im Gewinnfall, nicht aber im Verlustfall richtig. Im Verlustfall wird der Verlust auf der Ertragsseite ausgewiesen.

---

4 Insoweit kann das Verrechnungsverbot des § 262 Abs. 2 HGB aber ebenso wenig gelten wie z. B. für den saldierten Ausweis von Bestandsänderungen fertiger und unfertiger Erzeugnisse in der Gewinn- und Verlustrechnung von Industrieunternehmen.

In Staffelform könnte diese Gewinn- und Verlustrechnung nach dem Gesamtkostenverfahren wie folgt dargestellt werden:

1. Umsatzerlöse	10.000.000
2. Erhöhung oder Verminderung des Bestands an fertigen und unfertigen Erzeugnissen	2.000.000
3. sonstige betriebliche Erträge	1.000.000
4. Aufwendungen für Roh-, Hilfs- und Betriebsstoffe	5.000.000
5. Personalaufwand:	
a. Löhne und Gehälter	1.400.000
b. soziale Aufwendungen	400.000
6. Abschreibungen	1.500.000
7. sonstige betriebliche Aufwendungen	1.500.000
8. Zinsen und ähnliche Aufwendungen	200.000
9. Ergebnis der gewöhnlichen Geschäftstätigkeit	3.000.000
10. Steuern vom Ertrag	540.000
11. Gewinn	2.460.000

Abbildung 3.2: Gewinn- und Verlustrechnung nach dem Gesamtkostenverfahren (Staffelform)

Die T-Kreuz-Form hat den Vorteil, dass sie die Input-Output-Relation des Unternehmensgeschehens deutlicher veranschaulicht. In „gestürzter Form" kann die Gewinn- und Verlustrechnung als Wertschöpfungskennzahl dargestellt werden;

$$\frac{\text{Summe der Erträge} \cdot 100}{\text{Summe der Aufwendungen}} = \frac{13.000.000 \cdot 100}{10.540.000} = 123{,}34\,\%$$

Eine wichtige Analysegröße wäre auch die Umsatzrendite. Die obige Kennzahl kann nicht als Umsatzrendite angesehen werden, da nach dem Gesamtkostenverfahren die verursachten Umsatzaufwendungen nicht eindeutig zurechenbar sind; zudem wurden in die Berechnung nicht nur die Umsatzerlöse, sondern auch andere Erträge einbezogen, wobei aus den Lagerbestandserhöhungen zwar Erträge, aber keine Gewinne und somit keine „Renditen" resultieren können.

Für die Berechnung der in letzter Zeit häufig anzuwendenden Kennzahlen **EBIT** (Earning before Interest and Taxes) oder **EBITDA** (Earning before Interest, Taxes, Depreciation and Amortization[5]) mag die Staffelform die bessere Grundlage sein. Danach errechnet sich für das Beispiel ein

EBIT von: 3.000.000,00 € + 200.000,00 € = 3.200.000,00 € sowie ein
EBITDA von: 3.200.000,00 € + 1.500.000,00 € = 4.700.000,00 €.

Der EBITDA soll eine dem Cashflow angenäherte Größe berechnen. Es fehlen aber u. a. die Bereinigungen im Zusammenhang mit der Bildung von Rückstellungen. Außerdem wird das Ergebnis eines gleichsam unverschuldeten Unternehmens, das keine Steuern zahlt, gemessen bzw. es kommt zum Ausdruck, dass Zinszahlungen und Steuern keinen Input für Produktionszwecke darstellen. Neuerdings erklären vor allem Unternehmen, die viel investieren den EBITDA zu ihrem absoluten Rentabilitätskriterium. Damit soll trotz hoher Jahresfehlbeträge die positive Entwicklung des operativen Geschäftes hervorgehoben werden.

Für Kapitalgesellschaften ergibt sich die Gliederung der Aufwendungen und Erträge innerhalb der Gewinn- und Verlustrechnung aus § 275 Abs. 2 HGB (Gesamtkostenverfahren). Daneben ist nach § 275 Abs. 3 HGB auch das sog. Umsatzkostenverfahren möglich, das sich in neuerer Zeit vermehrter Beliebtheit erfreut. Dabei gelten für kleine und mittelgroße Kapitalgesellschaften gemäß § 276 HGB gewisse Erleichterungen. Generell ist für Kapitalgesellschaften aber nur die Staffel- und nicht die T-Kreuz-Form zugelassen (Ausnahme Bankbetriebe).

Die Gewinn- und Verlustrechnung ist nach § 275 Abs. 2 HGB bei Anwendung des **Gesamtkostenverfahrens** wie folgt zu gliedern:

1. Umsatzerlöse
2. Erhöhung oder Verminderung des Bestands an fertigen und unfertigen Erzeugnissen
3. andere aktivierte Eigenleistungen
4. sonstige betriebliche Erträge
5. Materialaufwand:
   a. Aufwendungen für Roh-, Hilfs- und Betriebsstoffe und für bezogene Waren
   b. Aufwendungen für bezogene Leistungen
6. Personalaufwand:
   a. Löhne und Gehälter
   b. soziale Abgaben und Aufwendungen für Altersversorgung und für Unterstützung, davon für Altersversorgung
7. Abschreibungen:
   a. auf immaterielle Vermögensgegenstände des Anlagevermögens und Sachanlagen sowie auf aktivierte Aufwendungen für die Ingangsetzung und Erweiterung des Geschäftsbetriebs
   b. auf Vermögensgegenstände des Umlaufvermögens, soweit diese die in der Kapitalgesellschaft üblichen Abschreibungen überschreiten

---

5 Amortisation is the systematic allocation of the depreciable amount of an intangible asset over its useful life.

8. sonstige betriebliche Aufwendungen
9. Erträge aus Beteiligungen,
   davon aus verbundenen Unternehmen
10. Erträge aus anderen Wertpapieren und Ausleihungen des Finanzanlagevermögens,
    davon aus verbundenen Unternehmen
11. sonstige Zinsen und ähnliche Erträge,
    davon aus verbundenen Unternehmen
12. Abschreibungen auf Finanzanlagen und auf Wertpapiere des Umlaufvermögens
13. Zinsen und ähnliche Aufwendungen,
    davon an verbundene Unternehmen
14. Ergebnis der gewöhnlichen Geschäftstätigkeit
15. außerordentliche Erträge
16. außerordentliche Aufwendungen
17. außerordentliches Ergebnis
18. Steuern vom Einkommen und vom Ertrag
19. sonstige Steuern
20. Jahresüberschuss/Jahresfehlbetrag.

Bei Anwendung des **UMSATZKOSTENVERFAHRENS** → Glossar ist die Gewinn- und Verlustrechnung nach § 275 Abs. 3 HGB wie folgt zu gliedern:
1. Umsatzerlöse
2. Herstellungskosten der zur Erzielung der Umsatzerlöse erbrachten Leistungen
3. Bruttoergebnis vom Umsatz
4. Vertriebskosten
5. allgemeine Verwaltungskosten
6. sonstige betriebliche Erträge
7. sonstige betriebliche Aufwendungen
8. Erträge aus Beteiligungen,
   davon aus verbundenen Unternehmen
9. Erträge aus anderen Wertpapieren und Ausleihungen,
   davon aus verbundenen Unternehmen
10. sonstige Zinsen und ähnliche Erträge,
    davon aus verbundenen Unternehmen
11. Abschreibungen auf Finanzanlagen und auf Wertpapiere des Umlaufvermögens
12. Zinsen und ähnliche Aufwendungen,
    davon an verbundene Unternehmen
13. Ergebnis der gewöhnlichen Geschäftstätigkeit
14. außerordentliche Erträge
15. außerordentliche Aufwendungen
16. außerordentliches Ergebnis
17. Steuern vom Einkommen und vom Ertrag

18. sonstige Steuern
19. Jahresüberschuss/Jahresfehlbetrag

Für Banken gelten ebenso wie für Versicherungen für die Gewinn- und Verlustrechnung gesonderte Gliederungsvorschriften nach den §§ 340 e und 341 a HGB.

3.3 Unterschiede zwischen der Gewinn- und Verlustrechnung nach dem Gesamtkosten- und dem Umsatzkostenverfahren

In neuerer Zeit haben sich deutsche Großunternehmen vermehrt für einen Wechsel von einer Gewinn- und Verlustrechnung nach dem Gesamtkostenverfahren (GKV) zu einer Gewinn- und Verlustrechnung nach dem Umsatzkostenverfahren (UKV) entschieden. Diese Möglichkeit wird seit der Rechnungslegungsreform 1985 für Kapitalgesellschaften ausdrücklich eingeräumt, ist aber in der Praxis zunächst nicht auf große Resonanz gestoßen. Als Gründe für den Wechsel vom Gesamtkostenverfahren zum Umsatzkostenverfahren werden zumeist die verbesserte Vergleichbarkeit für internationale Anleger, aber auch eine Verbesserung der Datenstruktur für Controlling-Zwecke angegeben.

Grundlegende Unterschiede und Gemeinsamkeiten von UKV und GKV:
- Das Gesamtkostenverfahren und das Umsatzkostenverfahren führen für das betrachtet Unternehmen in derselben Abrechnungsperiode stets zum gleichen Ergebnis;
- Unterschiede ergeben sich aber beim Nachweis der Ergebnisverursachung; beim Gesamtkostenverfahren werden primäre Aufwendungen, z. B. Roh- Hilfs- und Betriebsstoffaufwendungen, Lohn-, Gehalts- und Sozialaufwendungen usw., beim Umsatzkostenverfahren werden Sekundäraufwendungen, gegliedert nach den betrieblichen Funktionen Vertrieb und Verwaltung, ausgewiesen; die Funktion Herstellung wird sekundär jedoch nur insoweit dargestellt als die Produktionsleistung zugleich eine Absatzleistung verursacht. Produktionsleistungen, die nicht zugleich Absatzleistungen sind, sind bei Anwendung des Umsatzkostenverfahren nicht zu erkennen;
- der unterschiedliche Ergebnisnachweis bedingt eine unterschiedliche Vorgehensweise bei der Datenerfassung; hier scheint die Erfassung beim Umsatzkostenverfahren komplexer als beim Gesamtkostenverfahren; das Umsatzkostenverfahren erscheint ohne gut ausgebaute Kosten- und Leistungsrechnung kaum darstellbar;
- jedes der beiden Verfahren hat Vorzüge und Nachteile, eine bessere Variante wäre daher, das Ergebnis für ein Unternehmen nach beiden Verfahren darzustellen.

Die unterschiedliche Berechnungs- und Ausweistechnik der beiden Arten der Gewinn- und Verlustrechnung werden mit nachfolgendem Beispiel erläutert.

Beispiel

In einem als Kapitalgesellschaft geführten Fertigungsunternehmen werden in der Abrechnungsperiode 100.000 Stck. eines Produktes produziert. Davon werden 80.000 Stck. für einen Stückpreis von 2,00 €/Stck. ohne Umsatzsteuer verkauft. Die im Zeitpunkt der Gewinnermittlung noch unfertigen Erzeugnisse (20.000 Stck.) haben die Fertigungsstelle II noch nicht erreicht. Aus der Vorperiode werden keine Bestände übernommen. Durch die Produktion werden folgende Aufwendungen verursacht, die sich wie angegeben auf die Hauptkostenstellen[6] verteilen:

	Summen	Material-lager	Ferti-gung I	Ferti-gung II	Verwal-tung	Vertrieb
Rohstoffaufwendungen	35.000		20.000	15.000		
Hilfsstoffaufwendungen	12.000		4.800	7.200		
Betriebsstoffaufwendungen	6.000	1.000	1.400	2.200	400	1.000
Personalaufwendungen	18.000	2.000	4.000	5.000	3.000	4.000
Abschreibungsaufwendungen	12.000	1.000	4.000	3.000	2.000	2.000
sonstige Aufwendungen	17.000	3.000	5.000	4.000	2.000	3.000
Summen	100.000	7.000	39.200	36.400	7.400	10.000

Tabelle 3.1: Zuordnung von Aufwendungen zu betrieblichen Funktionsbereichen

Die Summe der gesamten Kosten des Materiallagers heißen **Materialgemeinkosten**, die Summen der Fertigungsstellen **Fertigungsgemeinkosten**, die Summe der Verwaltungsstelle **Verwaltungsgemeinkosten** und die Summe des Vertriebsbereichs **Vertriebsgemeinkosten**.

Für die einzelnen Betriebsbereiche (Kostenstellen) errechnen sich folgende Kalkulationssätze:

$$\text{Materiallagersatz} = \frac{\text{Materialgemeinkosten}}{\text{Materialeinzelkosten}} = \frac{7.000,00}{35.000,00} = 20\%$$

$$\text{Fertigung I: Verrechnungssatz für 100.000 Stck.} = \frac{\text{Fertigungsgemeinkosten F I}}{\text{produzierte Stückzahl F I}} =$$

$$= \frac{39.200,00 - 20.000,00}{100.000,00} = 0,192 \ [\text{€/Stck.}]$$

---

6 Die Abrechnung von innerbetrieblichen Leistungen bleibt außer Betracht.

Fertigung II: Verrechnungssatz für 80.000 Stck. $= \dfrac{\text{Fertigungsgemeinkosten F II}}{\text{produzierte Stückzahl F II}} =$

$$= \frac{36.400,00 - 15.000,00}{80.000,00} = 0,2675 \; [\text{€}/\text{Stck.}]$$

Die gesamten Herstellkosten der fertigen und unfertigen Erzeugnisse als Basis für die Berechnung der Verwaltungs- und Vertriebsgemeinkosten errechnen sich wie folgt (in €):

Gesamte Herstellkosten = Materialgemeinkosten + Fertigungsgemeinkosten F I
+ Fertigungsgemeinkosten F II
= 7.000,00 + 39.200,00 + 36.400,00 = 82.600,00

Danach errechnen sich folgende Verrechnungssätze für die Verwaltungs- und Vertriebsgemeinkosten[7]:

Verwaltung: Verrechnungssatz für 100.000 Stck. $= \dfrac{\text{Verwaltungsgemeinkosten} \cdot 100}{\text{Herstellkosten}} =$

$$= \frac{7.400,00 \cdot 100}{82.600,00} = 8,96\,\%$$

Für das Umsatzkostenverfahren müssen die Absatzleistungen zu Herstellungskosten bewertet werden. Anders als in der Bilanz werden dabei nicht die vorhandenen, sondern die verkauften Vermögensgegenstände bewertet, was eigentlich unlogisch ist, da verkaufte Gegenstände einen Preis haben bzw. hatten, aber zumindest aus der Sicht des Vermögens des Kaufmanns nicht mehr bewertungsfähig sind. Das Gesetz lässt offen, ob für die Bewertung die Herstellungskosten i. S. d. § 255 Abs. 2 und 3 HGB gemeint sind. Da auch nichts Gegenteiliges festzustellen ist und überdies andernfalls eine nicht zulässige Separation der Gewinn- und Verlustrechnung von der Bilanz erfolgen würde – die verkauften Vermögensgegenstände können nur mit dem Wert abgehen, mit dem sie aktiviert bzw. als Bestandsmehrung gebucht worden sind –, ist für die Berechnung der Herstellungskosten von den Vorschriften in § 255 Abs. 2 und 3 HGB auszugehen, wobei im Beispiel unterstellt wird, dass zwar die Fertigungsgemeinkosten, nicht aber

---

7 Es wird unterstellt, dass auch für die unfertigen Erzeugnisse Verwaltungsarbeiten und Vertriebsmaßnahmen durchgeführt werden. Für die Berechnung der Herstellungskosten nach Umsatzkostenverfahren spielt dies allerdings keine Rolle, da im Beispiel die Verwaltungskosten nicht in die Herstellungskosten eingerechnet werden, obwohl eine Einrechnung möglich wäre.

die Verwaltungsgemeinkosten aktiviert werden.[8] Die Vertriebsgemeinkosten und auch etwaige Sondereinzelkosten des Vertriebs dürfen nicht in die Herstellungskosten einbezogen werden.

Für die beiden Fertigungsstufen errechnen sich damit folgende Herstellungskosten, die bei Nichtausübung des Wahlrechts für den Einbezug der Verwaltungsgemeinkosten zugleich den Herstellkosten der Zuschlagskalkulation entsprechen:

	F I		F II	
	pro Stck.	Summe	pro Stck.	Summe
Materialeinzelkosten	0,20	16.000,00	0,1875	15.000,00
Materialgemeinkosten	0,04	3.200,00	0,0375	3.000,00
Fertigungsgemeinkosten	0,192	15.360,00	0,2675	21.400,00
Herstellungskosten = Herstellkosten	0,432	34.560,00	0,4925	39.400,00

Tabelle 3.2: Berechnung der Herstellungskosten

Auf der Basis der Herstellungskosten errechnen sich danach folgende Umsatzkosten:

80.000 Stck. · 0,432 €/Stck. + 80.000 Stck. · 0,4925 €/Stck. = 34.560,00 € + 39.400,00 € = 73.960,00 €.

Die Gewinn- und Verlustrechnung nach dem Gesamtkostenverfahren und in (für Kapitalgesellschaften jedoch nicht zulässiger) T-Kreuz-Form hätte für das Beispiel folgendes Aussehen:

---

8 Der Wortlaut in § 255 Abs. 2 HGB ist nicht auf die Bewertung von Bilanzansätzen beschränkt. Der zweite Unterabschnitt, in dem die Herstellungskosten definiert werden, bezieht sich auf den Jahresabschluss. Teil des Jahresabschlusses ist auch die Gewinn- und Verlustrechnung.

Aufwendungen	Gewinn- und Verlustrechnung für den 31.12.20..		Erträge
1. Rohstoffaufwendungen	35.000,00	1. Umsatzerlöse	160.000,00
2. Hilfsstoffaufwendungen	12.000,00	2. Bestandserhöhung	
3. Betriebsstoffaufwendungen	6.000,00	unfertiger u. fertiger	
4. Personalaufwendungen	18.000,00	Erzeugnisse	8.640,00
5. Abschreibungsaufwendungen	12.000,00		
6. sonstige Aufwendungen	17.000,00		
7. Jahresüberschuss	68.640,00		
	168.640,00		168.640,00

Abbildung 3.3: Gewinn- und Verlustrechnung nach dem Gesamtkostenverfahren (T-Kreuz-Form)

In Staffelform hätte die Gewinn- und Verlustrechnung nach dem Gesamtkostenverfahren für das Beispiel folgendes Aussehen:

1. Umsatzerlöse	160.000,00
2. Erhöhung oder Verminderung des Bestands an fertigen und unfertigen Erzeugnissen	8.640,00
3. Aufwendungen für Roh-, Hilfs- und Betriebsstoffe	53.000,00
4. Personalaufwendungen	18.000,00
5. Abschreibungen	12.000,00
6. sonstige betriebliche Aufwendungen	17.000,00
7. Ergebnis der gewöhnlichen Geschäftstätigkeit	68.640,00
8. Jahresüberschuss	68.640,00

Abbildung 3.4: Gewinn- und Verlustrechnung nach dem Gesamtkostenverfahren (Staffelform)

Nach dem Umsatzkostenverfahren hätte die Gewinn- und Verlustrechnung in (für Kapitalgesellschaften jedoch nicht zulässiger) T-Kreuz-Form für das Beispiel folgendes Aussehen:

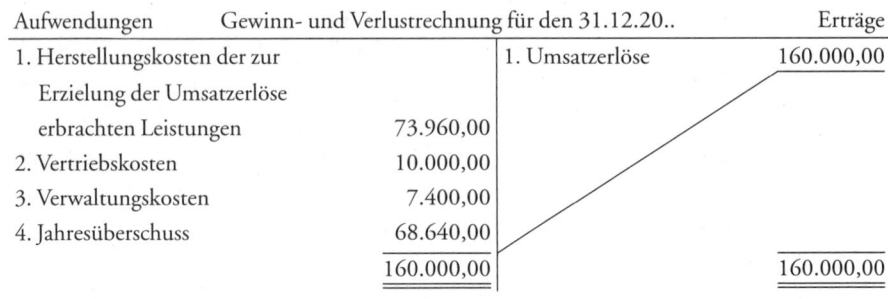

Abbildung 3.5:
Aufwendungen	Gewinn- und Verlustrechnung für den 31.12.20..		Erträge
1. Herstellungskosten der zur Erzielung der Umsatzerlöse erbrachten Leistungen	73.960,00	1. Umsatzerlöse	160.000,00
2. Vertriebskosten	10.000,00		
3. Verwaltungskosten	7.400,00		
4. Jahresüberschuss	68.640,00		
	160.000,00		160.000,00

Abbildung 3.5: Gewinn- und Verlustrechnung nach dem Umsatzkostenverfahren (T-Kreuz-Form)

Nach dem Umsatzkostenverfahren in Staffelform hätte die Gewinn- und Verlustrechnung schließlich folgendes Aussehen:

1. Umsatzerlöse	160.000,00
2. Herstellungskosten der zur Erzielung der Umsatzerlöse erbrachten Leistungen	73.960,00
3. Bruttoergebnis vom Umsatz	86.040,00
4. Vertriebskosten	10.000,00
5. allgemeine Verwaltungskosten	7.400,00
6. Ergebnis der gewöhnlichen Geschäftstätigkeit	68.640,00
7. Jahresüberschuss	68.640,00

Abbildung 3.6: Gewinn- und Verlustrechnung nach dem Umsatzkostenverfahren (Staffelform)

Beim Umsatzkostenverfahren werden also weder die Lagerproduktion der fertigen Erzeugnisse, noch die sich in der Fertigung befindlichen unfertigen Erzeugnisse als Wertschöpfung ausgewiesen. Im Beispiel ist dies der Betrag von 8.640,00 €. Von den gesamten Aufwendungen in Höhe von 100.000,00 € wird der Anteil der unfertigen Erzeugnisse in Höhe von 20.000 Stck. · 0,432 €/Stck. = 8.640,00 € nicht als Aufwand ausgewiesen. Ausgewiesen werden aber sämtliche Verwaltungskosten und Vertriebskosten, einschließlich der Sondereinzelkosten des Vertriebs. Dabei ergibt sich kein Unterschied zum Gesamtkostenverfahren, dort werden diese „Kosten" ebenfalls als Aufwendungen – allerdings unter den Primärbezeichnungen – ausgewiesen.

Der Gesetzgeber hat die Schwächen und Vorzüge der beiden Gewinn- und Verlustrechnungen sicherlich zum Teil erkannt. Er hat daher z. B. in § 285 Nr. 8 HGB für Kapitalgesellschaften vorgeschrieben, dass bei Anwendung des Umsatzkostenverfahren der Materialaufwand und auch der Personalaufwand des Geschäftsjahres in gleicher Weise gegliedert wie beim Gesamtkostenverfahren im Anhang anzugeben ist.

3.4 Verhältnis der Gewinn- und Verlustrechnung zur Bilanz

Nicht selten ist die Meinung anzutreffen, die Gewinn- und Verlustrechnung sei ein (völlig) eigenständiges Gebilde neben der Bilanz. Gefördert wird diese Meinung sicherlich auch durch die (optische) Trennung der Rechnungslegungsvorschriften für die Bilanz- und Gewinn- und Verlustrechnung im HGB. Dies führt und führte in der Vergangenheit z. B. auch zu der oben bereits angesprochenen intensiven Diskussion, ob der Begriff der Herstellungskosten in § 275 Abs. 3 Nr. 2 HGB ein anderer ist als der Begriff der Herstellungskosten in § 255 Abs. 2 und 3 HGB.

In der Gewinn- und Verlustrechnung werden die nicht privat oder gesellschaftsrechtlich veranlassten **Änderungen** des Eigenkapitals – also die Aufwendungen und Erträge – einer Abrechnungsperiode gruppiert und summiert dargestellt. Die Gewinn- und Verlustrechnung steht also nicht beziehungslos neben der Bilanz, sondern stellt eine **Ausgliederung** der nicht privat oder gesellschaftsrechtlich veranlassten Bestandsänderungen des Eigenkapitals aus der Bilanz dar. Grundsätzlich könnte der Gewinn (Verlust) eines Jahres auch ohne eine Gewinn- und Verlustrechnung – allein mit Hilfe zweier aufeinander folgender Bilanzen – durch Eigenkapitalvergleich berechnet werden. Änderungen in der Gewinn- und Verlustrechnung sind Änderungen des Eigenkapitals und damit immer zugleich Änderungen der Bilanz. Ähnliche Ausgliederungen könnten für alle Bilanzposten vorgenommen werden. Soweit in diesen Ausgliederungen die Bestände einbezogen werden, liegen abrechnungstechnisch die in der laufenden Buchführung zu führenden Bestandskonten vor.

Zusammenfassung

Die Gewinn- und Verlustrechnung ist eine Gegenüberstellung von Erträgen und Aufwendungen eines Geschäftsjahres zum Zweck der Gewinn- bzw. Verlustberechnung und zur Darstellung der Erfolgsquellen. Für Kapitalgesellschaften ist nach § 275 HGB allerdings die Staffelform vorgeschrieben, wobei bezüglich der Darstellung der Erfolgsquellen zwischen dem Gesamtkosten- und dem Umsatzkostenverfahren gewählt werden kann.

Kontrollfragen

1. Wie sind Aufwendungen und Erträge definiert?
2. Wodurch werden Aufwendungen und Erträge verursacht?
3. Wie ist der handelsrechtliche Gewinn bzw. Verlust definiert?
4. Wie ist eine handelsrechtliche Gewinn- und Verlustrechnung gegliedert?
5. Wie ist eine Gewinn- und Verlustrechnung nach dem Gesamtkostenverfahren und dem Umsatzkostenverfahren zu gliedern?
6. Worin liegen die entscheidenden Unterschiede zwischen Gewinn- und Verlustrechnung nach dem Gesamtkosten- und dem Umsatzkostenverfahren?
7. Was versteht man unter EBIT und EBITDA?
8. Welche Beziehung besteht zwischen Gewinn- und Verlustrechnung und Bilanz?

Übungsaufgabe

In einer Industrieunternehmung in der Rechtsform einer GmbH sind für den 31.12.07 folgende Daten gegeben:
Lizenz für Anwender-Software 750.000,00 €; Grund und Boden bebauter Grundstücke 800.000,00 €; Gebäude 756.000,00 €; Maschinen 345.000,00 €; Werkstattausstattung 755.000,00 €; Werkzeuge 80.000,00 € (Festwert); Büroeinrichtung 230.000,00 €; Fuhrpark 450.000,00 €; Wertpapiere des Anlagevermögens 120.000,00 €; Rohstoffe 550.000,00 €; Einbauteile 300.000,00 €; Vorprodukte 230.000,00 €; Hilfsstoffe 340.000,00 €; Heizöl 30.000,00 €; Büromaterial 20.000,00 € (Festwert); Reparaturmaterial 40.000,00 €; Warenvorräte 120.000,00 €; unfertige Erzeugnisse 430.000,00 €; fertige Erzeugnisse 780.000,00 €; Forderungen aus Lieferungen und Leistungen 1.190.000,00 €; Besitzwechsel 59.500,00 €; Forderungen an Lieferanten 95.000,00 €; eigene Vorschusszahlungen (netto) an Handwerker 50.000,00 €; eigene Vorschusszahlungen für Zeitlöhne an Arbeitnehmer 45.000,00 €; Abschlagszahlungen (netto) an Energieversorgungsträger 120.000,00 €; vom Steuerberater errechnete Körperschaftsteuererstattung 10.000,00 €, ein Steuerbescheid liegt noch nicht vor; Bankguthaben Deutsche Bank Kto. 35617453 604.000,00 €; Bankverbindlichkeiten Deutsche Bank Kto. 34447652 234.000,00 €; Verbindlichkeiten Sparkasse Kto. 345672 345.000,00 €; Bargeldbestand 23.000,00 €; Summe Empfangsbestätigungen von Bargeld für Geschäftsreisende 5.000,00 €; Disagio 15.000,00 €; Gezeichnetes Kapital 1.750.000,00 €; Gewinnrücklagen 2.500.000,00 €; Rückstellungen für Pensionen 650.000,00 €; Rückstellungen für Steuern 230.000,00 €; Rückstellungen für Garantiezusagen 340.000,00 €; Rückstellungen für Bonizusagen 80.000,00 €; Rückstellungen für Prozesskosten 65.000,00 €; Bankdarlehen von der Deutschen Bank Kto. 3777652 500.000,00 € (davon 500.000,00 € durch Grundpfandrechte gesichert); Verbindlich-

keiten für am 31.12.2007 fällige Bankzinsen 68.000,00 €; Verbindlichkeiten aus Lieferungen und Leistungen 595.000,00 €, bei der Zahlung der Verbindlichkeiten im nächsten Jahr werden 9.000,00 € Skonto abgezogen; Schuldwechsel 59.500,00 €; Verbindlichkeiten für Lohn-, Kirchensteuer und Solidaritätszuschlag 40.000,00 €; Verbindlichkeiten für Sozialversicherung und andere soziale Ausgaben 126.000,00 €; Umsatzsteuerschuld 35.000,00 €; für 2008 erhaltene Mietvorauszahlungen 20.000,00 €. Die Restlaufzeit der Verbindlichkeiten beträgt weniger als ein Jahr; das Bankdarlehen hat eine Restlaufzeit von 4 Jahren.

Umsatzerlöse 37.000.000,00 €; Erhöhung des Bestandes an fertigen und unfertigen Erzeugnissen 650.000,00 €; sonstige betriebliche Erträge 420.000,00 €; Aufwendungen für Roh-, Hilfs- und Betriebsstoffe und für bezogene Waren 22.200.000,00 €; Aufwendungen für bezogene Leistungen 1.200.000,00 €; Löhne und Gehälter 6.660.000,00 €; soziale Abgaben und Aufwendungen für Altersversorgung und für Unterstützung 1.562.000,00 € (davon für Altersversorgung 50.000,00 €); Abschreibungen auf immaterielle Vermögensgegenstände des Anlagevermögens und Sachanlagen 950.000,00 €; sonstige betriebliche Aufwendungen 2.860.000,00 €; Erträge aus Wertpapieren 6.000,00 €; sonstige Zinsen und ähnliche Erträge 20.000,00 €; Zinsen und ähnliche Aufwendungen 74.000,00 €; außerordentliche Erträge 41.000,00 €; außerordentliche Aufwendungen 31.000,00 €; Steuern vom Einkommen und Ertrag nach Steuererstattungen 790.000,00 €; sonstige Steuern 120.000,00 €.

Aufgaben

1. Der Jahresabschluss bestehend aus Bilanz und Gewinn- und Verlustrechnung ist unter besonderer Beachtung der §§ 266, 275 HGB aufzustellen. Die Gewinn- und Verlustrechnung ist dabei nach dem Gesamtkostenverfahren aufzustellen.
2. Aus welchen Bilanzposten sind Informationen über die Art bzw. Branchenzugehörigkeit des Unternehmens abzuleiten?
3. Wie sind die Bilanzposten sonstige Vermögensgegenstände und aktive Rechnungsabgrenzungsposten bzw. sonstige Verbindlichkeiten und passive Rechnungsabgrenzungsposten voneinander abzugrenzen?
4. Welche gliederungstechnischen und inhaltlichen Unzulänglichkeiten (Fehler) weisen die §§ 266, 275 HGB auf?
5. Welche Änderungen ergäben sich, wenn der Jahresabschluss für ein Einzelunternehmen aufzustellen wäre?
6. Welcher Zusammenhang besteht zwischen Rücklagen und Geldvermögen?
7. Warum ist es nicht möglich, aufgrund der gegebenen Daten eine Gewinn- und Verlustrechnung nach dem Umsatzkostenverfahren aufzustellen?

4 Grundlegendes zur Verbuchung laufender Geschäftsvorfälle

4.1 Vorüberlegung

Das HGB enthält nur wenige Vorschriften zur Organisation und praktischen Durchführung der laufenden Buchführung. Einige Ergänzungen für steuerliche Zwecke sind den §§ 140 ff. Abgabenordnung mit zugehörigen Erlassen enthalten. Die Praxis der laufenden Buchführung erfolgt heute überwiegend auf der Grundlage einiger Konkretisierungen durch Rechtsprechung sowie nach den Grundsätzen und Regeln eines langjährigen kaufmännischen Gewohnheitsrechts, das auch durch technische Neuerungen stetig fortgebildet wird. Das HGB selbst enthält keine präzisen Vorschriften zur Art der zu führenden Handelsbücher: es gibt keine Auskunft über die Führung von Konten sowie die Bildung von Buchungssätzen usw. Aus § 238 Abs. 1 HGB ergibt sich zunächst die Verpflichtung zur buchmäßigen Erfassung („Verbuchung") von Geschäftsvorfällen. Danach hat der Kaufmann in den von ihm zu führenden Büchern seine Handelsgeschäfte „ersichtlich" zu machen. Es besteht Einigkeit darüber, dass als Handelsgeschäfte nicht nur solche im Sinne von § 343 HGB gelten, sondern dass der Begriff weiter zu fassen ist. Dies lässt sich damit begründen, dass in § 238 Abs. 1 HGB die Begriffe Handelsgeschäfte und Geschäftsvorfälle nebeneinander gebraucht werden. Im Folgenden soll daher allgemein von Geschäftsvorfällen gesprochen werden.

Die Praxis der Verbuchung laufender Geschäftsvorfälle setzt vom Buchführenden die Beantwortung folgender Fragen voraus:
1. Was versteht man unter Buchen?
2. Was ist in der Buchführung zu buchen bzw. welche Sachverhalte sind zugleich buchungspflichtige Geschäftsvorfälle?
3. Wie sind die buchungspflichtigen Geschäftsvorfälle in der Praxis zu erfassen?
4. Wo sind die buchungspflichtigen Geschäftsvorfälle zu verbuchen?
5. Wie sind die buchungspflichtigen Geschäftsvorfälle zu verbuchen?
6. Wann sind die buchungspflichtigen Geschäftsvorfälle zu verbuchen?

4.2 Regeln und Grundsätze zur Technik der laufenden Verbuchung von Geschäftsvorfällen

4.2.1 Definition des Buchungsbegriffes

Die Beantwortung der Frage, welche Sachverhalte in der Finanzbuchführung zu verbuchen sind, setzt zunächst die Klärung des Begriffes „Buchen" bzw. „Buchung" voraus.

> **Merksatz**
> Unter **Buchen** im weitesten Sinne könnte man jede (schriftliche) Fixierung (Abspeicherung) von (geschäftlichen) Vorgängen (Ereignissen) verstehen.
> In der Praxis wird unter **Buchung** gelegentlich nur die Aufzeichnung im Hauptbuch der doppelten Buchführung verstanden. Abweichend davon wird im Folgenden unter BUCHUNG → Glossar jede (ordnungsgemäße) Aufzeichnung in den vom Kaufmann pflichtgemäß oder freiwillig zu führenden Büchern verstanden.

Gebucht werden danach nicht nur Geschäftsvorfälle, sondern auch abrechnungstechnische Maßnahmen ohne realen Hintergrund. Abrechnungstechnische Maßnahmen in diesem Sinne sind z. B. Umbuchungen von Differenzen, Fehlerbeseitigungen (Stornierungen) oder Buchungen, die ausschließlich Abschlusszwecken der Buchführung dienen. Buchführung in diesem Sinne ist zugleich Datenverarbeitung. Ein Geschäftsvorfall ist gebucht, wenn er in den jeweiligen Geschäftsbüchern regelgerecht eingetragen ist, das bedeutet insbesondere, dass die wertmäßige Fortschreibung der betroffenen Bilanzposten eindeutig dokumentiert ist. Ob die Fortschreibung der Bilanzposten dabei auf elektronischem oder wie früher auf (hand-) schriftlichem Wege erfolgt, ist für den Abschluss einer Buchung grundsätzlich unerheblich.

4.2.2 Abgrenzung der buchungspflichtigen Geschäftsvorfälle

Es wurde bereits dargelegt, dass die laufende Verbuchung von Geschäftsvorfällen unmittelbar an den potentiellen Bilanzinhalt anknüpft. Ohne Kenntnis des Bilanzinhaltes kann der Umfang der buchungspflichtigen Geschäftsvorfälle daher nicht zuverlässig abgegrenzt werden.

BUCHUNGSPFLICHTIGE GESCHÄFTSVORFÄLLE → Glossar sind damit alle Geschäftsvorfälle (Sachverhalte), die Bilanzposten **wertmäßig** verändern. Eine Verbuchung ist erst vorzunehmen, wenn sich die in den Bilanzposten abgebildeten Bestände verändert haben. Der Änderungszeitpunkt des Bilanzpostens ist zugleich der (ideale) Buchungszeitpunkt für den betreffenden Geschäftsvorfall.

Merksatz

Alle Geschäftsvorfälle, die grundsätzlich eine Änderung von Bilanzposten herbeiführen können, werden als **buchungsfähige Geschäftsvorfälle** bezeichnet. Soweit für grundsätzlich buchungsfähige Geschäftsvorfälle bereits rechtliche Folgen eingetreten sind, ohne dass sich Bilanzposten geändert haben, spricht man von **schwebenden Geschäftsvorfällen bzw. Geschäften.**

Wichtige Beispiele schwebender Geschäfte sind eigene oder erhaltene Bestellungen oder Auftragsbestätigungen, Vorgänge, die sich erst durch Zeitablauf oder Zählerablesung erfüllen, z. B. Mieten, Pachten, Stromlieferungen, Fernwärmelieferungen, Lieferung von Telefonnutzungen u. a. Solange von der Seite des Liefernden, rechtlich nicht erfüllt ist, obwohl bereits wirtschaftliche Folgen eingetreten sind, sind die Geschäfte schwebend und damit noch nicht buchungsfähig. Bei einigen Geschäften kann bzw. muss die wirtschaftliche Realisierung ohne rechtliche Erfüllung, z. B. der laufende Stromverbrauch ohne Zählerablesung, durch die Einbuchung einer unsicheren Schuld verbucht werden. Bei Absatzgeschäften gibt es solche Möglichkeiten nicht, da die Einbuchung unsicherer Forderungen nicht erlaubt ist. Gerade in diesem Bereich werden in der Praxis nicht selten Fehler begangen und Erfolge zu früh ausgewiesen. Dies sei nochmals an folgendem Beispiel verdeutlicht:

Beispiel

Aufgrund des imparitätisch gefassten Realisationsprinzips dürfen (müssen) zwar ungewisse Verluste (Aufwendungen), nicht aber ungewisse Gewinne (Erträge) verbucht werden. Dabei beschränkt sich das Verbot des Ausweises ungewisser Gewinne nicht nur auf die Verbuchung von Wertzuwächsen über die Anschaffungskosten hinaus (Verbot der Buchung von Sachverhalten, die durch ihre Nichtbuchung sog. stille Reserven verursachen), sondern beinhaltet auch ein Ausweisverbot für ungewisse Forderungen. Angenommen, ein Kaufmann hat von einem Kunden bereits bezahlte, aber zur Aufbewahrung zurückgelassene Waren durch eine Unvorsichtigkeit beschädigt. Soweit am Jahresende die Höhe der vom Kaufmann zu leistenden Reparaturaufwendungen zwar dem Grunde nach, nicht aber der Höhe nach nicht endgültig feststeht, muss in Höhe der geschätzten Reparaturaufwendungen eine Rückstellung gebildet werden. Für die am Jahresende noch offene Frage, ob bzw. in welchem Umfang die betriebliche Haftpflichtversicherung die Reparaturaufwendungen ersetzt, darf hingegen keine ungewisse Forderung gebildet werden. Dies gilt nicht nur für im fraglichen Buchungszeitpunkt ungewisse (echte) Schadenersatzleistungen, sondern für sämtliche nicht rechtsverbindliche Forderungszusagen, z. B. Bonizusagen oder Gutschriftanzeigen an Kunden.

Andere noch nicht buchungsfähige Geschäfte sind z. B. während des Jahres noch nicht realisierte Steuerverpflichtungen, wobei auch zu berücksichtigen ist, dass sich z. B. unterjährige Steuerschuld am Jahresende zu einer Steuerrückerstattung wandeln kann und umgekehrt.

Innerhalb der grundsätzlich buchungsfähigen Geschäftsvorfälle sind schließlich noch solche zu unterscheiden, die grundsätzlich gebucht werden könnten, aber „üblicher Weise" nicht gebucht werden. Zu dieser Gruppe gehören (räumliche) Umschichtungen innerhalb desselben Bilanzpostens, z. B. Wechsel von Bargeld oder Entnahme von Bargeld aus der Betriebskasse zur späteren Verwendung für betriebliche Zwecke, etwa für eine Geschäftsreise oder das Auftanken des betrieblichen Fuhrparks an der zum Betriebsvermögen gehörenden Tankstelle.

Nicht buchungsfähige Geschäftsvorfälle sind zunächst rein mengenmäßige („wertlose") Bestandsänderungen des Vermögens. Beispiele für in diesem Sinne wertlose mengenmäßige Bestands**mehrungen** wären etwa der Erhalt von Werbeprospektmaterial, die Zuteilung von Telefonbüchern, kleinere Werbegeschenke von Lieferanten, aber auch wertvolle Sachgeschenke von Geschäftsfreunden, z. B. Maschinen oder Geschäftsfahrzeuge. Beispiele für nicht buchungspflichtige mengenmäßige Bestands**minderungen** wären der Abgang der vorher genannten Gegenstücke durch betrieblichen (z. B. Beseitigung als Abfall) oder privaten Verbrauch, aber auch durch Diebstahl oder Naturkatastrophen. Hingegen wäre der Diebstahl oder die Vernichtung von Gegenständen, für die Anschaffungsausgaben entstanden sind, ein mengen- und zugleich wertmäßiger Abgang und damit ein buchungspflichtiger Vorfall.

Eine weitere Gruppe nicht buchungsfähiger Geschäftsvorfälle ergibt sich aufgrund ausdrücklicher oder impliziter gesetzlicher Ansatz- und Bewertungsverbote:
- Rein private Vorgänge (Abgrenzung **BETRIEBSVERMÖGEN** → Glossar nach § 240 Abs. 1 HGB),
- der unentgeltliche Erwerb immaterieller Vermögensgegenstände des Anlagevermögens (§ 248 Abs. 2 HGB),
- der unentgeltliche Erwerb von Dienstleistungen und Nutzungen (§ 240 Abs. 1 HGB),
- der Diebstahl oder sonstige Verluste von Dienstleistungen und Nutzungen (§ 240 Abs. 1 HGB),
- die eigene Arbeitsleistung des Kaufmanns (§ 240 Abs. 1 HGB),
- die Werterhöhungen von Vermögensgegenständen, die die Anschaffungs- oder Herstellungskosten übersteigen (§ 253 Abs. 1 HGB),
- die unentgeltliche Gewährung von Dienstleistungen und Nutzungen an Kunden (§ 240 Abs. 1 HGB).

Ein besonderes Problem stellt die Beschaffung **nicht werterhöhender** Dienstleistungen und Nutzungen dar. Hier wird im Beschaffungszeitpunkt lediglich der Abgang der Gegenleistung, z. B. Barzahlung oder Überweisung, verbucht, der zugleich Aufwand in Form der sofort als verbraucht geltenden Dienstleistungen oder Nutzungen verursacht. Der Zugang der Dienstleistungen und Nutzungen darf nicht gebucht werden. Nicht gebucht wird auch der Verbrauch von im Unternehmen selbst erstellten Dienstleistungen und Nutzungen, z. B. km-Leistungen des Fuhrparks, Wärmeerzeugung der eigenen Heizung, Büro- oder Buchführungsleistungen der eigenen EDV-Abteilung oder Reparaturleistungen der eigenen Reparaturabteilung. Diese sog. „**innerbetrieblichen Leistungen**" werden aber in einer Kosten- und Leistungsrechnung erfasst.

Abbildung 4.1: Gliederung der Geschäftsvorfälle nach ihrer Buchungsfähigkeit

4.2.3 Erfassung der buchungspflichtigen Geschäftsvorfälle

Die Erstaufzeichnung von Geschäftsvorfällen erfolgt auf **Belegen**. Schriftliche Belege bilden daher die **wichtigste Grundlage** für die **vollständige Erfassung** der buchungspflichtigen Geschäftsvorfälle. Diese Aussage gilt zunächst für alle **Geschäftsbelege**. Geschäftsbelege entstehen entweder durch den laufenden Geschäftsbetrieb; sie werden oft auch als natürliche Belege bezeichnet. Geschäftsbelege sind entweder externe Belege (**Fremdbelege**), die aus dem Verkehr des Unternehmens mit seiner Umwelt resultieren. Daneben werden Belege für rein innerbetriebliche Vorgänge (interne Belege) stets selbst erstellt, sind also zugleich stets sog. **laufende Eigenbelege**. Eigenbelege können aber zugleich Ersatzbelege für buchungspflichtige Geschäftsvorfälle mit Geschäftspartnern sein, für die im Buchungszeitpunkt noch keine Fremdbelege vorhanden sind. Eigenbelege werden schließlich stets für buchungstechnische Maßnahmen, z. B. Umbuchungen, Stornobuchungen oder Sammelbuchungen, erzeugt.

Beispiel

Fremdbelege (externe Belege):

Beschaffungsbereich: Einkaufs-, Dienstleistungs- und Pachtverträge, Bestellbestätigungen, Lieferscheine, Eingangsrechnungen;

Absatzbereich: Bestellungen (Aufträge), Durchschriften von Auftragsbestätigungen, Lieferscheinen und Ausgangsrechnungen, Transportkostenbelege;

Finanzbereich: Kontoauszüge von Geldinstituten, Zahlungsanweisungen, Quittungen, Darlehensverträge, Schecks, Überweisungen, Lastschriften, Wechsel;

Sonstiger Bereich: Steuererklärungen, Steuerbescheide, Spendenquittungen, Verlustanzeigen.

Laufende Eigenbelege (interne Belege):

Lohn- und Gehaltslisten, Materialentnahme- und -rückgabescheine, Aufstellungen über Rechenzeiten, Belege für Privatentnahmen und Privateinlagen.

Nicht jeder Geschäftsbeleg löst selbstverständlich eine Buchung aus, ist daher zugleich ein **Buchungsbeleg**. Dies gilt z. B. grundsätzlich für Bestellbelege, Auftragsbestätigungen, Lieferscheine (nur Mengenangaben), Einlieferungsnachweise u. a. Andererseits muss der Buchführungspflichtige aufgrund seiner Kenntnis des Unternehmensgeschehens prüfen, ob nach den Grundsätzen über die Abgrenzung buchungspflichtiger Geschäftsvorfälle Vorgänge stattgefunden haben, für die zwar noch keine Belege vorhanden sind, die aber aufgrund wertmäßiger Veränderungen von Bilanzposten buchungspflichtig sind. Für die Vollständigkeitsprüfung der buchungspflichtigen Geschäftsvorfälle geben die vorhanden Belege objektive Anhaltspunkte, aber keine zuverlässige Abgrenzung für eine Vollständigkeitskontrolle, da buchungspflichtige Geschäftsvorfälle existieren können, für die noch keine Fremdbelege oder Eigenbelege vorhanden sind. Da in der Buchführung der Grundsatz gilt

„keine Buchung ohne Beleg",

müssen für diese Geschäftsvorfälle (vorläufig) Eigenbelege erstellt werden.

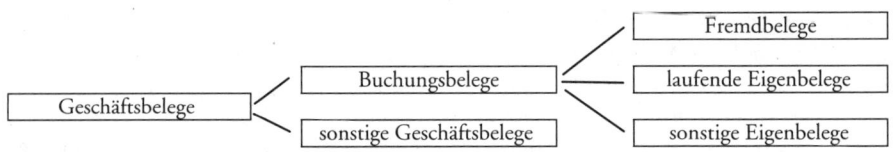

Abbildung 4.2: Gliederung der Buchungsbelege

Nach § 257 Abs. 1 Nr. 4 HGB sind Buchungsbelege geordnet aufzubewahren. Nicht nur aufgrund dieser Vorschrift, sondern auch aus Gründen der Rationalisierung des Betriebsablaufes benötigt jedes (buchführungspflichtige) Unternehmen eine angemessene Belegorganisation bzw. eine entsprechende Archivierungssoftware. Gemäß Abs. 4 dieser Vorschrift sind **Buchungsbelege zehn Jahre** aufzubewahren. Die Aufbewahrungsfrist beginnt nach Abs. 5 mit dem Schluss des Kalenderjahres in dem der Buchungsbeleg entstanden ist.

Die **Buchungsbelege** werden für die Zwecke der Verarbeitung (z. B. für die Bildung von **Beleg**- bzw. **Buchungskreisen**) und Belegablage in kleineren Buchhaltungen in fünf Belegkreise eingeteilt:

- Eingangsrechnungen (Eingangsfakturen),
- Ausgangsrechnungen (Ausgangsfakturen),
- Bankbelege,
- Kassenbelege und
- sonstige Buchungsbelege.

Zur Erleichterung der Nachprüfung und der Eingrenzung von Fehlerfeldern werden die Belege innerhalb der Sachgruppen – numerisch aufsteigend zum Jahresanfang beginnend mit „1" – durchnummeriert. Die Ordnung nach sachlichen Gesichtspunkten ist zudem die Voraussetzung für die Durchführung von Sammelbuchungen, die richtige Reihenfolge der Buchungen sowie für die Verbindung der Buchungen in den Büchern und zugehörigen Belegen.

Ein in der Praxis vor allem in der EDV-Buchführung häufig anzutreffendes System für die Belegnummerierung mit vierstelligen Nummern ist nachfolgend dargestellt:

1. Eingangsrechnungen (Kreditorenbuchhaltung) Buchungskreis 1: Belegnummern 1000–1999;
2. Ausgangsrechnungen (Debitorenbuchhaltung) Buchungskreis 2: Belegnummern 2000–2999;
3. Bankbelege (Hauptbuchhaltung, Finanzbuchhaltung) Buchungskreis 3: Belegnummern 3000–3999;
4. Kassenbelege (Hauptbuchhaltung, Finanzbuchhaltung) Buchungskreis 4: Belegnummern 4000–4999;
5. Materialentnahmescheine (Materialbuchhaltung bzw. Materialwirtschaft) Buchungskreis 5: Belegnummern 5000–5999;
6. Lohn- und Gehaltsabrechnungen (Lohnbuchhaltung) Buchungskreis 6: Belegnummern 6000–6999;
7. sonstige Geschäftsvorfälle (Hauptbuchhaltung) Buchungskreis 7: Belegnummern 7000–7999;
8. vorbereitende Abschlussbuchungen (Hauptbuchhaltung) Buchungskreis 8: Belegnummern 8000–8999.

4.3 Verbuchung (Aufzeichnung) der buchungspflichtigen Geschäftsvorfälle in den Büchern der Buchführung

4.3.1 Bücher der Finanzbuchführung

Nachdem bislang geklärt wurde, **welche** Geschäftsvorfälle verbucht werden müssen und **wie** diese Geschäftsvorfälle grundsätzlich zu erfassen sind, ergibt sich zwangsläufig die Frage, **wo** die buchungspflichtigen Geschäftsvorfälle zu verbuchen sind. Genügt die Führung eines Buches oder sind mehrere selbständige Bücher zu führen bzw. ist überhaupt eine Führung von (gebundenen) Büchern erforderlich? Das HGB enthält keine direkte Antwort auf diese Frage. Aus den §§ 238, 239 HGB wird lediglich deutlich, dass die Führung eines einzigen Buches im Allgemeinen nicht ausreicht. Im Übrigen wird in § 239 Abs. 4 HGB ein Sonderfall der Führung von Büchern angesprochen, der allerdings durch den Einsatz von EDV-Buchführungssystemen zunehmend an Bedeutung gewinnt.

Konkretere Hinweise über die Art und Anzahl der zu führenden Bücher ergeben sich aus der Rechtsprechung des Bundesfinanzhofes. Danach sind für die rechtliche Anerkennung eines Buchungssystems als ordnungsmäßige Buchführung mindestens folgende Bücher zu führen:
- ein oder mehrere **Grundbücher** zur fortlaufenden Erfassung aller baren und unbaren Geschäftsvorfälle [vgl. z. B. BFH-Urteil vom 23.9.1966 VI 117/65, BStBl. 1967 III, S. 23],
- ein oder mehrere Geschäftsfreundebücher (**Kontokorrentbücher**) zur gesonderten Aufzeichnung der (unbaren) Geschäftsbeziehungen mit Lieferanten und Kunden [vgl. ebenda sowie BFH-Urteil vom 18.2.1966 VI 326/65, BStBl. 1966 III, S. 496],
- Inventar- und Bilanzbücher, in denen die Ergebnisse des Jahresabschlusses aufgezeichnet werden [vgl. z. B. BFH-Urteile vom 1.12.1960 IV 14/58, HFR 1961, Nr. 261 und vom 25.3.1966 VI 313/65, BStBl. 1966 III, S. 487, allerdings jeweils nur mit indirekten Hinweisen].

Der nach dieser Rechtsprechung abgegrenzte Mindestumfang der zu führenden Bücher einer im rechtlichen Sinne anzuerkennenden Buchführung bildet zugleich das Büchersystem der sog. **einfachen Buchführung**. Nach handelsrechtlichen Rechnungslegungsvorschriften ist das System der einfachen Buchführung allerdings nicht anwendbar. Aufgrund der §§ 242 Abs. 2 und 246 Abs. 2 HGB müssen Aufwendungen und Erträge verbucht werden, eine Anforderung, die vom System der einfachen Buchführung nicht erfüllt wird. Zwar ist damit das System der DOPPELTEN BUCHFÜHRUNG → Glossar nicht direkt vorgeschrieben, eine denkbare Zwischenlösung, die z. B. auf die Führung von Bestandskonten verzichtet, erscheint aber – abgesehen von einer möglichen Vereinbarkeit mit den Grundsätzen ordnungsmäßiger Buchführung (GoB) – grundsätzlich wenig sinnvoll.

Daraus folgt, dass zusätzlich zu den bislang schon zu führenden Büchern ein weiteres Buch geführt werden muss, in dem die erfolgswirksamen und nicht erfolgswirksamen Bestandsänderungen der Bilanzbestände sachbezogen verbucht werden. Dieses Buch ist das **Hauptbuch** der doppelten Buchführung.

Unverzichtbare Bestandteile des Büchersystems der doppelten Buchführung sind damit die Grundbücher, das Hauptbuch und die Inventar- und Bilanzbücher. Die Kontokorrentbücher erfüllen innerhalb der doppelten Buchführung lediglich Nebenfunktionen. Auf die Aufgaben, die Form und den Inhalt dieser Bücher wird im Folgenden genauer eingegangen.

4.3.2 Aufgaben und Aufbau der Grundbücher

Aufgabe der Grundbücher ist es, die durch Buchungsbelege dokumentierten Geschäftsvorfälle vollständig, richtig und geordnet i. S. v. § 239 Abs. 2 HGB bzw. § 146 Abs. 1 AO zu erfassen. Dabei steht die chronologische Ordnung im Vordergrund. Das zentrale Grundbuch, in dem **alle buchungspflichtigen Geschäftsvorfälle** in chronologischer Reihenfolge eingetragen (gebucht) werden, wird daher als **Journal** (Tagebuch) bezeichnet. Die Verbuchung im Journal umfasst dabei die Nummer des Geschäftsvorfalles, die Belegdaten, die Belegnummer, den Belegbetrag und eine ausführlich (in Form eines Buchungssatzes) verfasste Beschreibung des Geschäftsvorfalles.

Das nachfolgende Beispiel eines geteilten Journals setzt bereits Kenntnisse für die Bildung von Buchungssätzen voraus. Das sog. ungeteilte Grundbuch, das nicht zwischen Soll und Haben unterscheidet, ist das Grundbuch der einfachen Buchführung.

Lfd. Nr.	Datum	Beleg- Nr.	Text	Betrag	
				Soll	Haben
1	2.1.		Wareneinkauf bei Hans Schmidt, Regensburg	2.000,00	
			Vorsteuer aus Nr. 1001	380,00	
		1001	Verbindlichkeiten Hans Schmidt		2.380,00
2	2.1.	4001	Barzahlung der Rechnung Nr. 1001	2.380,00	2.380,00
3	2.1.	4002	Bareinnahmen aus Warenverkauf (Tageslosung)	1.190,00	
			Umsatzsteuer aus Nr. 4002		190,00
			Umsatzerlöse		1.000,00

Lfd. Nr.	Datum	Beleg- Nr.	Text	Betrag	
				Soll	Haben
4	3.1.	1002	Wareneinkauf auf Ziel bei Klaus Maier, Ingolstadt	5.000,00	
			Vorsteuer aus Nr. 1002	950,00	
			Verbindlichkeiten Klaus Maier		5.950,00
5	3.1.		Rechnung für Autoreparatur von Opel Huber, Regensburg	400,00	
			Vorsteuer aus der Nr. 1003	76,00	
		1003	Verbindlichkeiten Opel Huber		476,00
6	3.1.	7001	Privatentnahme	200,00	
		3001	Private Barabhebung vom betrieblichen Bankkonto		200,00

Abbildung 4.3: Einfach gegliedertes Journal (Tagebuch)

Zu beachten ist allerdings, dass für steuerliche Zwecke grundsätzlich eine zeitnahe und gesonderte Aufzeichnung von Bargeschäften in einem Kassenbuch erfolgen muss [vgl. z. B. BMF vom 14.12.1994, BStBl. 1995 I, S. 7]. Danach sind also mindestens zwei Grundbücher einzurichten, ein Journal sowie ein Kassenbuch für die Bargeschäfte. Je nach Bedarf können aus dem Journal weitere Grundbücher ausgegliedert werden, z. B. Wareneingangs- und Warenausgangsbücher, Bank-, Postscheck-, Effekten- und Wechselverkehrsbücher. Nach dem Vollständigkeitsprinzip müssen im Journal alle buchungspflichtigen Geschäftsvorfälle dargestellt werden. Dabei können aber z. B. die Bargeschäfte des Kassenbuches summarisch übernommen werden. Ob die Summen täglich, wöchentlich oder monatlich übertragen werden, hängt von der Geschäftsorganisation ab.

Ein Kassenbuch könnte für ein Warenhandelsgeschäft danach z. B. wie folgt gestaltet sein:

Datum	Text	Einzahlungen			Auszahlungen		
		Gesamt	Waren	Sonstige	Gesamt	Waren	Sonstige
1.1.	Bestand						

Abbildung 4.4: Beispiel eines einfach gegliederten Kassenbuches

4.3.3 Aufgaben und Aufbau des Hauptbuches

4.3.3.1 Verwendung von Sachkonten im Hauptbuch

Im Hauptbuch der doppelten Buchführung werden alle buchungspflichtigen Geschäftsvorfälle nach **sachlichen** Gesichtspunkten erfasst und sortiert. Zentrales sachliches Erfassungs- und Sortierkriterium sind die Auswirkungen der buchungspflichtigen Geschäftsvorfälle auf die Bilanzposten der Aktivseite, d. h. auf die Vermögensposten, und der Passivseite, d. h. auf das Eigenkapital und die Schulden des Kaufmanns. Auf diese Weise erhält der Kaufmann einen ständigen Überblick über die Änderungen der einzelnen Aktiv- und Passivposten, insbesondere auch über die Ursachen der einzelnen Änderungen; zudem werden (laufend) Sollbestandsgrößen für eine Kontrolle der durch Inventur ermittelten Istbestandsgrößen errechnet. Ein wichtiger Punkt ist weiterhin die Darstellung der positiven und negativen Erfolgsursachen der laufenden Geschäftstätigkeit.

Der Inhalt des Hauptbuches wird durch den möglichen Bilanzinhalt abschließend bestimmt. Im Hauptbuch werden folglich – wie in allen Büchern der handelsrechtlichen Buchführung – nur solche Vorgänge verbucht, die wertmäßige Änderungen von Bilanzposten verursachen. Die Verbuchung im Hauptbuch setzt also zwangsläufig eine fundierte Kenntnis des Bilanzinhaltes voraus. Im Detail beschränkt sich die Abbildung im Hauptbuch auf die wertmäßige Darstellung der aktiven und passiven Bestände sowie auf die Änderungen dieser Bestände, d. h. auf Bestandsmehrungen (-zugänge) und Bestandsminderungen (-abgänge). Andere Ursachen und Merkmale buchungspflichtiger Geschäftsvorfälle z. B. mengenmäßige Bestandsänderungen, Umschlagsgeschwindigkeit oder räumliche Veränderungen werden nicht erfasst.

Merksatz

Die Verbuchung (im Hauptbuch) beschränkt sich also auf die Klassifikation von Bestandsmehrungen oder -minderungen bei den betroffenen Bilanzposten sowie auf die Bestimmung der Erfolgswirksamkeit oder der privaten Veranlassung als besondere Änderungsformen des Bilanzpostens Eigenkapital.

Die Darstellung der Änderungen aktiver und passiver Bilanzposten erfolgt im Hauptbuch – anders als in den Grundbüchern – ausschließlich mit sog. KONTEN → Glossar (Konto = Abrechnung).

Merksatz

Wegen der sachlichen Zuordnung zu den Bilanzposten werden die Konten des Hauptbuches auch als **Sachkonten** bezeichnet. Sachkonten sind sämtliche Bestandskonten, Erfolgskonten und Privatkonten.

Jedes **SACHKONTO** → Glossar ist eine zweiseitige Abrechnung über die Änderungen der entsprechenden Bilanzposten. Für Lernzwecke werden wegen ihrer besonderen Anschaulichkeit. generell Konten in der Form eines T-Kreuzes, sog. T-Konten verwendet. In der Buchführungspraxis haben die Konten zumeist Tabellenform.

Vermögen, Schulden oder Eigenkapital können mehr oder weniger werden. Wenn man Vorzeichen zur Darstellung dieser Mehrungen oder Minderungen vermeiden will, kommt man zwangsläufig auf eine zweiseitige Abrechnung pro Bilanzposten. Bei jedem Sachkonto wird die linke Seite als **SOLLSEITE** → Glossar (**Soll**), die rechte Seite als **HABENSEITE** → Glossar (**Haben**) bezeichnet. Die Bezeichnungen „Soll" und „Haben" haben im Gegensatz zur Buchführung im Mittelalter heutzutage keine inhaltliche Bedeutung mehr, genauso gut könnte man die Kontenseiten z. B. mit „linke Seite" und „rechte Seite" bezeichnen. Dies entspricht aber nicht den fachsprachlichen Konventionen der handelsrechtlichen Buchführung.

Allgemein ist daher ein Sachkonto als T-Konto wie folgt aufgebaut:

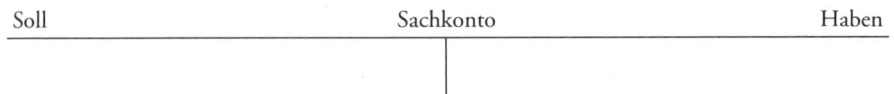

| Soll | Sachkonto | Haben |

Abbildung 4.5: T-Kreuz-Konto

Mit der jeweiligen Seitenbezeichnung ist aber noch nicht gesagt, auf welchen Seiten die Mehrungen und Minderungen zu buchen sind. Eigentlich wäre zu vermuten, dass für alle Bilanzposten einheitlich bestimmt wird, dass z. B. Mehrungen im Soll, Minderungen hingegen im Haben zu buchen sind.

Diesen Weg haben die Erfinder Buchführung nicht gewählt. Vielmehr wurde beschlossen, die Abrechnung des Vermögens des Kaufmanns – aus der Sicht der Bilanz also die Abrechnung der aktiven Bilanzposten – spiegelbildlich zur Abrechnung der Schulden und des Eigenkapitals des Kaufmanns – aus der Sicht der Bilanz also zur Abrechnung der passiven Bilanzposten zu gestalten. Daraus ergeben sich eigene Konten für aktive Bilanzposten, die **aktive Bestandskonten** genannt werden, und eigene Konten für passive Bilanzposten, die als **passive Bestandskonten** bezeichnet werden.

Allen Bilanzposten liegt die folgende Bestandsgleichung zugrunde:

Anfangsbestand + Bestandsmehrungen – Bestandsminderungen = Endbestand.

Will man Vorzeichen vermeiden, ist die Gleichung zunächst umzuformen in:

Anfangsbestand + Bestandsmehrungen = Bestandsminderungen + Endbestand.

Anschließend können die positiven Vorzeichen eingespart werden und das Gleichheitszeichen durch einen senkrechten Trennungsstrich ersetzt werden. Ein waagrechter Trennungsstrich legt zugleich den Beginn der Rechnung eindeutig fest. Das Ende der Berechnung kann man schließlich durch Unterstreichung bestimmen, wobei zugleich die Summen der Seiten berechnet werden. Dabei wird für die Berechnung der Seitensummen stets mit dem Anfangsbestand begonnen, da gilt: es kann niemals mehr an Vermögen oder Schulden abgehen als zum Jahresbeginn vorhanden war bzw. im Verlauf des Geschäftsjahres hinzugekommen ist. Eine Ausnahme besteht grundsätzlich nur für das Eigenkapital. Weiterhin gilt: ist nicht das gesamte Vermögen abgegangen, muss noch ein rechnerisch bestimmter Vermögensbetrag als **Endbestand** vorhanden sein. Dies gilt entsprechend für die Schulden. Die rechnerischen Endbestände werden mit den Inventurbeständen verglichen. Bei Differenzen ist grundsätzlich nicht der rechnerische, sondern der Inventurbestand zugleich der Wert des Bilanzpostens und wird dementsprechend in die Schlussbilanz übertragen.

4.3.3.2 Aufbau und Abrechnung von aktiven und passiven Bestandskonten

Bei aktiven Bilanzposten beginnt die Abrechnung der Bestandsgleichung auf der Sollseite. Aktive Bestandskonten sind daher stets wie folgt aufgebaut.

Soll	alle aktiven Bestandskonten		Haben
Anfangsbestand	Bestandsminderungen		
Bestandsmehrungen	Endbestand		
Summe	Summe		

Abbildung 4.6: Aufbau und Abrechnung aktiver Bestandskonten

Beispiel

In Warenhandelsunternehmen ist das dem Umlaufvermögen zuzurechnende Konto WARENVORRÄTE → Glossar ein wichtiges aktives Bestandskonto:

Soll	1140 Warenvorräte		Haben
1.1. Anfangsbestand	28.000,00	20.2. Warenabgang	34.000,00
15.2. Wareneinkauf	15.000,00	5.10. Warenabgang	35.000,00
30.9. Wareneinkauf	38.000,00	23.12. Privatentnahme	1.000,00
1.12. Wareneinkauf	15.000,00	31.12. Warenabwertung	1.000,00
		31.12. Endbestand	25.000,00
Summe	96.000,00	Summe	96.000,00

Wichtige aktive Bestandskonten

Konto-Nr.	Kontenname
235	Grundstückswerte eigener bebauter Grundstücke
240	Gebäude
440	Maschinen
520	Fuhrpark
650	Betriebs- und Geschäftsausstattung
670	Geringwertige Wirtschaftsgüter
1000	Bestand an Roh-, Hilfs- und Betriebsstoffen
1040	Bestand unfertige Erzeugnisse
1100	Bestand Fertigerzeugnisse
1140	Warenvorräte
1200	Forderungen aus Lieferungen und Leistungen
1300	Sonstige Vermögensgegenstände
1400	Abziehbare Vorsteuer
1600	Kasse
1800	Bank
1900	Aktive Rechnungsabgrenzung

Alle passiven Bestandskonten – also auch das Eigenkapitalkonto – werden spiegelbildlich zu den aktiven Bestandskonten abgerechnet.

Soll	alle passiven Bestandskonten	Haben
Bestandsminderungen	Anfangsbestand	
Endbestand	Bestandsmehrungen	
Summe	Summe	

Abbildung 4.7: Aufbau und Abrechnung passiver Bestandskonten

Ein wichtiges passives Bestandskonto ist das Konto Verbindlichkeiten aus Lieferungen und Leistungen, auf dem alle Zielgeschäfte mit Lieferanten gebucht werden:

Soll	3300 Verbindlichkeiten aus Lieferungen und Leistungen		Haben
21.2. Zahlung	21.420,00	1.1. Anfangsbestand	21.420,00
15.3. Zahlung	17.850,00	15.2. Wareneinkauf	17.850,00
28.10. Zahlung	45.220,00	30.9. Wareneinkauf	45.220,00
31.12. Endbestand	17.850,00	1.12. Wareneinkauf	17.850,00
Summe	102.340,00	Summe	102.340,00

Wichtige passive Bestandskonten

Konto-Nr.	Kontenname
2000	Eigenkapital
3000	Rückstellungen für Pensionen
3020	Steuerrückstellungen
3070	Sonstige Rückstellungen
3150	Verbindlichkeiten gegenüber Kreditinstituten
3300	Verbindlichkeiten aus Lieferungen und Leistungen
3350	Wechselverbindlichkeiten
3500	Sonstige Verbindlichkeiten
3800	Umsatzsteuerschuld
3900	Passive Rechnungsabgrenzung

Sachkonten sind aber nicht nur aktive und passive Bestandskonten. Anforderungen an die Praktikabilität und die besonderen Informationsbedürfnisse des Kaufmanns haben dazu geführt, Bestandsänderungen aus den Bestandskonten auszugliedern und in reinen **Bestandsänderungskonten** zu erfassen. Bestandsänderungskonten werden als T-Konten wie Bestandskonten geführt. Als Unterkonten haben sie jedoch keine Anfangs- und Endbestände; die zugehörigen Anfangs- und Endbestände werden auf den zugehörigen Bestandskonten (Oberkonten) abgebildet. Bestandsänderungskonten dürfen nicht mit **Teilkonten** verwechselt werden. Teilkonten sind vollwertige Bestandskonten, die Teile eines Bilanzpostens abrechnen. Typische Teilkonten sind z. B. verschiedene Kassenkonten, Bankkonten, Warenvorratskonten u. a.

Bestandsänderungskonten sind grundsätzlich für alle Bilanzposten möglich. Häufig verwendet werden z. B. Skonti- und Anschaffungsnebenkostenkonten für die Bilanzposten Rohstoffe, Hilfsstoffe, Betriebsstoffe und Warenvorräte; Wertberichtigungskonten für das Konto Forderungen aus Lieferungen und Leistungen. Vorsteuer-, Umsatzsteuervorauszahlungs- und Umsatzsteuerschuldkonto haben je nach Sachverhaltsgestaltung den Charakter von Bestandsänderungskonten bzw. von Teilkonten.

Der wichtigste Einsatz von Bestandsänderungskonten betrifft das passive Bestandskonto Eigenkapital. Der Bestand des Eigenkapitals kann sich bei Personenunternehmen wie folgt ändern:

Soll	2000 Eigenkapital	Haben
Aufwendungen	Anfangsbestand	
Privatentnahmen	Erträge	
Endbestand	Privateinlagen	
Summe	Summe	

Abbildung 4.8: Aufbau und Abrechnung des Eigenkapitalkontos

Alle Erträge und Privateinlagen würden also im Haben, alle Aufwendungen und Privatentnahmen im Soll des Eigenkapitals gebucht werden. Bei Kapitalgesellschaften würden statt Privateinlagen verdeckte Einlagen und andere Erhöhungen des Eigenkapitals auf gesellschaftsrechtlicher Ebene, z. B. Erhöhungen des gezeichneten Kapitals und Bildung von Rücklagen, und statt Privatentnahmen verdeckte Gewinnausschüttungen und andere Verminderungen des Eigenkapitals auf gesellschaftsrechtlicher Ebene, z. B. Herabsetzungen des gezeichneten Kapitals oder Auflösung von Rücklagen, gebucht werden.

> **Merksatz**
> Die Abrechnungslogik des Eigenkapitalkontos ergibt sich – ausgehend vom Eigenkapitalendbestand – wie folgt:
> Endbestand + Privatentnahmen + Aufwendungen
> = Anfangsbestand + Erträge + Privateinlagen
> oder umgeformt
> Endbestand – Anfangsbestand + Privatentnahmen – Privateinlagen
> = Erträge – Aufwendungen
> = Gewinn oder Verlust.

Die Umformung der Gleichung belegt auch, dass die Gewinnermittlung durch Inventur (linke Seite der Gleichung) und durch Verbuchung von Aufwendungen und Erträgen zwangsläufig zum gleichen Ergebnis (Gewinn oder Verlust) führen.

Die unmittelbare laufende Verbuchung von Aufwendungen und Erträgen auf dem passiven Bestandskonto Eigenkapital würde zwar zu einer richtigen Fortschreibung des Eigenkapitalbestandes führen, sie hätte aber zumindest zwei entscheidende **Nachteile**:

1. der Gesetzgeber fordert in § 242 Abs. 2 HGB die Aufstellung einer Gewinn- und Verlustrechnung durch Gegenüberstellung der Aufwendungen und Erträge. Diese Vorschrift lässt zwar zumindest für Personenunternehmen offen, ob eine summarische Gegenüberstellung diesen Zweck bereits erfüllt; auch wird die Berechnung einer Differenz zwischen Aufwendungen und Erträgen, also die Berechnung eines **Gewinnes** und **Verlustes**, nicht ausdrücklich gefordert. Geht man davon aus, dass es Kaufmannsbrauch ist, dass Gewinne und Verluste in Gewinn- und Verlustrechnungen berechnet werden müssen, wird bereits deutlich, dass eine solche Berechnung innerhalb des Eigenkapitals nicht möglich wäre, wenn die Abrechnungstechnik der Bestandsgleichung gültig bleiben soll.
2. Eine unsortierte Verbuchung von Erträgen und Aufwendungen würde abgesehen davon, dass das Eigenkapitalkonto zahlenmäßig überlastet würde, keinen klaren Überblick über die Erfolgsquellen – also über die verschiedenen Ertrags- und Aufwandsarten – ermöglichen.

Beide Nachteile haben dazu geführt, dass für die Bestandsänderungen des Eigenkapitals von Personenunternehmen generell zwei Gruppen von Bestandsänderungskonten geführt werden: die **Erfolgskonten** und die **Privatkonten**. Bei Kapitalgesellschaften entfällt mangels Privatsphäre von juristischen Personen die Führung von Privatkonten. Verdeckte Einlagen und verdeckte Gewinnausschüttungen werden zumeist nicht auf eigenen Konten gebucht. Die Veränderung von RÜCKLAGEN → Glossar wird nicht auf Bestandsänderungskonten sondern auf Teilkonten gebucht.

4.3.3.3 Aufbau und Abrechnung von Erfolgskonten

Erfolgskonten gliedern sich in **Ertrags-** und **Aufwandskonten**. Geschäftsvorfälle, die Erträge und/oder Aufwendungen verursachen, müssen auf Erfolgskonten verbucht werden. Welche Geschäftsvorfälle in diesem Sinne ERFOLGSWIRKSAM → Glossar sind, wird später zu erörtern sein → vgl. S. 156 ff.

Ertragskonten rechnen als Unterkonten des passiven Bestandskontos Eigenkapital wie folgt ab:

Soll	alle Ertragskonten		Haben
Ertragsminderungen	Erträge		
Saldo GuV			
Summe	Summe		

Abbildung 4.9: Aufbau und Abrechnung von Ertragskonten

Erträge werden also immer im Haben gebucht, da Bestandsmehrungen auf dem Oberkonto Eigenkapital stets im Haben gebucht würden.

Die Differenz zwischen der Summe der Erträge und der Summe der Ertragsminderungen wird als **Saldo** bezeichnet. Die Bezeichnung „Endbestand" wäre fachlich unzutreffend, da der Differenzbetrag von Bestandsänderungen grundsätzlich nicht den Endbestand des zugehörigen Oberkontos repräsentiert. Unter einem Saldo versteht man im Bereich der doppelten Buchführung zunächst lediglich den Überschuss der Summe der einen Kontoseite über die Summe der anderen Kontoseite. Soweit dabei die Sollseitensumme die Summe der Habenseite übersteigt, spricht man daher von einem SOLLSALDO → Glossar, im umgekehrten Fall von einem HABENSALDO → Glossar. Der Saldo der Ertragskonten ist also stets ein Habensaldo.

Für alle Unternehmen ist das wichtigste Ertragskonto das Konto **Umsatzerlöse**, auf dem alle Verkaufserlöse ohne Umsatzsteuer gebucht werden. Der Name des Kontos ist durchaus irreführend, da auf diesem Konto nicht nur Verkäufe gegen Sofortzahlung, sondern auch Verkäufe unter Einräumung eines Zahlungsziels an die Kunden als Ertrag gebucht werden:

Soll		4000 Umsatzerlöse		Haben
12.10. Preisnachlass	1.000,00	20.2. Warenverkauf		50.000,00
31.12. Saldo GuV	104.000,00	5.10. Warenverkauf		55.000,00
Summe	105.000,00	Summe		105.000,00

Das Konto zeigt, dass nachträgliche Preisnachlässe an Kunden nicht als Aufwendungen, sondern als Ertragsminderungen gebucht werden. Durch Preisnachlässe werden Verzichte auf Gegenleistung und nicht Abwertungen von Leistungen zum Ausdruck gebracht. Sind solche Preisnachlässe häufig, auch die nicht sofort in Anspruch genommenen Skonti von Kunden oder nachträglich gewährte Boni an Kunden gehören in diese Gruppe, bietet sich die Einrichtung von Unterkonten zum Konto Umsatzerlöse an. Ein solches Unterkonto, das in Bezug auf das Eigenkapitalkonto bereits als Unter-Unterkonto einzustufen ist, könnte z. B. die Bezeichnung Erlösschmälerungen tragen:

Soll		4700 Erlösschmälerungen		Haben
12.10. Preisnachlass	1.000,00	31.12. Saldo 4000		1.000,00
Summe	1.000,00	Summe		1.000,00

Bei Führung eines Umsatzerlösschmälerungskonto würden Nachlässe aller Art an Kunden zunächst auf dieses oder weitere Nachlasskonten gebucht und erst bei Abschluss dieser Konten zum 31.12. auf das Umsatzerlöskonto umgebucht werden.

Wichtige Ertragskonten

Konto-Nr.	Kontenname
4000	Umsatzerlöse
4800	Bestandsänderungen – fertige Erzeugnisse
4810	Bestandsänderungen – unfertige Erzeugnisse
4830	Sonstige betriebliche Erträge
4860	Grundstückserträge
4900	Erträge aus dem Abgang von Gegenständen des Anlagevermögens
4930	Erträge aus der Auflösung von Rückstellungen
7100	Zinsen und ähnliche Erträge
7400	Außerordentliche Erträge

Aufwandskonten rechnen als Unterkonten des passiven Bestandskontos Eigenkapital wie folgt ab:

Soll	alle Aufwandskonten	Haben
Aufwendungen	Aufwandsminderungen	
	Saldo GuV	
Summe	Summe	

Abbildung 4.10: Aufbau und Abrechnung von Aufwandskonten

Aufwendungen werden also immer im Soll gebucht, da Bestandsminderungen auf dem Oberkonto Eigenkapital stets im Soll gebucht würden.

Ein wichtiges Konto in Warenhandelsunternehmen ist das Konto „5200 Warenaufwand", auf dem der Wareneinsatz (Warenabgang) für die Verkaufsgeschäfte gebucht wird:

Soll	5200 Warenaufwand		Haben
20.2. Warenabgang für Verkauf	34.000,00	31.12. Saldo GuV	70.000,00
5.10. Warenabgang für Verkauf	35.000,00		
31.12. Warenabwertung	1.000,00		
Summe	70.000,00	Summe	70.000,00

Wichtige Aufwandskonten

Konto-Nr.	Kontenname
5100	Verbrauch von Roh-, Hilfs- und Betriebsstoffen
5200	Warenaufwand
6000	Löhne und Gehälter
6110	Gesetzlich soziale Aufwendungen
6220	Abschreibungen auf Sachanlagen
6300	Sonstige betriebliche Aufwendungen
6305	Raumkosten (Miete, Heizung, u. a.)
6350	Sonstige Grundstücksaufwendungen
6400	Versicherungen
6420	Beiträge, Gebühren und sonstige Abgaben
6450	Reparaturen und Instandhaltung von Bauten
6490	Sonstige Reparaturen und Instandhaltungen
6500	Fahrzeugkosten
6600	Werbekosten
6800	Allgemeine Büro- und Verwaltungsaufwendungen
6900	Aufwand aus dem Abgang von Gegenständen des Anlagevermögens
7300	Zinsen und ähnliche Aufwendungen
7500	Außerordentliche Aufwendungen
7610	Gewerbesteuer

In Industriebetrieben müssten eigentlich Konten für Bestandsminderungen von unfertigen und fertigen Erzeugnissen geführt werden. In der Praxis werden Bestandsminderungen dieser Bilanzposten als Saldo auf den Ertragskonten Bestandsänderungen im Soll gebucht. Diese nicht systemgerechte Verbuchung – Bestandsminderungen sind Aufwendungen und keine Ertragsminderungen – ist auf eine Schwäche in § 275 Abs. 2 Nr. 2 HGB zurückzuführen, der beim Gesamtkostenverfahren ausdrücklich von Bestandsänderungen und nicht von Bestandsmehrungen oder –minderungen spricht. Im Grunde liegt hier ein Verstoß innerhalb des Gesetzes gegen § 246 Abs. 2 HGB vor, der eine Verrechnung von Aufwendungen und Erträgen verbietet, was aber beim Ausweis von Bestandsänderungen in der Gewinn- und Verlustrechnung nach § 275 Abs. 2 Nr. 2 HGB durch Verrechnung faktisch unvermeidbar ist.

Die Bezeichnung „Kosten" statt „Aufwendungen" in einigen der obigen Kontenbezeichnungen – z. B. Fahrzeugkosten – ist fachsprachlich unzutreffend, aber leider praxisüblich.

4.3.3.4 Aufbau und Abrechnung von Privatkonten

Ausgangspunkt für die Einrichtung von Privatkonten ist ebenso wie bei Erfolgskonten das passive Bestandskonto Eigenkapital. Privatkonten, d. h. Privatentnahme- und Privateinlagekonten, rechnen also ausschließlich über den Bilanzposten Eigenkapital ab. Auf Privatkonten werden die Ursachen für die privat veranlasste Minderungen oder Mehrungen der Ansprüche des Kaufmanns auf sein Vermögen abgebildet. Anders als bei den Erfolgskonten werden bei Privatkonten für die verschiedenen Arten von Entnahmen und Einlagen keine verschiedenen Konten geführt. Allerdings findet man neben diesen Konten in der Praxis auch noch getrennte Konten für Bar- und Sachentnahmen oder Verrechnungskonten zur Geheimbuchhaltung. Wie schon früher angedeutet, werden für Kapitalgesellschaften mangels eigener Privatsphäre keine Privatkonten geführt. Privatkonten gibt es nur bei Personenunternehmen. Allerdings werden für kleinere Kapitalgesellschaften in der Praxis nicht selten privatkontenähnliche Verrechnungskonten geführt.

In Einzelunternehmen werden regelmäßig nur ein **Privateinlagekonto** und ein **Privatentnahmekonto** geführt. Das Privateinlagekonto ist als Unterkonto des Eigenkapitals wie folgt aufgebaut:

Soll	2180 Privateinlagen		Haben
Einlageminderungen		Privateinlagen	
Saldo Eigenkapital			
	Summe		Summe

Abbildung 4.11: Aufbau und Abrechnung von Privateinlagekonten

Die Privateinlagen werden stets im Haben gebucht, da das Eigenkapital im Haben zunimmt. Einlageminderungen sind allenfalls in seltenen Ausnahmefällen möglich. Auf Privateinlagekonten werden Einlagen von Geld, Grundstücken, Fahrzeugen, Dienstleistungen, Nutzungen u. a. aus dem Privatvermögen in das BETRIEBSVERMÖGEN → Glossar gebucht.

Soll	2180 Privateinlagen		Haben
Saldo Eigenkapital	100.000,00	Bareinlage	60.000,00
		Banküberweisung	40.000,00
	100.000,00		100.000,00

Das Privatentnahmekonto ist als Unterkonto des Eigenkapitals wie folgt aufgebaut:

Soll	2100 Privatentnahmen	Haben
Privatentnahmen	Entnahmeminderungen	
	Saldo Eigenkapital	
Summe	Summe	

Abbildung 4.12: Aufbau und Abrechnung von Privatentnahmekonten

Die Privatentnahmen werden stets im Soll gebucht, da das Eigenkapital im Soll abnimmt. Entnahmeminderungen sind allenfalls in seltenen Ausnahmefällen möglich. Auf Privatentnahmekonten werden Entnahmen von Geld, Grundstücken, Fahrzeugen, Dienstleistungen, Nutzungen u. a. aus dem Betriebsvermögen in das Privatvermögen gebucht.

Soll	2100 Privatentnahmen		Haben
22.12. Barentnahme	1.500,00	31.12. Saldo Eigenkapital	2.690,00
23.12. Warenentnahme	1.190,00		
Summe	2.690,00	Summe	2.690,00

Der Saldo des Privatentnahmekontos wird direkt auf das Eigenkapitalkonto übertragen (umgebucht).

Das Eigenkapitalkonto sieht bei einem Anfangsbestand von 10.000,00 € nach der Umbuchung der Salden der Erfolgs- und Privatkonten wie folgt aus:

Soll	2000 Eigenkapital		Haben
Privatentnahmen	2.690,00	Anfangsbestand	10.000,00
Endbestand	48.310,00	Gewinn	34.000,00
		Privateinlagen	7.000,00
Summe	51.000,00	Summe	51.000,00

Im Eigenkapitalkonto werden also zwar die Summen der Privatentnahmen und Privateinlagen, nicht aber die Summen der Erträge und Aufwendungen gezeigt. Abgebildet wird der Saldo aus Erträgen und Aufwendungen, der Gewinn bzw. Verlust. Bei einem Nullergebnis würde also keine Darstellung auf dem Eigenkapitalkonto erfolgen.

Neben Bestands- und Erfolgskonten werden in der doppelten Finanzbuchführung Konten für rein abrechnungstechnische Zwecke geführt, z. B. Eröffnungsbilanz-,

Schlussbilanz- oder GuV-Konten. In EDV-Buchführungssystemen sind diese Konten aber grundsätzlich entbehrlich. Dort werden aber anders als in traditionellen Buchführungssystemen andere Abrechnungskonten, z. B. Geldtransitkonten, benötigt.

Das gesamte Kontensystem der doppelten Finanzbuchführung zeigt Abbildung 4.13.

4.3.3.5 Eröffnung und Abschluss von Sachkonten

In der EDV-Buchführung werden Konten nicht mehr eröffnet, sie sind nachdem der Kontenrahmen einmalig angelegt worden ist, permanent präsent und können ohne Eröffnung angebucht werden. Für die Anfangsbestände der Bestandskonten wird eine Jahresübernahme durchgeführt. Dabei können z. B. die Bestände von Bargeldkonten nach der täglichen Inventur bereits zum Jahreswechsel übernommen werden. Bei anderen Bilanzposten müssen die Inventurergebnisse abgewartet werden. Entsprechendes gilt für den Abschluss der Konten zum Abschlussstichtag.

Die Konten werden nicht mehr durch sog. EIGENTLICHE ABSCHLUSSBUCHUNGEN → Glossar abgeschlossen; die Endbestände werden vielmehr über Zuweisungen auf die Bilanz und die GuV-Rechnung übertragen. Die Zuweisungstechnik mit Formeln ersetzt die Abschlussbuchungen. Dies gilt auch für bestimmte Umbuchungen von Unterkonten aktiver Bestandskonten. Wie die Endbestände von Bestandskonten bzw. die Salden von Bestandsunterkonten weitergeleitet werden, zeigt nachfolgende Übersicht für ein Einzelunternehmen. Bei einer Kapitalgesellschaft wären keine Privatkonten zu führen.

Grundsätzlich gelten für die Jahresübernahme bzw. Eröffnung von Sachkonten folgende **Regeln**:

Für jede Bilanzposition, die mit einem Euro-Betrag ausgewiesen ist, ist zumindest ein Bestandskonto einzurichten. Die Einrichtung von Teilkonten ist möglich. Der Euro-Betrag aus der Bilanz wird als Anfangsbestand auf die Sollseite des aktiven bzw. auf die Habenseite des passiven Bestandskontos übernommen bzw. unter Verwendung eines Eröffnungsbilanzkontos umgebucht. Die Bezeichnung der Bilanzposition ist grundsätzlich zugleich der Kontenname. Ansonsten ist der Kontenname zusammen mit der Kontennummer aus dem betrieblichen Kontenplan zu entnehmen. Werden mehrere Bestandskonten (Teilkonten) für einen aktiven Bilanzposten eingerichtet, ist der Euro-Betrag aus der Bilanz auf die Soll- bzw. Habenseiten der Teilkonten zu verteilen. Die Verteilung erfolgt aufgrund von Saldenbestätigungen für den 31.12. des Vorjahres bzw. durch Übernahme der Endbestände der Teilkonten des Vorjahres.

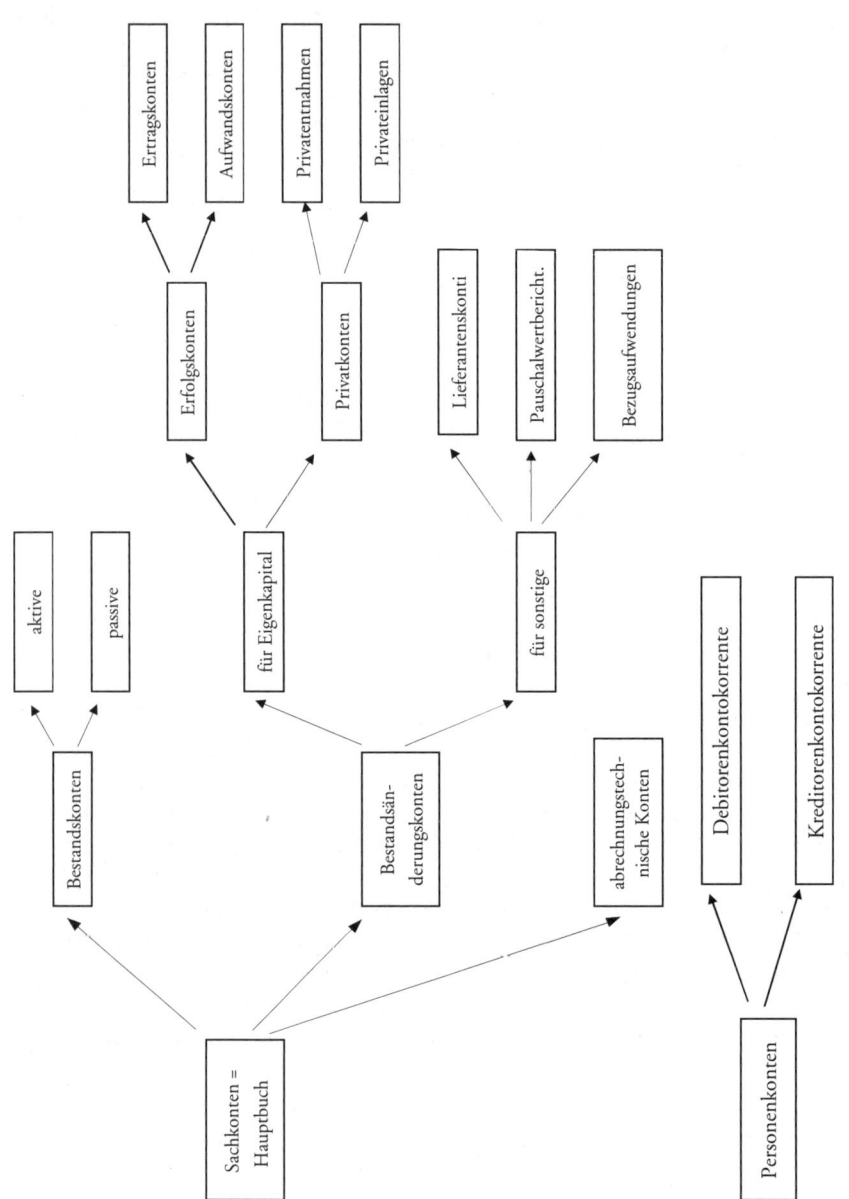

Abbildung 4.13: Kontensystem der doppelten Buchführung

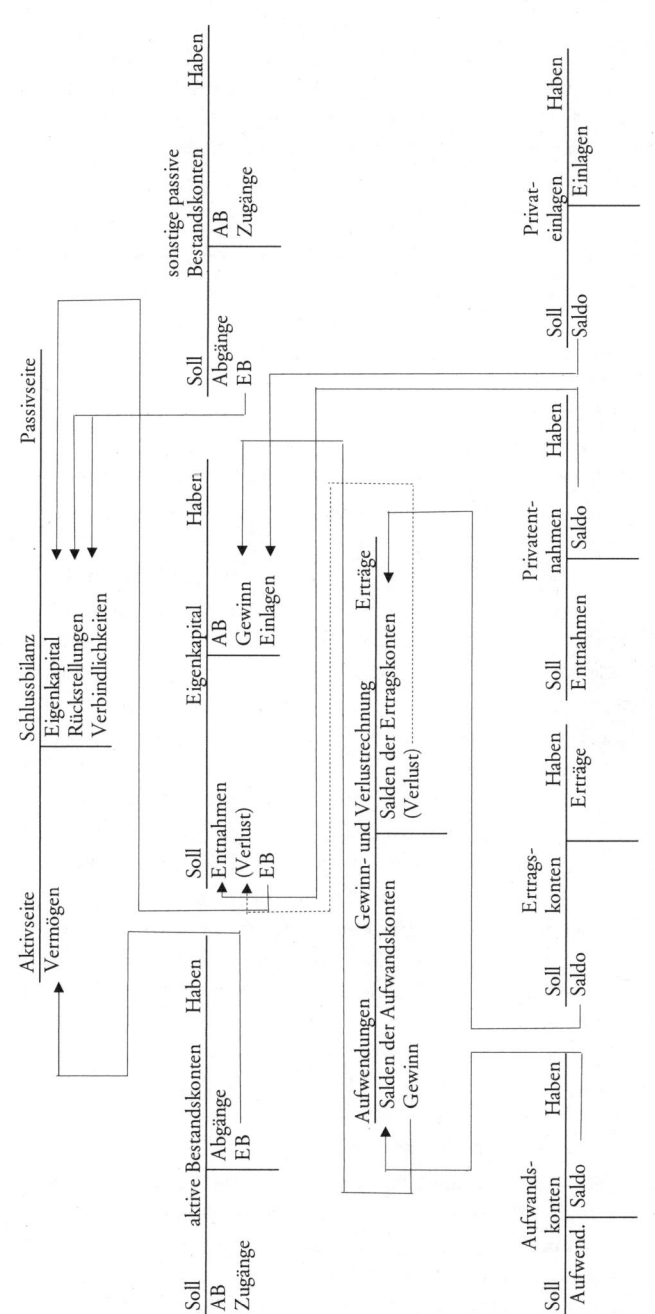

Abbildung 4.14: Abschluss der Sachkonten

Merksatz

Die Summe der Anfangsbestände der aktiven Bestandskonten und die Summe der Anfangsbestände der passiven Bestandskonten muss nach der Jahresübernahme mit der Bilanzsumme der Schlussbilanz des Vorjahres übereinstimmen.

Während des Jahres sind neue Bestandskonten einzurichten, wenn ein neuer Bilanzposten berührt ist bzw. ein neues Teilkonto für einen bereits bestehenden Bilanzposten eingerichtet werden soll. Neu eingerichtete Bestandskonten weisen keinen Anfangsbestand aus.

Ergänzende Anmerkungen zur Abrechnung von Bestandskonten:

1. Die durch Saldenbestätigungen der Kreditinstitute abgestimmten positiven und negativen Endbestände der einzelnen Bankkonten dürfen nicht miteinander verrechnet werden. Eine Zusammenfassung der positiven Endbestände einerseits und möglicher negativer Endbestände andererseits ist allerdings zulässig. Diese Grundsätze gelten auch für verschiedene Konten mit positiven und/oder negativen Endbeständen beim gleichen Kreditinstitut. Fraglich ist aber der Fall, wenn beim gleichen Konto zu Beginn des Jahres ein positiver und am Jahresende durch „Überziehen" des Kontokorrentkontos ein negativer Endbestand auftritt, das Konto sich also von einem aktiven zu einem passiven Bestandskonto verändert und umgekehrt. Für die laufende Verbuchung stellt der Kontenmechanismus sicher, dass die Buchung auf der entsprechenden Kontenseite den aktuellen Kontenstand stets zutreffend wiedergibt: Buchungen im Soll bedeuten entweder Vermehrung des Bankguthabens oder Abbau der Bankverbindlichkeiten, Buchungen im Haben bedeuten Verminderungen des Bankguthabens oder Erhöhung der Bankverbindlichkeiten. Unzweifelhaft ist der Endbestand unabhängig vom jeweiligen Anfangsbestand dem jeweils zutreffenden Bilanzposten zuzuordnen. Zur Klarheit sollte aber zuvor der Saldo auf ein zusätzliches Bestandskonto umgebucht werden. Liegt z. B. am Jahresanfang ein Bankguthaben, am Jahresende dagegen eine Bankverbindlichkeit vor, wäre der Saldo (Endbestand) des Bankguthabens am Jahresende auf ein neu einzurichtendes Konto Bankverbindlichkeiten umzubuchen. Verzichtet man auf diese Umbuchung, stünden sowohl Anfangs- und Endbestand auf der Sollseite des Kontos Bank(-guthaben), was zu Missverständnissen bei einer Überprüfung durch Externe führen kann.

2. Nach den Grundsätzen ordnungsmäßiger Speicherbuchführung (GoS) ist bei EDV-Buchführungssystemen die sog. Kontenfunktion zu beachten: „Zur Erfüllung der Kontenfunktion müssen die Geschäftsvorfälle nach Sach- und Personenkonten geordnet dargestellt werden können. Die Ordnungsmäßigkeit bei Buchung verdichteter Zahlen auf Sach- und Personenkonten erfordert die Möglichkeit des Nachweises der in den verdichteten Zahlen enthaltenen Einzelposten." In modernen EDV-Lösungen wird dies u. a. durch ausgefeilte Drill-Down-Techniken sicher-

gestellt. Die GoS fordern zur Erfüllung der Kontenfunktion weiterhin, dass „... die Darstellung der Konten ... per Bildschirmanzeige, auf Papier sowie auf einem Bild- oder anderen Datenträger erfolgen (kann)."

4.4 Führung von Geschäftsfreundebüchern (Kontokorrentbüchern)

4.4.1 Aufgabe der Geschäftsfreundebücher

Im Geschäftsverkehr zwischen Kaufleuten stellt die bare oder bargeldlose bzw. unbare Sofortzahlung (sog. Zahlung „Zug um Zug") die Ausnahme dar. Lässt man zunächst die Sonderfälle der Kundenan- bzw. -vorauszahlungen sowie der Realtauschgeschäfte außer Betracht, erfolgt die Zahlung des Rechnungsbetrages durch den Kunden üblicherweise erst nach Ablauf einer vom Lieferanten mit oder ohne Abzugsmöglichkeit vom Rechnungsbetrag (SKONTO → Glossar) gewährten Zahlungsfrist (des sog. Zahlungsziels). In Großunternehmen werden die Zahlungen häufig lediglich zu festen Terminen abgeklärt und vorgenommen (sog. Clearing-Verfahren), die Gewährung von Skonto als Nachlass für vorzeitige Zahlung ist dabei eher unüblich. Gemeinsames Merkmal der meisten Geschäftsbeziehungen zwischen Kunden und Lieferanten ist damit die zeitliche Abweichung zwischen Leistung und Gegenleistung. Von der BFH-Rechtsprechung werden solche Geschäfte etwas ungenau als „unbare Geschäfte" bezeichnet. Da der Begriff „unbar" grundsätzlich nur die Zahlungsart, nicht aber den Zahlungstermin umschreibt, soll im Folgenden zur besseren Unterscheidung von Zielgeschäften gesprochen werden, womit im weiteren Sinne auch Realtauschgeschäfte sowie Geschäfte mit baren oder unbaren Zahlungen vor erbrachter Gegenleistung erfasst werden. **Zielgeschäfte** in diesem Sinne sind danach allgemein dadurch gekennzeichnet, dass einer der beteiligten Geschäftspartner seine Gesamtleistung bereits (teilweise) erfüllt hat.

Da die Finanzbuchführung für die Abgrenzung des Verbuchungszeitpunktes grundsätzlich auf die (Teil-) Erfüllung abstellt, sind bereits die Zielgeschäfte zu verbuchen. Zielgeschäfte müssen danach zunächst chronologisch in den entsprechenden Grundbüchern, z. B. Journal und/oder Wareneingangs- oder Warenausgangsbüchern, erfasst werden. Darüber hinaus fordert aber die Rechtsprechung vor allem zur Verwirklichung des Gläubigerschutzes grundsätzlich eine nach Geschäftsfreunden geordnete Erfassung der Zielgeschäfte in gesonderten Geschäftsfreunde- bzw. Kontokorrentbüchern. Zentrale Aufgabe der Führung von Geschäftsfreundebüchern bzw. der gesonderten Aufzeichnung von Zielgeschäften ist damit der Schutz der Gläubiger des Kaufmanns.

4.4.2 Geschäftsfreundebücher im Buchführungssystem

Im System der doppelten Buchführung sind Geschäftsfreundebücher Nebenbücher, d. h. Bücher, die außerhalb des Buchungs- und Kontensystems des Hauptbuchs der doppelten Buchführung geführt werden. Die Verbuchungstechnik in den Geschäftsbüchern ist grundsätzlich unabhängig vom gewählten Buchführungssystem. Im Einzelnen sind folgende Möglichkeiten zu unterscheiden:

Traditionellerweise werden Geschäftsfreundebücher in Kontoform geführt. Für jeden in Frage kommenden Geschäftspartner wird ein eigenes Personenkonto regelmäßig mit einer mindestens fünfstelligen Kontennummer eingerichtet. Dabei ist die Verwendung von T-Konten kaum üblich. Personenkonten werden regelmäßig in Tabellenform geführt.

Für Kunden werden sog. DEBITORENKONTEN → Glossar, für Lieferanten KREDITORENKONTEN → Glossar, geführt.

4.4.3 Führung von Debitorenkonten für Kunden

In der Regel werden für Kunden mit denen häufiger Geschäfte abgewickelt werden, eigene Personenkonten, sog. Debitorenkonten, eingerichtet. Debitorenkonten sind grundsätzlich wie folgt aufgebaut (in €):

Kunde: ERGO-Textil, Postfach 2233322, 80995 München Konto-Nr. 142706 Blatt Nr. 1					
Datum	Journal	Text	BelegNr.	Umsatz	
				Soll	Haben
1.1.		Saldovortrag		29.000,00	
6.1.	3	Kundenüberweisung	3024		29.000,00
6.12.	214	Zielverkauf	2008	19.040,00	
14.12.	226	Warenrücksendung	2012		1.190,00
31.12.		Saldo			17.850,00

Abbildung 4.15: Beispiel eines Debitorenkontos

Debitorenkonten werden am Jahresende nicht abgeschlossen. Ihr Saldo wird lediglich auf eine im Zuge der Inventur zu erstellende Debitoren-Saldenliste übertragen. Das zugehörige Sachkonto „1200 Forderungen aus Lieferungen und Leistungen" wird bei Buchungen auf dem Debitorenkonto bei EDV-Buchführungssystemen intern automatisch fortgeschrieben. Für Einmalkunden bzw. anonyme Kunden werden zumeist keine eigenen Debitorenkonten geführt, die betreffenden Geschäftsvorfälle werden vielmehr insgesamt auf ein Konto gebucht, das häufig als **CpD-Konto** (Conto pro Diverse) bezeichnet wird.

4.4.4 Führung von Kreditorenkonten für Lieferanten

In der Regel werden für Lieferanten mit denen häufiger Geschäfte abgewickelt werden, eigene Personenkonten, sog. Kreditorenkonten, eingerichtet. Kreditorenkonten sind grundsätzlich wie folgt aufgebaut (in €):

Lieferant: Spinnerei AG, 95028 Hof, Konto-Nr. 162904 Blatt Nr. 1					
Datum	Journal	Text	BelegNr.	Umsatz	
				Soll	Haben
1.1.		Saldovortrag			23.800,00
6.2.	14	Zieleinkauf	1047		35.700,00
7.3.	31	Überweisung	3161	23.800,00	
8.3.	31	Preisnachlass	1156	595,00	
10.3.	32	Überweisung	3267	35.105,00	
4.12.	210	Zieleinkauf	1545		28.560,00
31.12.		Saldo		28.560,00	

Abbildung 4.16: Beispiel eines Kreditorenkontos

Kreditorenkonten werden am Jahresende nicht abgeschlossen. Ihr Saldo wird lediglich auf eine im Zuge der Inventur zu erstellende Kreditoren-Saldenliste übertragen. Das zugehörige Sachkonto „3300 Verbindlichkeiten aus Lieferungen und Leistungen" wird bei Buchungen auf dem Kreditorenkonto bei EDV-Buchführungssystemen intern automatisch fortgeschrieben. Für Einmallieferanten bzw. anonyme Lieferanten werden zumeist keine eigenen Kreditorenkonten geführt, die betreffenden Geschäftsvorfälle werden vielmehr auf ein Konto gebucht, das häufig als **CpD-Konto** (Conto pro Diverse) bezeichnet wird.

4.5 Verwendung von Kontennummern

Die Kontenbezeichnungen und Kontennummern der Sachkonten werden regelmäßig aus sog. **Kontenrahmen** entnommen. In der Praxis sollte eigentlich der Industrie-Kontenrahmen (IKR) bevorzugt werden, da er sich direkt am Bilanzaufbau orientiert und damit dem Inhalt der Sachkonten am Besten gerecht wird. Gerade in großen Industrieunternehmen scheint aber der am Prozessdenken orientierte Gemeinschaftskontenrahmen der Industrie (GKR) in letzter Zeit wieder beliebter geworden zu sein. Nicht zuletzt dürfte dies auf die verbreitete Einführung von SAP-Systemen und auf den überall zu beobachtenden Wechsel vom Gesamtkosten- zum Umsatzkostenverfahren zurückzuführen sein. Zwar lassen die SAP-Lösungen auch den IKR zu, die Standardlösung ist aber am GKR orientiert. Von Unternehmen, die ihre Buchführung über Steuerberatungskanzleien abwickeln lassen, die der DATEV e. V. in Nürnberg angeschlossen sind, werden überwiegend die Spezialkontenrahmen SKR03, der eine Variante des GKR darstellt, und der Spezialkontenrahmen SKR04, eine IKR-Variante, benutzt. Im Folgenden wird eine Variante des SKR04 als Kontenplan verwendet. Die Kontennummern werden nach dem dekadischen Ziffernsystem von 0–9 gegliedert, so dass sich 10 Kontenklassen bilden lassen. Die Stellenzahl der Kontennummern richtet sich nach der Betriebsgröße, aber auch nach den Anforderungen einer Kosten- und Leistungsrechnung. Für Personenkonten inkl. der CpD-Konten wird zumeist eine Stelle mehr verwendet. Werden die Sachkonten z. B. vierstellig geführt, haben die Personenkonten fünfstellige Nummern. Dabei wird nicht selten wie folgt nummeriert:

10000–69999 für Debitorenkonten und
70000–99999 für Kreditorenkonten.

Die Einteilung der Kontenklassen für die Sachkonten folgt der Gliederung der Bilanz. Die Erfolgs- und Privatkonten werden als Unterkonten des Eigenkapitalkontos nummeriert. Die Klasse 8 ist den Eröffnungs- und Abschlusskonten vorbehalten. Die Klasse 9 wird für die mögliche Abrechnung einer Kosten- und Leistungsrechnung verwendet.

Nachfolgend wird die Zuordnung der ersten Ziffern von mehrstelligen Kontennummern zu Bilanzbereichen (-posten) nach dem modifizierten IKR (DATEV SKR04) dargestellt:

Aktivseite		Bilanz	Passivseite
Anlagevermögen	0	Eigenkapital:	2
Umlaufvermögen	1	– Ertragskonten	4 (7)
		– Aufwandskonten	5,6,7
		– Privatkonten	2
		Rückstellungen	3
		Verbindlichkeiten	3

Abbildung 4.17: Ableitung der Kontennummern aus der Bilanzgliederung

4.6 Bildung von Buchungssätzen, Vorkontierung und Kontierung von buchungspflichtigen Geschäftsvorfällen

4.6.1 Standardbuchungssätze

Die Aufzeichnung von Buchungssätzen in **Buchungslisten** oder auf den Originalbelegen bezeichnet man als **VORKONTIERUNG** → Glossar. Ehe Geschäftsvorfälle durch Buchungssätze vorkontiert werden können, müssen die **Buchungssätze** gebildet werden. Die Verbuchung vorkontierter Belege bezeichnet man dann als **KONTIERUNG** → Glossar.

Die Bildung von Buchungssätzen und die Vorkontierung der Belege bildet die zentrale Aufgabe des Buchhalters. In vielen Fällen handelt es sich dabei um eine Routinetätigkeit, wobei nicht selten jedoch komplexe Probleme zu lösen sind. Gleichzeitig mit der Bestimmung, ob ein Geschäftsvorfall buchungspflichtig ist, hat der Buchhalter zu klären, welche Konten des Hauptbuches auf welcher Kontenseite berührt werden. In EDV-Buchführungen werden auch Buchungen auf Personenkonten mit Buchungssätzen erfasst.

Ist geklärt, welche Sach- bzw. Personenkonten durch den buchungspflichtigen Geschäftsvorfall im Soll und im Haben betroffen sind, ist eine eindeutige Anweisung für die eigentliche Kontierung zu verfassen, die dann auch von angelernten Personen oder vollautomatisch verrichtet werden kann. Die Formulierung der Kontierungsanweisung bezeichnet man als **BUCHUNGSSATZ** → Glossar . Buchungssätze sind also Kontierungsanweisungen an Dritte, zugleich bieten sie für Sachverständige ein gutes Hilfsmittel um sich einen Überblick über das laufende Unternehmensgeschehen zu verschaffen.

Der traditionelle Buchungssatz ist stets so aufgebaut, dass zunächst das bzw. diejenigen Konten genannt werden, die auf der **Sollseite** berührt werden, anschließend das oder die Konten, die auf der **Habenseite** betroffen sind. Die Buchungen im Soll und im Haben werden durch das Wort „an" verbunden. Die Buchung im Soll wurde früher durch das Wort „per" eingeleitet. Zusätzlich werden die jeweiligen €-Beträge, das Buchungsdatum, evtl. Belegdatum, die Belegnummern und die Belegtexte angegeben. Entscheidend ist schließlich, dass auf den Konten im Soll in der Summe genau derselbe Betrag verbucht wird wie auf den Konten im Haben. Bei komplexeren Buchungssätzen ist daher die Soll-Haben-Kontrolle durch Addition der Seitensummen des Buchungssatzes vorzunehmen. Wird gegen diese Regel verstoßen, ist die Schlussbilanz nicht ausgeglichen (Ausnahme: zufällig betragsgleiche Fehlerkompensation).

Anschließend wird der Buchungssatz in eine **Buchungsliste** oder mit Buchungsstempeln auf den Originalbeleg übernommen; jetzt ist der buchungspflichtige Geschäftsvorfall vorkontiert. Die Vorkontierung ist damit die eigentlich kreative Arbeit in der Finanzbuchführung. Das Verbuchen der Buchungssätze auf den betroffenen Konten bezeichnet man als Kontieren. Das Kontieren übernimmt heute regelmäßig der

Computer. Erst, wenn der Buchungssatz vollständig kontiert ist, ist der Geschäftsvorfall **gebucht**. Erst zu diesem Zeitpunkt sind auch die Kontensalden fortgeschrieben. Eine ordentliche Verbuchung setzt also folgende Schritte voraus:

Schritte einer ordentlichen Verbuchung
1. Erfassen des buchungspflichtigen Geschäftsvorfalles über Belege oder auf sonstige Weise;
2. Bilden eines Buchungssatzes;
3. Vorkontierung des Buchungssatzes in einer Buchungsliste oder auf den Belegen;
4. Eingabe der Daten in ein EDV-System (Datenerfassung);
5. Verarbeiten der eingegebenen Daten und Kontierung der Buchungssätze durch die Finanzbuchführungssoftware.

Das **Bilden von Buchungssätzen** ist die wichtigste Aufgabe des Buchhalters. Dabei ist grundsätzlich folgende Vorgehensweise einzuhalten:
1. Verstehen des durch Beleg oder auf andere Weise dokumentierten Sachverhalts;
2. Unterscheidung zwischen geschäftlichen (betrieblichen) und privaten Vorfällen. Bei Kapitalgesellschaften entfällt diese Prüfung handelsrechtlich. Für die steuerliche Gewinnermittlung wären außerbetriebliche Vorgänge sowie verdeckte Gewinnausschüttungen und verdeckte Einlagen zu beachten.
3. Überprüfung, ob es sich um einen buchungspflichtigen, noch nicht buchungspflichtigen (= **schwebenden**) oder um einen nicht buchungsfähigen Geschäftsvorgang handelt. Bei buchungspflichtigen Geschäftsvorfällen sind jetzt die **Belegnummern** auf die Fremd- oder Eigenbelege zu übertragen.
4. Prüfung, welche Bilanzposten durch den Geschäftsvorfall wertmäßig verändert werden.
    4.1. Dabei können die Regeln zur Erfolgswirksamkeit angewendet werden, um zu prüfen, ob das Eigenkapital verändert wird.
    4.2. Zur Beurteilung der umsatzsteuerlichen Konsequenzen des Geschäftsvorfalles sind die Vorschriften des UStG zu beachten.
5. Ermittlung der **Sachkonten sowie evtl. der Personenkonten**, die durch den buchungspflichtigen Geschäftsvorfall berührt werden; dabei sind auch die jeweils zugehörigen Kontennummern dem betrieblichen Kontenplan zu entnehmen.
6. Bestimmung der zu verbuchenden €-**Beträge** mit Hilfe von Belegen, tatsächlichen Überprüfungen der Geschäftsvorfälle bzw. aufgrund von Inventurergebnissen (Abschlussbuchungen), die auf den einzelnen Konten als Mehrungen und/oder Minderungen zu erfassen sind.

7. Überprüfung der Bilanzgleichung:

> Jeder €, der im Soll gebucht wurde, muss auch im Haben gebucht werden.

8. Bildung des Buchungssatzes: Zuerst werden die Konten genannt, die im Soll, anschließend diejenigen, die im Haben berührt sind.
9. Vorkontierung des Buchungssatzes in einer **Buchungsliste** oder mit einem Buchungsstempel auf dem zugehörigen Beleg.
10. **Eintragung** des Geschäftsvorfalles in den **Grundbüchern.**
11. Eintragung (Kontierung) von Zielgeschäften und Tilgung von Zielgeschäften in den Geschäftsfreundebüchern.
12. **Kontierung** des Buchungssatzes in die Sachkonten des Hauptbuches der doppelten Buchführung.

Die dabei erforderliche Vorgehensweise wird nachfolgend an drei Beispielen erläutert.

Beispiele

Beispiel 1
28.3.: Von Lieferant Franz Maier, 93051 Regensburg, wird uns gleichzeitig mit der Lieferung eine Eingangsrechnung (Beleg-Nr. 1001) für die Lieferung verschiedener Waren zum Rechnungsbetrag von 2.000,00 € + 380,00 € USt = 2.380,00 € übersandt, Zahlungsziel 30 Tage; die Waren werden dem Warenlager zugeführt. Franz Maier hat als Lieferant die Kreditorennummer 70800.

Beispiel 2 → vgl. S. 105
28.4.: Bezahlung dieser Rechnung durch Banküberweisung (Beleg-Nr. 3223) ohne Abzüge.

Beispiel 3 → vgl. S. 107
30.4.: Banküberweisung von Nettolöhnen an die Mitarbeiter für den abgelaufenen Monat, (Beleg-Nr. 3224). Die Lohnbuchhaltung hat den Überweisungsbetrag mit 26.650,00 € errechnet.

Zu Beispiel 1:
1. Es handelt sich um ein Einkaufsgeschäft von Vermögensgegenständen (Warenvorräten) auf Ziel.
2. Es ist ein betrieblicher Vorgang.
3. Der Vorgang ist buchungspflichtig; ohne erfolgte (akzeptierte) Lieferung darf keine Rechnung geschrieben werden.

4. Es sind die Bilanzposten „Warenvorräte", „Vorsteuer" (sonstige Vermögensgegenstände) und „Verbindlichkeiten aus L. u. L." betroffen. Das Eigenkapital ist nicht betroffen, da Einkaufsgeschäfte von Vermögensgegenständen grundsätzlich erfolgsunwirksam sind.

5. Damit sind die Sachkonten „1140 Warenvorräte" (aktives Bestandskonto), „1400 Vorsteuer" (aktives Bestandskonto) sowie „3300 Verbindlichkeiten aus LuL" (passives Bestandskonto) betroffen. Bei einer Buchführung mit Geschäftsfreundebüchern (Kontokorrentbüchern) wird nicht auf 3300, sondern auf das Personenkonto 70800 gebucht.

6. Die Warenvorräte werden im Soll um 2.000,00 € und die Vorsteuer im Soll um 380,00 € mehr; die Verbindlichkeiten werden im Haben um 2.380,00 € mehr.

7. Die Bilanzgleichung ist erfüllt, im Soll werden 2.380,00 € und im Haben werden 2.380,00 € gebucht.

8. Bilden des Buchungssatzes (Kurzfassung)

1140	Warenvorräte	2.000,00	
1400	Vorsteuer	380,00	an
3300	Verbindl. a. L. u. L		2.380,00

9. Vorkontierung in einer Buchungsliste

Nr.	Datum	Beleg	Kto.	Kontenname	Soll	Haben
1.	28.3.	1001	1140	Warenvorräte	2.000,00	
			1400	Vorsteuer	380,00	
			3300	Verbindl. a. LuL		2.380,00
				oder		
			70800	Franz Maier		2.380,00

10. Eintragung im Journal

Nr.	Datum	Beleg-Nr.	Text	Konto-Nr.	Kontenname	Soll	Haben
1.	28.3.	1001	Wareneinkauf	1140	Warenvorräte	2.000,00	
				1400	Vorsteuer	380,00	
				3300	VLL		2.380,00

11. Eintrag (Kontierung) im Kreditorenkontokorrent (Personenkonto)

70800 Franz Maier, 93051 Regensburg, Lange Strasse 6			
Datum	Beleg, Buchungstext	Umsatz	
		Soll	Haben
28.3.	1001, Wareneinkauf		2.380,00

12. Kontierung im Hauptbuch (Sachkonten)

Soll	1140 Warenvorräte		Haben
Anfangsbestand	28.000,00	20.2. Warenabgang	34.000,00
28.3. Einkauf	2.000,00	5.10. Warenabgang	35.000,00

Soll	3300 Verbindlichkeiten a. LuL		Haben
		Anfangsbestand	21.420,00
		28.3. Wareneinkauf	2.380,00

Soll	1400 Vorsteuer		Haben
28.3. Einkauf	380,00		

Zu Beispiel 2:

28.4.: Bezahlung dieser Rechnung durch Banküberweisung Beleg-Nr. 3223 ohne Abzüge;

1. Es handelt sich um die Bezahlung eines bereits verbuchten Einkaufsgeschäftes von Vermögensgegenständen (Warenvorräte). Die Verbindlichkeit wird getilgt.
2. Es ist ein betrieblicher Vorgang.
3. Der Vorgang ist buchungspflichtig; Zahlungsvorgänge berühren immer die Geldkonten, sie sind daher stets buchungspflichtig.
4. Es sind die Bilanzposten „Bank", und „Verbindlichkeiten aus Lieferungen und Leistungen (VLL)" betroffen. Das Eigenkapital ist nicht betroffen, da die Zahlungsvorgänge generell erfolgsunwirksam sind.
5. Damit sind die Sachkonten „1800 Bank" (aktives Bestandskonto), sowie „3300 Verbindlichkeiten aus Lieferungen und Leistungen" (passives Bestandskonto) betroffen. Bei einer Buchführung mit Geschäftsfreundebüchern (Kontokorrentbüchern) wird nicht auf 3300, sondern auf das Personenkonto 70800 gebucht.
6. Die Bank wird im Haben um 2.380,00 € weniger, die Verbindlichkeiten werden im Soll um 2.380,00 € weniger.
7. Die Bilanzgleichung ist erfüllt, im Soll werden 2.380,00 € und im Haben werden 2.380,00 € gebucht.

8. Bilden des Buchungssatzes (Kurzfassung)

3300	VLL	2.380,00	an	
1800	Bank			2.380,00

9. Vorkontierung in einer Buchungsliste

Nr.	Datum	Beleg	Kto.	Kontenname	Soll	Haben
1.	28.3.	1001	1140	Warenvorräte	2.000,00	
			1400	Vorsteuer	380,00	
			3300	VLL		2.380,00
2.	28.4.	3223	3300	VLL	2.380,00	
			1800	Bank		2.380,00

10. Eintragung im Journal

Nr.	Da-tum	Beleg-Nr.	Text	Konto-Nr.	Kontenname	Soll	Haben
1.	28.3.	1001	Wareneinkauf	1140	Warenvorräte	2.000,00	
				1400	Vorsteuer	380,00	
				3300	VLL		2.380,00
2.	28.4.	3223		3300	VLL	2.380,00	
				1800	Bank		2.380,00

11. Eintrag (Kontierung) im Kreditorenkontokorrent (Personenkonto)

70800 Franz Maier, 93051 Regensburg, Lange Strasse 6			
Datum	Beleg, Buchungstext	Umsatz	
		Soll	Haben
28.3.	1001, Wareneinkauf		2.380,00
28.4.	3223, Zahlung durch Bank überweisung	2.380,00	

12. Kontierung im Hauptbuch (Sachkonten)

Soll		1140 Warenvorräte		Haben
Anfangsbestand	28.000,00			
28.3. Einkauf	2.000,00			

Soll		3300 VLL		Haben
28.4. Banküberweisung	2.380,00	Anfangsbestand		21.420,00
		28.3. Wareneinkauf		2.380,00

Soll		1400 Vorsteuer		Haben
28.3. Einkauf	380,00			

Soll		1800 Bank		Haben
Anfangsbestand	40.000,00	28.4 Zahlung an Franz Maier		2.380,00

Zu Beispiel 3:

1. Es handelt sich um ein Einkaufsgeschäft von Dienstleistungen gegen Banküberweisung.
2. Es ist ein betrieblicher Vorgang.
3. Der Vorgang ist buchungspflichtig; Zahlungsvorgänge berühren immer die Geldkonten, sie sind daher stets buchungspflichtig.
4. Es sind die Bilanzposten „Bank" und „Eigenkapital" betroffen. Das Eigenkapital wird betrieblich veranlasst vermindert = Aufwand, da der Einkauf von Dienstleistungen grundsätzlich Aufwand verursacht.
5. Damit sind die Sachkonten „1800 Bank" sowie ein Aufwandskonto als Unterkonto des passiven Bestandskontos „2000 Eigenkapital", das Konto „6000 Lohn- und Gehaltsaufwendungen", betroffen.
6. Die Lohn- und Gehaltsaufwendungen werden im Soll um 26.650,00 € mehr (das Eigenkapital wird allerdings dadurch weniger) und das Bankguthaben wird im Haben um 26.650,00 € weniger.
7. Die Bilanzgleichung ist erfüllt, im Soll werden 26.650,00 € und im Haben werden 26.650,00 € gebucht.
8. Bilden des Buchungssatzes (Kurzfassung)

6000	Lohn- und Gehaltsaufwendungen	26.650,00	an	
1800	Bank			26.650,00

9. Vorkontierung in einer Buchungsliste

Nr.	Datum	Beleg	Kto.	Kontenname	Soll	Haben
1.	28.3.	1001	1140	Warenvorräte	2.000,00	
			1400	Vorsteuer	380,00	
			3300	VLL		2.380,00
2.	28.4.	3223	3300	VLL	2.380,00	
			1800	Bank		2.380,00
3.	30.4.	3224	6000	Lohn- u. Gehaltsauf.	26.650,00	
			1800	Bank		26.650,00

10. Eintragung im Journal

Nr.	Datum	Beleg-Nr.	Text	Konto-Nr.	Kontenname	Soll	Haben
1.	28.3.	1001	Wareneinkauf	1140	Warenvorräte	2.000,00	
				1400	Vorsteuer	380,00	
				3300	VLL		2.380,00
2.	28.4.	3223		3300	VLL	2.380,00	
				1800	Bank		2.380,00
3.	30.4.	3224	Lohnzahlung	6000	Lohn- u. Gehaltsauf.	26.650,00	
				1800	Bank		26.650,00

11. Kontierung im Hauptbuch (Sachkonten)

Soll	1140 Warenvorräte		Haben
Anfangsbestand	28.000,00		
28.3. Einkauf	2.000,00		

Soll	3300 VLL		Haben
28.4. Banküberweisung	2.380,00	Anfangsbestand	21.420,00
		28.3. Wareneinkauf	2.380,00

Soll	1400 Vorsteuer		Haben
28.3. Einkauf	380,00		

Soll		1800 Bank		Haben
Anfangsbestand	40.000,00	28.4 Zahlung an Franz Maier		2.380,00
		30.4. Lohnzahlung		26.650,00

Soll	6000 Lohn- u. Gehaltsaufwendungen		Haben
30.4. Banküberweisung	26.650,00		

Soweit nicht in einer Buchungsliste, sondern auf den Belegen vorkontiert wird, wird häufig ein sog. Buchungsstempel verwendet. Mit Hilfe eines Buchungsstempels würde die Verbuchung etwa wie folgt aussehen:

Konto	Soll	Haben
1140	2.000,00	
1400	380,00	
3300		2.380,00
Datum:	gebucht:	

Abbildung 4.18: Buchungsstempel

Um Doppelbuchungen bzw. Buchungsunterlassungen zu vermeiden, werden die bereits vorkontierten Belege mit einem Buchungsvermerk, der die Seitennummer des Grundbuches, das Vorkontierungsdatum und das Zeichen des Buchhalters enthält, versehen.

Durch den Einsatz von EDV-Buchführungssystemen hat sich die Gestaltung von Buchungssätzen zum Teil erheblich gegenüber der traditionellen Form verändert. In Großsystemen werden häufig mehrere verschiedene Buchungsmasken zur Erfassung der buchungspflichtigen Geschäftsvorfälle angeboten. Die Kontierung erfolgt ausschließlich durch das EDV-System ohne weitere Eingriffsmöglichkeiten seitens des Bedienungspersonals.

4.6.2 Zusammengesetzte und zusammengefasste Buchungssätze

Zusammengesetzte Buchungssätze berühren entweder mehrere Konten im Soll und ein Konto im Haben, mehrere Konten im Haben und ein Konto im Soll oder mehrere Konten im Haben und im Soll. Um sinnvoller Weise von einer zusammengesetzten Buchung sprechen zu können, muss zunächst eindeutig festgelegt werden, was unter einem selbständig zu verbuchenden Geschäftsvorfall zu verstehen ist. In obigem Beispiel 1 → vgl. S. 103 ff. wird der Geschäftsvorfall ausschließlich durch die Eingangsrechnung repräsentiert. Da der Vorsteueranspruch getrennt vom Warenzugang auszuweisen ist, entsteht ein zusammengesetzter Buchungssatz. Zwar könnte der zusammengesetzte Buchungssatz wie folgt in zwei einfache Buchungssätze zerlegt werden (in €):

1140	Warenvorräte	2.000,00	
3300	VLL		2.000,00
1400	Vorsteuer	380,00	
3300	VLL		380,00

Diese Art der Verbuchung ist allerdings unüblich, da sie die Verbindlichkeiten, die durch den Rechnungsbetrag in Höhe von 2.380,00 € repräsentiert werden, in zwei Teilbeträge zerlegt.

Der Beispielsfall lässt sich noch zu einer komplexeren zusammengesetzten Buchung erweitern, wenn man unterstellt, dass auf dem Rechnungsformular verschiedene Waren aufgeführt sind, die auf getrennten Konten verbucht werden müssen. Die zusammengesetzte Buchung könnte dann wie folgt aussehen (in €):

1140	Warenvorräte 1	500,00	
1141	Warenvorräte 2	400,00	
1142	Warenvorräte 3	1.100,00	
1400	Vorsteuer	380,00	
3300	VLL		2.380,00

Auch in diesem Fall wäre es wenig sinnvoll, die Einzelbeträge jeweils gesondert auf dem Lieferantenverbindlichkeitenkonto auszuweisen. In manchen EDV-Buchführungssystemen ist, soweit das System zunächst die Buchung der Einzelbeträge gesondert auf dem zugehörigen Geschäftsfreundekonto vornimmt, anschließend eine sog. Raffung durchzuführen. Bei moderneren EDV-Systemen erübrigen sich allerdings derartige „Hilfsmaßnahmen", da von vornherein nur die jeweilige Gesamtsumme der zusammengesetzten Buchung auf dem wiederholt betroffenem Gegenkonto verbucht wird.

Von den zusammengesetzten sind die zusammengefassten Buchungssätze zu unterscheiden. Kennzeichen zusammengefasster Buchungssätze ist die Verbindung mehrerer wirtschaftlich zusammengehöriger Geschäftsvorfälle in einem einzigen Buchungssatz. Die Grenzen für die Bildung zusammengefasster Buchungssätze lassen sich nicht eindeutig angeben, da weder das Kriterium „selbständig buchungspflichtiger Geschäftsvorfall" noch das Kriterium „wirtschaftliche Zugehörigkeit" eindeutig abgrenzbar sind.

Die Bildung eines zusammengefassten Buchungssatzes sei an folgendem Beispiel erläutert.

Beispiel

26.4.: Belege 1456, 1457, 3012: Kauf von Waren für 3.000,00 € + 570,00 € USt = 3.570,00 €; einzeln zurechenbare Warentransportgebühren 100,00 € + 19,00 € USt = 119,00 €; die Rechnungsbeträge wurden noch am selben Tag durch Überweisung vom betrieblichen Bankkonto beglichen.

Beide Geschäfte sind buchungspflichtig; die Transportleistung ist verbraucht, sie stellt allerdings Anschaffungsnebenkosten dar, weil der Wert der Waren sich durch die Transportleistung erhöht; eine eigenkapitalmindernde Aufwandsbuchung würde gegen § 255 Abs. 1 HGB verstoßen. Die beiden wirtschaftlich zusammengehörigen Geschäftsvorfälle werden in einem Buchungssatz zusammengefasst:

1140	Warenvorräte	3.000,00	
1140	Warenvorräte	100,00	
1400	Vorsteuer	589,00	
3300	VLL		3.689,00

Statt direkt auf dem Warenvorratskonto könnte auch auf einem Unterkonto zum Warenvorratskonto gebucht werden. In der steuerlichen Buchführungspraxis werden die Wareneinkäufe häufig sofort als Warenaufwendungen verbucht. Konsequenter Weise werden dann die Anschaffungsnebenkosten – eigentlich entgegen dem Wortlaut von § 255 Abs. 1 HGB – ebenfalls als Aufwand gebucht.

In der modernen EDV-Buchführung sind zusammengefasste Buchungen zu vermeiden, da eine Folgeauswertung der Daten erschwert wird. Der „Trend" geht eher zu einer weitgehenden Splittung der Buchungssätze.

4.7 Buchungszeitpunkt

Die Frage, wann zu buchen ist, betrifft zwei Aspekte:
1. die Abgrenzung schwebender Geschäftsvorfälle sowie
2. die zeitliche Verschiebung des Buchungszeitpunktes für an sich schon buchungsfähige Geschäftsvorfälle aus Gründen der Vereinfachung der laufenden Verbuchung.

1. Abgrenzung schwebender Geschäftsvorfälle

Merksatz

SCHWEBENDE GESCHÄFTSVORFÄLLE → Glossar sind Vorgänge, die dem Grunde nach buchführungspflichtig sind, die aber aufgrund der für die Verbuchung maßgebenden rechtlichen Erfüllungskriterien noch nicht verbucht werden dürfen.

Leider sind die rechtlichen Bedingungen für den Verbuchungszeitpunkt und damit für die Frage, wann ein noch nicht buchungsfähiges schwebendes Geschäft und wann ein buchungspflichtiges Geschäft vorliegt, nicht für alle Fälle eindeutig geklärt.

Die wichtigsten Grundsätze für die Abgrenzung schwebender Geschäfte, die für die Frage, wann ein Geschäftsvorfall buchungsfähig wird, verantwortlich sind, lassen sich wie folgt zusammenfassen:

Merksätze

* Für Beschaffungs- und Absatzgeschäfte von Vermögensgegenständen ist für die Bestimmung des maßgeblichen Buchungszeitpunktes der Übergang des wirtschaftlichen Eigentums an den betreffenden Vermögensgegenständen zwischen den Leistungspartnern ausschlaggebend. Unterwegs befindliche Vermögensgegenstände des Anlage- oder Umlaufvermögens sind grundsätzlich zu buchen, sobald das wirtschaftliche Eigentum an diesen Gegenständen erlangt ist. Dass sich die Vermögensgegenstände noch nicht „im Haus" befinden ist ebenso wie die **fehlende Rechnung** kein Buchungshindernis. Belege sind nur Indizien, aber keine Ursachen für die Notwendigkeit einer Buchung.
* Bei Beschaffung bzw. Absatz von Dienstleistungen oder Nutzungen besteht bezüglich des Erfüllungs- und damit auch des Verbuchungszeitpunktes immer dann weitgehende Klarheit, wenn sich Teilleistungen abgrenzen lassen. Das ist z. B. bei zeitbezogenen Nutzungen, z. B. bei Miet- und Pachtleistungen, auch bei sog. atypischen Mietverträgen, z. B. Leasingverträgen, oder bei zeitbezogenen Dienstleistungen der Fall. Bei anderen Geschäften, z. B. gegenstandsbezogenen Dienstleistungen oder Werkverträgen, kommt es auf den Zeitpunkt der Erbringung der Dienste bzw. auf die Abnahme oder Vollendung des Werkes an.

2. Regeln für den Buchungszeitpunkt innerbetrieblicher Produktionsgeschäfte

* Der durch die Produktion verursachte Verbrauch des abnutzbaren Anlagevermögens wäre grundsätzlich im Verbrauchszeitpunkt zu verbuchen, der aber in der Praxis i. d. R. nicht eindeutig feststellbar ist. Daher werden diese Vorgänge regelmäßig nicht zeitnah verbucht. Entsprechendes gilt für den Verbrauch der zum kurzfristigen Verzehr bestimmten Einsatzgüter, z. B. Rohstoffe, Vorprodukte, HILFS-STOFFE → Glossar oder Betriebsstoffe, allerdings mit der Abweichung, dass hier der Verbrauch und auch der Verbrauchszeitpunkt häufig genau feststellbar ist.

- Für den Produktionsprozess extern beschaffte Dienstleistungen und Nutzungen, z. B. Arbeitsleistungen der Arbeitnehmer, oder die Versorgung mit nicht fester Energie, gelten aus der Sicht der Finanzbuchführung bereits im Beschaffungszeitpunkt als verbraucht, d. h. der durch die Produktion verursachte Verbrauch wird im tatsächlichen Verbrauchszeitpunkt nicht nochmals als Aufwand verbucht. Vielfach erfolgt aber Beschaffung und Verbrauch in diesen Fällen „gleichzeitig", ohne dass eine genaue Trennung der beiden Vorgänge und damit auch eine wirklichkeitsgerechte Verbuchung möglich ist.

Weitere Vereinfachungen gelten für die Verbuchung von
- betrieblichen Steuern oder Gebühren; sie wären im Zeitpunkt der Entstehung der Schuld oder im Vorauszahlungszeitpunkt zu verbuchen; häufig werden sie aber erst im Zahlungszeitpunkt gebucht; Ähnliches gilt für Spenden oder Geschenke;
- Privatentnahmen oder Privateinlagen; sie sind grundsätzlich im Zeitpunkt der Entnahme- oder Einlagehandlung zu buchen; häufig werden sie aber pauschal erst bei der Aufstellung des Jahresabschlusses gebucht;
- Rückstellungen sind grundsätzlich mit Bekanntwerden der Rückstellungsursache zu verbuchen. Faktisch werden aber Rückstellungen in aller Regel bei Aufstellung des (Jahres-) Abschlusses gebucht; manchmal werden sie durch geschickten Einsatz der sog. Anpassungsmethode überhaupt nicht gebucht.

4.8 Stornobuchungen

Soweit Buchungen unrichtig erfolgten, ist die Buchführung zu berichtigen. Die Berichtigung von fehlerhaften Buchungen wird in der Buchführung als **Stornierung** bezeichnet.

Berichtigungen dürfen nicht durch **Löschen** oder Durchstreichen der falschen Buchung vorgenommen werden, die unrichtige Buchung muss vielmehr durch eine berichtigende entgegengesetzte Buchung storniert werden. Im Einzelnen sind dabei folgende Fälle zu unterscheiden.

Geschäftsvorfall: Kunde E. Holz begleicht seine Schuld am 14.12 in Höhe von 595,00 € durch Barzahlung.

Fall 1: richtiger Betrag, falsche Konten

Unterfall a: zwei falsche Konten

Falschbuchung:

1800 Bankguthaben an 3300 Lieferantenverbindlichkeiten 595,00 €.

Stornobuchungen:

1. 3300 Lieferantenverbindlichkeiten an 1800 Bankguthaben 595,00 €.
2. 1600 Kasse an 1200 Forderungen aus Lieferungen und Leistungen 595,00 €.

Unterfall b: ein falsches Konto
Falschbuchung:
1600 Kasse an 4000 Umsatzerlöse 595,00 €.
Stornobuchung:
4000 Umsatzerlöse an 1200 Forderungen aus Lieferungen und Leistungen 595,00 €.

Fall 2: richtiger Betrag, richtige Konten, aber seitenverdreht
Falschbuchung:
1200 Forderungen aus Lieferungen und Leistungen an 1600 Kasse 595,00 €.
Stornobuchung mit dem doppelten Betrag:
1600 Kasse an 1200 Forderungen aus Lieferungen und Leistungen 1.190,00 €.

Fall 3: richtige Konten, falscher Betrag
Falschbuchung:
1600 Kasse an 1200 Forderungen aus Lieferungen und Leistungen 1.595,00 €.
Stornobuchung:
1200 Forderungen aus Lieferungen und Leistungen an 1600 Kasse 1.000,00 €.

Fall 4: zweimalige Buchung auf derselben Kontenseite und ungleiche Buchungen im Soll und im Haben
In diesem Fall ist keine Stornobuchung möglich. Bei (hand-) schriftlicher Buchführung sind die falschen Beträge unter Beachtung der Anforderungen des § 239 Abs. 3 HGB durchzustreichen. Radierungen sind nicht zulässig. Beim Einsatz von EDV-Buchführungssystemen wird oftmals sowohl in diesem wie auch in den zuvor genannten Fallen in der Regel durch Minusbuchungen storniert. Minusbuchungen sind allerdings in der Kontensystematik der Finanzbuchführung, deren Vorteil ja gerade im Verzicht auf Vorzeichen zu sehen ist, systemwidrig.

4.9 Berücksichtigung der Umsatzsteuer bei der laufenden Verbuchung von Geschäftsvorfällen

Ein Großteil der buchungspflichtigen Geschäftsvorfälle löst Umsatzsteuerwirkungen aus. Würde die Umsatzsteuer bei der laufenden Buchführung nicht berücksichtigt, würden die betroffenen Geschäftsvorfälle fachlich unzutreffend bzw. unvollständig verbucht.

Mit der Umsatzsteuer soll der private Konsum belastet werden. Der unternehmerische Endverbrauch soll grundsätzlich nicht mit Umsatzsteuer belastet werden. Ausnahmen ergeben sich für Banken, Versicherungen, Betriebe der öffentlichen Hand, Ärzte u. a. Obwohl die meisten Unternehmen nicht mit Umsatzsteuer belastet werden sollen, müssen wegen des geltenden Mehrwertsteuersystems umsatzsteuerliche Wirkungen in den Buchungen beachtet werden, da die Besteuerung nach § 1 UStG Lieferungen und sonstige Leistungen eines Unternehmers grundsätzlich unabhängig davon mit Umsatzsteuer belastet, ob die Lieferungen und sonstigen Leistungen an private Endverbraucher, an nicht steuerbegünstigte oder an steuerbegünstigte Unternehmer ausgeführt werden. Die Umsatzsteuer beträgt derzeit 16 % des sog. Entgelts. Für bestimmte Lieferungen, z. B. Lebensmittel, Holz, Bücher, Zeitungen oder Kunstgegenstände beträgt der Umsatzsteuersatz 7 % des Entgelts. Die Umsatzsteuer ist in Ausgangsrechnungen grundsätzlich gesondert auszuweisen. In sog. Kleinbetragsrechnungen bis 100 Euro braucht die Umsatzsteuer nicht gesondert ausgewiesen werden (§ 33 UStDV).

Umsatzsteuer, die in Eingangsrechnungen gesondert ausgewiesen ist, wird nach § 15 Abs. 1 UStG als abziehbare **VORSTEUER** → Glossar bezeichnet. Aufgrund ausdrücklicher Bestimmungen in den Abs. 1a – 2 dieser Vorschriften wird aber der Vorsteuerabzug bei bestimmten Sachverhalten ausgeschlossen.

In einer nach den §§ 14 ff. UStG anzuerkennenden Rechnung ist die Umsatzsteuer gesondert auszuweisen:

Entgelt (Waren- oder Leistungswert)	1.000,00	100 %
+ 19 % USt	190,00	19 %
= Rechnungsbetrag	1.190,00	119 %

Aus obiger Darstellung ist auch ersichtlich, dass das Entgelt 100/119 des **RECHNUNGS-BETRAGES** → Glossar und die Umsatzsteuer 19/119 des Rechnungsbetrages ist.

Für die laufende Verbuchung der Umsatzsteuer und der abziehbaren Vorsteuer gilt damit Folgendes:

Die Umsatzsteuer ist von ihrer Zielsetzung her für den Kaufmann weder belastend noch begünstigend, die Ansprüche des Kaufmanns gegenüber seinem Betriebsvermögen werden durch die Erhebung von Umsatzsteuer grundsätzlich nicht verändert. Eine Ausnahme ergibt sich zunächst nur für Privatentnahmen, soweit sie umsatzsteuerpflichtig sind. In diesen Fällen wird zwar das Eigenkapital in Höhe der Privatentnahme inkl. Umsatzsteuer gekürzt, diese Kürzung ist jedoch nicht erfolgswirksam.

Daraus folgt, dass die Umsatzsteuer grundsätzlich nie über Erfolgskonten gebucht werden darf.

Für die von Kunden geforderte Umsatzsteuer bzw. für die durch Privatentnahmen verursachte Umsatzsteuerschuld ist ein passives Bestandskonto „3800 Umsatzsteuerschuld", für die von Lieferanten in Rechnung gestellte Umsatzsteuer (= abziehbare Vorsteuer) ist entsprechend ein aktives Bestandskonto „1400 abziehbare Vorsteuer" einzurichten. Da die monatlichen Voranmeldungen in der Praxis regelmäßig nicht von diesen Konten abgebucht werden, wird zusätzlich noch ein Umsatzsteuer-Vorauszahlungskonto als aktives Bestandskonto eingerichtet, das einerseits als Berichtigungskonto zum Umsatzsteuerschuld- bzw. Vorsteuerkonto aufgefasst werden kann, andererseits den Forderungscharakter der USt-Vorauszahlungen unterstreicht, da die Umsatzsteuer nach § 16 Abs. 1 UStG eine Jahressteuer ist. Die jährliche Umsatzsteuerabschlusszahlung wird über das Konto „3500 sonstige Verbindlichkeiten" gebucht. Eine Erstattung zuviel abgeführter Umsatzsteuer wird über das Konto „1300 sonstige Vermögensgegenstände" gebucht.

Abgesehen von diesen grundsätzlichen Überlegungen kann ausnahmsweise in folgenden Fällen eine Erfolgswirksamkeit der Umsatzsteuer zu beachten sein:

- bei einer Versagung des Vorsteuerabzuges nach § 15 Abs. 1 a Nr. 1 UStG für bestimmte handelsrechtliche Aufwendungen, die für die Zwecke der Einkommen- und Körperschaftsteuer nicht von der Bemessungsgrundlage abgezogen werden dürfen, z. B. bestimmte Bewirtungsaufwendungen, Spenden oder Geschenke;
- durch die Verbuchung des Steuerabzugsbetrages für Kleinunternehmer gemäß § 19 Abs. 3 UStG;
- sowie bei korrekter Verbuchung der umsatzsteuerpflichtigen Anzahlungen [vgl. auch § 5 Abs. 5 Satz 2 Nr. 2 EStG].

Keine Erfolgswirkungen werden hingegen durch Abweichungen zwischen dem ursprünglich vereinbarten und dem tatsächlichen Entgelt, z. B. aufgrund Inanspruchnahme eines Skontos, durch Rücksendungen oder Forderungsausfälle, ausgelöst. In diesen Fällen ist stets der Vorsteueranspruch oder die Umsatzsteuerschuld zu berichtigen. (§ 17 Abs. 1 und 2 UStG)

Zusammenfassung

In der Buchführung sind alle Geschäftsvorfälle zu buchen, die Bilanzposten wertmäßig verändert haben. Die buchungspflichtigen Geschäftsvorfälle sind grundsätzlich über vorhandene Belege zu erfassen. Soweit für buchungspflichtige Geschäftsvorfälle (noch) keine Belege existieren, sind Eigenbelege zu erstellen.

Die buchungspflichtigen Geschäftsvorfälle sind in den Büchern der Buchführung zu verbuchen. Alle buchungspflichtigen Geschäftsvorfälle sind in den Grundbüchern und im Hauptbuch der Buchführung zu erfassen. Zielgeschäfte sind grundsätzlich in den Kontokorrentbüchern zu buchen.

Sachkonten des Hauptbuches sind die aktiven und passiven Bestandskonten, die Erfolgskonten und die Privatkonten. Personenkonten sind die Kreditoren- und Debitorenkontokorrente.

Für die Verbuchung der Geschäftsvorfälle im Hauptbuch sind Buchungssätze als Kontierungsanweisungen für die Eintragungen der wertmäßigen Änderungen von Bilanzposten auf der Soll- bzw. Habenseite der Sachkonten zu bilden.

Anders als sonstige Steuern ist die Umsatzsteuer bei der laufenden Verbuchung von Geschäftsvorfällen besonders zu beachten, da die überwiegende Zahl von laufenden Geschäftsvorfällen der Umsatzsteuer unterliegt. Ohne Berücksichtigung der Umsatzsteuer können diese Geschäftsvorfälle also nicht anwendungsgerecht verbucht werden.

Kontrollfragen

1. Was versteht man allgemein unter einer Verbuchung laufender Geschäftsvorfälle?
2. Welche Geschäftsvorfälle sind buchungspflichtig?
3. Wie sind die buchungspflichtigen Geschäftsvorfälle in der Praxis zu erfassen?
4. Was besagt der Satz „keine Buchung ohne Beleg"?
5. Wie werden Belegnummern gebildet?
6. Wo sind die buchungspflichtigen Geschäftsvorfälle zu verbuchen? (Welche Bücher sind in einer Finanzbuchführung nach handelsrechtlichen Vorschriften grundsätzlich zu führen?)
7. Welche Grundbücher sind im Einzelnen zu führen?
8. Was ist die Aufgabe des Hauptbuches der Finanzbuchführung?
9. Was versteht man allgemein unter Konten?
10. Welche Kontenarten werden in der Finanzbuchführung unterschieden?
11. Wie sind Bestandskonten aufgebaut?
12. Wie sind aktive Bestandskonten aufgebaut?
13. Wie sind passive Bestandskonten aufgebaut?
14. Kann sich die Kontenart eines Bestandskontos ändern?
15. Was sind Erfolgskonten?
16. Wie sind Ertragskonten aufgebaut?
17. Wie sind Aufwandskonten aufgebaut?
18. Was sind Privatkonten?
19. Wie sind Privateinlagekonten aufgebaut?
20. Wie sind Privatentnahmekonten aufgebaut?
21. Wie sind Kontennummern aufgebaut und welchem Zweck dienen sie?
22. Wie sind die Geschäftsfreundebücher zu führen?
23. Wie werden die buchungspflichtigen Geschäftsvorfälle in der Praxis erfasst?
24. Welche Bedeutung kommt dabei dem Prinzip der Vollständigkeit und dem Belegprinzip zu?
25. Was versteht man unter Vorkontierung?
26. Wie werden Buchungssätze gebildet?
27. Wozu braucht man Buchungssätze?
28. Wann sind die buchungspflichtigen Geschäftsvorfälle zu verbuchen?
29. Was versteht man unter schwebenden Geschäften?

30. Was ist das Ziel der Umsatzbesteuerung?
31. Wie wird die Umsatzsteuer grundsätzlich berechnet?
32. Welche Folgen ergeben sich für die Verbuchung der Umsatzsteuer?

5 Laufende Buchführung als Abbildung von bilanziellen Wertänderungen

5.1 Vorüberlegung

Die Buchung laufender Geschäftsvorfälle bedeutet Aufzeichnung von wertmäßigen Änderungen von Bilanzposten. Wenn ein Buchungssatz mit Systemverständnis gebildet werden soll, ist daher zunächst zu klären, welche Bilanzposten mit welchen €-Beträgen durch den betreffenden Geschäftsvorfall verändert werden. Wertmäßige Änderungen des Vermögens des Vermögens sind in der Wirklichkeit unmittelbar nur Ausnahmefällen, z. B. im Geldbereich, erkennbar. Im Bereich der Schulden sind insbesondere Wertveränderungen von Rückstellungen in der Wirklichkeit nicht unmittelbar bestimmbar. Besondere Probleme bereiten aber die Änderungen des Bilanzpostens Eigenkapital, da das Eigenkapital als reine Rechengröße keine Entsprechung in der Wirklichkeit findet und daher z. B. auch nicht durch Inventur direkt erfassbar ist. Damit sind auch die Änderungen des Eigenkapitals, also Aufwendungen und Erträge bzw. Gewinne und Verluste in Unternehmen ebenso wenig sichtbar wie Kosten und Leistungen oder Privatentnahmen und Privateinlagen. Unmittelbar oder mittelbar erkennbar sind zwar die Änderungen des Vermögens oder der Schulden, nicht aber eine mögliche oder nicht mögliche korrespondierende Änderung des Eigenkapitals. Der Bestand des zu irgendeinem Zeitpunkt vorhandenen Eigenkapitals ist vielmehr stets nur rechnerisch als Differenz zwischen dem bilanziellen Vermögen und den bilanziellen Schulden (inkl. Rückstellungen) zu errechnen, stellt also lediglich eine Sollgröße dar, die nicht durch eine entsprechende Istgröße überprüft werden kann. Daraus folgt zwangsläufig, dass auch die Änderungsgrößen des Eigenkapitals (Aufwendungen, Erträge, Privateinlagen, Privatentnahmen) nicht direkt, d. h. als Eigenkapitaländerung, nachweisbar sind. So ist zwar eine Kassenminderung tatsächlich nachweisbar, ob dadurch aber zugleich eine Minderung des Eigenkapitals verwirklicht wurde, ist nicht direkt feststellbar. Wenn geklärt ist, dass auch das Eigenkapital berührt sein muss, bleibt immer noch offen, ob die Kassenminderung als Aufwand oder als Privatentnahme zu behandeln ist. Noch undurchsichtiger sind Vorgänge, die ausschließlich den Bilanzposten Eigenkapital berühren, z. B. erfolgswirksame Privatentnahmen oder Privateinlagen oder der Tausch von Dienstleistungen

Für jeden buchungspflichtigen Geschäftsvorfall ist daher zu prüfen, ob er neben seinen Änderungen des Vermögens und/oder Änderungen der Schulden zugleich erfolgswirksam oder privat veranlasst ist.

Allgemein bedeutet **Erfolgswirksamkeit** zunächst nur eine Änderung des bilanziellen Eigenkapitals aufgrund betrieblicher Veranlassung. Dabei ist auch der Grenzfall eingeschlossen, dass ein Geschäftsvorfall das Eigenkapital zwei- oder mehrfach berührt, ohne dass sich nach entsprechender Verbuchung der Eigenkapitalbestand verändert. Solche Fälle treten z. B. bei gewinnneutralen Absatzgeschäften oder bei erfolgswirksamen Privatgeschäften auf.

Ein einzelner Geschäftsvorfall ist **ERFOLGSWIRKSAM** → Glossar, wenn er entweder Ertrag oder Aufwand oder Aufwand und Ertrag gleichzeitig verursacht. Davon zu unterscheiden ist, ob der Geschäftsvorfall zugleich gewinn- oder verlustwirksam ist. Bei einem gewinnwirksamen Geschäftsvorfall ist der Ertrag höher als der zugehörige Aufwand (**Grenzfall**: Aufwand = 0), bei einem verlustwirksamen Geschäftsvorfall ist umgekehrt der Aufwand höher als der Ertrag (**Grenzfall**: Ertrag = 0).

Schließlich ist noch zu unterscheiden, ob das Jahresergebnis insgesamt positiv (= Gewinn) oder negativ (= Verlust) ist. Ein Geschäftsvorfall mit Gewinnbeitrag aufgrund eines Ertragsüberschusses erhöht den Jahresgewinn, bzw. vermindert den Jahresverlust, umgekehrt vermindert ein Geschäftsvorfall mit Verlustbeitrag aufgrund eines Aufwandsüberschusses den Jahresgewinn bzw. erhöht den Jahresverlust.

Merksatz

Da für die Verbuchung entscheidend ist, ob auf den entsprechenden Unterkonten des Eigenkapitals, d. h. für den konkreten Fall auf den Ertrags- und Aufwandskonten, zu buchen ist, wird im Folgenden unter Erfolgswirksamkeit die Verwirklichung von Aufwendungen und/oder Erträgen durch einen konkreten Geschäftsvorfall verstanden. Ob der Geschäftsvorfall insgesamt einen Gewinn- oder Verlustbeitrag zum positiven oder negativen Jahresergebnis liefert, bleibt bei dieser Abgrenzung außer Betracht. Gewinne oder Verluste werden in der Finanzbuchführung durch Saldierung der Konten errechnet, aber nicht gebucht. Dies entspricht auch der Vorschrift des § 246 Abs. 2 HGB.

Leider findet sich im einschlägigen Fachschrifttum bislang kein systematischer Ansatz zur Bestimmung der Erfolgswirksamkeit. Die Lösung dieser Problematik bleibt daher weitgehend dem Gefühl bzw. der Erfahrung des Buchführungspflichtigen überlassen. Im Folgenden soll daher zunächst ein „Probierverfahren" zur Bestimmung der Erfolgswirksamkeit mit Hilfe der Bilanzgleichung gezeigt werden. Die Regeln zur Bestimmung der Erfolgswirksamkeit werden später bei der systematischen Darstellung der laufenden Verbuchung von Geschäftsvorfällen in den typischen Unternehmensbereichen dargestellt → vgl. Kapitel 6.2, S. 156 ff.

5.2 Bilden von Buchungssätzen unter Beachtung der Bilanzgleichung

> Grundregel für die Bildung von Buchungssätzen für laufende Geschäftsvorfälle:
> „Denken in der Bilanz, Buchen auf Konten!"

Jeder Buchungssatz ist daher unter Beachtung der Bilanz bzw. unter Beachtung der wertmäßigen Konsequenzen der Bilanzgleichung zu bilden.

Vermögen = Eigenkapital + Schulden.

Ein Geschäftsvorfall ist i. S. d. Bilanzgleichung nur richtig gebucht, wenn nach erfolgter Buchung die Bilanzgleichung nicht verletzt ist. Das **Eigenkapital** kann durch **betrieblich** veranlasste (Aufwendungen und Erträge), **privat** veranlasste (Privatentnahmen und Privateinlagen bei Personenunternehmen) oder **gesellschaftsrechtlich** veranlasste (z. B. verdeckte Gewinnausschüttungen und verdeckte Einlagen bei Kapitalgesellschaften) Geschäftsvorfälle verändert werden. Für die für die Erfolgsermittlung entscheidende Frage, ob durch betriebliche veranlasste Geschäftsvorfälle das Eigenkapital verändert wird, lassen sich unter Beachtung der Bilanzgleichung folgende ausschließlich rechentechnisch bedingte Regeln für die Verursachung von Aufwendungen und Erträgen aufstellen.

Regel 1
Durch einen betrieblichen Geschäftsvorfall wird ein Aufwand **verursacht**, wenn
• entweder bei konstanten Verbindlichkeiten das Vermögen abnimmt
• oder bei konstantem Vermögen die Verbindlichkeiten zunehmen.

Regel 2
Durch einen betrieblichen Geschäftsvorfall wird ein ERTRAG → Glossar verursacht, wenn
• entweder bei konstanten Verbindlichkeiten das Vermögen zunimmt
• oder bei konstantem Vermögen die Verbindlichkeiten abnehmen.

Regel 3
Bei gleichzeitiger Änderung des Vermögens und der Verbindlichkeiten durch einen betrieblichen Geschäftsvorfall gilt Folgendes:
• Übersteigt die Vermögenszunahme die Verbindlichkeitenzu- bzw. -abnahme oder übersteigt die Schuld- die Vermögensabnahme, wird in Höhe des Differenzbetrages ein Ertrag verwirklicht.

- Übersteigt die Vermögensabnahme die Verbindlichkeitenabnahme oder übersteigt die Verbindlichkeitenzunahme die Vermögenszu- bzw. -abnahme, wird in Höhe des Differenzbetrages ein Aufwand verursacht.

Bei Gültigkeit dieser Regeln kann im Umkehrschluss gefolgert werden, dass sämtliche Geschäftsvorfälle, für die diese Regeln nicht zutreffen, stets erfolgsunwirksam sind. Dies gilt z. B. für alle Geschäftsvorfälle, die lediglich einen sog. **Aktivtausch** verursachen. Als Aktivtausch wird der erfolgsunwirksame Austausch von Vermögenswerten, z. B. der Einkauf von Warenvorräten gegen sofortige Bezahlung, verstanden. Beim **Passivtausch** muss hingegen anders als beim Aktivtausch zwischen erfolgswirksamen und erfolgsunwirksamen „Tauschvorgängen" unterschieden werden. Erfolgsunwirksam ist die sog. Umfinanzierung, z. B. die Bezahlung von Lieferantenverbindlichkeiten durch Überziehen des Bankkontos. Einen erfolgswirksamen Passivtausch verursacht z. B. die Neubildung von Rückstellungen oder die Auflösung passiver Rechnungsabgrenzungsposten. Eine sog. **Bilanzverlängerung** kann erfolgswirksam oder erfolgsunwirksam sein. Erfolgsunwirksame Bilanzverlängerungen sind z. B. die Auszahlung von Bankkrediten oder der Einkauf von Warenvorräten auf Ziel. Erfolgswirksame Bilanzverlängerungen sind z. B. Rückerstattungen von Betriebssteuern oder erhaltene Subventionen. Eine sog. **Bilanzverkürzung** kann ebenfalls erfolgswirksam oder erfolgsunwirksam sein. Erfolgsunwirksame Bilanzverkürzungen sind z. B. die Rückzahlung (Tilgung) von Bankkrediten oder die Rücksendung von Warenvorräten an Lieferanten gegen Verrechnung auf bestehende Verbindlichkeiten. Erfolgswirksame Bilanzverkürzungen sind z. B. Lohnzahlungen an Mitarbeiter oder Abschreibungen aller Art.

Das Probierverfahren zur Bestimmung der Erfolgswirksamkeit von Geschäftsvorfällen ist lediglich ein Hilfsverfahren zur Lösung der Verbuchung einfacher oder komplexer Geschäftsvorfälle. Eindeutig sind nur die später noch abzuleitenden Regeln → vgl. S. 156.

Die Bestimmung der Erfolgswirksamkeit mit Hilfe der Bilanzgleichung wird an Hand des nachfolgenden Zahlenbeispiels gezeigt:

Beispiel

Gegeben ist folgende Eröffnungsbilanz (in €):

Aktivseite	Eröffnungsbilanz für den 1.1.08		Passivseite
1. Warenvorräte	60.000,00	1. Eigenkapital	100.000,00
2. Bankguthaben	11.900,00	2. Verbindlichkeiten	
3. Kasse	40.000,00	aus Lieferungen u. Leistungen	11.900,00
	111.900,00		111.900,00

Für die nachfolgenden Geschäftsvorfälle ist zunächst zu bestimmen, wie sie die Bilanzgleichung verändern; daraufhin sind die Buchungssätze unter Verwendung von Kontennummern zu bilden.

Anschließend sind die Gewinn- und Verlustrechnung und die Schlussbilanz aufzustellen.

Geschäftsvorfälle	Bilanzgleichung				
	Vermögen	=	Eigenkapital	+	Schulden
	111.900,00	=	100.000,00	+	11.900,00
1. Wareneinkauf auf Ziel 30.000,00 €	30.000,00				
+ 5.700,00 € USt = 35.700,00 €	5.700,00	=			35.700,00
	147.600,00	=	100.000,00	+	47.600,00
2. Tilgung von Lieferantenverbindlichkeiten durch Banküberweisung 11.900,00 €	− 11.900,00	=			− 11.900,00
	135.700,00	=	100.000,00	+	35.700,00
3. Bankabbuchung einer Telefonrechnung 300,00 € + 57,00 € USt = 357,00 €	57,00	=	− 300,00	+	357,00
	135.757,00	=	99.700,00	+	36.057,00
4. Barverkauf der Waren aus der Nr. 1 an Privat für 53.550,00 € inkl. 19 % USt	− 30.000,00 − 30.000,00 53.550,00	= = =	− 30.000,00 45.000,00	+	8.550,00
	159.307,00	=	114.700,00	+	44.607,00
5. Netto-Lohnansprüche der Arbeitnehmer 3.800,00 €, Lohnsteuer, Kirchensteuer, SolZ 1.500,00 € Sozialversicherung Arbeitgeber und Arbeitnehmer insgesamt 2.400,00 €	0 0 0	= = =	− 3.800,00 − 1.500,00 − 2.400,00	+ + +	3.800,00 1.500,00 2.400,00
	159.307,00	=	107.000,00	=	52.307,00
6. Kauf eines betrieblichen Pkw für 12.000,00 € + 2.280,00 € USt = 14.280,00 € durch Banküberweisung (Anschaffung im Januar)	12.000,00 2.280,00	=			14.280,00
	173.587,00	=	107.000,00	=	66.587,00

	Geschäftsvorfälle	Bilanzgleichung			
		Vermögen	= Eigenkapital	+	Schulden
	Übertrag	173.587,00	= 107.000,00	=	66.587,00
7.	Banküberweisung der Lohnan-	0	=		− 3.800,00
	sprüche 3.800,00 €, der Lohnsteuer,				3.800,00
	Kirchensteuer, SolZ 1.500,00 € und	0	=		− 1.500,00
	der Sozialversicherung 2.400,00 €				1.500,00
		0	=		− 2.400,00
					2.400,00
		173.587,00	= 107.000,00	=	66.587,00
8.	Zinsbelastung für den				
	Überziehungskredit 600,00 €	0,00	= − 600,00	+	600,00
		173.587,00	= 106.400,00	+	67.187,00
9.	Privatabhebung vom betrieblichen				
	Bankkonto 1.000,00 €	0,00	= − 1.000,00	+	1.000,00
		173.587,00	= 105.400,00	+	68.187,00
10.	Betriebliche Barabhebung				
	vom Bankkonto 800,00 €	800,00	=	+	800,00
		174.387,00	= 105.400,00	+	68.987,00
11.	Reparatur des betrieblichen Pkw				
	1.500,00 € + 285,00 € USt				
	= 1.785,00	− 1.785,00			
	in bar	285,00	= − 1.500,00		
		172.887,00	= 103.900,00	+	68.987,00
12.	Barverkauf von Waren für				
	23.800,00 € inkl. 19 % USt an Privat	− 15.000,00	= − 15.000,00		
	Anschaffungskosten der verkauften	23.800,00	= 20.000,00		3.800,00
	Waren 15.000,00 €	181.687,00	= 108.900,00	+	72.787,00
13.	Privateinlage von Wertpapieren				
	im Wert von 2.000,00 €	2.000,00	= 2.000,00		
		183.687,00	= 110.900,00	+	72.787,00
14.	Verkauf von Waren für 50.000,00 €				
	+ 9.500,00 € USt = 59.500,00 € auf				
	Ziel; Anschaffungskosten der verkauf-	− 30.000,00	= − 30.000,00		
	ten Waren 30.000,00 €	59.500,00	= 50.000,00		9.500,00
		213.187,00	= 130.900,00	+	82.287,00
15.	Bareinzahlung auf das Bank-	− 100.000,00	=		
	konto 100.000,00 €	75.263,00	=	+	− 24.737,00
		188.450,00	= 130.900,00	+	57.550,00

	Geschäftsvorfälle	Bilanzgleichung			
		Vermögen	=	Eigenkapital +	Schulden
	Übertrag	188.450,00	=	130.900,00 +	57.550,00
16.	Handwerkerrechnung Gebäudere- paratur Rechnungsbetrag 1.000,00 € + 190,00 € USt = 1.190,00 €	190,00	=	– 1.000,00 +	1.190,00
		188.640,00	=	129.900,00 +	58.740,00
17.	Wahrscheinlich zu leistender Schadenersatz 3.000,00 €	0,00	=	– 3.000,00 +	3.000,00
		188.640,00	=	126.900,00 +	61.740,00
18.	Abschreibung Pkw Nutzungsdauer 4 Jahre 10.000,00 €: 4 Jahre = 2.500,00 €/Jahr	– 2.500,00	=	– 2.500,00	
		186.140,00	=	124.400,00 +	61.740,00
19.	Pauschalwertberichtigung für Forderungen aus Lieferungen u. Leistungen 2 %	– 1.000,00	=	– 1.000,00	
		185.140,00	=	123.400,00 +	61.740,00
20.	Umbuchung der Vorsteuer	– 8.512,00	=	+	– 8.512,00
		176.628,00	=	123.400,00 +	53.228,00
21.	Umbuchung der Umsatzsteuer	0,00	=	+	– 13.338,00
				+	13.338,00
	Bilanzsummen	176.628,00	=	123.400,00 +	53.228,00

Der Gewinn für das abgelaufene Jahr kann ohne Verbuchung der Geschäftsvorfälle auf Konten durch Eigenkapitalvergleich wie folgt berechnet werden:

Eigenkapital 31.12.2008	123.400,00
– Eigenkapital 31.12.2007	100.000,00
+ Privatentnahmen in 2008	1.000,00
– Privateinlagen in 2008	2.000,00
= Gewinn in 2008	22.400,00

Der Gewinn kann mit dem Gewinn lt. unten dargestelltem Gewinn- und Verlustkonto abgestimmt werden. Das Gewinn- und Verlustkonto zeigt zusätzlich die Erfolgsquellen.

Vorüberlegungen zur Bildung von Buchungssätzen für die Geschäftsvorfälle:
Als (heuristisches) Hilfsmittel kann die Bilanzgleichung für die Bildung von Buchungssätzen grundsätzlich wie folgt eingesetzt werden:

Ist z. B. klar, dass sich die Kasse vermehrt hat, gibt es für die Lösung unter Beachtung der Bilanzgleichung folgende Möglichkeiten:
1. das Vermögen hat sich um denselben Betrag vermindert,
2. das Eigenkapital hat sich um denselben Betrag erhöht,
3. die Schulden haben sich um denselben Betrag erhöht,
4. Kombinationen aus obigen Möglichkeiten, z. B. das Eigenkapital und die Schulden haben sich erhöht.

Für die obigen Geschäftsvorfälle ergeben sich unter Beachtung der Bilanzgleichung folgende Lösungen:

Fall	Bilanzposten	Mehrung	Minderung	Konto	Kto-Nr.	Soll	Haben
1.	Warenvorräte	30.000,00		Warenvorräte	1140	30.000,00	
	Vorsteuer	5.700,00		Vorsteuer	1400	5.700,00	
	VLL	35.700,00		VLL	3300		35.700,00

Der Geschäftsvorfall ist buchungspflichtig, da das wirtschaftliche Eigentum an den Waren auf den Käufer übergegangen ist. Die Warenvorräte erhöhen sich um den Betrag der Anschaffungskosten und die Verbindlichkeiten aus Lieferungen und Leistungen erhöhen sich um den Rechnungsbetrag. Bei personenbezogener Buchung ist ein Personenkonto anzubuchen, z. B. für Einmallieferanten das CpD-Kreditorenkonto. Das Eigenkapital ist zwar durch den Geschäftsvorfall berührt, die kurzzeitigen Änderungen – Erhöhung des Anspruchs bei Zugang der Ware und Verminderung des Anspruchs in gleicher Höhe bei Schuldentstehung – werden in der Buchführung nicht dargestellt. Dies ist auch eine Folge des für Einkaufsgeschäfte geltenden Anschaffungswertprinzips, das einen Ausweis von Erträgen verbietet.

Die Vorsteuer ist bei der (monatlichen) Berechnung der Umsatzsteuerschuld abziehbar, wenn sie in einer Rechnung gesondert ausgewiesen wird. Sie hat Forderungscharakter und wird daher nicht im Soll des USt-Schuldkontos, sondern im Soll des aktiven Bestandskontos 1400 abziehbare Vorsteuer gebucht. Dieses Konto ist ein Teilkonto des Bilanzpostens sonstige Vermögensgegenstände. Die Vorsteuer kann folglich von der Finanzbehörde gefordert werden, obwohl die Rechnung an den Lieferanten noch nicht bezahlt wurde.

Fall	Bilanzposten	Mehrung	Minderung	Konto	Kto-Nr.	Soll	Haben
2.	VLL		11.900,00	VLL	3300	11.900,00	
	Bank		11.900,00	Bank	1800		11.900,00

Der Bankkontobestand befindet sich im positiven Bereich, daher nimmt das Bankguthaben im Haben ab. Auch die Schulden in Form von Verbindlichkeiten aus Lieferungen und Leistungen nehmen durch die Bezahlung per Banküberweisung ab.

Fall	Bilanzposten	Mehrung	Minderung	Konto	Kto-Nr.	Soll	Haben
3.	Eigenkapital		300,00	Kommaufw.	6805	300,00	
	Vorsteuer	57,00		Vorsteuer	1400	57,00	
	Bankverbindl.	357,00		Bank	1800		357,00

Gebühren für Telefonate sind Entgelte für beschaffte Dienstleistungen. Beschaffte Dienstleistungen sind grundsätzlich – d. h., wenn keine Anhaltspunkte für Werterhöhungen bei beschafftem bzw. vorhandenem Vermögen durch Anschaffungsnebenkosten oder sog. Herstellungsaufwand vorliegen – kein Vermögen i. S. d. der Bilanz. Das Geld wurde aus der Sicht der Bilanzregeln – mit Ausnahme des Vorsteueranteils – für „Nichts" ausgegeben. Die Buchführung bildet lediglich den Abgang des Geldes ohne unmittelbare Gegenleistung ab; dies führt zu einer Minderung der Ansprüche des Kaufmanns. Waren die Telefonate in vollem Umfang betrieblich bedingt, ist der gesamte Betrag ohne Vorsteuer zugleich Aufwand.

Zur Vorsteuer → vgl. die Ausführungen zu Fall 1, S. 126.

Der Bankkontobestand befindet sich nach dieser Buchung im negativen Bereich, daher nehmen die Bankverbindlichkeiten im Haben zu. Dieser Sachverhalt muss bei der vorzeichenabhängigen Darstellung in der Bilanz beachtet werden. Die vorzeichenunabhängige Abrechnung mit Konten hat dagegen den Vorteil, dass die Habenbuchung immer zum richtigen Ausweis führt: im Haben wird das Bankguthaben weniger bzw. die Bankverbindlichkeit mehr. Insoweit braucht die Buchung auch nicht auf einem passiven Bestandskonto vorgenommen werden.

Fall	Bilanzposten	Mehrung	Minderung	Konto	Kto-Nr.	Soll	Haben
4.	Eigenkapital		30.000,00	Warenaufwand	5200	30.000,00	
	Warenvorräte		30.000,00	Warenvorräte	1140		30.000,00
	Kasse	53.550,00		Kasse	1600	53.550,00	
	Eigenkapital	45.000,00		Umsatzerlöse	4000		45.000,00
	USt-Schuld	8.550,00		USt-Schuld	3800		8.550,00

Es wird die Leistung – die Übergabe der Waren an den Kunden in Höhe der Anschaffungskosten bzw. des Buchwerts – und die Gegenleistung – Schuldanerkenntnis und Übergabe des Bargeldes – gebucht. Die Leistung ist Aufwand, die Gegenleistung Ertrag. Anders als bei Einkaufsgeschäften – dort gilt das Anschaffungswertprinzip → vgl. Nr. 1, S. 126 – muss bei Verkaufsgeschäften wegen des Realisationsprinzips die Verwirklichung von Erträgen bei Verkaufsgeschäften gebucht werden und zwar unabhängig davon, ob durch den Geschäftsvorfall insgesamt ein Gewinn- oder Verlustbeitrag verwirklicht wird. Im Beispiel ist der Gewinnbeitrag des Geschäftsvorfalles 15.000,00 €. Wegen des Verrechnungsverbotes in § 246 Abs. 2 HGB darf z. B. nicht gebucht werden:

Fall	Bilanzposten	Mehrung	Minderung	Konto	Kto-Nr.	Soll	Haben
4.	Kasse	53.550,00		Kasse	1600	53.550,00	
	Warenvorräte		30.000,00	Warenvorräte	1140		30.000,00
	Eigenkapital	15.000,00		Umsatzerlöse	4000		15.000,00
	USt-Schuld	8.550,00		USt-Schuld	3800		8.550,00

Bei dieser Art von Verbuchung, die in der Praxis immer noch beliebt ist, werden Gewinne, aber keine Erträge gebucht. Die Aufwandsbuchung fehlt vollständig. Allerdings wird bei dieser Buchung – die früher als Nettomethode bezeichnet wurde – in der Gewinn- und Verlustrechnung derselbe Gewinn ausgewiesen wie bei einer Ertrags- und Aufwandsbuchung der Verkaufsgeschäfte. Das Periodenergebnis wird also nicht verfälscht, die Erfolgsquellen werden aber unvollständig bzw. unrichtig dargestellt.

Fall	Bilanzposten	Mehrung	Minderung	Konto	Kto-Nr.	Soll	Haben
5.	Eigenkapital		5.000,00	Lohnaufwand	6010	5.000,00	
	sonst. Verbindl.	5.000,00		sonst. Verbindl.	3500		5.000,00
	Eigenkapital		1.500,00	Lohnaufwand	6010	1.500,00	
	sonst. Verbindl.	1.500,00		sonst. Verbindl.	3500		1.500,00
	Eigenkapital		1.200,00	Lohnaufwand	6010	1.200,00	
	sonst. Verbindl.	1.200,00		sonst. Verbindl.	3500		1.200,00
	Eigenkapital		1.200,00	ges.Sozialaufw.	6110	1.200,00	
	sonst. Verbindl.	1.200,00		sonst. Verbindl.	3500		1.200,00

Der Vorgang ist zu buchen, da die Schuld gegenüber den Arbeitnehmern, dem Fiskus und den Sozialversicherungsträgern verwirklicht wurde, der Bilanzposten „sonstige Verbindlichkeiten" also wertmäßig verändert ist. Auf den Bilanzposten „Verbindlichkeiten aus Lieferungen und Leistungen" sollten derartige Schulden nicht gebucht werden, da der nicht selbständig tätig werdende Arbeitnehmer in der Buchführung nicht als Kreditor angesehen wird. Löhne sind Entgelte für beschaffte Dienstleistungen (Arbeitsleistungen). Zu den sog. Bruttolöhnen gehören auch die Lohnsteuer, Kirchensteuer und der Solidaritätszuschlag, die zwar vom Arbeitgeber zu berechnen und abzuführen sind, die aber vom Arbeitnehmer geschuldet werden. Die Abführung erfolgt also „auf Rechnung" des Arbeitnehmers. Die Lohnsteuer wird mit Zufluss des Lohnes beim Arbeitnehmer fällig (§ 38 Abs. 2 EStG).

Der zur Hälfte vom Arbeitnehmer zu tragende Anteil des gesamten Sozialversicherungsaufwandes gehört ebenso zum Bruttolohn und wird daher wie die Steuern als Lohnaufwand gebucht. Der zur Hälfte vom Arbeitgeber geschuldete Anteil der Sozialversicherungsbeiträge wird nicht als Lohnaufwand, sondern als gesetzlicher Sozialaufwand gebucht. Der Arbeitgeberanteil zur Sozialversicherung unterliegt nicht der Lohn- und Kirchensteuer und dem Solidaritätszuschlag. Auch wird die Höhe des gesamten Sozialversicherungsbeitrages nur vom Bruttolohn exklusive Arbeitgeberanteil berechnet. Der Arbeitgeberanteil ist also „lohnsteuer- und sozialversicherungsfrei".

Beschaffte Dienstleistungen sind grundsätzlich – d. h. wenn keine Anhaltspunkte für Werterhöhungen bei beschafften bzw. vorhandenem Vermögen durch Anschaffungsnebenkosten oder sog. Herstellungsaufwand vorliegen – kein Vermögen i. S. d. Bilanz. Das Geld wurde aus der Sicht der Bilanzregeln für „Nichts" ausgegeben. Die Buchführung bildet lediglich den Abgang des Geldes, nicht aber die durch die Arbeitsleistung erbrachte Wertschöpfung ab; dies führt zu einer Minderung der Ansprüche des Kaufmanns, ein aus der Sicht der Arbeitnehmer unerfreuliches Ergebnis, aus der Sicht der Arbeitgeber erfolgt zumindest durch die sofortige Gewinnsteuerminderung – sofern überhaupt Gewinne erzielt bzw. Gewinne versteuert werden – ein gewisser Nachteilsausgleich, der bei einer Aktivierung einer Wertschöpfung durch den Arbeitnehmer erst später möglich wäre. Da davon auszugehen ist, dass die Arbeitnehmer ausschließlich für betriebliche Zwecke tätig sind, ist der gesamte Betrag zugleich Aufwand.

Fall	Bilanzposten	Mehrung	Minderung	Konto	Kto-Nr.	Soll	Haben
6.	Fuhrpark	12.000,00		Fuhrpark	0520	12.000,00	
	Vorsteuer	2.280,00		Vorsteuer	1400	2.280,00	
	Bank		14.280,00	Bank	1800		14.280,00

Es handelt sich um die Beschaffung eines abnutzbaren Vermögensgegenstandes des Anlagevermögens. Ob der Pkw auf dem Konto Fuhrpark oder auf dem Konto Betriebs- und Geschäftsausstattung gebucht wird, hängt von der Bedeutung der Fahrzeugbestandes ab. Für den Pkw ist die planmäßige und betriebsgewöhnliche Nutzungsdauer festzulegen. Sie beträgt hier z. B. 4 Jahre. Der Pkw könnte zeitanteilig gleichmäßig (lineare Abschreibung) oder degressiv abgeschrieben werden. Hier wird bewusst die lineare Abschreibung gewählt, obwohl z. B. nach § 7 Abs. 2 EStG auch eine Abschreibung von 30 % der Anschaffungskosten möglich wäre. Aus steuerlicher Sicht würde die degressive Abschreibung zu besseren Ergebnissen als die lineare Abschreibung führen (höhere Abschreibung → niedrigerer Gewinn → niedrigere gewinnabhängige Steuern, z. B. Gewerbesteuer, Einkommensteuer oder Körperschaftsteuer). Der Pkw ist im Anschaffungsjahr monatsanteilig abzuschreiben. Die Abschreibungen werden regelmäßig nicht laufend, sondern am Jahresende (Monats- oder Quartalsende) als sog. vorbereitende Abschlussbuchung in einer einzigen Buchung für die abgelaufene Periode zusammengefasst.

Zur Vorsteuer → vgl. die Ausführungen zu Fall 1, S. 126.

Der Bankkontobestand befindet sich im negativen Bereich, daher nehmen die Bankverbindlichkeiten im Haben zu.

Fall	Bilanzposten	Mehrung	Minderung	Konto	Kto-Nr.	Soll	Haben
7.	sonst. Verbindl.		3.800,00	sonst. Verbindl.	3500	3.800,00	
	Bankverbindlichk.	3.800,00		Bank	1800		3.800,00
	sonst. Verbindl.		1.500,00	sonst. Verbindl.	3500	1.500,00	
	Bankverbindlichk.	1.500,00		Bank	1800		1.500,00
	sonst. Verbindl.		2.400,00	sonst. Verbindl.	3500	2.400,00	
	Bankverbindlichk.	2.400,00		Bank	1800		2.400,00

Es findet ein erfolgsunwirksamer Austausch zwischen Verbindlichkeiten statt: aus Abführungsverbindlichkeiten gegenüber den Finanzbehörden und Sozialversicherungsträgern werden durch die Zahlung Bankverbindlichkeiten. Die Schulden aus den Arbeitsverhältnissen wurden bezahlt, ohne dass sich das Vermögen vermindert hat.

Fall	Bilanzposten	Mehrung	Minderung	Konto	Kto-Nr.	Soll	Haben
8.	Eigenkapital		600,00	Zinsaufwend.	7300	600,00	
	Bank	600,00		Bank	1800		600,00

Zinsen sind Entgelt für Nutzungsüberlassung von Geldmitteln. Diese Nutzungsüberlassung ist nach § 4 Nr. 8 UStG umsatzsteuerfrei. Für die Erfolgswirksamkeit gilt das bei der Beurteilung von Löhnen unter Nr. 5 Gesagte analog → **vgl. S. 128 f.** Zinsen sind als Geldbeschaffungskosten niemals Anschaffungsnebenkosten. Ausnahmsweise dürfen sie zu den **HERSTELLUNGSKOSTEN** → **Glossar** nach § 255 Abs. 3 HGB gerechnet werden. Wenn Zinsen nicht im Voraus bezahlt werden, sind sie daher sofort als Aufwand zu buchen. Werden die Zinsen im Voraus bezahlt, z. B. in der Form eines sog. Abgeldes (Damnum, Disagio), besitzen sie Forderungscharakter und sind als aktive Rechnungsabgrenzungsposten zu aktivieren. Die Zinsschuld ist beglichen, obwohl sich durch die Zahlung die Bankschulden erhöhen.

Fall	Bilanzposten	Mehrung	Minderung	Konto	Kto-Nr	Soll	Haben
9.	Eigenkapital		1.000,00	Privat-entnahmen	2100	1.000,00	
	Bank	1.000,00		Bank	1800		1.000,00

Privat veranlasste Geschäftsvorfälle berühren – wenn sie buchungspflichtig sind – immer das Eigenkapital. Ob sie buchungspflichtig sind, ist für Transaktionen mit Vermögensgegenständen und Schulden relativ einfach zu beantworten. Schwierigkeiten treten bei Entnahmen und Einlagen von Nutzungen und Dienstleistungen auf. Nicht gebucht wird z. B. die eigene Arbeitsleistung des Kaufmanns.

Privatentnahmen kürzen zwar ebenso wie Aufwendungen das Eigenkapital, aber – anders als Aufwendungen – nicht den Gewinn. Die Privatentnahme führt zu einer Erhöhung der Betriebsschulden. Dies führt z. B. auch zu der steuerlich wichtigen Frage einer steuerlichen Abzugsfähigkeit der dadurch verursachten Schuldzinsen (§ 4 Abs. 4 a EStG).

Fall	Bilanzposten	Mehrung	Minderung	Konto	Kto-Nr.	Soll	Haben
10.	Kasse	800,00		Kasse	1600	800,00	
	Bank	800,00		Bank	1800		800,00

Für betriebliche Zwecke wird Bargeld beschafft. Dadurch erhöhen sich die Bankverbindlichkeiten weiter, zugleich steigt der Kassenbestand. Die Summe des Vermögens erhöht sich bei gleichzeitiger Erhöhung der Schulden.

Fall	Bilanzposten	Mehrung	Minderung	Konto	Kto-Nr.	Soll	Haben
11.	Eigenkapital		1.500,00	Fahrzeugaufw.	6500	1.500,00	
	Vorsteuer	285,00		Vorsteuer	1400	285,00	
	Kasse		1.785,00	Kasse	1600		1.785,00

Die Fahrzeugreparatur stellt die Beschaffung einer Werkleistung dar. Es könnte sich um sog. HERSTELLUNGSAUFWAND → Glossar handeln, der den Wert des reparierten Fahrzeuges erhöht. Durch Reparaturen werden aber lediglich zuvor durch Schäden eingetretene Wertminderungen beseitigt, eine Werterhöhung findet nicht statt. Es handelt sich um sog. ERHALTUNGSAUFWENDUNGEN → Glossar . Eine Werterhöhung wäre lediglich zu buchen, wenn die zuvor eingetreten Wertminderung als Aufwand gebucht worden wäre. Reparaturausgaben sind daher regelmäßig als Aufwand zu buchen, es sei denn, es handelt sich um mehr als eine Reparatur, z. B. eine dadurch ausgelöste Verlängerung der Nutzungsdauer. Dann ist eine genauere Prüfung erforderlich.

Zur Vorsteuer → vgl. die Ausführungen zu Fall 1, S. 126.

Fall	Bilanzposten	Mehrung	Minderung	Konto	Kto-Nr.	Soll	Haben
12.	Eigenkapital		15.000,00	Warenaufwand	5200	15.000,00	
	Warenvorräte		15.000,00	Warenvorräte	1140		15.000,00
	Kasse	23.800,00		Kasse	1600	23.800,00	
	Eigenkapital	20.000,00		Umsatzerlöse	4000		20.000,00
	USt-Schuld	3.800,00		USt-Schuld	3800		3.800,00

→ vgl. die Ausführungen zu Fall 4, S. 127 f.

Fall	Bilanzposten	Mehrung	Minderung	Konto	Kto-Nr.	Soll	Haben
13.	Wertpapiere	2.000,00		Wertpapiere	1510	2.000,00	
	Eigenkapital	2.000,00		Privateinl.	2180		2.000,00

Zu privat veranlassten Geschäftsvorfällen → vgl. auch Fall 9, S. 128. Die eingelegten Wertpapiere erhöhen das Vermögen. Ob sie zum Anlage- oder zum Umlaufvermögen zu rechnen sind, richtet sich nach der geplanten Verkaufsabsicht. Dass diese Frage z. B. bei rapidem Kursverfall von großer Bedeutung ist, zeigt die von der Versicherungswirtschaft initiierte Gesetzesänderung in § 341 b HGB für den Ausweis von ursprünglich dem Umlaufvermögen zugehörigen Wertpapieren als Anlagevermögen.

Fall	Bilanzposten	Mehrung	Minderung	Konto	Kto-Nr.	Soll	Haben
14.	Eigenkapital		30.000,00	Warenaufwand	5200	30.000,00	
	Warenvorräte		30.000,00	Warenvorräte	1140		30.000,00
	FLL	59.500,00		FLL	1200	59.500,00	
	Eigenkapital	50.000,00		Umsatzerlöse	4000		50.000,00
	USt-Schuld	9.500,00		USt-Schuld	3800		9.500,00

→ **vgl. die Ausführungen zu Fall 4, S. 127 f.** Die Forderungen aus Lieferungen und Leistungen erhöhen sich um den Rechnungsbetrag, da vom Kunden auch die Umsatzsteuer gefordert wird. Bei personenbezogener Buchung ist ein Personenkonto anzubuchen, z. B. für Einmalkunden das CpD-Debitorenkonto. Zu beachten ist weiterhin, dass die USt-Schuld bereits im Lieferungszeitpunkt entsteht, die Umsatzsteuer folglich abzuführen ist, obwohl der Rechnungsbetrag vom Kunden noch nicht gezahlt wurde. Dies führt zu einer Liquiditätsschwächung, die aber als systematisch konsequentes Pendant zur Liquiditätsverbesserung durch die Vorsteuererstattungsmöglichkeiten bei noch nicht bezahlten Eingangsrechnungen zu sehen ist.

Fall	Bilanzposten	Mehrung	Minderung	Konto	Kto-Nr.	Soll	Haben
15.	Bank	73.832,00	26.168,00	Bank	1800	100.000,00	
	Kasse		100.000,00	Kasse	1600		100.000,00

Die Bareinzahlung tilgt den derzeit bestehenden Bankkontokorrentkredit in Höhe von 26.168,00 € und führt gleichzeitig zu einem Bankguthaben von 73.832,00 €. Auf dem Konto spielt diese Aufteilung keine Rolle. Durch die Sollbuchung von 100.000,00 € wird der richtige Betrag nach dem Geschäftsvorfall durch Saldenbildung errechnet.

Fall	Bilanzposten	Mehrung	Minderung	Konto	Kto-Nr.	Soll	Haben
16.	Eigenkapital		1.000,00	Reparaturaufw.	6490	1.000,00	
	Vorsteuer	190,00		Vorsteuer	1400	190,00	
	VLL	1.190,00		VLL	3300		1.190,00

Die Reparatur stellt die Beschaffung einer Werkleistung dar. Es handelt sich um sog. Erhaltungsaufwendungen, die auch als Aufwand gebucht werden. Zur Vorsteuer und zum Ausweis auf Konto 3300 Verbindlichkeiten aus Lieferungen und Leistungen → **vgl. die Ausführungen zu Fall 1, S. 126.** Zur Frage des Ausweises als Verbindlichkeiten aus Lieferungen und Leistungen oder als sonstige Verbindlichkeiten → **vgl. die Ausführungen zu Fall 5, S. 128.**

Die nachfolgenden Geschäftsvorfälle bzw. buchtechnischen Maßnahmen sind der Gruppe der sog. vorbereitenden Abschlussbuchungen zuzuordnen, auf deren Bedeutung später noch genauer eingegangen wird → **vgl. S. 253.**

Fall	Bilanzposten	Mehrung	Minderung	Konto	Kto-Nr.	Soll	Haben
17.	Eigenkapital		3.000,00	a.o. Aufwand	7500	3.000,00	
	sonstige Rück-stellungen	3.000,00		sonstige Rück-stellungen	3070		3.000,00

Der Geschäftsvorfall ist buchungspflichtig, da eine unsichere Schuld entstanden ist. Der zu buchende Betrag ist durch Schätzung zu bestimmen. Da sich die unsicheren Schulden erhöhen, ohne dass sich das Vermögen ändert, ist das Eigenkapital auf betrieblicher Grundlage gemindert, es wird Aufwand verursacht. Dies gilt generell: durch die Bildung von Rückstellungen wird in Höhe der unsicheren Schuld ohne eine evtl. verursachte Umsatzsteuer stets Aufwand verursacht.

Fall	Bilanzposten	Mehrung	Minderung	Konto	Kto-Nr.	Soll	Haben
18.	Eigenkapital		2.500,00	AfA	6200	2.500,00	
	Fuhrpark		2.500,00	Fuhrpark	0520		2.500,00

Abschreibungen für Wertminderungen des abnutzbaren Anlagevermögens verursachen stets Aufwand. Es mindert sich das Eigenkapital und das Vermögen.

Fall	Bilanzposten	Mehrung	Minderung	Konto	Kto-Nr.	Soll	Haben
19.	Eigenkapital		1.000,00	Abschr. FLL	6920	1.000,00	
	Ford. a. LuL		1.000,00	FLL	1200		1.000,00

Abschreibungen für Wertminderungen des Bestandes an Forderungen aus Lieferungen und Leistungen verursachen stets Aufwand. Es mindert sich das Eigenkapital und das Vermögen. Der anscheinend sichere Bestand an Forderungen aus Lieferungen und Leistungen ist wegen des im Umlaufvermögen geltenden strengen Niederstwertprinzips aufgrund des allgemeinen Kreditrisikos stets pauschal abzuschreiben. Der Abschreibungsprozentsatz liegt in der Praxis i. d. R. zwischen 1 % und 4 %. des Forderungsbetrages ohne die darin enthaltene Umsatzsteuer. Die Umsatzsteuer darf nicht vermindert werden, da der Forderungsausfall nicht endgültig ist.

Fall	Bilanzposten	Mehrung	Minderung	Konto	Kto-Nr.	Soll	Haben
20.	Umsatzsteuer		8.512,00	USt-Schuld	3800	8.512,00	
	Vorsteuer		8.512,00	Vorsteuer	1400		8.512,00

Am Periodenende (Jahr, Monat, Quartal) ist zu prüfen, ob der Vorsteuererstattungsanspruch oder die Umsatzsteuerschuld größer ist. Die Buchung ist unabhängig vom Ergebnis der Prüfung immer dieselbe. Im Regelfall verbleibt nach Umbuchung der Vorsteuer eine Umsatzsteuerabführungsverpflichtung, das Vorsteuerkonto ist abgeschlossen. Im Ausnahmefall verbleibt eine Vorsteuererstattungsforderung, das Umsatzsteuerschuldkonto ist abgeschlossen. Für die Praxis kommt noch das Umsatzsteuervorauszahlungskonto hinzu, das aber wie das Vorsteuerkonto abgeschlossen wird.

Fall	Bilanzposten	Mehrung	Minderung	Konto	Kto-Nr.	Soll	Haben
21.	Umsatzsteuer		13.338,00	USt-Schuld	3800	13.338,00	
	sonst.			sonst.			
	Verbindl.	13.338,00		Verbindl	3500		13.338,00

Die Umsatzsteuerabführungsverpflichtung wird regelmäßig nicht in der Bilanz ausgewiesen. Um dies zu vermeiden, werden die am Jahresende bestehenden Umsatzsteuerschulden auf den Bilanzposten sonstige Verbindlichkeiten umgebucht.

Nach den vorbereitenden Abschlussbuchungen kann der Jahresabschluss aufgestellt werden. Bei einer handschriftlichen Buchführung müssen dazu die sog. eigentlichen Abschlussbuchungen gebucht werden. In EDV-Buchführungssystemen sind diese nicht erforderlich bzw. nicht sinnvoll, da die Kontensalden beim Aufruf des Jahresabschlussberichtes oder simultan den vorher angelegten Bilanz- und GuV-Posten zugeordnet werden. Bei einer simultanen Zuordnung sind die Bilanz- und GuV-Posten nach jeder Buchung automatisch aktualisiert. Nicht erforderlich sind in EDV-gestützten Systemen weiterhin die sog. Eröffnungsbuchungen. Eine Ausnahme besteht allenfalls für den erstmaligen Einsatz bei der Übernahme der Anfangsbestände in das System. In den Folgejahren werden die Bestände entweder durch eine sog. ausdrücklich zu startende Jahresübernahme oder automatisch in das nächste Jahr übernommen. Dennoch werden nachfolgend sowohl die Eröffnungsbuchungen als auch die eigentlichen Abschlussbuchungen dargestellt, da sie dem Anfänger den Erwerb des Systemverständnis erleichtern.

Die Lösungen auf der Grundlage der Bilanzgleichung führen zu folgendem Ausweis der jeweils gebildeten Buchungssätze in einer Buchungsliste:

Eröffnungsbuchungen:

Nr.	Text	Konto	Kontenname	Soll	Haben
0	Eröffnung Warenvorräte	1140	Warenvorräte	60.000,00	
		8000	EB Konto		60.000,00
0	Eröffnung Bank	1800	Bank	11.900,00	
		8000	EB Konto		11.900,00
0	Eröffnung Kasse	1600	Kasse	40.000,00	
		8000	EB Konto		40.000,00
0	Eröffnung Eigenkapital	8000	EB Konto	100.000,00	
		2000	Eigenkapital		100.000,00
0	Eröffnung VLL.	8000	EB Konto	11.900,00	
		3300	VLL		11.900,00
	Abstimmung Eröffnungsbuchungen			223.800,00	223.800,00

Laufende Buchungen:

1.	Wareneinkauf auf Ziel 30.000,00 € + 5.700,00 € USt = 35.700,00 €	1140	Warenvorräte	30.000,00		
		1400	Vorsteuer	5.700,00		
		3300	VLL		35.700,00	
2.	Tilgung von VLL durch Banküberweisung 11.900,00 €	3300	VLL	11.900,00		
		1800	Bank		11.900,00	
3.	Bankabbuchung der Telefonrechnung 300,00 € + 57,00 € USt = 357,00 €	6805	Kommunikaufw.	300,00		
		1400	Vorsteuer	57,00		
		1800	Bank		357,00	
4.	Barverkauf der Waren aus der Nr. 1 an Privat für 53.550,00 € inkl. 19 % USt	5200	Warenaufwand	30.000,00		
		1140	Warenvorräte		30.000,00	
		1600	Kasse	53.550,00		
		4000	Umsatzerlöse		45.000,00	
		3800	USt-Schuld		8.550,00	
5.	Netto-Lohnansprüche der Arbeitnehmer 3.800,00 €, Lohnsteuer Kirchensteuer, SolZ 1.500,00 €, Sozialversicherung insgesamt 2.400,00 €	6010	Lohnaufwand	3.800,00		
		3500	sonst. Verb.		3.800,00	
		6010	Lohnaufwand	1.500,00		
		3500	sonst. Verb.		1.500,00	
		6010	Lohnaufwand	1.200,00		
		3500	sonst. Verb.		1.200,00	
		6110	ges. Sozialauf..	1.200,00		
		3500	sonst. Verb.		1.200,00	
6.	Kauf eines betrieblichen Pkw für 12.000,00 € + 2.280,00 € USt = 14.280,00 € durch Banküberweisung	520	Fuhrpark	12.000,00		
		1400	Vorsteuer	2.280,00		
		1800	Bank		14.280,00	
7.	Banküberweisung der Löhne 3.800,00 €, der Lohnsteuer. Kirchensteuer, SolZ 1.500,00 € und Sozialversicherung 2.400,00 €	3500	sonst. Verb.	3.800,00		
		1800	Bank		3.800,00	
		3500	sonst. Verb.	1.500,00		
		1800	Bank		1.500,00	
		3500	sonst. Verb.	2.400,00		
		1800	Bank		2.400,00	

Nr.	Text	Konto	Kontenname	Soll	Haben
8.	Zinsbelastung für den	7300	Zinsaufwand	600,00	
	Überziehungskredit 600,00 €	1800	Bank		600,00
9.	Privatabhebung vom betrieblichen	2100	Privatentnahm.	1.000,00	
	Bankkonto 1.000,00 €	1800	Bank		1.000,00
10.	Betriebliche Barabhebung	1600	Kasse	800,00	
	vom Bankkonto 800,00 €	1800	Bank		800,00
11.	Reparatur des betrieblichen Pkw	6500	Fahrzeugaufw.	1.500,00	
	1.500,00 € + 285,00 € USt =	1400	Vorsteuer	285,00	
	1.785,00 € in bar	1600	Kasse		1.785,00
12.	Barverkauf von Waren				
	für 23.800,00 €	5200	Warenaufwand	15.000,00	
	inkl. 19 % USt an Privat, Anschaf-	1140	Warenvorräte		15.000,00
	fungskosten der verkauften Waren	1600	Kasse	23.200,00	
	15.000,00 €	4000	Umsatzerlöse		20.000,00
		3800	USt-Schuld		3.800,00
13.	Privateinlage von Wertpapieren	1510	Wertpapiere	2.000,00	
	im Wert von 2.000,00 €	2180	Privateinlagen		2.000,00
14.	Verkauf von Waren für 50.000,00 €	5200	Warenaufwand	30.000,00	
	+ 9.500,00 € USt = 59.500,00 €	1140	Warenvorräte		30.000,00
	auf Ziel				
	Anschaffungskosten der verkauf-	1200	FLL	59.500,00	
	ten Waren 30.000,00 €	4000	Umsatzerlöse		50.000,00
		3800	USt-Schuld		9.500,00
15.	Bareinzahlung Bank 100.000,00 €	1800	Bank	100.000,00	
		1600	Kasse		100.000,00
16.	Handwerkerrechnung Gebäude	6490	Reparaturaufw.	1.000,00	
	Rechnungsbetrag 1.000,00 €				
	+ 190,00 € USt = 1.190,00 €	1400	Vorsteuer	190,00	
		3300	VLL		1.190,00
	Verkehrszahlen			396.862,00	396.862,00

Vorbereitende Abschlussbuchungen:

Nr.	Text	Konto	Kontenname	Soll	Haben
17.	Wahrscheinlich zu leistender	7500	a. o. Aufwand	3.000,00	
	Schadenersatz 3.000,00 €	3070	sonst. Rückst.		3.000,00
18.	Abschreibung Pkw Nutzungsdauer	6220	AfA Sachanl.	2.500,00	
	4 Jahre: 10.000,00 €: 4 Jahre				
	= 2.500,00 €	520	Fuhrpark		2.500,00
19.	Pauschalwertberichtigung				
	für FLL 2 %	6920	Abschr. FLL	1.000,00	
		1200	FLL		1.000,00
20.	Umbuchung der Vorsteuer	3800	USt-Schuld	8.512,00	
		1400	Vorsteuer		8.512,00
21.	Umbuchung der Umsatzsteuer	3800	USt-Schuld	13.338,00	
		3500	sonst. Verb.		13.338,00
	Abstimmsummen			28.350,00	28.350,00

Eigentliche Abschlussbuchungen:

Nr.	Text	Konto		Soll	Haben
0	Abschluss Umsatzerlöse	4000	Umsatzerlöse	115.000,00	
		8002	GuV-Konto		115.000,00
0	Abschluss Warenaufwand	8002	GuV-Konto	75.000,00	
		5200	Warenauw.		75.000,00
0	Abschluss Lohnaufwand	8002	GuV-Konto	6.500,00	
		6010	Lohnaufwend.		6.500,00
0	Abschluss Sozialaufwand	8002	GuV-Konto	1.200,00	
		6110	ges. Sozialaufw.		1.200,00
0	Abschluss AfA	8002	GuV-Konto	2.500,00	
		6220	AfA Sachanl.		2.500,00
0	Abschluss Reparaturaufwand	8002	GuV-Konto	1.000,00	
		6490	Reparaturaufw.		1.000,00
0	Abschluss Fahrzeugaufwand	8002	GuV-Konto	1.500,00	
		6500	Fahrzeugaufw.		1.500,00
0	Abschluss Kommunikationsaufwand	8002	GuV-Konto	300,00	
		6805	Kommunik.		300,00
0	Abschluss Abschreibung Forde-rungen	8002	GuV-Konto	1.000,00	
		6920	Abschr. FLL		1.000,00

Eigentliche Abschlussbuchungen:

Nr.	Text	Konto		Soll	Haben
0	Abschluss Zinsaufwand	8002	GuV-Konto	600,00	
		7300	Zinsaufwand		600,00
0	Abschluss a. o. Aufwand	8002	GuV-Konto	3.000,00	
		7500	a. o. Aufwand		3.000,00
0	Abschluss GuV-Konto	8002	GuV-Konto	22.400,00	
		2000	Eigenkapital		22.400,00
0	Abschluss Privateinlagenkonto	2180	Privateinl.	2.000,00	
		2000	Eigenkapital		2.000,00
0	Abschluss Privatentnahmenkonto	2000	Eigenkapital	1.000,00	
		2100	Privatentnahm.		1.000,00
0	Abschluss Fuhrpark	8001	Schlussbil.kto.	9.500,00	
		520	Fuhrpark		9.500,00
0	Abschluss Warenvorräte	8001	Schlussbil.kto	15.000,00	
		1140	Warenvorräte		15.000,00
0	Abschluss FLL	8001	Schlussbil.kto	58.500,00	
		1200	Ford. a. LuL		58.500,00
0	Abschluss Wertpapiere	8001	Schlussbil.kto	2.000,00	
		1510	Wertpapiere		2.000,00
0	Abschluss Bankguthaben	8001	Schlussbil.kto	75.263,00	
		1800	Bank		75.263,00
0	Abschluss Kasse	8001	Schlussbil.kto	16.365,00	
		1600	Kasse		16.365,00
0	Abschluss Eigenkapital	2000	Eigenkapital	123.400,00	
		8001	Schlussbil.kto		123.400,00
0	Abschluss sonst. Rückstellungen	3070	sonst. Rückst.	3.000,00	
		8001	Schlussbil.kto		3.000,00
0	Abschluss VLL	3300	VLL	36.890,00	
		8001	Schlussbil.kto		36.890,00
0	Abschluss sonstige Verbindl.	3500	sonst. Verbindl.	13.338,00	
		8001	Schlussbil.kto		13.338,00
	Abstimmung eigentliche Abschlussbuchungen			586.256,00	586.256,00

Die Buchungsliste soll hier zugleich die Journalfunktion übernehmen, da die Geschäftsvorfälle ohne Datum erfasst wurden. Im Journal wäre eine chronologische Sortierung der Geschäftsvorfälle erforderlich.

Das Kassenbuch könnte z. B. folgendes Aussehen haben:

Kassenbuch:

Datum	Text	Einzahlungen			Auszahlungen		
		Gesamt	Waren	Sonstige	Gesamt	Waren	Sonstige
1.1.	Bestand	40.000,00		40.000,00			
1	Verkauf	53.550,00	53.550,00				
10	Bank	800,00	800,00				
11	Rep. Pkw				1.785,00		1.785,00
12	Verkauf	23.800,00	23.800,00				
15	Bank				100.000,00		100.000,00
	Einzahl.	118.150,00	78.150,00	40.000,00	101.785,00		101.785,00
	Auszahl.	101.785,00					
31.12.	Bestand	16.365,00					

Ein Wareneingangsbuch könnte z. B. wie folgt aussehen:

Wareneingangsbuch:

Datum	Beleg	Lieferant	Art der Ware	Rechnungs-betrag netto	Umsatzsteuer	Skonto, Rück-sendungen	Bez.
1	1011	CpD	Artikel 124	30.000,00	5.700,00		4.

Werden im Hauptbuch die Sachkonten in T-Kreuz-Form geführt, ergibt sich folgendes Bild:

Soll	1140 Warenvorräte		Haben		Soll	1200 FLL		Haben
AB	60.000,00	4.	30.000,00		14.	59.500,00	19.	1.000,00
1.	30.000,00	12.	15.000,00				EB	58.500,00
		14.	30.000,00			59.500,00		59.500,00
		EB	15.000,00					
	90.000,00		90.000,00					

Soll	3300 VLL		Haben
2.	11.900,00	AB	11.900,00
EB	36.890,00	1.	35.700,00
		16.	1.190,00
	48.790,00		48.790,00

Soll	2000 Eigenkapital		Haben
Entnahmen	1.000,00	AB	100.000,00
EB	123.400,00	Gewinn	22.400,00
		Einlagen	2.000,00
	124.400,00		124.400,00

Soll	6805 Kommunikations- aufwend.		Haben
3.	300,00	GuV	300,00

Soll	5200 Warenaufwend.		Haben
4.	30.000,00	GuV	75.000,00
12.	15.000,00		
14.	30.000,00		
	75.000,00		75.000,00

Soll	6010 Lohnaufwend.		Haben
5.	3.800,00	GuV	6.500,00
5.	1.500,00		
5.	1.200,00		
	6.500,00		6.500,00

Soll	4000 Umsatzerlöse		Haben
GuV	115.000,00	4.	45.000,00
		12.	20.000,00
		14.	50.000,00
	115.000,00		115.000,00

Soll	3500 sonst. Verbindlichkeiten		Haben
7.	3.800,00	5.	3.800,00
7.	1.500,00	5.	1.500,00
7.	2.400,00	5.	1.200,00
EB	13.338,00	5.	1.200,00
		21.	13.338,00
	21.038,00		21.038,00

Soll	6110 ges. Sozialaufwend.		Haben
5.	1.200,00	GuV	1.200,00

Soll	0520 Fuhrpark		Haben
6.	12.000,00	18.	2.500,00
		EB	9.500,00
	12.000,00		12.000,00

Soll	7300 Zinsaufwend.		Haben
8.	600,00	GuV	600,00

Soll	2100 Privatentnahmen		Haben
9.	1.000,00	EK	1.000,00

Soll	6500 Fahrzeugaufwend.		Haben
11.	1.500,00	GuV	1.500,00

Soll	2180 Privateinlagen		Haben
EK	2.000,00	13.	2.000,00

Soll	1510 Wertpapiere		Haben
13.	2.000,00	EB	2.000,00

Soll	6490 Reparaturaufwend.		Haben
16.	1.000,00	GuV	1.000,00

Soll	3070 sonst. Rückstellungen	Haben		Soll	7500 außerordentl. Aufwend.	Haben
EB	3.000,00	17.	3.000,00	17.	3.000,00 GuV	3.000,00

Soll	6220 AfA	Haben		Soll	6920 Abschr. FLL	Haben
18.	2.500,00 GuV	2.500,00		19.	1.000,00 GuV	1.000,00

Soll	1800 Bankguthaben	Haben		Soll	1400 Vorsteuer	Haben
AB	11.900,00	2.	11.900,00	1.	5.700,00	20.	8.512,00
15.	100.000,00	3.	357,00	3.	57,00		
		6.	14.280,00	6.	2.280,00		
		7.	3.800,00	11.	285,00		
		7.	1.500,00	16.	190,00		
		7.	2.400,00		8.512,00		8.512,00
		8.	600,00				
		9.	1.000,00	Soll	3800 Umsatzsteuer	Haben
		10.	800,00	20.	8.512,00	4.	8.550,00
		EB	75.263,00	21.	13.338,00	12.	3.800,00
	111.900,00		111.900,00			14.	9.500,00
					21.850,00		21.850,00

Soll	1600 Kasse	Haben		Soll	8000 Eröffnungsbilanzkonto	Haben
AB	40.000,00	11.	1.785,00	0.	100.000,00	0.	60.000,00
4.	53.550,00	15.	100.000,00	0.	11.900,00	0.	11.900,00
10.	800,00	EB	16.365,00			0.	40.000,00
12.	23.800,00				111.900,00		111.900,00
	118.150,00		118.150,00				

Soll	8002 GuV-Konto		Haben
Warenaufwand	75.000,00	Umsatzerlöse	115.000,00
Lohnaufwand	6.500,00		
ges. Sozialaufwand	1.200,00		
AfA	2.500,00		
Reparaturaufwand	1.000,00		
Fahrzeugaufwand	1.500,00		
Kommunikationsaufwand	300,00		
Abschreibungen FLL	1.000,00		
Zinsaufwand	600,00		
a. o. Aufwand	3.000,00		
Gewinn	22.400,00		
	115.000,00		115.000,00

Soll	8001 Schlussbilanzkonto		Haben
Fuhrpark	9.500,00	Eigenkapital	123.400,00
Warenvorräte	15.000,00	Sonst. Rückst.	3.000,00
FLL	58.500,00	VLL	36.890,00
Wertpapiere	2.000,00	sonst. Verbindl.	13.338,00
Bank	75.263,00		
Kasse	16.365,00		
	176.628,00		**176.628,00**

Die Personenkonten der Geschäftsfreunde könnten z. B. in folgender Form geführt werden:

Debitorenkontokorrent:

10000 Conto pro Diverse			
Datum	Buchungstext, Beleg	Umsatz	
		Soll	Haben
	Saldo Vorjahr	0,00	
14.	Warenverkauf	59.500,00	

Kreditorenkontokorrent:

		70000 Conto pro Diverse	
Datum	Buchungstext, Beleg	Umsatz	
		Soll	Haben
	Saldo Vorjahr		11.900,00
1.	Wareneinkauf		35.700,00
2.	Banküberweisung	11.900,00	
16.	Reparaturrechnung		1.190,00

Der gesamte Kontenabschluss kann durch eine Hauptabschlussübersicht (HÜ) unterstützt werden. Dieses insbesondere für den Gesamtüberblick sehr nützliche Instrument ist aber kein Pflichtbestandteil einer Finanzbuchführung und wird auch in der Praxis immer weniger eingesetzt. Die führenden Softwarelösungen bieten erstaunlicher Weise zumeist keine Möglichkeit, eine Hauptabschlussübersicht darzustellen. Auch in den berufsbezogenen Ausbildungsgängen ist die Hauptabschlussübersicht kaum noch Prüfungsgegenstand.

Wegen ihrer guten Eigenschaften für Controllingzwecke werden aber der Aufbau und die Abrechnungstechnik der Hauptabschlussübersicht im Folgenden dennoch dargestellt:

Die HÜ wird in Tabellenform gestaltet und ist wie folgt aufgebaut:

Spalte 1: Kontonummern
Grundlage: ein beliebiger Kontenplan auf der Basis des IKR oder GKR. Bei Einrichtung eines EDV-Buchführungssystems muss zunächst ein Kontenplan installiert werden. Die Konten werden in aufsteigender Nummernfolge angeordnet.

Spalte 2: Kontennamen

Spalten 3 und 4: Anfangsbestände
Die Anfangsbestände der Bestandskonten sind die Schlussbestände des Vorjahres. Für Erfolgs- und Privatkonten werden keine Anfangsbestände übertragen. Ab Konto 4000 (IKR) bleiben die Zeilen leer. Die Spaltensummen im Soll und im Haben sind die Bilanzsummen der Vorjahresbilanz.

Spalten 5 und 6: Verkehrszahlen
Verkehrszahlen sind die laufenden Zugänge und Abgänge auf den Sach- und Personenkonten. Die Spaltensummen im Soll und im Haben müssen gleich sein, da jeder €, der im Soll gebucht wird, auch im Haben gebucht werden muss. Die Seitensummen

der Verkehrszahlen müssen mit der Verkehrszahlensumme der Buchungsliste bzw. des Journals übereinstimmen. Im Beispiel ist der Abstimmungsbetrag 396.862,00 €.

Spalten 7 und 8: Saldenbilanz I

In allen Kontenzeilen werden die Salden errechnet. Bei den Bestandskonten werden die Spalten mit den Anfangsbeständen in die Saldenbildung mit einbezogen, bei den Erfolgs- und Privatkonten bezieht sich die Saldenbildung nur auf die Verkehrszahlen. Die auf den verschiedenen Konten errechneten Sollsalden stehen anders als die Sollsalden auf den T-Konten in der Sollspalte. Sollsalden errechnen sich auf aktiven Bestandskonten und Aufwandskonten und dem Privatentnahmekonto. Habensalden stehen anders als auf den T-Konten in der Habenspalte. Habensalden errechnen sich auf dem Eigenkapitalkonto, auf den Rückstellungs- und Verbindlichkeitenkonten, auf allen Ertragskonten und auf dem Privateinlagekonto. Die Salden der Saldenbilanz I sind zugleich die endgültigen Salden, wenn keine vorbereitenden Abschlussbuchungen erforderlich werden. Die Soll- und Habensummen der Saldenbilanz I sind gleich, wenn die Soll- und Habensummen der Verkehrszahlen und der Anfangsbestände gleich sind.

Spalten 9 und 10: Nachbuchungen und Umbuchungen

In diesen Spalten werden die Buchungssätze der vorbereitenden Abschlussbuchungen erfasst. Ein Problem ist dabei, dass alle Soll- bzw. Habenbuchungen eines Kontos, z. B. des Kontos 6220 Abschreibungen auf Sachanlagen, in einer einzigen Summe dargestellt werden. Die Einzelbeträge können daher nur bei ausgefeilten Drill-Down-Techniken ersichtlich gemacht werden können. Die Spaltensummen im Soll und im Haben müssen gleich sein, da jeder €, der im Soll gebucht wird, auch im Haben gebucht werden muss.

Spalten 11 und 12: Saldenbilanz II

In allen Kontenzeilen werden die Salden errechnet. Die Salden werden aus der Saldenbilanz I und der Umbuchungsspalte errechnet. Die auf den verschiedenen Konten errechneten Sollsalden stehen anders als die Sollsalden auf den T-Konten in der Sollspalte. Sollsalden errechnen sich auf aktiven Bestandskonten und Aufwandskonten und dem Privatentnahmekonto. Habensalden stehen anders als auf den T-Konten in der Habenspalte. Habensalden errechnen sich auf dem Eigenkapitalkonto, auf den Rückstellungs- und Verbindlichkeitenkonten, auf allen Ertragskonten und auf dem Privateinlagekonto. Die Salden der Saldenbilanz II sind zugleich die endgültigen Salden. Die Soll- und Habensummen der Saldenbilanz II sind gleich, wenn die Soll- und Habensummen der Saldenbilanz I und der Umbuchungsspalte gleich sind.

Die Saldenbilanz II könnte auch als Schlussbilanz mit explizit erfassten Änderungen des Eigenkapitals interpretiert werden. Die „Bilanz" ist ausgeglichen, obwohl ausdrücklich kein Gewinn bzw. Verlust ausgewiesen wird. Damit wird wieder deutlich, dass die Gewinn- und Verlustrechnung nur eine Ausgliederung von erfolgswirksamen Eigenkapitaländerungen aus der Bilanz ist.

Anschließend werden die Salden der Saldenbilanz II auf die Schlussbilanz und die Gewinn- und Verlustrechnung aufgeteilt; dies entspricht in der traditionellen Buchführung der Verbuchung der eigentlichen Abschlussbuchungen.

Spalten 13 und 14: Schlussbilanz
Die Einzelspalten der Schlussbilanz sind nicht mit Soll und Haben, sondern mit Aktivseite und Passivseite überschrieben.

Die Salden der Saldenbilanz II werden – soweit sie sich auf Bestandskonten beziehen – als Endbestände auf die Aktiv- bzw. Passivseite der Schlussbilanz übertragen. Dies gilt auch – soweit vorhanden – für die Salden der Privatkonten. Das Eigenkapital steht in der Schlussbilanz noch nicht aktualisiert mit seinem Anfangsbestand, da die Verkehrszahlen des Eigenkapitals in der GuV-Rechnung und auf den Privatkonten ausgewiesen werden.

Daher sind auch die Seitensummen der Schlussbilanz zunächst ungleich, es sei denn, dass ausnahmsweise weder ein Gewinn noch ein Verlust entsteht. Entsteht ein Gewinn, ist die Summe der Passivseite geringer als die Summe der Aktivseite, entsteht ein Verlust ist die Summe der Aktivseite geringer als die Summe der Passivseite.

In einer T-Kreuz-Schlussbilanz wird der Verlust hingegen vom Eigenkapital abgezogen und ein Gewinn zum Eigenkapital hinzugerechnet.

Die Darstellung des Verlustes auf der Aktivseite der HÜ-Bilanz ist daher ausschließlich durch den Umstand bedingt, dass das Eigenkapital in der Schlussbilanz noch mit seinem Anfangsbestand ausgewiesen wird. Aus diesem Grunde muss der Hauptabschlussübersicht stets eine Zusatzberechnung des neuen Eigenkapitals beigefügt werden (in €):

Eigenkapital 31.12.2007	100.000,00
+ Privateinlagen 2008	2.000,00
- Privatentnahmen 2008	– 1.000,00
+ Gewinn 2008	22.400,00
(– Verlust 2008)	
= Eigenkapital 31.12.2008	123.400,00

Zu beachten ist, dass die Seitensummen der HÜ-Schlussbilanz bei Personenunternehmen regelmäßig höher sind als die Seitensummen der T-Kreuz-Bilanz. Die Differenz erklärt sich aus dem gesonderten Ausweis der Salden der Privatkonten in der HÜ-Schlussbilanz.

Spalten 15 und 16: Gewinn- und Verlustrechnung
Die Einzelspalten der GuV-Rechnung sind nicht mit Soll und Haben überschrieben, sondern mit Aufwendungen und Erträge. Die Salden der Saldenbilanz II werden – soweit sie sich auf Erfolgskonten beziehen – als Saldensummen auf die Aufwands- bzw. Ertragsseite der GuV-Rechnung übertragen.

Kto-Nr.	Kontenname	Eröffnungsbilanz		Verkehrszahlen		Saldenbilanz I		Vor-/Umbuchungen		Saldenbilanz II		Schlussbilanz		GuV-Rechnung	
		Aktiv-seite	Passiv-seite	Soll	Haben	Soll	Haben	Soll	Haben	Soll	Haben	Aktiv-seite	Passiv-seite	Aufwen-dungen	Erträge
1	2	3	4	5	6	7	8	9	10	11	12	13	14	15	16
520	Fuhrpark	60.000		12.000		12.000			2.500	9.500		9.500			
1140	Warenvorräte			30.000	75.000	15.000				15.000		15.000			
1200	Ford. a. LuL			59.500	101.785	59.500			1.000	58.500		58.500			
1400	Vorsteuer			8.512		8.512			8.512						
1510	Wertpapiere			2.000		2.000				2.000		2.000			
1600	Kasse	40.000		78.150	36.637	16.365				16.365		16.365			
1800	Bankguthaben	11.900		100.000	36.637	75.263				75.263		75.263			
2000	Eigenkapital		100.000		100.000		100.000				100.000		100.000		
2100	Privatentnahmen			1.000		1.000				1.000		1.000			
2160	Privateinlagen				2.000		2.000				2.000		2.000		
3070	sonst. Rückst.								3.000		3.000		3.000		
3300	Verbindl. a. LuL		11.900	11.900	36.890		36.890				36.890		36.890		
3500	sonst. Verbindl.			7.700	7.700				13.338		13.338		13.338		
3800	USt-Schuld			21.850	21.850		21.850	21.850							
4000	Umsatzerlöse			115.000	115.000		115.000				115.000				115.000
5200	Warenaufwand			75.000		75.000				75.000				75.000	
6010	Lohnaufwand			6.500		6.500				6.500				6.500	
6110	gesetz. Sozialaufw.			1.200		1.200				1.200				1.200	
6220	AfA							2.500		2.500				2.500	
6490	Reparaturaufw.			1.000		1.000				1.000				1.000	
6500	Fahrzeugaufwand			1.500		1.500				1.500				1.500	
6805	Kommunikation			300		300				300				300	
6920	Abschr. Ford. a. LuL							1.000		1.000				1.000	
7300	Zinsaufwand			600		600				600				600	
7500	außerord. Aufw.							3.000		3.000				3.000	
8000	EBK	111.900	111.900												
		223.800	223.800	396.862	396.862	275.740	275.740	28.350	28.350	270.228	270.228	177.628	155.228	92.600	115.000
	Gewinn												22.400	22.400	
												177.628	177.628	115.000	115.000

Abbildung 5.1: Hauptabschlussübersicht

Die Seitensummen der GuV-Rechnung sind zunächst ungleich, wenn ein Gewinn oder Verlust entsteht. Entsteht ein Gewinn, ist die Summe der Aufwandsseite geringer als die Summe der Ertragsseite, entsteht ein Verlust, ist die Summe der Ertragsseite geringer als die Summe der Aufwandsseite. Insoweit ergibt sich kein Unterschied zu einer T-Kreuz-GuV-Rechnung. Nach Eintrag des Gewinnes bzw. Verlustes gleichen sich die Aufwands- und Ertragsseite summenmäßig aus.

Aufstellung des Jahresabschlusses:

Aktivseite	Schlussbilanz für den 31.12.2008		Passivseite
A. Anlagevermögen		A. Eigenkapital	123.400,00
I. Fuhrpark	9.500,00	B. Rückstellungen	3.000,00
B. Umlaufvermögen		C. Verbindlichkeiten	
I. Warenvorräte	15.000,00	1. Verbindl. a. LuL	36.890,00
II. Forderungen a LuL	58.500,00	2. sonstige Verbindl.	13.338,00
III. Wertpapiere	2.000,00		
IV. Flüssige Mittel			
1. Bank	75.263,00		
2. Kasse	16.365,00		
	176.628,00		176.628,00

Aufwendungen	Gewinn- und Verlustrechnung für den 31.12.2008		Erträge
1. Warenaufwendungen	75.000,00	1. Umsatzerlöse	115.000,00
2. Lohnaufwendungen	6.500,00		
3. Sozialaufwendungen	1.200,00		
4. Abschreibungen	2.500,00		
5. Reparaturaufwendungen	1.000,00		
6. Fahrzeugaufwendungen	1.500,00		
7. Kommunikationsaufw.	300,00		
8. Abschreibungen FLL	1.000,00		
9. Zinsaufwendungen	600,00		
10. a.o. Aufwendungen	3.000,00		
11. Gewinn	22.400,00		
	115.000,00		115.000,00

Zusammenfassung

Da nur Geschäftsvorfälle buchungspflichtig sind, die Bilanzposten wertmäßig verändern, muss bei jeder Verbuchung grundsätzlich geprüft werden, welche Bilanzposten und welche Sachkonten damit geändert werden. Dieses Denken wird zusätzlich durch die Verwendung von Kontennummern unterstützt, die sich an der Bilanzgliederung orientieren. Dies ist insbesondere beim Industrie-Kontenrahmen gegeben. Für die Klärung, welche Bilanzposten durch einen Geschäftsvorfall wertmäßig verändert werden, kann die Prüfung mit Hilfe der Bilanzgleichung eine gute Hilfestellung bilden. Die Erfolgswirkungen können auf diese Weise indirekt bestimmt werden. Vorzuziehen ist aber die direkte Methode durch Anwendung von Regeln zur Erfolgswirksamkeit. Allerdings sind die weit verbreiteten Begriffe Aktivtausch, Passivtausch, Bilanzverlängerung oder Bilanzverkürzung für die Bestimmung der Erfolgswirksamkeit nicht bzw. nur bedingt geeignet. Können die Wirkungen eines buchungspflichtigen Geschäftsvorfalls nicht in der Bilanz erklärt werden, besteht die Gefahr, dass der Geschäftsvorfall systematisch fehlerhaft verbucht wird. Vielleicht wären manche sog. Bilanzskandale in der Vergangenheit vermieden worden, wenn dem Grundsatz „Denken in der Bilanz, Buchen auf Konten" mehr Aufmerksamkeit gewidmet worden wäre. Selbstverständlich darf dieser Grundsatz nicht so gedeutet werden, dass eine erwünschte bilanzpolitische Wirkung anschließend gebucht wird und auf diese Weise die Wirklichkeit verfälscht bzw. „verbogen" wird.

Kontrollfragen

1. Was bedeutet die Verwirklichung des Grundsatzes „Denken in der Bilanz, Buchen auf Konten"?
2. Wie kann die Erfolgswirksamkeit mit Hilfe der Bilanzgleichung bestimmt werden.
3. Wie ist eine Hauptabschlussübersicht aufgebaut?
4. Warum dürfen in der Verkehrszahlenspalte die Summen der aktiven Bestandskonten mit den Summen der Aufwendungen und Ertragsminderungen und die Summen der passiven Bestandskonten mit den Summen der Erträge und der Aufwandsminderungen aufaddiert werden?
5. Warum wird in der Hauptabschlussübersicht nicht der richtige Endbestand des Eigenkapitals ausgewiesen?
6. Warum gleicht der Jahreserfolg die Aktiv- und Passivseite der Schlussbilanz in der Hauptabschlussübersicht aus?
7. Welche Werte enthält die Saldenbilanz II der Hauptabschlussübersicht?

6 Typische Buchungen und Regeln zur laufenden Verbuchung von Geschäftsvorfällen

6.1 Vorüberlegung: Strukturtypologie von Unternehmen

Die (laufende) Buchführung bildet die Unternehmenswirklichkeit unter Beachtung der gesetzlichen Rechnungslegungsvorschriften typisierend in Zahlen ab; dabei ergeben sich branchenbedingte Unterschiede. Im Vordergrund der Typisierung stehen betriebliche Funktionen. Die traditionelle Organisationsstruktur von Handelsbetrieben wird durch die Funktionen Beschaffung, Lagerhaltung, Absatz in Verbindung mit den jeweils notwendigen (leitenden) Verwaltungtätigkeiten bestimmt. Die Bereitstellung (Produktion) der Dienstleistungen erfolgt grundsätzlich in allen diesen Bereichen. Der entscheidende Unterschied zum Industriebetrieb liegt im Produktionsbereich. Anders als in Handelsbetrieben werden im Produktionsbereich von Industriebetrieben körperlich nachweisbare Güter (Vermögensgegenstände in der Sprache des handelsrechtlichen Rechnungswesens bzw. Sachen im Sinne des BGB) erzeugt. Die Produktion ist anders als im Dienstleistungsbereich mengenmäßig erfassbar, die durch die mengenmäßige Produktion realisierte Wertschöpfung ist allerdings in gleicher Weise wie bei der Dienstleistungsproduktion nur durch Berechnung bestimmbar. Anzumerken ist aber, dass in der Praxis in neuerer Zeit eine Abkehr vom **funktionalen** Denken erkennbar ist. Damit verbunden ist regelmäßig auch die Loslösung vom „Abteilungs-(leiter-)denken" und den dabei typischen „Schnittstellen- und Inselproblemen". Im Vordergrund steht heute vielfach eine **prozessuale** Neustrukturierung der Betriebsabläufe, die Schnittstellenprobleme vermeiden und die innerbetriebliche Integration verbessern soll. Dennoch soll im Folgenden die funktionale Typisierung des Betriebsgeschehens beibehalten werden, da sich die von Handels- und Steuergesetzen bestimmte Finanzbuchführung nur zögerlich an die neueren Entwicklungen anpasst.

Beschaffungsbereich (Logistik)

Der **Beschaffungsbereich** (Logistik) hat die Aufgabe, alle für die Bereitstellung (Produktion) der Dienstleistungen benötigten Wirtschaftsgüter, Dienstleistungen und Nutzungen in der erforderlichen Anzahl und Qualität bereit zu stellen. Der Beschaffungsbereich berührt somit regelmäßig mehrere Abteilungen, z. B. Einkaufsabteilungen für Roh-, Hilfs- und Betriebsstoffe sowie für den Investitionsgüterbereich, Personalabteilungen, Dekorations- und Werbeabteilungen, die kaufmännische Verwaltung u. a., ohne damit allerdings jeweils den gesamten Aufgabenbereich dieser Abteilungen zu bestimmen.

Typische Geschäftsvorfälle für den Einkaufsbereich

1. Einkauf von Roh-, Hilfs- und Betriebsstoffen und Handelswaren; die Gegenleistung kann sofort oder auf Ziel erfolgen. Sofort können vom Lieferanten **RABATTE** → Glossar oder andere Preisnachlässe gewährt werden. Bei sofortiger oder bei späterer Zahlung (Entrichtung der Gegenleistung) können Skonti abgezogen werden. Nachlässe können auch im Nachhinein in Form von **BONI** → Glossar gewährt werden. Die Gegenleistung kann in Form von Anzahlungen vor der Lieferung gewährt werden. Schließlich kann die Annahme der Lieferung verweigert werden oder die gelieferten Gegenstände zu einem späteren Zeitpunkt, z. B. aufgrund von Sachmängeln, an den Lieferanten zurückgesandt werden.

2. Einkauf von Anlagegegenständen, z. B. von Grundstücken, Maschinen, materiellen und immateriellen Gegenständen der Büro- und Geschäftsausstattung oder von Fahrzeugen. Die Gegenleistung kann dabei sofort oder auf Ziel erfolgen. Die Gegenleistung kann vor der Lieferung in Form von Anzahlungen erbracht werden. Beim Einkauf können Preisnachlässe, bei der Zahlung Skonti abgezogen werden. Die nachträgliche Gewährung von Boni dürfte eher den Ausnahmefall darstellen.

3. Neben den materiellen und immateriellen Gütern für Produktionszwecke können immaterielle Gegenstände des Finanzbereichs beschafft werden, insbesondere Wertpapiere, Finanzmittel und Devisen, Beteiligungen, Forderungsrechte u. a. Die Bezahlung bzw. Rückzahlung kann sofort oder auf Ziel oder im Voraus geleistet werden.

4. Neben materiellen und immateriellen Gütern können Dienstleistungen und Nutzungen gekauft werden. Während für die Bezahlungsarten und Bezahlungszeitpunkte grundsätzlich keine Unterschiede zum Einkauf von Vermögensgegenständen bestehen, war die Gewährung von Rabatten und Skonti im Geltungsbereich des vor einigen Jahren abgeschafften Rabattgesetzes unüblich bzw. verboten. Heute werden auch im Dienstleistungsbereich Rabatte, z. B. in Form von Gutscheinen, gewährt. Für die Verbuchung von Dienstleistungen ist von Bedeutung, ob deren Erfüllung leistungsabhängig, z. B. bei Werkleistungen, oder (rein) zeitabhängig, z. B. bei Arbeitsverhältnissen, erfolgt. Bei der Verbuchung von Nutzungen ist zwischen Nutzungen mit Recht auf Einbehalt bzw. „Genuss" der „Früchte", z. B. bei der Pacht, oder ohne Recht der „Fruchtziehung", z. B. bei der Miete, zu unterscheiden.

Allgemein gilt

Alle Einkaufsbuchungen von Vermögensgegenständen, Dienstleistungen und Nutzungen unterscheiden nicht, für welche Funktionsbereiche die Beschaffung erfolgt bzw. in welchen Funktionsbereichen die beschafften Leistungen verbraucht werden.

So ist z. B. der Einkauf von Transportleistungen für Vertriebszwecke kein Absatz-sondern ein Anschaffungsgeschäft; die Bezahlung von Gehältern für Angestellte in der Verwaltung ist kein „Verwaltungsgeschäft", sondern die Gegenleistung für ein Beschaffungsgeschäft. Der Stromverbrauch in der Verwaltung ist kein Produktions-oder Verwaltungsgeschäft, sondern zunächst ein Beschaffungsgeschäft usw. Die Buchführung liefert also keine Zuordnung von Beschaffungsgeschäften und Verbrauchsvorgängen zu den verursachenden Funktionsbereichen. Wer diese Informationen für wichtig erachtet, muss neben der Buchführung eine Kosten- und Leistungsrechnung installieren.

Produktionsbereich – Hilfsbereiche

Folgt man der Auffassung, dass die Bereitstellung (Produktion) der Dienstleistungen des Handelsbetriebes gleichzeitig in allen Bereichen erfolgt, ist ein selbständiger **Produktionsbereich** für den Handelsbetrieb nicht abgrenzbar. In Industriebetrieben stellt der Produktionsbereich – der Bereich der eigentlichen Güterfertigung mit seinen Produktionshallen und dem Maschinenpark – hingegen regelmäßig auch das (sichtbare) Zentrum der unternehmerischen Tätigkeit dar. Zu unterscheiden sind daneben Bereiche, die nicht unmittelbar mit der Beschaffung, dem Verkauf oder der Verwaltung befasst sind. Diese Bereiche werden hier als **Hilfsbereiche** der Produktion bezeichnet. Solche Hilfsbereiche sind z. B. Fuhrpark, eigene Heizung, EDV-Abteilung, Kantine, Dekorationsabteilung, Reparaturabteilung, Gebäudereinigung u. a. In der Kosten- und Leistungsrechnung werden solche Hilfsbereiche über Hilfs- oder Vorkostenstellen abgerechnet.

Eine realitätsbezogene Buchführung müsste also den Produktionsinput, den Produktionsprozess und den Produktionsoutput wertmäßig abbilden. Produktionsinput verursacht **Wertverzehr**, Produktionsfortschritt bis zum Produktionsoutput **Wertschöpfung**. Durch direkten oder indirekten Wertverzehr des kaufmännischen Vermögens vermindern sich die Ansprüche des Kaufmanns: Wertverzehr = **Aufwand**; durch Wertschöpfung (Schaffung von Vermögen) erhöhen sich die Ansprüche des Kaufmanns: Wertschöpfung = **Ertrag**.

Der Produktionsinput wird in der Buchführung regelmäßig weder zeitnah noch funktionsorientiert gebucht. Viele Werteverzehre werden bereits über die Beschaffungsgeschäfte im Einkaufszeitpunkt oder Zahlungszeitpunkt (z. B. Löhne und Gehälter, Festbewertung oder GWG), andere erst bei Aufstellung des Jahresabschlusses (z. B. Abschreibungen auf materielle und immaterielle Vermögensgegenstände, Rückstellungen) gebucht. Die Verbuchung von Aufwendungen unterscheidet zumindest handels- und steuerrechtlich nicht zwischen produktionsverursachten

Zweckaufwendungen und nicht produktionsverursachten neutralen Aufwendungen. Wie schon angedeutet, erfolgt auch keine Zuordnung zu Beschaffungs-, Produktions-, Verwaltungs-, Vertriebs- und sonstigen Bereichen.

Der **Wertschöpfungsprozess** wird weder in der Industrie noch im Handel gebucht. Das Produktionsergebnis kann im Dienstleistungsbereich nicht gebucht werden, da keine Vermögensgegenstände im Sinne des HGB produziert werden. In der Industrie könnten sowohl laufend die unfertigen als auch die fertigen Erzeugnisse gebucht werden. Die würde aber umfangreiche (fertigungsbegleitende) Kalkulationen erfordern, die handels- und steuerrechtlich nicht vorgeschrieben sind. Der laufende Wertschöpfungsprozess wird also auch in Industriebetrieben nicht abgebildet. Sind am Jahresende stets alle produzierten Erzeugnisse restlos verkauft und auch keine unfertigen Erzeugnisse im Produktionsprozess, werden nur die Absatzgeschäfte, nicht aber der Wertschöpfungsprozess also die Erträge des Produktionsbereiches gebucht. Sind diese Voraussetzungen nicht gegeben, werden am Jahresende nur die Änderungen der Bestände an unfertigen und fertigen Erzeugnisse im Vergleich zum Vorjahr gebucht, der laufende Wertschöpfungsprozess wird ebenfalls nicht durch laufende Ertragsbuchungen dargestellt. In einer Gewinn- und Verlustrechnung nach dem Umsatzkostenverfahren würden aber auch in diesem Fall – anders als beim Gesamtkostenverfahren – keine Erträge als Bestandsmehrungen gebucht.

Absatzbereich (Vertrieb)

Der Industriebetrieb verkauft grundsätzlich seine von ihm selbst erzeugten **Fertigerzeugnisse,** der Handelsbetrieb hingegen verkauft von Vorlieferanten bezogene (Handels-) **Waren.** Streng genommen verkauft der Handelsbetrieb als Dienstleistungsbetrieb aber keine **Waren,** sondern Dienstleistungen. Die Waren bilden einen allerdings zentralen Bestandteil des veräußerten Dienstleistungspakets. Allgemein hat der **Absatzbereich** die Aufgabe, das **Angebot** entsprechend der Kundennachfrage bereit zu stellen. Dazu gehört auch der gesamte Bereich des **Marketing** inkl. der Planung und Durchführung von Werbemaßnahmen. Daneben ist der Absatzbereich zusätzlich für folgende Geschäfte zuständig: Verkauf von nicht mehr benötigten Anlage- oder Umlaufgegenständen, z. B. Grundstücken, Kraftfahrzeugen, Geschäftseinrichtungsgegenständen, Wertpapieren, Forderungen, Software u. a., oder Dienstleistungen bzw. Nutzungen, wie beispielsweise die Vermietung und Verpachtung von Grundstücken, Fahrzeugen, Maschinen, das Ausleihen von Geld oder Arbeitskräften und die Kundendienstleistungen.

Merksatz

Sämtliche Verkaufsgeschäfte müssen unter Beachtung des Realisationsprinzips als Ertrag gebucht werden. In Grenzfällen entscheidet nur eine rechtliche Würdigung, ob eine Verkaufsbuchung vorzunehmen ist. Die z. B. noch fehlende Ausgangsrechnung ist kein Grund, um ein rechtlich erfülltes Verkaufsgeschäft nicht zu buchen. Dies gilt auch für die Umsatzsteuer. Wenn aktivierte Vermögensgegenstände verkauft werden, muss stets zugleich auch der dadurch verursachte Aufwand mitgebucht werden.

Verwaltungsbereich – kaufmännische Abteilung

(Leitende) Verwaltungsarbeiten sind in bzw. für alle Bereiche des Industrie- bzw. Handelsbetriebes erforderlich. Der **Verwaltungsbereich** ist daher regelmäßig weder personell noch räumlich eindeutig abgrenzbar. Demgegenüber ist die **kaufmännische Abteilung** überwiegend sowohl in personeller und räumlicher Hinsicht als auch bezüglich der dort zu leistenden Verwaltungsarbeiten eindeutig abgrenzbar. Zu den speziellen Aufgaben der Verwaltungsabteilung (des Verwaltungsbüros) gehören insbesondere die Durchführung des Rechnungswesens (Buchführung und Bilanzierung, Kosten- und Leistungsrechnung, Planung, Statistik, Registratur), die Abwicklung des Finanzverkehrs und der Personalangelegenheiten sowie allgemein die Aufgaben der Unternehmensleitung (Vorgabe von Unternehmenszielen, die Planung, Entscheiden, Realisieren sowie Kontrollieren und Steuern bzw. allgemein **Controlling**).

Merksatz

Die Tätigkeiten der Verwaltung werden in der Finanzbuchführung als typische innerbetriebliche Leistungen explizit nicht gebucht. Derartige Informationen sind allenfalls aus einer entsprechend ausgebauten Kosten- und Leistungsrechnung zu entnehmen.

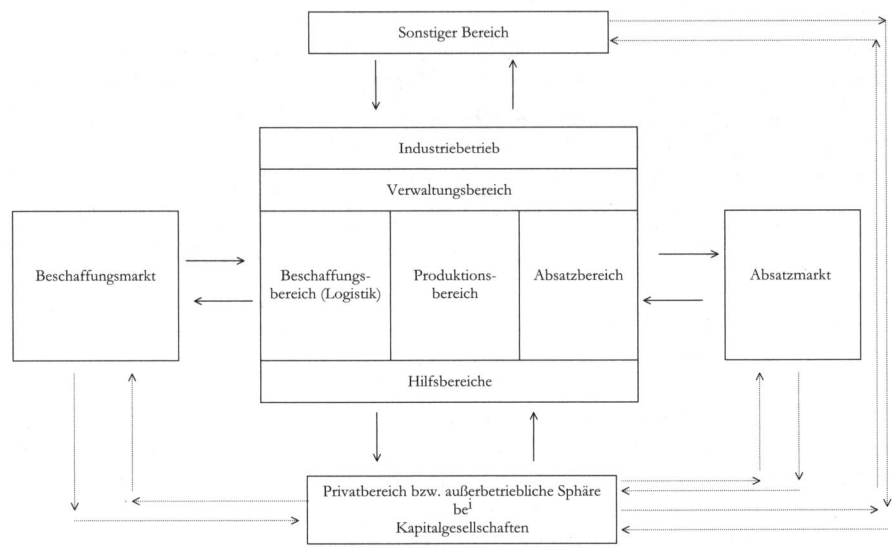

Abbildung 6.1: Strukturtypologie des Innen- und Außenbereiches eines Industriebetriebes

6.2 Laufende Buchungen mit Buchungsregeln

6.2.1 Laufende Buchungen im Beschaffungsbereich

Allgemeine Regeln zur Verbuchung im Beschaffungsbereich

Regel 1: Im Einkauf darf generell kein Ertrag gebucht werden. Durch Einkäufe können also keine Gewinne entstehen, da Erträge eine notwendige – aber keine hinreichende – Bedingung für die Erzielung von Gewinnen sind.

Regel 2: Soweit im Einkauf Umsatzsteuer entsteht, ist sie stets zugleich als Vorsteuer zu buchen.

Regel 3: Einkaufsgeschäfte müssen auch gebucht werden, wenn noch keine Zahlung an die Lieferanten geleistet wurde (Zielgeschäfte).

6.2.1.1 Beschaffung (Einkauf) von Vermögensgegenständen

Regel 4: Werden Vermögensgegenstände eingekauft, darf grundsätzlich kein Aufwand gebucht werden. Die eingekauften Vermögensgegenstände sind zu Anschaffungskosten i. S. v. § 255 Abs. HGB zu buchen.

6.2.1.1.1 *Einkauf von Vermögensgegenständen des Umlaufvermögens – Standardfälle*

1. Rechnung 1001; Kasse 4001 vom 10.1.08: Einkauf von Waren gegen Barzahlung von 1.000,00 € + 190,00 € USt = 1.190,00 €.
2. Rechnung 1002; Bank 3001 vom 10.1.08: Einkauf von Rohstoffen gegen Banküberweisung 2.000,00 € + 380,00 € USt = 2.380,00 €.
3. Rechnung 1003, Kasse 4002 vom 11.1.08: Einkauf von Hilfsstoffen durch Barzahlung (USt 19 %). Der Nettogesamtpreis der Hilfsstoffe lt. Preisliste beträgt 5.000,00 €; von diesem Nettogesamtpreis werden aufgrund individueller Verkaufskonditionen 10 % Rabatt abgezogen; für die sofortige Zahlung werden zudem 2 % Skonto gewährt.
4. Rechnung 1004, Bank 3002 vom 11.1.08: Eine Warenrechnung über 5.000,00 € + 950,00 € USt = 5.950,00 € wurde nach Abzug von 3 % Skonto durch Banküberweisung bezahlt. Nach Bezahlung der Rechnung wurden am 14.1.08 Waren an den Lieferanten zum Rechnungsbetrag von 595,00 € zurückgeschickt. Der Lieferant akzeptiert am 17.1.08 und erteilt eine Gutschrift (1005) über 485,00 € + 92,15 € USt = 577,15 €.
5. Rechnung 1006 vom 14.1.08: Einkauf von Waren auf Ziel (Kto. Lieferant 70200) für 13.500,00 € + 2.565,00 € USt = 16.065,00 €. Zur Ermittlung des Gesamteinkaufspreises netto von 13.500,00 € wurden zuvor 10 % Rabatt vom Listenpreis abgezogen.
6. Bankbeleg 3003 vom 18.1.08: Bezahlung der Rechnung 1006 (Kto. Lieferant 70200) durch Banküberweisung von 15.743,70 € nach Abzug von 2 % Skonto.

Vorkontierung

Nr.	Datum	Beleg	Kto.	Kontenname	Soll	Haben
1.	10.1.08	1001	1140	Warenvorräte	1.000,00	
			1400	Vorsteuer	190,00	
		4001	1600	Kasse		1.190,00
2.	10.1.08	1002	1000	Rohstoffe	2.000,00	
			1400	Vorsteuer	380,00	
		3001	1800	Bank		2.380,00

Nr.	Datum	Beleg	Kto.	Kontenname	Soll	Haben
3.	11.1.08	1003	1020	Hilfsstoffe	4.410,00	
			1400	Vorsteuer	837,90	
		4002	1600	Kasse		5.247,90
4.	11.1.08	1004	1140	Warenvorräte	4.850,00	
			1400	Vorsteuer	921,50	
		3002	1800	Bank		5.771,50
	17.1.08	1005	1300	sonst. Vermögensg.	577,15	
			1400	Vorsteuer		92,15
			1140	Warenvorräte		485,00
5.	14.1.08	1006	1140	Warenvorräte	13.500,00	
			1400	Vorsteuer	2.565,00	
			70200 (3300)	VLL		16.065,00
6.	18.1.08	3003	70200 (3300)	VLL	16.065,00	
			1800	Bank		15.743,70
			1140	Warenvorräte		270,00
				oder		
			5730	erhaltene Skonti		270,00
			1400	Vorsteuer		51,30

Zu Nr. 3: Sofortrabatt und Sofortskonto werden nicht gebucht:

	Preisliste	10 % Rabatt	Preis	2 % Skonto	Zahlung
Entgelt	5.000,00	– 500,00	4.500,00	90,00	4.410,00
+ 19 % USt					837,90
Rechnungsbetrag					5.247,90

Zu Nr. 4: Sofortskonto wird nicht gebucht:

	Rechnung	3 % Skonto	Zahlung	Rücksendung
Entgelt	5.000,00	150,00	4.850,00	485,00
+ 19 % USt	950,00	28,50	921,50	92,15
Rechnungsbetrag	5.950,00	178,50	5.771,50	577,15

Zu Nr. 5 und Nr. 6: Sofortrabatt wird nicht gebucht, nachträglich in Anspruch genommenes Skonto muss gebucht werden. Dabei muss auch die Vorsteuer vermindert werden (§ 17 Abs. 1 Nr. 2 UStG).

	Preisliste	10 % Rabatt	Rechnung	2 % Skonto	Zahlung
Entgelt	15.000,00	− 1.500,00	13.500,00	270,00	13.230,00
+ 19 % USt			2.565,00	51,30	2.513,70
Rechnungsbetrag			16.065,00	321,30	15.743,70

6.2.1.1.2 *Einkaufsgeschäfte von Vermögensgegenständen des Umlaufvermögens mit Sofortverbrauchsfiktion*

In der Praxis werden Einkäufe von Waren, Vorprodukten, Roh-, Hilfs- und Betriebsstoffen im Einkaufszeitpunkt entgegen der Grundregel nicht selten sofort als Aufwand gebucht. Die Gründe hierfür sind Just-in-Time-Produktion, Sofortverbrauch im Einkaufszeitpunkt (Lebens- und Genussmittel, Benzin), Festbewertung des nicht aus Handelswaren bestehenden Vorratsvermögens oder verspätete Buchung (die Gegenstände sind im Buchungszeitpunkt bereits verbraucht oder verkauft).

Regel 5: Werden Vermögensgegenstände des Umlaufvermögens eingekauft, darf entgegen Regel 4 → vgl. S. 157 aus Vereinfachungsgründen sofort Aufwand gebucht werden, wenn die Vermögensgegenstände im Buchungszeitpunkt bereits verbraucht sind bzw. als verbraucht gelten (z. B. JiT, Festbewertung, sofort eingebaute Ersatzteile oder Verzögerung der laufenden Buchführung).

7. Rechnung 1007; Kasse 4003 vom 10.2.08: Einkauf von Waren gegen Barzahlung von 1.000,00 € + 190,00 € USt = 1.190,00 €.
8. Rechnung 1008; Bank 3004 vom 10.2.08: Einkauf von Rohstoffen gegen Banküberweisung 2.000,00 € + 380,00 € USt = 2.380,00 €.
9. Rechnung 1009; Bank 3005 vom 12.2.08: Einkauf von Betriebsstoffen gegen Verrechnungsscheck 3.000,00 € + 570,00 € USt = 3.570,00 €.
10. Rechnung 1010; Kasse 4004 vom 14.2.08: Einkauf von Waren bei sofortiger Barzahlung von 15.743,70 €; zuvor wurde der Listenpreis um 10 % Rabatt vermindert; wegen der Sofortzahlung wurden außerdem 2 % Skonto gewährt.
11. Rechnung 1011 vom 15.2.08: Einkauf von Waren auf Ziel (Kto. Lieferant 70210) für 13.500,00 € + 2.565,00 € USt = 16.065,00 €; zuvor wurde der Listenpreis um 10 % Rabatt vermindert.
12. Bankbeleg 3006 vom 25.2.08: Bezahlung der Rechnung 1011 (Kto. Lieferant 70210) durch Banküberweisung von 15.743,70 € nach Abzug von 2 % Skonto.

Vorkontierung

Nr.	Datum	Beleg	Kto.	Kontenname	Soll	Haben
7.	10.2.08	1007	5200	Warenaufwand	1.000,00	
			1400	Vorsteuer	190,00	
		4003	1600	Kasse		1.190,00
8.	10.2.08	1008	5000	Rohstoffaufwand	2.000,00	
			1400	Vorsteuer	380,00	
		3004	1800	Bank		2.380,00
9.	12.2.08	1009	5020	Betriebsstoffaufwand	3.000,00	
			1400	Vorsteuer	570,00	
		3005	1800	Bank		3.570,00
10.	14.2.08	1010	5200	Warenaufwand	13.230,00	
			1400	Vorsteuer	2.513,70	
		4004	1600	Kasse		15.743,70
11.	15.2.08	1011	5200	Warenaufwand	13.500,00	
			1400	Vorsteuer	2.565,00	
			70210 (3300)	VLL		16.065,00
12.	25.2.08	3006	70210 (3300)	VLL	16.065,00	
			1800	Bank		15.743,70
			5730	erhaltene Skonti		270,00
				oder		
			5200	Warenaufwand		270,00
			1400	Vorsteuer		51,30

6.2.1.1.3 *Einkaufsgeschäfte von Vermögensgegenständen des Umlaufvermögens in EU-Mitgliedsländern und in Drittländern*

Für die Frage, ob Gegenstände des Anlage- oder Umlaufvermögens gekauft werden, ergeben sich keine Unterschiede zu den Einkaufsgeschäften mit inländischen Leistungspartnern. Beim Kauf von Roh-, Hilfs- und Betriebsstoffen sowie von Waren sind bei Sofortverbrauch statt der Konten 5100 und 5200 aus Vorsteuerverprobungsgründen die Konten 5425 innergemeinschaftlicher Erwerb mit Vorsteuer und Umsatzsteuer sowie 5435 innergemeinschaftlicher Erwerb ohne Vorsteuerabzug vorgesehen. Von Lieferanten aus EU-Mitgliedsländern nachträglich gewährte Nachlässe (Skonti, Preisnachlässe, Boni) sollen in diesen Fällen auf das Konto 5725 Nachlässe aus innergemeinschaftlichem Erwerb gebucht werden.

Ein innergemeinschaftlicher Erwerb i. S. v. § 1 Abs. 1 Nr. 5 UStG i. V. m. §§ 1 a, 3 d UStG wird verursacht, wenn im Inland ansässige Unternehmer Gegenstände von Unternehmern aus anderen EU-Mitgliedsstaaten erwerben. Teilt der inländische Erwerber seinem EU-Lieferanten seine USt-Identifikationsnummer (§ 27 a UStG) mit, hat er den Einkauf der deutschen Erwerbsteuer zu unterwerfen. Der deutsche Erwerber meldet sowohl die Umsatzsteuer für den innergemeinschaftlichen Erwerb (Erwerbsteuer) als auch die Vorsteuer aus innergemeinschaftlichem Erwerb an. Die Erwerbsteuer entsteht nach § 13 Abs. 1 Nr. 6 UStG grundsätzlich mit Ausstellung der Rechnung. In den von den EU-Lieferanten ausgestellten Rechnungen werden aber weder die deutsche Umsatzsteuer noch die Umsatzsteuer des EU-Landes des Lieferanten ausgewiesen. Dennoch sind die innergemeinschaftliche Vorsteuer (§ 15 Abs. 1 Nr. 3 UStG) und die Umsatzsteuer aus innergemeinschaftlichem Erwerb zu verbuchen. Für die Verbuchung der Vorsteuer sind ebenso eigene Konten zu verwenden wie für die Verbuchung der Umsatzsteuer.

Diese Art der Umsatzsteuerverrechnung führt dazu, dass keine Zahlungen stattfinden, da der deutsche Unternehmer eine Umsatzsteuerschuld an das deutsche Finanzamt hat, gleichzeitig macht er aber einen Vorsteuerabzug in gleicher Höhe geltend. Voraussetzung ist allerdings, dass der Unternehmer zum Vorsteuerabzug berechtigt ist. Bei Buchungen von Geschäftsvorfällen, die als innergemeinschaftlicher Erwerb anzusehen sind, ist es nicht zwingend notwendig, die USt-Identifikationsnummer des Lieferanten zu erfassen, da der innergemeinschaftliche Erwerb nicht in die zusammenfassende Meldung (ZM) nach § 18 a UStG eingeht, in der ausschließlich Lieferungen vom Inland in die EU-Mitgliedsländer erfasst werden.

Beim Einkauf (bei der Einfuhr) von Gegenständen aus Drittländern ist Einfuhrumsatzsteuer und Zoll zu entrichten (§ 1 Abs. 1 Nr. 4 UStG). Der zu entrichtende Zoll stellt regelmäßig Anschaffungsnebenkosten dar.

Allgemein sind damit bei internationalen Einkaufsgeschäften folgende Konten betroffen:

Geschäftsvorfall verursacht	Sollbuchung auf Konto	Habenbuchung auf Konto
Anschaffungskosten (Sofortverbrauch)	5425, 5435	
Anschaffungsnebenkosten	5800	
Einfuhrabgaben, Zölle	5800	
Lieferantenskonti, -boni		5725
Abziehbare innergemeinschaftliche Vorsteuer	1402	
Bezahlte Einfuhrumsatzsteuer	1433	
Umsatzsteuer aus innergemeinschaftlichem Erwerb		3802

13. Rechnung 1012 vom 2.3.08 (dt. USt-Id-Nr. vorhanden): Kauf von Waren auf Ziel von einem belgischen Unternehmer (belgische USt-Id-Nr. vorhanden) zum Rechnungsbetrag ohne Umsatzsteuer (19 %) von 50.000,00 € (CpD-Konto 70000).
14. Bankbeleg 3007 vom 5.3.08: Bezahlung der Eingangsrechnung 1012 unter Abzug von 3 % Skonto durch Banküberweisung.
15. Rechnung 1013 vom 10.3.08: Kauf von Waren bei einem Lieferanten in Zürich (CpD-Konto 70000) für umgerechnet 20.000,00 € auf Ziel. In der Rechnung wird keine Schweizer Umsatzsteuer ausgewiesen. Der Zoll in Höhe von 400,00 € und die Einfuhrumsatzsteuer in Höhe von 3.876,00 € (19 % v. 20.400,00 €; Bemessungsgrundlage ist gemäß § 11 UStG der Zollwert) werden durch Verrechnungsscheck (Bankbeleg 3008) bezahlt.

Vorkontierung

Nr.	Datum	Beleg	Kto.	Kontenname	Soll	Haben
13.	2.3.08	1012	5425	i. g. Erwerb	50.000,00	
			70000 (3300)	CpD VLL		50.000,00
			1402	Abziehbare i. g. Vorsteuer	9.500,00	
			3802	Umsatzsteuer aus i.g. Erwerb		9.500,00
14.	5.3.08	3007	70000 (3300)	CpD VLL	50.000,00	
			5725	Nachlässe aus i. g. Erwerb		1.500,00
			1800	Bank		48.500,00
			3802	Umsatzsteuer aus i. g. Erwerb	285,00	
			1402	Abziehbare i. g. Vorsteuer		285,00
15.	10.3.08	1013	5200	Einkauf von Waren	20.000,00	
			5800	Anschaffungs- nebenkosten	400,00	
			1433	Bezahlte Einfuhr- umsatzsteuer	3.876,00	
		3008	1800	Bank		4.276,00
			70000 (3300)	CpD VLL		20.000,00

6.2.1.1.4 *Einkauf von Aktien und festverzinslichen Wertpapieren*

Aktien werden regelmäßig an der Börse gekauft. Dabei müssen Börsenmakler beauftragt werden, die für ihre Tätigkeit eine Maklergebühr (Courtage) fordern. Der Auftrag an die Börsenmakler erfolgt nicht direkt, sondern über ein Kreditinstitut, das für die Weiterleitung des Kaufauftrags an den Börsenmakler eine Provision erhält. Dem Käufer der Aktien werden diese Beträge evtl. zuzüglich weiterer Spesen zusammen mit dem Kurswert der Aktien vom Bankkonto abgebucht. Die gesamten Vorgänge lösen wegen der Steuerbefreiung nach § 4 Nr. 8 UStG keine Umsatzsteuer aus.

Für den Kauf festverzinslicher Wertpapiere ergeben sich für den Geschäftsablauf keine grundsätzlichen Unterschiede. Allerdings erwirbt man neben dem festverzinslichen Wertpapier stets auch den anhängenden Zinsschein. Legt der Berechtigte den Zinsschein vor, erhält er am Zinszahlungstermin die Zinszahlung für den gesamten vorangegangenen Zinszahlungszeitraum.

Die Zinszahlung kann jährlich oder halbjährlich nachträglich erfolgen. Bei halbjährlicher Zahlung ist auf dem Zinsschein z. B. als Zinszahlungstermin Januar/Juli (J/J) vermerkt, was bedeutet, dass am 1.1.08 die Zinsen für den Zeitraum 1.7.07 bis 31.12.07 vergütet werden. Die nächste Zinszahlung erfolgt am 1.7.08 für den Zinszeitraum 1.1.08 bis 30.6.08. Beim Erwerb eines festverzinslichen Wertpapiers innerhalb des Zinszahlungszeitraums hat der Erwerber nur Anspruch auf die Zinsen mit dem Tag der Bezahlung, dem Verkäufer stehen die Zinsen bis zum Tag vor der Bezahlung zu. Am Zinszahlungstermin werden dem Erwerber aber die gesamten Zinsen gutgeschrieben, daher muss er die Zinsen vom letzten Zinszahlungstermin bis einschließlich einen Tag vor dem Tag der Bezahlung vergüten (Monat zu 30 Tagen gerechnet). Diese Zinsen werden als Stückzinsen bezeichnet, sie sind keine Anschaffungskosten des Wertpapiers, sondern stehen im Zusammenhang mit dem Erwerb des Zinsanspruches und sind als sonstige Forderung auszuweisen. Das Zinsgeschäft ist somit ein Verkaufsgeschäft von Nutzungen. Dabei darf nur der Teil der von der Bank am Zinszahlungstermin überwiesenen Zinsen, der auf den Besitzzeitraum entfällt, als Ertrag gebucht werden.

16. Bankbeleg 3009 vom 20.3.08: Kauf von 100 Y-Aktien durch Banklastschrift. Die Aktien gehören zum Umlaufvermögen.

Die Bank erstellt folgende Kaufabrechnung:

100 Y-Aktien, Kurs 102 €		10.200,00
+ 1 % Bankprovision vom Kurswert	102,00	
+ 0,6 ‰ Maklergebühr vom Kurswert	6,12	
= Spesen		108,12
Lastschrift		10.308,12

17. Bankbeleg 3010 vom 25.3.08 (Wertstellung): Kauf von festverzinslichen Anleihen mit laufendem Zinsschein im Nennwert von 25.000,00 €, Kurs 98 %, Zins 6 %; Zinszahlung 1.2. und 1.8. halbjährlich; Spesen: Bankprovision 0,6 % vom Kurswert, Maklergebühr 0,8 ‰ vom Nennwert. Die Anleihen sind dem Umlaufvermögen zuzuordnen.

Kaufabrechnung der Bank (in €):

Nennwert		25.000,00
Kurswert	25.000,00 · 98 %	24.500,00
+ Bankprovision	24.500,00 · 0,6 %	147,00
+ Maklergebühr	25.000,00 · 0,8 ‰	20,00
= Anschaffungskosten der Anleihen		24.667,00
+ Stückzinsen		225,00
= Bankabbuchung		24.892,00

Vorkontierung

Nr.	Datum	Beleg	Kto.	Kontenname	Soll	Haben
16.	20.3.08	3009	1510	Wertpapiere	10.308,12	
			1800	Bank		10.308,12
17.	25.3.08	3010	1510	Wertpapiere	24.667,00	
			1300	sonst. Vermögensg.	225,00	
			1800	Bank		24.892,00

Zu Nr. 16 und Nr. 17: Die Bank- und Maklerdienste stellen Beschaffungsgeschäfte von Dienstleistungen dar. Der gesamte Vorgang besteht damit aus drei verschiedenen Einkaufsgeschäften: Einkauf von Wertpapieren, Einkauf von Maklerleistungen und Bankleistungen. Die Beschaffung der Dienstleistungen wäre – wie noch gezeigt wird – grundsätzlich als Aufwand zu buchen. In diesem Fall werden aber Anschaffungsnebenkosten nach § 255 Abs. 1 HGB verursacht, die damit nicht als Spesenaufwand gebucht werden dürfen, sondern die Anschaffungskosten der Wertpapiere erhöhen.

6.2.1.1.5 *Einkaufsgeschäfte von Vermögensgegenständen des Anlagevermögens*
Einkaufsgeschäfte von Vermögensgegenständen des Anlagevermögens sind in der Praxis im Vergleich zu Kaufgeschäften von Vermögensgegenständen des Umlaufvermögens eher selten. Für die laufende Verbuchung ergeben sich auch keine wesentlichen Unterschiede zu den Kaufgeschäften von Umlaufgegenständen: es sind die Regeln zur

Berechnung der **ANSCHAFFUNGSKOSTEN** → Glossar und Anschaffungsnebenkosten nach § 255 Abs. 1 HGB zu beachten → vgl. S. 39, 177.

Auf einige Besonderheiten in der Erfolgsverwirklichung ist nachfolgend genauer einzugehen.

Besonderheiten für die Beschaffung von Anlagegütern

Regel 6: Ersatzbeschaffungen von Vermögensgegenständen für beschädigte oder verbrauchte Vermögensgegenstände, die nach ihrer Beschaffung Teil eines anderen Vermögensgegenstandes bilden, z. B. Glühbirnen, Ersatzteile für Fahrzeuge oder Computer, verursachen im Beschaffungszeitpunkt stets Aufwand. Soweit die Ersatzgegenstände gleichzeitig mit fremdbezogenen Reparaturleistungen erworben werden, liegt regelmäßig kein Beschaffungsgeschäft von Vermögensgegenständen, sondern die Beschaffung einer Dienstleistung, insbesondere einer Werkleistung vor. Im Einzelfall kann es sich aber auch um Werklieferungen i. S. v. § 651 BGB handeln. Die Aussagen über Ersatzgüter gelten nicht für zusätzlich angeschaffte Zubehörgüter. Die Beschaffung von Zubehörgütern ist nicht erfolgswirksam. Soweit sie für abnutzbare Anlagegüter angeschafft werden, sind sie zusammen mit dem zugehörigen (Träger-) Vermögensgegenstand über die planmäßige (betriebsgewöhnliche) Nutzungsdauer abzuschreiben.

Regel 7: Geringwertige Wirtschaftsgüter des beweglichen abnutzbaren Anlagevermögens i. S. v. § 6 Abs. 2 EStG sowie sog. Trivialsoftware werden im Beschaffungszeitpunkt zunächst erfolgsunwirksam auf das aktive Bestandskonto „0670 Geringwertige Wirtschaftsgüter bis 150,00 €" gebucht. Anschließend werden sie allerdings sofort einzeln oder als monatliche Sammelbuchung als Aufwand über das Konto „6260 Abschreibung auf geringwertige Anlagegüter" erfolgswirksam ausgebucht. Werkzeuge und Kleingeräte des Anlagevermögens bis 52,00 € dürfen sofort über das Konto „6845 Werkzeuge und Kleingeräte" als Aufwand verbucht werden.

Geringwertige Wirtschaftsgüter des beweglichen abnutzbaren Anlagevermögens mit Anschaffungs- oder Herstellungskosten über 150,00 € bis zu 1.000,00 € werden auf ein eigenes jahrgangsbezogenes aktives Bestandskonto „Sammelposten für GWG" gebucht. Dieser Sammelposten muss im Wirtschaftsjahr der Bildung und in den folgenden vier Wirtschaftsjahren durch entsprechende Abschlussbuchungen jeweils zu einem Fünftel aufgelöst werden.

Regel 8: Die Bewertungsregeln für Anschaffungskosten und Anschaffungsnebenkosten entsprechend den bei den Umlaufgegenständen dargestellten Regeln → vgl. S. 151. Anschaffungsnebenkosten → vgl. S. 33, 170 müssen direkt auf dem jeweiligen aktiven Anlagebestandskonto gebucht werden. Ein Ausweis auf einem Unterkonto wäre zwar zulässig, ist aber nicht erforderlich, zumal wenn nur wenige Anlageneinkäufe erfolgen. Für den selteneren Fall nachträglicher Anschaffungskosten, z. B. aufgrund nachträglicher Erschließungsbeiträge oder eines späteren Kaufs von Zubehörgegenständen (nicht Ersatzzubehör!), gilt das für Anschaffungsnebenkosten Gesagte entsprechend.

Regel 9: Lieferantenskonti oder andere Nachlässe müssen direkt auf den betreffenden Anlagekonten auf der Habenseite gebucht werden.

18. Kauf eines bebauten Betriebsgrundstückes, das ausschließlich betrieblichen Zwecken dient. Die Auflassung erfolgte am 1.3.08.: folgende Ausgaben sind entstanden:

reiner Kaufpreis		540.000,00
(Gebäudeanteil: 180.000,00 €)		
Grunderwerbsteuer 3,5 %		18.900,00
Grundbuchgebühren		2.100,00
Notariatsgebühren	4.200,00	
+ 19 % USt	798,00	
		4.998,00
Summe		565.998,00

Der Kaufpreis des Grundstückes wurde zunächst gestundet (Beleg 5001). Die gesamten Gebühren für den Grundstückskauf, die Grunderwerbsteuer und die Gebühren für die Grundschuld wurden am 23.3.08 durch Banküberweisung beglichen (Bankbeleg 3011). Für die Eintragung einer Grundschuld wurden vom Grundbuchamt 1.500,00 €, vom Notar 2.000,00 € + 380,00 € USt = 2.380,00 € in Rechnung gestellt.

Ermittlung der anteiligen Anschaffungskosten für den Grund und Boden und das Gebäude: Die Aufteilung erfolgt nach der Rechtsprechung des Bundesfinanzhofes nach dem Verhältnis der Kaufpreisanteile. Die Grundbuch- und Notargebühren für die Eintragung der Grundschuld sind **Finanzierungskosten** und keine Anschaffungskosten des Grundstücks, sie sind also sofort als Aufwand zu buchen.

	Summe	Bodenanteil	Gebäude
Kaufpreis Grundstück	540.000,00	360.000,00	180.000,00
Anschaffungsnebenkosten:			
Grunderwerbsteuer	18.900,00	12.600,00	6.300,00
Notargebühren	4.200,00	2.800,00	1.400,00
Grundbuchgebühren Grundstück	2.100,00	1.400,00	700,00
Anschaffungskosten	565.200,00	376.800,00	188.400,00

Vorkontierung

Nr.	Datum	Beleg	Kto.	Kontenname	Soll	Haben
18.	1.3.08	5001	0235	Bodenanteil	360.000,00	
			0240	Gebäude	180.000,00	
			70000	CpD		540.000,00
			(3300)	VLL		
	23.3.08	3011	0235	Bodenanteil	12.600,00	
			0240	Gebäude	6.300,00	
			1800	Bank		18.900,00
			0235	Bodenanteil	2.800,00	
			0240	Gebäude	1.400,00	
			1400	Vorsteuer	798,00	
			1800	Bank		4.998,00
			0235	Bodenanteil	1.400,00	
			0240	Gebäude	700,00	
			1800	Bank		2.100,00
			6350	sonstige Grundstücks-	2.000,00	
			(6855)	aufwendungen		
			1400	Vorsteuer	380,00	
			1800	Bank		2.380,00
			6350	sonstige Grundstücks-	1.500,00	
			(6855)	aufwendungen		
			1800	Bank		1.500,00

19. Eingangsrechnung 1014 vom 16.4.08: Kauf einer Stanzmaschine auf Ziel: 90.000,00 € + 19 % USt 17.100,00 € = 107.100,00 € (planmäßige und betriebsgewöhnliche Nutzungsdauer: 8 Jahre).

20. Bankbeleg 3012 vom 18.4.08: Bezahlung der Eingangsrechnung 1014 unter Abzug von 2 % Skonto durch Banküberweisung.

Vorkontierung

Nr.	Datum	Beleg	Kto.	Kontenname	Soll	Haben
19.	16.4.08	1014	0440	Maschinen	90.000,00	
			1400	Vorsteuer	17.100,00	
			3300	VLL		107.100,00

Nr.	Datum	Beleg	Kto.	Kontenname	Soll	Haben
20.	18.4.08	3012	3300	VLL	107.100,00	
			0440	Maschinen		1.800,00
			1400	Vorsteuer		342,00
			1800	Bank		104.958,00

21. Eingangsrechnung 1015 vom 17.4.08: Kauf einer Drehbank (planmäßige und betriebsgewöhnliche Nutzungsdauer 8 Jahre) mit folgender Rechnung (in €):

Listenpreis	200.000,00
– 10 % Rabatt	20.000,00
Entgelt	180.000,00
+ 19 % USt	34.200,00
Rechnungsbetrag	214.200,00

Im Zusammenhang mit der Anschaffung sind zusätzlich folgende vom betrieblichen Bankkonto abgebuchten Beträge angefallen:
1. Bankbeleg 3013 vom 19.4.08: für den Transport der Drehbank 2.000,00 € + 380,00 € = 2.380,00 € USt,
2. Bankbeleg 3014 vom 19.4.08: für die produktionsbereite Montage der Drehbank 3.000,00 € + 570,00 € USt = 3.570,00 €,
3. Bankbeleg 3015 vom 1.5.05 und Kreditvertrag vom 30.4.08 (Beleg 5002): Bankgebühren 150,00 € und Disagio 1.500,00 € für einen kurzfristigen Kredit in Höhe von 50.000,00 € zur Finanzierung des Kaufpreises der Maschine.

Vorkontierung

Nr.	Datum	Beleg	Kto.	Kontenname	Soll	Haben
21.	17.4.08	1015	0440	Maschinen	180.000,00	
			1400	Vorsteuer	34.200,00	
			3300	VLL		214.200,00
	19.4.08	3013	0440	Maschinen	2.000,00	
			1400	Vorsteuer	380,00	
			1800	Bank		2.380,00
	19.4.08	3014	0440	Maschinen	3.000,00	
			1400	Vorsteuer	570,00	
			1800	Bank		3.570,00

Nr.	Datum	Beleg	Kto.	Kontenname	Soll	Haben
	1.5.08	3015	6855	Nebenkosten des Geldverkehrs	150,00	
			1800	Bank		150,00
	30.4.08	5002	1940	Disagio	1.500,00	
	1.5.08	3015	1800	Bank	48.500,00	
			3150	Verbindlichkeiten geg. Kreditinstituten		50.000,00

Zu Nr. 21: Finanzierungsausgaben für beschaffte Finanzmittel sind anders als der Transport und die produktionsbereite Montage keine Anschaffungsnebenkosten der mit diesen Finanzmitteln angeschafften Vermögensgegenstände.

22. Bankbeleg 3016 vom 18.4.08: Anschaffung eines zu 70 % betrieblich und 30 % privat genutzten Pkw für 50.000,00 € + 9.500,00 € USt (19 %) (Listenpreis 59.500,00 €). Die planmäßige und betriebsgewöhnliche Nutzungsdauer beträgt 5 Jahre. § 7 g EStG ist nicht anwendbar. Abbuchung der jährlichen Kfz-Versicherungsprämie in Höhe von 2.400,00 € und der jährlichen Kfz-Steuer von 900,00 € am 18.4.08.

Vorkontierung

Nr.	Datum	Beleg	Kto.	Kontenname	Soll	Haben
22.	18.4.08	3016	0520	Fuhrpark	50.000,00	
			1400	Vorsteuer	9.500,00	
			1800	Bank		59.500,00
			1900	Aktive RAP	2.400,00	
			1800	Bank		2.400,00
			1900	Aktive RAP	900,00	
			1800	Bank		900,00

Zu Nr. 22: Wird ein betrieblich angeschaffter Pkw sowohl betrieblich als auch privat genutzt, darf die Vorsteuer dennoch im vollem Umfang abgezogen werden, wenn der Pkw nicht weniger als 10 % für das Unternehmen genutzt wird (§ 15 Abs. 1 Satz 2 UStG). In der Praxis werden die Rechnungsabgrenzungsposten nicht selten erst für den Abschlussstichtag gebildet. In diesem Fall sind die Versicherungsprämie und die Kfz-Steuer im Zahlungszeitpunkt als Aufwand zu buchen. Fachlich zutreffend ist diese Art der Buchung jedoch nicht, da die Forderung aus der Vorauszahlung am Tag der Zahlung und nicht am Abschlussstichtag entsteht, was durch eine sofortige Aufwandsbuchung unzutreffend wiedergegeben wird. Gestützt wird diese Verbuchungspraxis allerdings durch die unklare Formulierung in § 250 HGB, dessen Wortlaut den Eindruck vermittelt, dass Rechnungsabgrenzungsposten nur für Aufstellung der Bilanz zu berücksichtigen sind.

Die sofort gebildeten Rechnungsabgrenzungsposten sind grundsätzlich über die Vorauszahlungsperiode zeitanteilig aufzulösen. Die Auflösung ist taggenau vorzunehmen. Bei einer monatlichen Buchung der taggenauen Auflösung (365 Tage) wäre dann wie folgt zu buchen:

Nr.	Datum	Beleg	Kto.	Kontenname	Soll	Haben
	1.5.08		6500	Fahrzeugkosten	78,90	
			1900	Aktive RAP		78,90
	1.6.08		6500	Fahrzeugkosten	203,84	
			1900	Aktive RAP		203,84
	1.7.08		6500	Fahrzeugkosten	197,26	
			1900	Aktive RAP		197,26
				usw.		

23. Bankbeleg 3017 vom 19.4.08: Kauf eines gebrauchten Klein-Lkw für 16.000,00 € + 3.040,00 € USt (19 %) = 19.040,00 €. Die planmäßige und betriebsgewöhnliche Nutzungsdauer beträgt 5 Jahre. Bankbeleg 3018 vom 21.4.08: Abbuchung für:

Überführungskosten	300,00
Autoradio	500,00
	800,00
+ 19 % USt	152,00
Abbuchung	952,00

Durch Barzahlung (Beleg 4005) wurden am 22.4.08 weiterhin beglichen: Zulassungsgebühren 40,00 € und Nummernschilder 30,00 € + 5,70 € USt = 35,70 €.

Vorkontierung

Nr.	Datum	Beleg	Kto.	Kontenname	Soll	Haben
23.	19.4.08	3017	0520	Fuhrpark	16.000,00	
			1400	Vorsteuer	3.040,00	
			1800	Bank		19.040,00
	21.4.08	3018	0520	Fuhrpark	800,00	
			1400	Vorsteuer	152,00	
			1800	Bank		952,00

Nr.	Datum	Beleg	Kto.	Kontenname	Soll	Haben
	22.4.08	4005	0520	Fuhrpark	40,00	
			0520	Fuhrpark	30,00	
			1400	Vorsteuer	5,70	
			1600	Kasse		75,70

Zu Nr. 23: Die Überführungskosten sind Anschaffungsnebenkosten, der Kauf des Autoradios ist Kauf von Zubehör bzw. nachträglichen Anschaffungskosten, die Zulassungsgebühren und Nummernschilder dienen der Herstellung der Funktion „Eignung (Zulassung) für den Straßenverkehr" und stellen damit – ähnlich wie Montagekosten einer Maschine – eher nachträgliche Herstellungskosten als nachträgliche Anschaffungskosten dar.

24. Eingangsrechnung 1016 vom 23.4.08 für den Kauf von Hard- und Software (in €):

PC-Markt Regensburg		Rechnung		Regensburg, 23.4.2008	
Position	Stck.	Bezeichnung		Einzelpreis	Gesamtpreis
001	1	CO Promo DP MT			
		253020–041 W2K 2x64/20 NIC (PC)		1.180,00	1.180,00
002	1	HP-LJ C7058A#401 (Drucker)		100,00	100,00
003	1	Windows Betriebssystem			
		Nr. 269–04509 (Software)		35,00	35,00
004	1	Anwender-Software XLite 5.0		99,00	99,00
005		Installation			150,00
006		Schulung/Einweisung			200,00
		Summe			1.764,00
		+ 19 % USt			335,16
		Rechnungsbetrag			2.099,16
		Der Rechnungsbetrag wurde am 26.4.08 unter Abzug von			
		3 % Skonto vom Rechnungsbetrag überwiesen 2.036,19 €			

Vorkontierung

Nr.	Datum	Beleg	Kto.	Kontenname	Soll	Haben
24.	23.4.08	1016	0650	BGA	1.180,00	
			0670	GWG	100,00	
			0650	BGA	35,00	
			0670	GWG	99,00	
			5900	Fremdleistungen	150,00	
			5900	Fremdleistungen	200,00	
			1400	Vorsteuer	335,16	
			3300	VLL		2.099,16

Zu Nr. 24: Die Betriebssystem-Software gehört zu den Anschaffungskosten des PC. Der Drucker gilt als GWG i. S. v. § 6 Abs. 2 EStG. Die Installation ist nicht einzeln zurechenbar und darf daher nicht als Anschaffungsnebenkosten verrechnet werden. Ob diese Ansicht auch von der Finanzverwaltung akzeptiert würde, scheint aber eher fraglich. Insoweit besteht eine sachliche Nähe zur ebenfalls fraglichen Verrechnung der Gebühren für den Grundstückserwerb als Anschaffungsnebenkosten. Die Gebühren oder zusätzlichen Ausgaben sind zwar der (rechtlichen) Gesamtheit Grundstück bzw. EDV-Anlage einzeln, nicht aber den handelsrechtlichen Vermögensgegenständen (Wirtschaftsgütern) einzeln zurechenbar. Unter Berücksichtigung der BFH-Rechtsprechung kann die Anwender-Software gegen den eindeutigen Wortlaut des § 6 Abs. 2 EStG (Software ist nicht beweglich) ebenfalls als GWG erfasst werden. Die GWG-Abschreibung wird ebenso wie für den Drucker nicht als laufende sondern als vorbereitende Abschlussbuchung durchgeführt.

Die Schulung und Einweisung beeinflussen die Funktionstüchtigkeit der Vermögensgegenstände nicht.

25. Bankbeleg 3019 vom 26.4.08: Der Rechnungsbetrag der Eingangsrechnung 1016 wurde am 26.4.08 nach Abzug von 3 % Skonto vom Rechnungsbetrag überwiesen: 2.036,19 €.

Vorkontierung

Nr.	Datum	Beleg	Kto.	Kontenname	Soll	Haben
25.	26.4.08	3019	3300	VLL	2.099,16	
			0650	BGA		35,40
			0670	GWG		3,00
			0650	BGA		1,05

Nr.	Datum	Beleg	Kto.	Kontenname	Soll	Haben
			0670	GWG		2,97
			5900	Fremdleistungen		10,50
			1400	Vorsteuer		10,05
			1800	Bank		2.036,19

Zu Nr. 25: Skontoabzüge sind streng genommen keine Anschaffungspreisminderungen i. S. v. § 255 Abs. 1 HGB, sondern Verminderungen des Zahlungsbetrages, sie werden für vorzeitige Zahlungen gewährt. Dennoch werden Skontoabzüge bei Bezahlung von Eingangsrechnungen in aller Regel als Anschaffungspreisminderungen i. S. v. § 255 Abs. 1 HGB verbucht. Entsprechendes gilt für die anteiligen Skontobeträge für die gekauften Dienstleistungen, die als Aufwandsminderungen zu verbuchen sind. Vor Abschaffung des Rabattgesetzes waren Skontoabzüge grundsätzlich nur vom anteiligen Betrag der Gegenstandslieferung – z. B. von Anlagegegenständen oder Material – zulässig.

26. Eingangsrechnung 1017 vom 23.4.08 und Bankbeleg 3020 vom 26.4.08: Kauf von sofort eingebauten Ersatzteilen für die betriebliche EDV-Anlage gegen Verrechnungsscheck 4.200,00 € + 798,00 € USt = 4.998,00 €; Bezahlung der Transportgebühren in bar 166,60 € inkl. 19 % USt (Kassenbeleg 4006 vom 26.4.08). Am gleichen Tag wurde ein Drucker als neues Zubehör für einen seit zwei Monaten genutzten PC für 770,00 € + 146,30 € USt = 916,30 € angeliefert (Eingangsrechnung 1018 vom 26.4.08). Die Transportgebühren von 35,70 € inkl. 19 % USt wurden bar bezahlt (Kassenbeleg 4006 vom 26.4.08).

Vorkontierung

Nr.	Datum	Beleg	Kto.	Kontenname	Soll	Haben
26.	23.4.08	1017	5100	Einkauf Betriebsstoffe	4.200,00	
			1400	Vorsteuer	798,00	
			3300	VLL		4.998,00
	26.4.08	3020	3300	VLL	4.998,00	
			1800	Bank		4.998,00
	26.4.08	4006	5100	Einkauf Betriebsstoffe	140,00	
			1400	Vorsteuer	26,60	
			1600	Kasse		166,60
	26.4.08	1018	0650	BGA	770,00	
			1400	Vorsteuer	146,30	
			3300	VLL		916,30

Nr.	Datum	Beleg	Kto.	Kontenname	Soll	Haben
	26.4.08	4006	0650	BGA	30,00	
			1400	Vorsteuer	5,70	
			1600	Kasse		35,70

Zu Nr. 26: Der Kauf von sofort eingebauten Ersatzteilen ist unmittelbar erfolgswirksam als Aufwand zu verbuchen, wenn wie hier keine Werterhöhung anzunehmen ist. Der Ersatzteilkauf darf nicht mit Ersatzinvestitionen verwechselt werden. Ersatzinvestitionen beziehen sich auf selbständig nutzbare Vermögensgegenstände, z. B. Pkw, Maschinen, Computer u. a. Ersatzteile und Reparaturmaterialien sind **BETRIEBSSTOFFE** → Glossar. Für die Verbuchung ist das Konto „5100 Einkauf von Roh-, Hilfs- und Betriebsstoffen (Sofortverbrauchsfiktion)" zu verwenden. Dies hat zur Folge, dass die an sich werterhöhenden Transportgebühren ebenfalls sofort als Aufwand verbucht werden. Ob dieser Aufwand sofort auf das Konto 5100 oder zunächst auf das Konto „5800 Anschaffungsnebenkosten" verbucht wird, ist eher von zweitrangiger Bedeutung. Im Folgenden wird aufgrund der Überlegung, dass bei nicht sofortigem Verbrauch des Reparaturmaterials eine Aktivierung einschließlich des Werts der Transportleistung erfolgen müsste, der ersten Alternative der Vorzug gegeben.

Die Anschaffung des Druckers stellt einen aktivierungspflichtigen Zubehörkauf dar. Offen ist allerdings die Frage, ob der Drucker selbständig oder zusammen mit dem PC aktiviert werden muss. Gegen eine Aktivierung mit dem PC spricht die Überlegung, dass der Drucker zwar nicht selbständig, wohl aber mit anderen – z. B. später angeschafften – PCs genutzt werden kann. Dennoch hat der BFH entschieden, dass Peripheriegeräte eines Computers zwar regelmäßig selbständig bewertungsfähig, nicht aber selbständig nutzungsfähig sind. Danach erfüllen Peripheriegeräte nicht die Voraussetzungen für GWG i. S. v. § 6 Abs. 2 EStG. Für den vorliegenden Sachverhalt ist dies aber unerheblich, da die Wertgrenze für GWGs überschritten ist [BFH-Urteil vom 19.2.2004 VI R 135/01, BStBl. II 2004 S. 958]. Welcher Lösung man auch zustimmt, die Transportgebühren müssen in jedem Fall als werterhöhende Anschaffungsnebenkosten aktiviert werden.

27. Eingangsrechnung 1019 vom 27.4.08 für einen Austauschmotor für den Betriebs-Lkw von 10.000,00 € + 1.900,00 USt = 11.900,00 €. Der Motor wurde in der betriebseigenen Werkstätte eingebaut. Der Lkw war bereits vollständig abgeschrieben (Restwert 1 €).

Vorkontierung

Nr.	Datum	Beleg	Kto.	Kontenname	Soll	Haben
27.	27.4.08	1019	5100	Einkauf Betriebsstoffe	10.000,00	
			1400	Vorsteuer	1.900,00	
			3300	VLL		11.900,00

Zu Nr. 27: Der Austauschmotor wird als Reparaturmaterial angesehen. Der Bundesfinanzhof führt dazu aus: „Bei größeren Aufwendungen nach Ablauf der betriebsgewöhnlichen Nutzungsdauer im Wege des bei Automotoren üblichen Austauschverfahrens ist ebenfalls davon auszugehen, dass der Einbau des Motors weder als Anschaffung eines selbständigen, aktivierungspflichtigen Wirtschaftsguts noch als substanzvermehrende Aufwendung zu werten ist. Der Lkw und der jeweils dazugehörige Motor sind ein einheitlich zu bewertendes Ganzes, für das ein einheitlicher Abschreibungssatz gilt. Wenn der Motor, der als ein unselbständiger Lkw-Bestandteil mit dem Lkw zusammen aktiviert war, für sich allein aber eine geringere Lebensdauer als der Lkw im Ganzen hat, erneuert wird, liegt Erhaltungsaufwand → Glossar vor, denn es handelt sich um Instandhaltungsausgaben für das einheitliche Wirtschaftsgut „Lkw". Eine Verlängerung der Nutzungsdauer reicht für eine Aktivierung nicht aus. Durch die für den Austauschmotor aufgewendeten Kosten wird lediglich der normale Materialverschleiß ausgeglichen; neue Nutzungsmöglichkeiten werden nicht geschaffen. Diese substanzerhaltende Bestandteilerneuerung als Erhaltungsaufwand anzusehen, entspricht zudem der Entwicklung, in Zweifelsfällen nicht Herstellungs-, sondern Erhaltungsaufwand anzunehmen [vgl. BFH vom 30.5.1974 IV R 56/72, BStBl. II 1974, S. 520].

28. Bankbeleg 3021 vom 27.4.08: Überweisung von 20.000,00 € an den Mitarbeiter Franz Kammer für eine Diensterfindung.

Vorkontierung

Nr.	Datum	Beleg	Kto.	Kontenname	Soll	Haben
28.	27.4.08	3021	0100	Immaterielle Vermögensgegenstände	20.000,00	
			1800	Bank		20.000,00

Zu Nr. 28: Immaterielle Vermögensgegenstände des Anlagevermögens müssen aktiviert werden, wenn sie entgeltlich erworben werden (Umkehrschluss aus § 248 Abs. 2 HGB i. V. m. § 246 Abs. 1 HGB sowie § 5 Abs. 2 EStG). Umsatzsteuer entsteht nach § 1 UStG nicht, da die Leistung nicht von einem Unternehmer stammt.

29. Eingangsrechnung 1020 vom 28.4.08: Rechnung für die Erstellung einer Website: 6.000,00 € + 1.140,00 € USt = 7.140,00 €.

Vorkontierung

Nr.	Datum	Beleg	Kto.	Kontenname	Soll	Haben
29.	28.4.08	1020	0100	Immaterielle Vermögensgegenstände	6.000,00	
			1400	Vorsteuer	1.140,00	
			3300	VLL		7.140,00

Zu Nr. 29: Der Kauf der Werkleistung „Funktionstüchtige Website" begründet einen immateriellen Vermögensgegenstand des Anlagevermögens und muss daher aktiviert werden (Umkehrschluss aus § 248 Abs. 2 HGB i. V. m. § 246 Abs. 1 HGB sowie § 5 Abs. 2 EStG).

6.2.1.2 Einkaufsgeschäfte von Leistungen und Nutzungen

6.2.1.2.1 *Erfolgswirksamkeit der Einkaufsgeschäfte*

In der nach handelsrechtlichen Vorschriften zu erstellenden Buchführung erfolgt nur bei Vermögensgegenständen eine abbildungstechnische Trennung zwischen dem Beschaffungs- und Verbrauchsvorgang. Im Erfüllungszeitpunkt wird der Zugang der Vermögensgegenstände erfolgsunwirksam eingebucht, im Zeitpunkt des Verbrauchs erfolgt dann die den Verbrauch abbildende erfolgswirksame Aufwandsbuchung. Aus Gründen der „Praktikabilität" wird aber – wie dargestellt – selbst diese Abbildung häufig unterlassen und der Einkauf von Vermögensgegenständen sofort als Aufwand gebucht.

Beim Einkauf von Dienstleistungen und Nutzungen ist diese abbildungstechnische Trennung generell nicht möglich. Dies gilt grundsätzlich auch für die werterhöhenden Anschaffungsnebenkosten und für Herstellungsaufwendungen. Dieser Effekt wird lediglich durch die oben dargelegte vereinfachende Verbuchung verdeckt. Für die Verbuchung gelten demnach die beschafften Dienstleistungen und Nutzungen im Beschaffungszeitpunkt als verbraucht, d. h. sie sind in diesem Zeitpunkt grundsätzlich erfolgswirksam als Aufwand zu verbuchen. Bei strenger Auslegung wären danach speziell für Dauerleistungen, z. B. für Arbeits- oder Mietleistungen oder Energieleistungen, permanente oder zumindest nach gewissen Zeitabschnitten unterjährig wiederholte Buchungen erforderlich, eine Anforderung, die allerdings eher selten realisiert wird, obwohl sie beim Einsatz von EDV-Lösungen möglich wäre. Die Abbildungstreue der Buchführung leidet umso mehr, je mehr diese realen Vorgänge vereinfacht werden.

Erfolgswirksamkeit der Beschaffungsgeschäfte von Dienstleistungen und Nutzungen

Regel 10: Beschaffungsgeschäfte von Leistungen und Nutzungen sind grundsätzlich erfolgswirksam, sie verursachen grundsätzlich Aufwand und sind daher grundsätzlich auf Aufwandskonten zu verbuchen.

Regel 11: Kein Aufwand ist zu buchen, wenn die Leistungen oder Nutzungen Anschaffungsnebenkosten verursachen. Diese Fälle wurden bereits bei den Beispielen zum Einkauf von Vermögensgegenständen abgehandelt. Anschaffungsnebenkosten sind aber entgegen den gesetzlichen Anforderungen dennoch als Aufwand zu buchen, wenn der angeschaffte Vermögensgegenstand aufgrund der Vereinfachungsregeln sofort als Aufwand verbucht wurde, z. B. über Konto „5100 Einkauf von Roh-, Hilfs- und Betriebsstoffen (Sofortverbrauchsfiktion)" oder Konto „5200 Einkauf von Waren (Sofortverbrauchsfiktion)". Ob in diesen Fällen direkt im Soll dieser Einkaufskonten gebucht wird, oder ob eigene Anschaffungsnebenkostenkonten als Unterkonten zu diesen Aufwandskonten geführt werden – z. B. das Konto „5800 Anschaffungsnebenkosten" – hängt vorwiegend von unternehmensindividuellen Anforderungen ab.

Regel 12: Aufwand darf weiterhin nicht gebucht werden, wenn die Leistungen oder Nutzungen sog. (anschaffungsnahen) HERSTELLUNGSAUFWAND → Glossar bzw. Herstellungskosten und nicht sog. ERHALTUNGSAUFWAND → Glossar verursachen. Die Abgrenzung von Herstellungs- und Erhaltungsaufwendungen ist ein komplexes Gebiet, das in zahlreichen BFH-Urteilen zumeist in Zusammenhang mit Maßnahmen an Gebäuden behandelt wurde. Der 10. Senat des Bundesfinanzhofes stellte dabei zuletzt folgende Orientierungssätze auf:

„Erhaltungsaufwand liegt begrifflich nur vor, wenn etwas bereits Bestehendes instandgesetzt oder instandgehalten wird. Dagegen sind (nachträgliche) Herstellungskosten gegeben, wenn nach Fertigstellung bisher nicht vorhandene Bestandteile in das Gebäude eingefügt werden. Die Beurteilung, ob etwas Neues geschaffen wurde, richtet sich nach der **Funktion** des eingefügten Bestandteils für das Gebäude. Hatte das Gebäude vor der Maßnahme keine Bestandteile mit vergleichbarer Funktion, die durch die Maßnahme erneuert oder ersetzt wurden, sind die Aufwendungen grundsätzlich Herstellungskosten und keine Erhaltungsaufwendungen.

Der nachträgliche Einbau bisher nicht vorhandener Bestandteile ist, auch wenn die Aufwendungen nur geringfügig sind, grundsätzlich als eine – zu Herstellungskosten führende – Erweiterung i. S. des § 255 Abs. 2 Satz 1 HGB zu beurteilen. Jedoch muss der Einbau neben der Substanzmehrung auch eine ‚Erweiterung der Nutzungsmöglichkeit des Gebäudes' zur Folge haben. Entspricht die Funktion des eingebauten Gegenstandes dagegen im Wesentlichen derjenigen, die der ausgetauschte oder erweiterte Gegenstand hatte, sind Erhaltungsaufwendungen anzunehmen (Herv. der Verf.)." [BFH vom 27.7.2000 X R 26/27, in BFH/NV 2001, S. 306–307].

Bei Baumaßnahmen für Gebäude ist zu beachten, dass für Aufwendungen für Modernisierung oder Instandsetzung sog. anschaffungsnahe Herstellungskosten anzusetzen sind, wenn sie innerhalb eines Zeitraums von 3 Jahren vorgenommen werden und 15 % der Anschaffungskosten für das Gebäude übersteigen (§ 6 Abs. 1 Nr. 1 a EStG).

Mit der nachfolgenden Übersicht lassen sich die Grundsätze nochmals verdeutlichen.

Die mit Erhaltungs- und Herstellungsaufwendungen verbundenen umgangssprachlichen und fachsprachlichen Begriffe sind zahl- und variantenreich. Soweit die Begriffe richtig verwendet werden, lässt sich für die Frage, ob Aufwand gebucht werden darf oder Herstellungsaufwendungen bzw. Herstellungskosten zu aktivieren sind, folgende Einteilung vornehmen:

Erhaltungsaufwendungen	Herstellungsaufwendungen
Ausbesserung	Abbau
Erneuerung	Anbau
Instandhaltung	Aufbau
Instandsetzung	Ausbau
Pflege	Beseitigung (nicht von Schäden)
Reinigung	Einbau
Rekultivierung	Erschließung
Renovierung	Erweiterung
Reparatur	Modernisierung (?)
Restaurierung	Reproduktion (?)
Restrukturierung	Überbau
Sanierung	Umbau
(General-) Überholung	Unterbau
Wartung (Kundendienst)	Verbesserung
	Verschönerung (?)

Abbildung 6.2: Arten von Herstellungs- und Erhaltungsaufwendungen

6.2.1.2.2 *Umsatzbesteuerung der Einkaufsgeschäfte von Dienstleistungen und Nutzungen*

Ein größerer Teil der Einkaufsgeschäfte von Dienstleistungen und Nutzungen ist nicht umsatzsteuerpflichtig, z. B. der Einkauf von Arbeitsleistungen, von Geld- und Immobiliennutzungen, Dienstleistungen der öffentlichen Hand u. a. Soweit Einkaufsgeschäfte von Leistungen oder Nutzungen umsatzsteuerpflichtig sind, kann aus der

Sicht des Leistungsempfängers lediglich Vorsteuer anfallen. Minderungen der Bemessungsgrundlage führen zu Vorsteuerkürzungen. Soweit Leistungen oder Nutzungen von ausländischen Unternehmern im Inland erbracht werden, die steuerbar und steuerpflichtig sind, ist die vom ausländischen Leistungspartner in Rechnung gestellte Umsatzsteuer als Vorsteuer abzugsfähig (§ 15 Abs. 1 Nr. 4 UStG). Dies gilt auch für die Fälle in denen der inländische Leistungsempfänger gemäß § 13 b Abs. 1 u. 2 UStG zugleich Steuerschuldner ist.

6.2.1.2.3 *Einkaufsgeschäfte von nicht werterhöhenden Dienstleistungen und Nutzungen*

6.2.1.2.3.1 *Einkaufsgeschäfte von Arbeitsleistungen (Verbuchung von Löhnen und Gehältern)*

Beim Einkauf von Arbeitsleistungen durch die Beschäftigung von Arbeitnehmern und Angestellten wird nur die vom Buchführungspflichtigen zu erbringende Gegenleistung gebucht. Der Wertschöpfungscharakter der Arbeitsleistung wird in der Finanzbuchführung nicht dargestellt. Dies gilt generell für alle Dienstleistungsunternehmen. Aber auch in Industrieunternehmen wird in den Herstellungskosten der (Fertig-) Erzeugnisse – wenn überhaupt – nur der Wert der Gegenleistung des Kaufmanns und nicht der Wert der von den Arbeitnehmern und Angestellten erbrachten Leistungen dargestellt. Dies ist auch eine unmittelbare Konsequenz des Anschaffungswertprinzips, das allerdings mit seinen vom Vorsichtsprinzip geprägten Bewertungsfolgen für alle Produktionsfaktoren gültig ist. Auch die in den Fertigerzeugnissen verarbeiteten Materialien und Energien werden nur mit dem Wert der Gegenleistung aktiviert.

Merksätze
- Alle Ausgaben (Zahlungen und Zielgeschäfte) an Arbeitnehmer verursachen grundsätzlich Aufwand, wenn sie nicht vor der Arbeitsleistung gezahlt werden und
- die Unterscheidung von Lohn-, Sozial-, Lohnsteuer- und Kirchensteuerzahlungen erfolgt aus der Sicht des Arbeitnehmers; aus der Sicht des buchführungspflichtigen Arbeitgebers handelt es sich bei diesen Ausgaben dagegen ausnahmslos um Lohn- bzw. Gehaltsaufwendungen.

Die Beschaffung und der Verbrauch von Arbeitsleistungen verursacht regelmäßig Lohn- und Gehaltszahlungen im weiteren Sinne, gelegentlich auch geldwerte Vorteile oder Annehmlichkeiten bzw. Aufmerksamkeiten seitens des buchführungspflichtigen Kaufmanns. **Löhne** werden für Arbeitsleistungen von Arbeitern, **Gehälter** für Arbeitsleistungen von Angestellten bezahlt. Für die verschiedenen Berechnungen werden für Löhne und Gehälter Brutto- und Nettobeträge verwendet, zusätzlich werden jeweils gesetzliche soziale Aufwendungen des Arbeitgebers gesondert ausgewiesen. Im Folgenden wird jedoch nicht mehr zwischen Löhnen und Gehältern unterschieden.

Nach § 2 LStDV ist der **(Brutto-) Arbeitslohn** die Summe aller Einnahmen, die einem Arbeitnehmer aufgrund des Dienstverhältnisses zufließen. Dabei ist es unerheblich, unter welcher Bezeichnung oder in welcher Form die Einnahmen gewährt werden. Zum Bruttoarbeitslohn gehören daher neben dem eigentlichen Entgelt für die erbrachten Arbeitsleistungen insbesondere auch sog.

- Zulagen (zusätzliche Vergütungen in einer absoluten Zahl, z. B. Sozialzulagen),
- Zuschläge (zusätzliche Vergütungen in Form eines auf den Grundlohn bezogenen Prozentsatzes, z. B. Sonn- und Feiertagszuschläge),
- bezahlte Abwesenheiten (z. B. Urlaub, Krankheit, gesetzliche Feiertage, Abwesenheit aus besonderen privaten Anlässen, z. B. Hochzeit, Geburt, Umzug, Sterbefall u. a., Abwesenheiten aus fachlichen oder staatspolitischen Gründen, z. B. für Aus- und Fortbildung, Fachtagungen, Sitzungen von Verfassungsorganen u. a.)
- sowie andere Zuwendungen (z. B. zusätzliche Monatseinkommen, Urlaubsgeld, Gratifikationen, Tantiemen, Spesenersatz, Erfindervergütungen, Trennungsentschädigungen und Zahlungen an Hinterbliebene, Abfindungen, vermögenswirksame Leistungen, zinsverbilligte Darlehen, unentgeltliche Wohnung, Gestellung von Fahrzeugen, verbilligte Warenlieferungen und Dienstleistungen sowie Beihilfen und Zuschüsse für Krankheit, Kuren und Essen).

Zur Berechnung des **Nettoarbeitslohnes** bzw. **Nettogehaltes** sind die Bruttobeträge um folgende gesetzliche Abzüge zu kürzen:

- Steuern des Arbeitnehmers (Lohn- und Kirchensteuer sowie Solidaritätszuschlag),
- Sozialversicherung Arbeitnehmeranteil (Renten-, Kranken-, Arbeitslosen- und Pflegeversicherung)
- sowie unpfändbare Beträge bei Lohnpfändungen (Sach-, Unterhalts- und Geldpfändungen).

Nettolöhne bzw. -gehälter sind damit allgemein die um gesetzliche Abzüge gekürzten Bruttolöhne und -gehälter. Die Nettobeträge decken sich i. d. R. nicht mit den an die Arbeitnehmer auszuzahlenden Geldbeträgen; die Nettolöhne können zum einen noch durch andere Abzüge gekürzt werden, z. B. aufgrund von Vorschusszahlungen, Lohn- und Gehaltsabtretungen, Gewerkschaftsbeiträgen, Lebensversicherungsprämien oder Zahlungen für die tarifliche Vermögensbildung und Eigenleistungen mit Auszahlung der Arbeitnehmersparzulage; zum anderen können die Nettolöhne auch durch zusätzliche gesetzliche oder betriebliche Leistungen erhöht werden, z. B. durch Kurzarbeiter- und Schlechtwettergeld oder Gewährung von betrieblichen Darlehen. Diese Erhöhungen der Nettolöhne sind **keine Lohnbestandteile**, sie ändern aber die an die Arbeitnehmer zu zahlenden Geldbeträge.

Der Bruttoarbeitslohn stellt aus der Sicht des Arbeitgebers **Aufwand** dar. Kein Aufwand ist die Darlehensauszahlung an Arbeitnehmer und die Auszahlung des Kurzarbeitergeldes.

Gesetzliche soziale Aufwendungen sind die Arbeitgeberanteile zur Kranken-, Renten-, Arbeitslosen- und Pflegeversicherung sowie die Beiträge zur Unfall- und Lohnfortzahlungsversicherung. Der Arbeitgeberanteil zur Sozialversicherung stellt ebenso wie die vom Arbeitgeber allein zu tragenden Beiträge zur Unfallversicherung Aufwand dar.

Entscheidend für die Verbuchung der Löhne ist zunächst die Berechnung der Lohnbestandteile und der gesetzlichen Abzugsbeträge, die vom Arbeitgeber einzubehalten sind. Ausgehend vom Bruttolohn (Entgelt) hat der Arbeitgeber die Lohn- und Kirchensteuer und den Solidaritätszuschlag zur Lohnsteuer, die Beiträge zur Renten-, Kranken-, Pflege- und Arbeitslosenversicherung (Sozialversicherungsbeiträge, ohne Beiträge zur Unfallversicherung, die allein vom Arbeitgeber zu entrichten sind) zu berechnen. Die Lohnsteuer berechnet sich gemäß der für den Einzelfall zutreffenden Lohnsteuertabelle vom Bruttolohn, d. h., die Arbeitgeberanteile zur Sozialversicherung inkl. des Anteils zur Pflegeversicherung unterliegen wegen § 3 Nr. 62 EStG nicht der Einkommen- bzw. Lohnbesteuerung. Die Kirchensteuer wird als bestimmter Prozentsatz der Lohnsteuer (in Bayern 8 %), der Solidaritätszuschlag wird grundsätzlich in Höhe von 5,5 % der Lohnsteuer erhoben (§ 4 SolZG). Ausnahmen ergeben sich bei der Berücksichtigung von Kindern. Bei Steuerpflichtigen mit Kindern ist die fiktive Jahreslohnsteuer für die Berechnung der Kirchensteuer und des Solidaritätszuschlages maßgebend. Die fiktive Jahreslohnsteuer berechnet sich vom um die Kinderfreibeträge gekürzten Jahresarbeitslohn. In der Lohnsteuerklasse IV (Ehegatten beziehen beide Arbeitslohn) wird z. B. pro Kind jährlich ein Betrag von 1.824,00 €, in der Lohnsteuerklasse I, II und III jährlich der doppelte Betrag 3.648,00 € abgezogen. Als Freibeträge für den Betreuungs-, Erziehungs- und Ausbildungsbedarf werden pro Kind pro Jahr in der Lohnsteuerklasse IV 1.080,00 € und in der Lohnsteuerklasse I, II und III der doppelte Betrag 2.160,00 € abgezogen. Die Lohn- und Kirchensteuer sowie der Solidaritätszuschlag sind grundsätzlich monatlich auf elektronischem Wege zu erklären und an das Finanzamt durch Überweisung abzuführen und zwar spätestens am zehnten Tag nach Ablauf dieses sog. Voranmeldungszeitraumes. Erfolgt die Zahlung verspätet, aber innerhalb der sog. Schonfrist von drei Werktagen nach dem Zahlungstermin, werden noch keine Säumniszuschläge erhoben (§ 240 Abs. 3 AO).

Die Rentenversicherung beträgt zurzeit 19,9 % vom Arbeitslohn (Entgelt), höchstens jedoch von der Beitragsbemessungsgrenze (in 2008: pro Monat 5.250,00 € bzw. 4.550,00 € neue Länder). Die Arbeitslosenversicherung beträgt zurzeit 4,2 % des Arbeitslohnes (Entgeltes) höchstens jedoch von der Beitragsbemessungsgrenze. Die Beiträge zur Krankenversicherung sind je nach Krankenkasse verschieden und liegen zwischen 13 und 16 % des Arbeitslohnes (Entgeltes). Sie sind ebenfalls zur Hälfte vom Arbeitgeber und Arbeitnehmer zu tragen. Der Arbeitnehmer hat zusätzlich einen Zuschlag von 0,9 % des Arbeitslohnes für Zahnersatz und Krankengeld allein zu tragen. Der Beitrag zur Pflegeversicherung beträgt zurzeit 1,7 % des Arbeitslohnes (Entgeltes). Daneben zahlen kinderlose Arbeitnehmer, die das 23. Lebensjahr vollendet haben,

Berechnungsschema für die Brutto- und Nettolohnberechnung

Arbeitsentgelt (Monatslohn, Gehalt)

+ Zulagen

+ Zuschläge

+ bezahlte Abwesenheiten

+ andere Zuwendungen

= **Bruttoarbeitslohn**

– Steuern des Arbeitnehmers (Lohn- und Kirchensteuer sowie Solidaritätszuschlag)

– Sozialversicherung Arbeitnehmeranteil (Renten-, Kranken-, Arbeitslosen- und Pflegeversicherung)

– unpfändbare Beträge bei Lohnpfändungen (Sach-, Unterhalts- und Geldpfändungen)

= **Nettoarbeitslohn**

– Vorschüsse und Gehaltsabtretungen

– Gewerkschaftsbeiträge

– Lebensversicherungsprämien oder Zahlungen für die tarifliche Vermögensbildung

– Eigenleistungen mit Auszahlung der Arbeitnehmersparzulage

+ Kurzarbeiter- und Schlechtwettergeld

+ Darlehensauszahlung

= **auszuzahlender Betrag**

Abbildung 6.3: Systematik der Lohnberechnung

einen Zuschlag von 0,25 % des Arbeitslohnes, der vom Arbeitgeber einzubehalten und abzuführen ist. Die Beiträge zur Kranken- und Pflegeversicherung werden jedoch höchstens von 75 % der Beitragsbemessungsgrenze erhoben. Für Arbeitgeber mit Betrieben bis zu 30 Beschäftigten werden die Prozentsätze für die Umlage 1 (U 1) je nach angestrebter Kostenerstattung durch den Arbeitgeber gestaffelt. Durch die U 1 sollen Entgeltfortzahlungen an Arbeitnehmer im Krankheitsfall abgesichert werden. Bei einer Kostenerstattung von 70 % des vom Arbeitgeber zu zahlenden sozialversicherungspflichtigen Arbeitslohnes beträgt der Umlagesatz für die Entgeltsfortzahlungsversicherung ca. 1,8 % dieses Betrages.

Durch die Umlage 2 (U 2) werden Entgeltfortzahlungen des Arbeitgebers bei Ausfällen durch Mutterschaftsurlaub abgesichert. Der Satz ist je nach Krankenkasse unterschiedlich und beträgt z. B. 0,15 % vom monatlichen Arbeitsentgelt. Die Erstattung der Lohnfortzahlungen erfolgt bei der U 2 stets zu 100 %.

Legt man bei der Krankenversicherung und Pflegeversicherung einen Durchschnittswert von 14,5 % zugrunde, betragen die Abgaben insgesamt etwa 41 % des Arbeitslohnes (Entgeltes). Etwas weniger als die Hälfte dieser Beiträge „tragen" die Arbeitgeber.

Für den Zeitpunkt der Fälligkeit der Sozialversicherungsbeiträge gilt Folgendes: der Gesamtsozialversicherungsbeitrag inkl. U 1 und U 2 ist nach § 23 Abs. 1 SGB IV spätestens am drittletzten Bankarbeitstag des Monats, in dem die Beschäftigung oder Tätigkeit, mit der das Arbeitsentgelt oder Arbeitseinkommen erzielt wird, ausgeübt worden ist oder als ausgeübt gilt, in voraussichtlicher Höhe der Beitragsschuld fällig. Ein eventuell verbleibender Restbeitrag ist mit der nächsten Fälligkeit zu zahlen. Für die Verbuchung erhebt sich dabei die Frage, ob im Fälligkeitszeitpunkt bereits Aufwand zu buchen ist, da ein geringer Teil als Vorauszahlung zu interpretieren ist, da der Arbeitnehmer am Fälligkeitstag der Sozialversicherungszahlungen seine volle Arbeitsleistung noch nicht erbracht hat. Dieser Effekt wird sich aber dadurch entschärfen, dass die voraussichtliche Beitragsschuld häufig genau mit der endgültigen Beitragsschuld übereinstimmt. Will man die Wirklichkeit genau abbilden, ist im Zahlungszeitpunkt ein Anspruch zu aktivieren, wobei wegen der Zeitabhängigkeit der Zahlungen eher eine aktive Abgrenzung als ein zum Bilanzposten „sonstige Vermögensgegenstände" gehörendes Vorauszahlungskonto zu wählen wäre. Bei der Verbuchung des monatlichen Arbeitsentgeltes sind die Sozialversicherungsbeiträge dem gewählten aktiven Bestandskonto gutzuschreiben. Im Folgenden wird aber der Lösung mit einer sofortigen Aufwandsbuchung im Zahlungszeitpunkt der Vorzug gegeben.

Nicht zum steuerpflichtigen Arbeitslohn gehören z. B. nach R 70 ff. LStR [R 19.3 LStR 2008] Aufmerksamkeiten bis 40,00 € inkl. Umsatzsteuer (Freigrenze), übliche Zuwendungen bei Betriebsveranstaltungen von 110,00 € je Teilnehmer und Veranstaltung bei maximal zwei Veranstaltungen pro Jahr sowie eine Fehlgeldentschädigung bis zur Höhe von 16,00 € monatlich.

30. Für Monat Mai 2008 erstellt die Lohn- und Gehaltsbuchhaltung auf der Grundlage der nach § 41 EStG für die einzelnen Mitarbeiter zu führenden Lohnkonten untenstehende Lohnabrechnung. Die Arbeitgeberanteile zur Sozialversicherung betragen 1.799,76 €. Die Auszahlung der Nettolöhne i.H.v. 5.787,69 € erfolgt am 31.5.2008 durch Überweisung vom betrieblichen Bankkonto. Die Steuern i.H.v. 1.375,15 € werden am 10.6.2008, die Sozialversicherungsabgaben i.H.v. insgesamt 3.680,92 € am 25.5.2008 vom betrieblichen Bankkonto überwiesen. Die Buchungen werden vorgenommen, wenn die Beträge bezahlt werden.

Arbeitslohn nach § 2 LStDV; das sind insbesondere Gehälter, Löhne, Gratifikationen, Tantiemen sowie Wartegelder, Ruhegelder, Witwen- und Waisengelder

+ geldwerte Vorteile, z. B. Zinsverbilligung, verbilligter Personaleinkauf oder verbilligtes Kantinenessen, verbilligte Reisen, Deputate, freies Wohnen [vgl. auch § 8 Abs. 2 u. 3 EStG: monatliche Sachbezugsfreigrenze von 44,00 € (§ 8 Abs. 2 EStG) und Jahres-Rabattfreibetrag von 1.080,00 € (§ 8 Abs. 3 EStG)]

+ Zulagen z. B. für langjährige Betriebszugehörigkeit

+ Zuschläge nach § 3b EStG z. B. für Sonntags-, Feiertags-, Nachtarbeit, Mehrarbeit, Erschwernisse wie Hitze-, Schmutz-, Gefahrenzuschläge usw. [vgl. auch Abschn. 70 Abs. 1 Satz 2 Nr. 1 LStR]

+ sonstige Bezüge wie z. B.
  • Abfindungen und Entschädigungen
  • Geburts- und Heiratsbeihilfen
  • Jubiläumszuwendungen
  • Weihnachtsgeld

+ vermögenswirksame Leistungen

+ Nachzahlungen

= (Arbeits-) Entgelt (zugleich Bemessungsgrundlage für die Sozialversicherungen)

– Steuerfreibeträge

= steuerpflichtiges Entgelt (zugleich Bemessungsgrundlage für die Lohnsteuer)

– Lohnsteuer, Kirchensteuer (8 %), Solidaritätszuschlag (5,5 %)

– 50 % Anteil der Beiträge zur Renten- (19,5 %), Arbeitslosen- (6,5 %), Kranken- (zwischen 13 und 16 %) und Pflegeversicherung (1,7 %) der oben genannten Bemessungsgrundlage (Entgelt)

= Nettoentgelt

– Abzüge für geldwerte Vorteile und Sachbezüge

– Gesamtbetrag der vermögenswirksamen Leistungen

+ Erhöhungen des Nettolohnes durch steuer- und sozialversicherungsfreie Zusatzleistungen

= Überweisung (Auszahlung) an den Arbeitnehmer

Abbildung 6.4: Berechnung der Lohn-Auszahlungsbeträge aus steuerlicher Sicht

Vorkontierung

Nr.	Datum	Beleg	Kto.	Kontenname	Soll	Haben
30)	28.05.08	3023	6010	Lohnaufwand	1.881,16	
			6110	gesetzlicher Sozialaufwand	1.799,76	
			1800	Bank		3.680,92

Nr.	Datum	Beleg	Kto.	Kontenname	Soll	Haben
	31.05.08	3021	6010	Lohnaufwand	5.787,69	
			1800	Bank		5.787,69
	10.06.08	3022	6010	Lohnaufwand	1.375,15	
			1800	Bank		1.375,15

Zu Nr. 30: Aus der Sicht des Kaufmanns stellen alle Zahlungen an bzw. für die Mitarbeiter Lohnaufwand dar. Dies gilt auch für den Arbeitgeberanteil zur Sozialversicherung, der aber regelmäßig auf einem gesonderten Konto verbucht wird. Die Zusammensetzung der für die Mitarbeiter abzuführenden Abgaben ist für die Verbuchung regelmäßig ohne Belang. Die Lohn- und Kirchensteuer, der Solidaritätszuschlag sowie die Sozialversicherungsbeiträge sind grundsätzlich Privatangelegenheit der Mitarbeiter; der Arbeitgeber haftet allerdings für eine nicht pflichtgemäße Abführung der Geldbeträge für Rechnung der Arbeitnehmer. Die Steuern der Mitarbeiter sind aber keine Betriebssteuern, dennoch werden sie wie z. B. die Gewerbesteuer als Aufwand gebucht, sie kürzen den Gewinn des Kaufmanns, obwohl weder der Arbeitnehmer noch der Kaufmann über diese Beträge verfügen kann. Die Sozialversicherungsbeiträge müssen spätestens bereits am drittletzten Bankarbeitstag des Monats Mai überwiesen werden.

Weiteres Beispiel zur Verbuchung einer monatlichen Lohnabrechnung durch Sammelverbuchung:

31. Bruttolöhne 160.000,00 €, einbehaltene Lohn- und Kirchensteuer sowie Solidaritätszuschlag 28.000,00 €, einbehaltene Sozialversicherungsbeiträge inkl. Pflegeversicherung 28.800,00 €, vermögenswirksame Leistungen des Arbeitgebers 8.000,00 €, vermögenswirksame Leistungen der Arbeitnehmer insgesamt 16.000,00 €, Arbeitnehmer-Sparzulage 2.560,00 €, von den Löhnen einbehaltene ortsübliche Miete für Werkswohnungen 10.000,00 € (umsatzsteuerfrei). Der Arbeitgeberanteil zur Sozialversicherung beträgt 28.800,00 €. Die Sozialversicherungsbeiträge werden am 25.8.08 per Banküberweisung bezahlt. Die sonstigen bestehenden Abführungsverpflichtungen sind ebenso wie die Nettolohnzahlung an die Arbeitnehmer am 31.5.08 noch nicht beglichen.

Lohnabrechnung Beleg 5003:

Brutto-Arbeitslöhne	160.000,00
+ vermögenswirksame Leistungen	8.000,00
= Entgelt	168.000,00
− Steuerfreibeträge	0,00
= steuerpflichtiges Entgelt	168.000,00

Name	Steuer-Klasse/Kinder	Brutto-lohn	Lohn-steuer	Kirchen-steuer	Solidaritäts-zuschlag	Sozialversicherung				Abzüge insgesamt	Netto-lohn
						Kranken	Renten	Arbeits-losen	Pflege		
				8 %	5,50 %	7,9 %	9,95 %	2,10 %	0,85 %		
Karl Meier	IV/0	2.441,00	381,25	24,81	17,06	192,84	242,88	51,26	20,75	930,85	1.510,15
Oswald Paul	IV/2	2.553,00	414,33	21,79	14,98	201,69	254,02	53,61	21,70	982,12	1.570,88
Berta Hoch 22 Jahre	I/0	1.950,00	244,08	19,53	13,42	154,05	194,03	40,95	16,58	682,64	1.267,36
Anja Weiss	II/1	2.100,00	214,58	7,29	2,03	165,90	208,95	44,10	17,85	660,70	1.439,30
Summen		9.044,00	1.254,24	73,42	47,49	714,48	899,88	189,92	76,88	3.256,31	5.787,69

zu verbuchende Lohnaufwendungen	9.044,00
Arbeitgeberanteil zur Sozialversicherung	1.799,76
gesamter Lohn- und Sozialaufwand	10.843,76
Banküberweisung an Arbeitnehmer	5.787,69
Banküberweisung an Sozialversicherungsträger	3.680,92
Banküberweisung an das Finanzamt	1.375,15
Banküberweisung insgesamt	10.843,76
– als Sozialaufwand zu verbuchender Arbeitgeberanteil	–1.799,76
= zu verbuchende Lohnaufwendungen	9.044,00

Abbildung 6.5: Standard-Lohnabrechnung

– Lohnsteuer, Kirchensteuer, Solidaritätszuschlag	– 28.000,00	
– Anteil der Beiträge zur Sozialversicherung	– 28.800,00	
= Nettoentgelt	111.200,00	
– Gesamtbetrag der vermögenswirksamen Leistungen	– 16.000,00	
– Reallohn Miete	– 10.000,00	
= Überweisung (Auszahlung) an die Arbeitnehmer	85.200,00	

Vorkontierung

Nr.	Datum	Beleg	Kto.	Kontenname	Soll	Haben
31.	25.5.08	3023	6010	Lohnaufwand	28.800,00	
			6110	gesetzlicher Sozialaufwand	28.800,00	
			1800	Bank		57.600,00
	31.5.08	5003	6010	Lohnaufwand	85.200,00	
			3720	Verbindlichkeiten aus Lohn und Gehalt		85.200,00
	31.5.08	5003	6010	Lohnaufwand	10.000,00	
			4860	Grundstückserträge		10.000,00
	31.5.08	5003	6010	Lohnaufwand	28.000,00	
			3730	Verbindlichkeiten aus Lohn- und Kirchensteuer		28.000,00
	31.5.08	5003	6010	Lohnaufwand	8.000,00	
			6080	Vermögenswirksame Leistungen	8.000,00	
			3770	Verbindlichkeiten aus Vermögensbildung		16.000,00

Zu Nr. 31: Abstimmung der Buchungsbeträge: Insgesamt werden 196.800,00 € Lohnaufwendungen verbucht. Sie setzen sich aus der Summe der Brutto-Arbeitslöhnen in Höhe von 160.000,00 €, der Summe der vom Arbeitgeber getragenen vermögenswirksamen Leistungen in Höhe von 8.000,00 € sowie aus der Summe der Arbeitgeberanteile zur Sozialversicherung in Höhe von 28.800,00 € zusammen.

Die vermögenswirksamen Leistungen der Arbeitnehmer können vom Arbeitgeber und/oder Arbeitnehmer geleistet werden. Im vorliegenden Fall werden aufgrund tarifvertraglicher Verpflichtung 8.000,00 € vom Arbeitgeber steuer- und sozialversicherungspflichtig zusätzlich zum Bruttolohn entrichtet. Um die jährlichen Höchstbeträge für die Vergünstigungen des § 13 Abs. 2 des 5. VermBG auszuschöpfen (470,00 € Sparbetrag bzw. zusätzlich 400,00 € für produktives Beteilungskapital), bestreiten die Arbeitnehmer aus ihrem Bruttolohn einschließlich des Arbeitgeberanteils insgesamt 16.000,00 €. Die Arbeitnehmer-Sparzulagen (10 % der vermögenswirksamen Sparbeiträge und 20 % des angelegten Produktivkapitals) sind nach Ablauf des Jahres von den Arbeitnehmern beim zuständigen Finanzamt zu beantragen (§ 14 Abs. 4 5. VermBG), sie sind Privatangelegenheit der Arbeitnehmer und beeinflussen daher die Verbuchung nicht mehr. Dem Arbeitnehmer wird eine Sparzulage von 9 % der vermögenswirksamen Sparbeträge bzw. 18 % des angelegten Produktivkapitals gewährt, wenn das zu versteuernde Einkommen für das laufende Kalenderjahr nicht höher als 17.900,00 € bzw. bei Zusammenveranlagung 35.800,00 € ist.

Die vermögenswirksamen Leistungen werden im vorliegenden Fall vom Arbeitgeber für die Arbeitnehmer auf gesetzlich vorgeschriebene Anlagemöglichkeiten zugunsten der Arbeitnehmer eingezahlt. In Frage kommen dabei im Einzelnen Anlageformen des § 2 Abs. 1 des 5. Vermögensbildungsgesetzes, z. B. verschiedene Sparverträge, Beteiligungsverträge u. a.

In der Praxis werden die Steuern und Sozialabgaben und die sonstigen Leistungen oftmals erst gebucht, wenn sie überwiesen werden. Erfolgt die Buchung vor der Bezahlung, wird auf die im Beispiel verwendeten Verbindlichkeitenkonten, die alle Teilkonten des Bilanzpostens sonstige Verbindlichkeiten sind, gebucht.

Die Buchung der Vermietungsleistung ist erfolgswirksam, aber gewinnneutral. Sie repräsentiert das zugrunde liegende Dienstleistungs-Nutzungstausch-Geschäft und lässt zugleich deutlich werden, dass Mieten von Arbeitnehmern für Werkswohnungen grundsätzlich nur aus Lohneinnahmen bestritten werden können, die zuvor der Lohnsteuer und der Sozialversicherung unterworfen worden sind.

6.2.1.2.3.2 *Einkaufsgeschäfte von sonstigen nicht werterhöhenden Dienstleistungen und Nutzungen*

32. 1.6.08: Beginn einer nicht werterhöhenden Handwerkerreparatur am Betriebsgebäude, die am 25.1.09 abgeschlossen und abgenommen wird. Die Rechnung vom gleichen Tag in Höhe von 5.800,00 € + 1.102,00 € USt = 6.902,00 € wurde durch Verrechnungsscheck beglichen. Der in 2008 noch erbrachte Leistungsanteil wurde auf 4.500,00 € ohne Umsatzsteuer geschätzt.

Vorkontierung

Nr.	Datum	Beleg	Kto.	Kontenname	Soll	Haben
32.	31.12.08	6001	6450	Reparaturen und Instandhaltung von Bauten	4.500,00	
			3070	sonstige Rückstellungen		4.500,00

Zu Nr. 32: Während der nicht vollendeten Handwerkertätigkeit erfolgt keine laufende Buchung in 2008. Insoweit wird die Realität nicht zutreffend abgebildet, da die schon begonnene Arbeit in diesem Zeitraum nicht aus der Buchführung ablesbar ist. Erstmals ist der Sachverhalt als vorbereitende Abschlussbuchung für den 31.12.08 als sonstige Rückstellung auszuweisen. Obwohl zum Schluss des Geschäftsjahres keine abgrenzbare Teilleistung vorliegt (Merkmal einer Teilleistung ist z. B. der Anlauf der Gewährleistungsfrist), ist für den geschätzten Leistungsanteil des abgelaufenen Geschäftsjahres eine sonstige Rückstellung zu bilden. Dabei wird der für 2008 geschätzte Leistungsanteil zugleich als Aufwand gebucht.

Am Erfüllungstag, der zugleich der Zahlungstag ist, ist der Restbetrag als Aufwand zu verbuchen. Eine werterhöhende Verbuchung des Betriebsgebäudes kommt auch jetzt nicht in Betracht. Die Umsatzsteuer wird für die Gesamtleistung fällig. Ein Problem ergäbe sich, wenn – anders als im vorliegenden Beispiel – eine vollständige oder teilweise Werterhöhung des Gebäudes anzunehmen wäre. Fraglich wäre, ob in diesem Fall im Vorjahr eine erfolgsmindernde (Teil-)Passivierung durch Bildung einer Rückstellung zulässig wäre.

Vorkontierung

Nr.	Datum	Beleg	Kto.	Kontenname	Soll	Haben
	25.1.09		3070	sonstige Rückstellungen	4.500,00	
			6450	Reparaturen und Instandhaltung von Bauten	1.300,00	
			1400	Vorsteuer	1.102,00	
			1800	Bank		6.902,00

33. 1.6.08: Abschluss eines Mietvertrages für betriebliche Lagerräume; Mietbeginn 1.6.08; Laufzeit des Mietvertrages 5 Jahre, keine Kaution und keine Mietvorauszahlung. Die umsatzsteuerpflichtige Monatsmiete wird jeweils am Monatsletzten durch Banklastschrift abgebucht: 1.500,00 € + 285,00 € = 1.785,00 €.

Vorkontierung

Nr.	Datum	Beleg	Kto.	Kontenname	Soll	Haben
33.	30.6.08	3025	6305	Raumkosten	1.500,00	
			1400	Vorsteuer	285,00	
			1800	Bank		1.785,00

Zu Nr. 33: Die Buchung erfolgt nicht bereits am Monatsersten, sondern erst nach Erfüllung der zeitabhängigen Nutzung am Monatsende. Am Monatsende wäre auch zu buchen, wenn die Miete nicht sofort bezahlt würde.

34. 30.6.08: Abbuchung von Sollzinsen für den Kontokorrentkredit in Höhe 2.325,00 € vom betrieblichen Bankkonto. Die Zinsen sind Vorauszahlungen für die am 31.12.08 entstehende Zinsschuld.

Vorkontierung

Nr.	Datum	Beleg	Kto.	Kontenname	Soll	Haben
34.	30.6.08	3026	7300	Zinsaufwendungen	2.325,00	
			1800	Bank		2.325,00

Zu Nr. 34: Wie unten noch gezeigt wird → vgl. S. 196 ff., sind eigene Vorauszahlungen auf noch erfüllte zeitbezogene Nutzungen als aktive Rechnungsabgrenzungsposten einzubuchen. Diese Vorgehensweise ist in der Praxis eher nicht üblich, vielmehr werden laufende Sollzinsen sofort als Zinsaufwand gebucht. Gestützt wird diese Buchungspraxis durch unklare Gesetzesformulierungen („Ausgaben", „Aktivseite") in § 250 HGB.

35. 30.6.08: Der Steuerberater stellt für Übernahme der Buchführungsarbeiten für den abgelaufenen Monat 500,00 € + 95,00 € USt = 595,00 € in Rechnung.

Vorkontierung

Nr.	Datum	Beleg	Kto.	Kontenname	Soll	Haben
35.	30.6.08	1023	6825	Rechts- u. Beratungskosten	500,00	
			1400	Vorsteuer	95,00	
			3300	VLL		595,00

Zu Nr. 35: Es handelt sich um die Beschaffung einer nicht werterhöhenden Dienstleistung.

6.2.1.2.3.3 *Einkauf von werterhöhenden Dienstleistungen und Nutzungen*

36. 30.6.08: Abrechnung durch eine Baufirma für Werkleistungen zum Ausbau des Betriebsgebäudes 14.000,00 € + 2.660,00 € USt = 16.660,00 €.

Vorkontierung

Nr.	Datum	Beleg	Kto.	Kontenname	Soll	Haben
36.	30.6.08	1024	0240	Gebäude	14.000,00	
			1400	Vorsteuer	2.660,00	
			3300	VLL		16.660,00

Zu Nr. 36: Der Ausbau oder Umbau von Gebäuden stellt keine Reparatur dar, es handelt sich um aktivierungspflichtigen Herstellungsaufwand. Die damit zusammenhängenden Ausgaben dürfen daher nicht als Aufwand gebucht werden. Gesetzliche Grundlage ist § 255 Abs. 2 HGB.

37. 30.6.08: Für eine neu gekaufte Maschine werden einzeln zurechenbare Speditionsgebühren in Höhe von 2.000,00 € + 380,00 € USt = 2.380,00 € in Rechnung gestellt.

Vorkontierung

Nr.	Datum	Beleg	Kto.	Kontenname	Soll	Haben
37.	30.6.08	1025	0440	Maschinen	2.000,00	
			1400	Vorsteuer	380,00	
			3300	VLL		2.380,00

Zu Nr. 37: Sind Transportausgaben den transportierten Vermögensgegenständen einzeln zurechenbar, dürfen sie nicht als Aufwand gebucht werden, es handelt sich vielmehr um Anschaffungsnebenkosten i. S. v. § 255 Abs. 1 HGB. Dies gilt uneingeschränkt, wenn die Vermögensgegenstände dem Anlagevermögen zuzurechnen sind. Handelt es sich um Vermögensgegenstände des Umlaufvermögens gilt wegen der eindeutigen Regelung in § 255 Abs. 1 HGB eigentlich dasselbe. Die Praxis verbucht aber bei Just-in-Time-Verbräuchen die Anschaffungsnebenkosten solcher Vorgänge nicht selten sofort als Aufwand. Im SKR04 wird dafür das Aufwandskonto „5800 Anschaffungsnebenkosten" verwendet. Für den Lernenden ist dies sicher nicht einfach zu verstehen, wenn zunächst gefolgert wird, dass Anschaffungsnebenkosten nicht als Aufwand gebucht werden dürfen, dann aber sogar ein eigenes Aufwandskonto für Anschaffungsnebenkosten eingerichtet wird.

6.2.1.3 Verbuchung bei besonderen Formen des Beschaffungsentgeltes

Das Entgelt für Beschaffungsgeschäfte kann durch Zahlung oder Tausch entrichtet werden. Innerhalb der Zahlungsarten ist zu unterscheiden zwischen Barzahlung, Bargeld sparender und unbarer Zahlung. Auch das Akkreditiv ist primär ein Mittel des bargeldlosen Zahlungsverkehrs und hat daher ähnlich wie das Giro- und das Scheckgeschäft Zahlungsfunktion. Der Wechsel hingegen beinhaltet lediglich ein Zahlungsversprechen; durch Wechselakzept kann **nicht gezahlt** werden. Im Folgenden wird lediglich auf einige Probleme bei Zahlung mit Scheck, beim Wechselakzept sowie auf die Beschaffung durch Tausch eingegangen.

6.2.1.3.1 *Zahlung durch Scheck*

Bei einer Bezahlung durch Schecks ergibt sich die Frage, ob der Scheck für Zwecke der Verbuchung erfüllungshalber oder an Erfüllungs statt geleistet wird. Die Zahlung durch Scheck erfolgt erfüllungshalber. Eine Zahlung dürfte danach in der Finanzbuchführung erst verbucht werden, wenn sich der Lieferant aus dem übergebenen Scheck durch Auszahlung befriedigt hat. Erst bei Gutschrift des Schecks auf dem Bankkonto des Lieferanten ist dann das Erlöschen der Lieferantenverbindlichkeit an Erfüllungs statt anzunehmen. In der Praxis wählt man als maßgebenden Buchungszeitpunkt in diesen Fällen i. d. R. den Zeitpunkt der Wertstellung (Valutierung) der Scheckzahlung auf dem eigenen Kontokorrentkonto.

38. 4.6.08: Kauf und Übergabe eines gebrauchten Pkw für 20.000,00 € + 3.800,00 € USt = 23.800,00 € durch Übergabe eines Verrechnungsschecks am Kauftag. Die Sollvalutierung des Schecks erfolgt am 18.6.

Vorkontierung

Nr.	Datum	Beleg	Kto.	Kontenname	Soll	Haben
38.	4.6.08	1026	0520	Fuhrpark	20.000,00	
			1400	Vorsteuer	3.800,00	
			3300	VLL		23.800,00
	18.6.08	3029	3300	VLL	23.800,00	
			1800	Bank		23.800,00

Zu Nr. 38: Dass die Zahlung des Pkw durch Scheck erfolgte, wird damit aus der Art der Verbuchung nicht ersichtlich. Diese Art der Verbuchung führt auch zu einer unzutreffenden Behandlung von Schecks, für die am Abschlussstichtag noch keine Sollvalutierung erfolgt ist. Da Scheckverbindlichkeiten nicht gesondert auszuweisen sind, werden in diesen Fällen am Jahresende Verbindlichkeiten aus Lieferungen und Leistungen ausgewiesen. Anders liegt der Fall dagegen aufseiten des Lieferanten, sofern es sich um eine Kapitalgesellschaft handelt, da empfangene Schecks gemäß § 266 Abs. 2 HGB in der Bilanz auszuweisen sind. Der Lieferant muss entweder die (am Jahresende) empfangenen Schecks sofort einbuchen oder, soweit eine Buchung auf dem Konto „1200 Forderungen aus Lieferungen und Leistungen" oder „1300 sonstige Vermögensgegenstände" erfolgte, am Jahresende eine entsprechende Umbuchung vornehmen.

6.2.1.3.2 *Akzept von Lieferantenwechseln*
Das Wechselakzept stellt keine Zahlung dar. Daher können z. B. mithilfe eines Wechselakzepts auch keine Anzahlungen oder Vorauszahlungen geleistet werden.

Der Wechsel wird entweder sofort im Erfüllungszeitpunkt durch den Lieferanten ausgestellt und vom Kaufmann akzeptiert oder er wird erst nach Verstreichen eines gewährten Zahlungsziels ausgestellt und vom Kaufmann akzeptiert, um z. B. einen kurzfristig aufgetretenen Liquiditätsengpass zu überbrücken. Vom Aussteller werden i. d. R. zusätzlich die Wechselkosten in Rechnung gestellt.

39. 10.6.08: Vom Lieferanten F. Brucker aus München wurden Waren zum Rechnungsbetrag von 15.000,00 € + 2.850,00 € USt = 17.850,00 € bezogen; Zahlungsziel 30 Tage. Am 15.7.08 stellt Brucker einen Wechsel über den Rechnungsbetrag aus; Laufzeit des Wechsels, der noch am gleichen Tag akzeptiert wird, 90 Tage. Zusätzlich stellt Brucker 6 % Wechseldiskont ((17.850,00 € · 6 %)/4 = 267,75 €) sowie 20,00 € Wechselspesen in Rechnung. Rechnungsbetrag 267,75 € + 20,00 € + 54,67 € USt = 342,42 €.

Vorkontierung

Nr.	Datum	Beleg	Kto.	Kontenname	Soll	Haben
39.	10.6.08	1027	1140	Warenvorräte	15.000,00	
			1400	Vorsteuer	2.850,00	
			3300	VLL		17.850,00
	15.7.08	5005	3300	VLL	17.850,00	
			3350	Wechselverbindlichkeiten		17.850,00
		1028	7300	Zinsen und ähnliche Aufwendungen	267,75	
			6855	Nebenkosten des Geldverkehrs	20,00	
			1400	Vorsteuer	54,67	
			3300	VLL		342,42

Zu Nr. 39: Bei der zusätzlichen Verrechnung es Wechseldiskonts und der Wechselspesen ist unterstellt, dass keine eindeutige Trennung zwischen Warengeschäft und Kreditgeschäft besteht. Wäre das Wechselgeschäft eindeutig als Kreditgeschäft zu behandeln, wäre die Verrechnung der genannten Beträge gemäß § 4 Nr. 8 UStG umsatzsteuerbefreit.

6.2.1.3.3 *Indossierung eines Kundenwechsels*

Die Bezahlung durch Wechselindossierung setzt voraus, dass man einen von einem eigenen Kunden akzeptierten bzw. indossierten Wechsel in Besitz hat, den man anschließend an einen Lieferanten zur Begleichung eigener Verbindlichkeiten weitergibt. Im Unterschied zum vorangegangenen Fall entstehen hier keine Wechselschulden durch eigenes Wechselakzept, durch die Indossierung wird vielmehr der Bilanzposten Forderungen aus Lieferungen und Leistungen verringert, dem die BESITZWECHSEL → Glossar zuzurechnen sind.

40. 16.7.08: F. Brucker gibt den akzeptierten Wechsel an seinen Lieferanten durch Indossament weiter.

Vorkontierung

Nr.	Datum	Beleg	Kto.	Kontenname	Soll	Haben
40.	16.7.08	5006	3300	VLL	17.850,00	
			1200	FLL		17.850,00

Zu Nr. 40: Da die Schulden von Brucker durch die Weitergabe des Wechsels nicht getilgt werden, dürfte eigentlich überhaupt keine Buchung vorgenommen werden. Die obige Buchung ist jedoch in der Praxis üblich, sie könnte aber gegen das Verbuchungsverbot schwebender Geschäfte verstoßen. Wenn der Wechsel am Verfalltag ordnungsgemäß eingelöst wird, erfolgt keine Buchung mehr. Geht der Wechsel zu Protest, muss obige Buchung wieder rückgängig gemacht werden, damit für den Leser der Buchführung aufgrund des Ausweises von Forderungen klar ist, dass auf Brucker Regress genommen werden kann. Wird Brucker tatsächlich vom aktuellen Wechselinhaber in Regress genommen, bucht er die Verbindlichkeiten wieder aus, die Forderung aus dem ursprünglichen Warenverkaufsgeschäft muss wegen des strengen Niederstwertprinzips einzelwertberichtigt werden, es sei denn, der Akzeptant ist wieder zahlungsbereit.

6.2.1.3.4 *Beschaffung durch Realtausch*

Tauschgeschäfte können stets als kombinierte Beschaffungs- und Absatzgeschäfte interpretiert werden. Um an dieser Stelle nicht die Verbuchung der Absatzgeschäfte vorwegzunehmen, wird die Verbuchung der Tauschgeschäfte bei den Absatzgeschäften erläutert.

6.2.1.4 Zahlung bei Einkaufsgeschäften vor der Lieferung oder Leistung

Wird das Entgelt vor der Erfüllung durch den Lieferanten erbracht, spricht man allgemein von Erfüllungsvorleistungen. Für Erfüllungsvorleistungen sind verschiedene Fachbegriffe gebräuchlich, die aber vielfach nicht mit gleich bleibendem Bedeutungsinhalt verwendet werden. Im Folgenden wird daher von **Anzahlungen** gesprochen, wenn es sich um Zahlungsvorleistungen für Vermögensgegenstände handelt. Vorleistungen für zeitbezogene Dienstleistungen und Nutzungen werden als **Vorauszahlungen**, für nicht zeitbezogene Dienstleistungen und Nutzungen als **Abschlags-** bzw. **Vorschusszahlungen** bezeichnet.

6.2.1.4.1 *Anzahlungen für Vermögensgegenstände*

Die Verbuchung von Anzahlungen auf Vermögensgegenstände bereitet vor allem wegen der besonderen umsatzsteuerlichen Bestimmungen Probleme. Zu beachten sind insbesondere die §§ 13 Abs. 1 Nr. 1 a und 15 Abs. 1 Nr. 1 UStG, die die Istbesteuerung, d. h. die Besteuerung von Zahlungen und nicht von Leistungen, für Anzahlungen regeln. Insgesamt handelt es sich dabei um nicht systemkonforme Vorschriften, deren nachteilige Auswirkungen auch die Buchführung beeinflussen [vgl. z. B. § 250 Abs. 1 Nr. 2 HGB].

Grundsätzlich gilt, dass bei Anzahlungen der Lieferant die Umsatzsteuer aus dem Anzahlungsbetrag herauszurechnen und an das Finanzamt abzuführen hat. Der Anzahlende darf allerdings die diesem Betrag entsprechende Vorsteuer nur abziehen, wenn eine Quittung mit gesondertem Steuerausweis bereits vorliegt.

41. 20.7.08: Kaufvertrag über einen Pkw, vereinbarter Kaufpreis 40.000,00 €
+ 7.600,00 € USt = 47.600,00 €; Am Kauftag wurde noch eine Baranzahlung geleistet, für die folgende Quittung erteilt wurde: 12.605,04 € + 2.394,96 € USt = 15.000,00 € geleistet.

Vorkontierung

Nr.	Datum	Beleg	Kto.	Kontenname	Soll	Haben
41.	20.7.08	4010	0700	Geleistete Anzahlungen	12.605,04	
			1400	Vorsteuer	2.394,96	
			1600	Kasse		15.000,00

Zu Nr. 41: Der gekaufte Pkw darf noch nicht eingebucht werden. Er ist zwar gekauft, aber noch nicht geliefert, es besteht also noch kein wirtschaftliches Eigentum am Pkw. Die Anzahlungen werden im Anlagevermögen ausgewiesen, allerdings repräsentiert der ausgewiesene Betrag nicht die tatsächliche Anzahlung; dies könnte bei etwaigen Rückforderungen der Geldbeträge zu Missverständnissen führen.

Würde man den tatsächlichen Anzahlungsbetrag ausweisen, hätte dies zur Folge, dass in Höhe der Vorsteuer ein Ertragsausweis vorzunehmen wäre, was andererseits der systemkonformen Erfolgsneutralität der Umsatzsteuer widerspräche. Umgekehrt kann auch die gesamte Vorsteuer aus dem Kaufvertrag (= Rechnung i. S. v. § 14 UStG) anders als in der steuerlichen Einnahmen-Überschussrechnung nach § 4 Abs. 3 EStG noch nicht als Vorsteuer gebucht werden, obwohl sie durch die Anzahlung in voller Höhe gedeckt wäre.

42. 22.7.08: Kaufvertrag über den Kauf verschiedener Waren zum Gesamtrechnungsbetrag von 24.000,00 € + 4.560,00 € USt = 28.560,00 €; die Hälfte des Rechnungsbetrages wurde noch am Tag des Kaufvertrags durch Barzahlung angezahlt.

Vorkontierung

Nr.	Datum	Beleg	Kto.	Kontenname	Soll	Haben
42.	22.7.08	4011	1180	Geleistete Anzahlungen auf Vorräte	12.000,00	
			1400	Vorsteuer	2.280,00	
			1600	Kasse		14.280,00

Zu Nr. 42: Werden die Waren später geliefert und erfolgt die Restzahlung erst zu einem noch späteren Zeitpunkt, entsteht der restliche Vorsteueranspruch dennoch bereits im Lieferungszeitpunkt, die Vorsteuer kann wie bei Zieleinkaufsgeschäften allgemein bereits im Lieferungszeitpunkt vom Finanzamt gefordert werden. Der noch nicht bezahlte Teil des Kaufvertrages wird als sog. „**schwebendes Geschäft**" nicht gebucht.

6.2.1.4.2 *Vorauszahlungen auf zeitbezogene Dienstleistungen und Nutzungen*

Zeitbezogene Dienstleistungen sind z. B. Miet- und Pachtleistungen, verzinsliche Kreditleistungen, bestimmte Versicherungsleistungen, aber auch Arbeitsleistungen von Angestellten und Arbeitnehmern. In § 250 Abs. 1 HGB wird bestimmt, dass Ausgaben vor dem Abschlussstichtag als aktive Rechnungsabgrenzungsposten auszuweisen sind, soweit sie Aufwand für eine bestimmte Zeit nach diesem Tag darstellen. Daraus folgt, dass Zahlungen vor der Leistungserfüllung für die genannten Leistungen nicht sofort als Aufwand gebucht werden. Sie müssen also als forderungsähnliche Positionen („auf Leistung gerichtete Forderungen") aktiviert werden. Das bedeutet also, dass insbesondere Mietvorauszahlungen, Lohn- und Gehaltsvorschüsse, Zinsvorauszahlungen, Vorauszahlungen von Versicherungsprämien, aber auch die Vorauszahlung von Kfz-Steuern nicht als Aufwand gebucht werden dürfen.

Die Formulierung in § 250 Abs. 1 HGB erweckt allerdings den Eindruck, als ob die Bildung von Rechnungsabgrenzungsposten lediglich für die Aufstellung des Jahresabschlusses, nicht aber für die laufende Verbuchung von Geschäftsvorfällen zu prüfen ist. Dieser Eindruck ergibt sich auch aus den meisten Fachpublikationen zu diesem Problem. Soweit man aber den Anspruch erhebt, die laufende Verbuchung dürfe keine unzutreffenden Abbildungen der Wirklichkeit liefern [vgl. auch § 238 Abs. 1 HGB], sind (aktive) Rechnungsabgrenzungsposten nicht erst am Jahresende bei Aufstellung des Jahresabschlusses, sondern bereits während der laufenden Verbuchung zu bilden, wie auch die Verbuchung nachfolgend dargestellter Geschäftsvorfälle beweist. Die Forderung nach zeitnaher, möglichst wirklichkeitsgerechter Abbildung dürfte in Zukunft vor allem auch bei kleineren Unternehmen durch die Anforderungen von Basel II verstärkt werden. Ob diese strenge Sicht z. B. auch für Lohnvorschusszahlungen gilt, die am Monatsanfang geleistet werden und am Monatsende abgerechnet werden, kann hier offen bleiben. Werden solche Zahlungen im Dezember geleistet und erfolgt die Abrechnung erst im folgenden Geschäftsjahr, muss ein aktiver Rechnungsabgrenzungsposten gebildet werden.

43. 1.7.08: Abschluss eines Mietvertrages für Geschäftsräume; Laufzeit 1.7. – 30.6. Die monatlich fällige umsatzsteuerbefreite Miete beträgt 1.500,00 €; am 1.7. wurde die Miete für ein Jahr im Voraus durch Verrechnungsscheck beglichen.

Vorkontierung

Nr.	Datum	Beleg	Kto.	Kontenname	Soll	Haben
43.	1.7.08	3030	1900	Aktive Rechnungs-abgrenzung	18.000,00	
			1800	Bank		18.000,00
	1.8.08	5007	6305	Raumkosten (Miete, Heizung, u. a.)	1.500,00	
			1900	Aktive Rechnungs-abgrenzung		1.500,00
	1.9.08		6305	Raumkosten (Miete, Heizung, u. a.)	1.500,00	
			1900	Aktive Rechnungs-abgrenzung		1.500,00
				usw.		

Zu Nr. 43: Diese monatlichen Buchungen haben zur Folge, dass am Jahresende der in die Schlussbilanz einzustellende Rechnungsabgrenzungsbetrag bereits in richtiger Höhe – im Beispiel in Höhe von 9.000,00 € – auf dem Konto aktive Rechnungsabgrenzung als Schlussbestand ausgewiesen ist, ohne dass entsprechende Berichtigungsbuchungen als vorbereitende Abschlussbuchungen erforderlich werden.

In der Praxis und auch in der berufsbezogenen Ausbildung wird obiger Geschäftsvorfall nicht selten wie folgt gebucht:

Vorkontierung

Nr.	Datum	Beleg	Kto.	Kontenname	Soll	Haben
43.	1.7.08	3032	6305	Raumkosten (Miete, Heizung, u. a.)	18.000,00	
			1800	Bank		18.000,00

Am Jahresende erfolgt dann eine weitere Buchung als vorbereitende Abschlussbuchung eine Einbuchung der noch bis Juni 2009 bestehenden Nutzungsforderung:

Vorkontierung

Nr.	Datum	Beleg	Kto.	Kontenname	Soll	Haben
	31.12.08	3032	1900	Aktive Rechnungsabgrenzung	9.000,00	
			6305	Raumkosten (Miete, Heizung, u. a.)		9.000,00

Bei dieser Art der Verbuchung ist allerdings der Ausweis der Mietaufwendungen in der Zeit vom 1.7.08–31.12.08 unzutreffend. Der unterjährige Gewinn (Verlust) wird nicht richtig ausgewiesen. Für die Ermittlung des Jahresergebnisses ergeben sich jedoch keine Unterschiede, beide Verfahren führen zum gleichen Jahresergebnis.

44. 1.7.08: Abschluss einer Diebstahlversicherung mit grundsätzlich unbefristeter Laufzeit und vierteljährlicher Kündigung; die Versicherungsprämie von monatlich 100,00 € wurde für ein Jahr im Voraus durch Überweisung vom privaten Bankkonto geleistet.

Vorkontierung

Nr.	Datum	Beleg	Kto.	Kontenname	Soll	Haben
44.	1.7.08	5008	1900	Aktive Rechnungsabgrenzung	1.200,00	
			2180	Privateinlagen		1.200,00
	1.8.08	5009	6400	Versicherungsaufwendungen	100,00	
			1900	Aktive Rechnungsabgrenzung		100,00

Nr.	Datum	Beleg	Kto.	Kontenname	Soll	Haben
	1.9.08		6400	Versicherungsauf-wendungen	100,00	
			1900	Aktive Rechnungs-abgrenzung		100,00
				usw.		

Zu Nr. 44: Die Verbuchung macht auch deutlich, dass zwar die Privateinlage zunächst keine Erfolgswirkung auslöst; Aufwendungen werden erst bei Auflösung der Rechnungsabgrenzung gebucht. Würde kein Rechnungsabgrenzungsposten gebildet, würde die gesamte Privateinlage sofort gewinnmindernd gebucht. Diese sachlich unzutreffende Buchung ist insofern interessant, da durch sie nur ein einziger Bilanzposten berührt – aber nicht verändert – wird, das Eigenkapital. Damit ist zugleich die häufig vertretene Ansicht widerlegt, dass jede Buchung zumindest zwei Bilanzposten verändert.

6.2.1.4.3 *Vorschusszahlungen für leistungsbezogene Dienstleistungen*

Bei leistungsbezogenen Dienstleistungen steht nicht der Zeitablauf, sondern die Leistungserfüllung im Vordergrund. Leistungsbezogene Dienstleistungen sind etwa Reparaturleistungen, Werkherstellungen, Energieversorgungsleistungen oder Wartungs- und Pflegeleistungen. Vorschusszahlungen auf solche Dienstleistungen sind zwar ebenfalls keine Geldforderungen, sondern Leistungsforderungen, sie dürfen aber nicht als Rechnungsabgrenzungsposten ausgewiesen werden. Es verbleibt somit lediglich die Möglichkeit, derartige Vorschusszahlungen als forderungsähnliche Posten im Umlaufvermögen auszuweisen. Für Kapitalgesellschaften lautet die Bezeichnung des zugehörigen Bilanzpostens gemäß § 266 Abs. 2 B. II 4. HGB „sonstige Vermögensgegenstände".

45. 8.7.08: Vorschusszahlungen für eine nicht werterhöhende Handwerkerreparatur in Höhe von 2.000,00 € + 380,00 € USt = 2.380,00 € durch betrieblichen Verrechnungsscheck. Die Rechnung wird am 2.8.08 erteilt. Rechnungsbetrag 4.500,00 € – 2.000,00 € Vorschusszahlung = 2.500,00 € + 475,00 € USt = 2.975,00 €.

Vorkontierung

Nr.	Datum	Beleg	Kto.	Kontenname	Soll	Haben
45.	8.7.08	3033	1300	Sonstige Vermögens-gegenstände	2.000,00	
			1400	Vorsteuer	380,00	
			1800	Bank		2.380,00
	2.8.08	5010	6490	Sonstige Reparaturen	4.500,00	
			1400	Vorsteuer	475,00	
			1300	Sonstige Vermögens-gegenstände		2.000,00
			3300	VLL		2.975,00

Zu Nr. 45: Bei EDV-Buchführungssystemen ist häufig der Betrag inkl. Umsatzsteuer einzugeben. Aus dem Betrag von 4.975,00 € kann aber die Umsatzsteuer mit den automatischen Berechnungsmethoden nicht richtig berechnet werden. Der zutreffende Vorsteuerbetrag muss dann mit 19/119 aus dem Betrag der Restschuld in Höhe von 2.975,00 € herausgerechnet werden.

6.2.1.5 Verbuchung von Nachlässen auf Einkaufs- bzw. Beschaffungsleistungsentgelte

6.2.1.5.1 *Verschiedene Arten von Nachlässen*

Wichtigste Entgeltform ist der Preis. Was als Kaufpreis oder Leistungspreis unter Kaufleuten gilt, ist nicht ausdrücklich geregelt. Generell ist davon auszugehen, dass Kaufpreise zwischen Kaufleuten keine Umsatzsteuer enthalten. Preise, die von Kaufleuten von Nichtunternehmern i. S. d. Umsatzsteuergesetzes gefordert werden, sollten (müssen?) die Umsatzsteuer jedoch enthalten, ohne dass die Umsatzsteuer diesen Personen offen ausgewiesen wird. Leider ist dieses unbedingte Merkmal einer „echten indirekten Steuer" in § 14 Abs. 1 UStG nicht in diesem Sinne kodifiziert worden.

Allgemein ist zu unterscheiden zwischen vereinbarten und nicht ausdrücklich vereinbarten Minderungen des ursprünglichen Kauf- oder Leistungspreises. Zu den vereinbarten Minderungen gehören Rabatte, Boni, Rückvergütungen, Preisnachlässe aufgrund von Mängelrügen und Retouren. Die Gewährung von SKONTO → Glossar für vorzeitige Zahlungen hat zwar dieselbe wirtschaftliche Auswirkung wie ein Preisnachlass, Skonto wird aber nicht auf den Preis, sondern auf den Rechnungsbetrag gewährt. Bei Sammellieferungen sind also verschiedene Vermögensgegenstände von der Skontierung betroffen, eine eindeutige Zurechnung auf Einzelpreise ist dann auf die verschiedenen Vermögensgegenstände nur durchschnittlich, nicht aber einzeln i. S. v. § 255 Abs. 1 HGB möglich. Abgesehen davon ist die generell übliche Deutung von

Lieferantenskonti als Anschaffungs**preis**minderungen i. S. v. § 255 Abs. 1 Satz 3 HGB zumindest fraglich, da sich die Skontierung grundsätzlich nicht mehr auf die Preisvereinbarung auswirkt. Dies gilt im Grenzfall auch für Sofortskontabzüge. Die Berechnung der Anschaffungskosten nach IAS 2 ist insoweit klarer formuliert.

Durch die Skontierung wird auch die in Rechnung gestellte Umsatzsteuer vermindert. Zu beachten ist allerdings, dass Skonto als Sofortskonto oder als nachträglicher Skontoabzug gewährt werden kann. Sofortskonto wird dann wie ein Rabatt abgezogen und erst anschließend die Umsatzsteuer berechnet. Dies hat zur Folge, dass Sofortskonto anders als der nachträgliche Skontoabzug ebenso wie der mengenabhängige Rabatt regelmäßig nicht gebucht wird.

Zu den nicht vereinbarten Kaufpreisminderungen gehören der Wechseldiskont sowie die vereinbarungswidrige Nichtzahlung der empfangenen Lieferung oder Leistung. Der zuletzt genannte Fall tritt allerdings in den Lehrbüchern zur Buchführung nur auf der Absatzseite auf.

Die Gewährung von Rabatten und Boni ist überwiegend auf die Kaufpreise von Lieferungsgeschäften beschränkt. Entsprechendes gilt für Retouren. Bei Handwerkerrechnungen war zumindest bei Geltung des vor einiger Zeit abgeschafften Rabattgesetzes regelmäßig auch kein Skontoabzug möglich. Allerdings kommt es bei Leistungen von Handwerkern häufig zu gewährleistungsbedingten Einbehalten durch den Leistungsempfänger. Eine Besonderheit bilden Steuerabzüge bei Bauleistungen nach § 48 EStG in Höhe von 15 % von der Gegenleistung. Solche Abzüge sind aber u. a. dann nicht vorzunehmen, wenn das Bauunternehmen eine Freistellungsbescheinigung nach § 48 b EStG vorlegt, was in der Praxis regelmäßig der Fall sein dürfte.

Preisnachlässe aufgrund von Mängelrügen oder sonstigen Gründen sind dagegen bei allen Beschaffungsgeschäften möglich. Grenzfall ist dabei der vollständige Preisnachlass bzw. das Lieferantengeschenk oder die Lieferantenspende (Stichwort: „Sponsoring"). Lieferantengeschenke sind aber anders als vollständige Preisnachlässe aufgrund von Mängelrügen keine Beschaffungsgeschäfte, da bei vollständigem Preisnachlass anders als bei einem Geschenk grundsätzlich keine Nutzungs- bzw. Verkaufsfähigkeit der Leistung gegeben ist. In diesen Fällen ist zudem die Verbuchung etwaiger Belastungen durch eine Beseitigung der mangelhaften Leistungen zu prüfen.

6.2.1.5.2 *Verbuchung von Rabatten, Boni, Lieferantenskonti und Rücksendungen an Lieferanten*

Während die Nichtverbuchung von Rabatten und sofort in Anspruch genommenen Skontiabzügen generell üblich ist, ist die Verbuchung von Lieferantenskonti, die nicht als Sofortzahlungsskonti in Anspruch genommen werden, umstritten. Eindeutig ist insoweit lediglich die Auffassung der Finanzrechtsprechung, die allgemein davon ausgeht, dass die Inanspruchnahme von Lieferantenskonti lediglich zu einer Minderung der Einstandspreise der beschafften Vermögensgegenstände und Leistungen führt [vgl. z. B. BFH-Urteil vom 3.12.1970, IV R 216 67, BStBl. 1971 II, S. 323]

Die Literaturmeinung, die in der Inanspruchnahme von Lieferantenskonti die Verwirklichung von (Zins-) Erträgen annimmt, übersieht, dass eine Ausgabenersparnis – um eine solche handelt es sich bei der Verminderung der Ausgaben für die erworbenen Lieferungen oder Leistungen regelmäßig – niemals mit einer Einnahme gleichgesetzt werden darf. Im Übrigen ist in der Ertragsverbuchung von Lieferantenskonti ein Verstoß gegen das Anschaffungswert- und das Realisationsprinzip zu sehen, spätestens dann, wenn bei der Inventur keine zutreffenden Bewertungen vorgenommen werden. Dennoch kann eine erfolgswirksame Verbuchung von Lieferantenskonti gelegentlich nicht vermieden werden. Dies gilt vor allem für in Anspruch genommene Skonti für Dienstleistungen oder Vermögensgegenstände, die im Skontierungszeitpunkt bereits wieder verkauft sind. In diesen Fällen dürften aber Lieferantenskonti bei systemgerechter Erfassung nur als Aufwandsstorno und nicht als Ertrag verbucht werden. Von der Ergebniswirkung her führt allerdings die Verbuchung von Aufwandsstorno und Ertrag zum selben Gesamtergebnis. Das für Lieferantenskonti Ausgeführte gilt analog für nachträgliche Preisnachlässe durch Lieferanten aufgrund von Mängelrügen.

Neben Rabatten und Skonti wird in der Praxis zusätzlich nicht selten ein umsatzabhängiger Preisnachlass nachträglich, z. B. am Monats-, Quartals-, Saison- oder Jahresende, gewährt. Solche nachträglichen Preisnachlässe, die nicht aufgrund von Mängelrügen, sondern als eine besondere Art von Prämien oder Kaufanreize gewährt werden, bezeichnet man als **Boni** oder Rückvergütungen. Wenn Boni tatsächlich als Preisnachlässe gewährt werden, gilt das für Skonti und Preisnachlässe aufgrund von Mängelrügen Dargelegte entsprechend. Die in der Literatur häufig befürwortete Ertragsverbuchung ist als Verstoß gegen das Anschaffungswert- und Realisationsprinzip zu interpretieren. Eine Ausnahme wäre nur gegeben, wenn man die Bonusauszahlung als Geldgeschenk interpretieren würde. Dies dürfte aber vor allem aus steuerlichen Gründen wegen der Rechtsfolgen des § 4 Abs. 5 EStG regelmäßig nicht der Absicht der Vertragsparteien entsprechen.

Ursache für Rücksendungen an Lieferanten (Retouren) sind wohl zumeist Mängel der gelieferten Gegenstände bzw. Rücknahmen von Lieferanten aus Kulanzgründen zur Sicherung der Geschäftsbeziehungen. Auch wenn es dabei zur Erstattung von Kaufpreisen oder Aufrechnungen mit anderen Verbindlichkeiten kommt, liegt stets ein Vorgang des Beschaffungsbereichs vor, die Transaktion kann daher nicht als Absatzgeschäft gedeutet werden. Streng genommen wird entgegen nicht selten vertretener Ansicht durch die Rücksendung auch das ursprüngliche Beschaffungsgeschäft nicht rückgängig gemacht. Buchungstechnisch darf die Rücksendung daher nicht als Stornierung, sondern nur als selbständiger Geschäftsvorfall behandelt werden.

Maßgeblicher Buchungszeitpunkt für Rücksendungen ist der Übergang des wirtschaftlichen Eigentums auf den Lieferanten. Auf die Erteilung einer entsprechenden Gutschrift durch den Lieferanten kommt es grundsätzlich nicht an. Solange vom Lieferanten keine Gutschrift erteilt ist, braucht gemäß § 17 Abs. 1 Nr. 2 UStG die Vorsteuer nicht berichtigt zu werden. Da nach erfolgter Zustimmung durch den Lieferanten die Lieferantenverbindlichkeit in voller Höhe auszubuchen ist, wird bei fehlender Gutschrift ein gesondertes Teilkonto benötigt, das z. B. als „noch nicht fällige Vorsteuerkorrekturen" bezeichnet werden kann. Systematisch ist dieses Konto dem Bilanzposten „sonstige Verbindlichkeiten" zuzuordnen. Ereignet sich der Vorgang am Jahreswechsel, ist also bei Rücksendung vor dem Ende des Geschäftsjahres bis zum Stichtag noch keine Gutschrift erteilt, besteht insoweit eine ungewisse Verbindlichkeit. Ob hierfür eine Umbuchung des fraglichen Betrages ohne Umsatzsteuer auf „sonstige Rückstellungen" in Frage kommt, erscheint fraglich, aber unter dem Aspekt des Gläubigerschutzes wohl eher nicht möglich. Wird eine Rückstellung gebildet, wäre dies ein äußerst seltenes Beispiel für eine nicht erfolgswirksame Bildung von Rückstellungen, was ebenso für eine Nichtbildung solcher Rückstellungen spricht.

46. 9.7.08: Kauf von Verpackungsmaterial bei der Fa. Papier-Mayer: Listenpreis des Verpackungsmaterials 4.300,00 € abzüglich 10 % Rabatt ergibt einen Rechnungsbetrag von 3.870,00 € + 735,30 € USt = 4.605,30 €. Der Rechnungsbetrag wurde am 12.7. durch Weitergabe eines Besitzwechsels in Höhe von 1.190,00 € sowie durch Überweisung vom betrieblichen Bankkonto beglichen. Bei der Berechnung des Überweisungsbetrages wurde die von der Fa. Mayer angebotene Abzugsmöglichkeit von 2 % Skonto in Anspruch genommen.

	Preisliste	− 10 % Rabatt	Rechnung	− 2 % Skonto	Zahlung
Entgelt	4.300,00	430,00	3.870,00		
+ 19 % USt			735,30		
= Rechnungsbetrag			4.605,30		
− Besitzwechsel			1.190,00		
= Restbetrag			3.415,30		
davon Entgelt			2.870,00	57,40	2.812,60
+ 19 % USt			545,30	10,91	534,39
= Zahlungsbetrag					3.346,99

Vorkontierung

Nr.	Datum	Beleg	Kto.	Kontenname	Soll	Haben
46.	9.7.08	1029	1000	Roh-, Hilfs-, Betriebsstoffe	3.870,00	
			1400	Vorsteuer	735,30	
			3300	VLL		4.605,30
	12.7.08	5011	3300	VLL	1.190,00	
			1200	FLL		1.190,00
		3034	3300	VLL	3.415,30	
			1000	Roh-, Hilfs-, Betriebsstoffe		57,40
			1400	Vorsteuer		10,91
			1800	Bank		3.346,99

47. 10.7.08: Die Fa. Zahn gewährt für bis jetzt bezogene Waren schriftlich eine rechtsverbindliche Bonuszusage in Höhe von 1.400,00 € + 266,00 € USt = 1.666,00 €. Die Auszahlung des Betrages erfolgt im Februar des Folgejahres.

Vorkontierung

Nr.	Datum	Beleg	Kto.	Kontenname	Soll	Haben
47.	10.7.08	5012	1300	Sonstige Vermögensgegenstände	1.666,00	
			1400	Vorsteuer		266,00
			1140	Warenvorräte		1.400,00

Zu Nr. 47: Soweit die Waren bereits veräußert sind, käme auch eine Stornobuchung auf der Habenseite des Kontos „5200 Warenaufwand", in Betracht.

48. 15.7.08: Eingangsrechnung der Druckerei für bereits an uns versandte und schon verteilte Werbeprospekte 480,00 € + 91,20 € USt = 571,20 €. Die Zahlung erfolgt am 18.7. durch Banküberweisung unter Abzug von 3 % Skonto.

Rechnung	Rechnung	– 3 % Skonto	Zahlung
Entgelt	480,00	14,40	465,60
+ 19 % USt	91,20	2,74	88,46
= Rechnungsbetrag	571,20	17,14	554,06

Vorkontierung

Nr.	Datum	Beleg	Kto.	Kontenname	Soll	Haben
48.	15.7.08	1030	6600	Werbeaufwendungen	480,00	
			1400	Vorsteuer	91,20	
			3300	VLL		571,20
	18.7.08	3035	3300	VLL	571,20	
			1400	Vorsteuer		2,74
			6600	Werbeaufwendungen		14,40
			1800	Bank		554,06

49. 15.7.08: Aufgrund einer vom Lieferanten telefonisch akzeptierten Mängelrüge werden noch nicht bezahlte Waren mit einem Rechnungsbetrag von 3.400,00 € + 646,00 € USt = 4.046,00 € zurückgesandt. Der Lieferant erteilt am 20.7. eine Gutschrift in Höhe des Rechnungsbetrages. Mit dem Lieferanten bestehen keine offenen Rechnungen.

Vorkontierung

Nr.	Datum	Beleg	Kto.	Kontenname	Soll	Haben
49.	15.7.08	5013	1300	Sonstige Vermögens-gegenstände	4.046,00	
			1400	Vorsteuer		646,00
			1140	Warenvorräte		3.400,00

Zu Nr. 49: Nach § 17 Abs. 1 Nr. 1 UStG wird die Berichtigung der Vorsteuer – anders als der Ausweis der Vorsteuer nach § 15 Abs. Nr. 1 UStG – nicht vom Vorhandensein eines Beleges (Urkunde i. S. v. § 14 UStG) abhängig gemacht. Die Berichtigung muss also bereits im rechtsverbindlichen Zusagezeitpunkt und nicht erst zum Zeitpunkt, zu dem die Gutschrift erteilt wird, erfolgen.

6.2.1.5.3 *Wechseldiskont*

Wird ein Warenwechsel vom gegenwärtigen Wechselinhaber bei einer Bank diskontiert, vermindert sich das für die Waren erzielte Entgelt des Lieferanten um die von der Bank einbehaltenen Wechselzinsen und Wechselspesen. Beim Lieferanten tritt in Höhe der anteilig in den Wechselzinsen enthaltenen Umsatzsteuer eine Verminderung der Umsatzsteuerschuld ein, wenn er dem Bezogenen eine formgerechte Benachrichtigung zusendet. Der Bezogene hat entsprechend seine Vorsteuer zu mindern. Im Gegensatz zum Wechseldiskont mindern die Wechselumlaufspesen als Kosten des Zahlungseinzuges das umsatzsteuerliche Entgelt nicht. Da allgemein nicht davon auszugehen ist, dass die Wechseldiskontierungskosten in der Summe des Warenwechsels bereits eingerechnet sind, muss der Lieferant die Wechselkosten an den Bezogenen weiterbelasten, wenn er Preiseinbußen vermeiden will. Die Weiterbelastung der Wechselkosten stellt aus der Sicht des Lieferanten ein Absatzgeschäft dar, dessen Gesamtwert – also auch die Wechselspesen – grundsätzlich der Umsatzsteuer unterliegt. Gemäß § 4 Nr. 8 UStG tritt allerdings bei eindeutiger Qualifizierung des Wechselgeschäftes als Kreditgeschäft eine Umsatzsteuerbefreiung ein.

50. 20.7.08: Unser Lieferant Hoch diskontiert den von uns akzeptierten Warenwechsel über 5.950,00 €; die Bank schreibt nach Abzug von 87,00 € Wechselzinsen und 15,00 € Wechselspesen 5.848,00 € auf dem Bankkonto gut. Hoch benachrichtigt uns am 21.7. über diese Erlöseinbuße. Er stellt uns zum Ausgleich am 25.7. 87,00 € Wechselzinsen + 15,00 € Wechselspesen + 19,38 € USt = 121,38 € zusätzlich in Rechnung.

Durch die Benachrichtigung von Hoch über die Wechselzinsen tritt beim Bezogenen eine Vorsteuerminderung in Höhe von 87,00 € · 0,1579 = 13,89 € ein. Die Anschaffungskosten der Warenvorräte sind um diesen Betrag zu erhöhen.

Vorkontierung

Nr.	Datum	Beleg	Kto.	Kontenname	Soll	Haben
50.	21.7.08	5014	1140	Warenvorräte	13,89	
			1400	Vorsteuer		13,89
	25.7.08	1031	7300	Zinsen u. ähnl. Aufwendungen	87,00	
			6855	Nebenkosten des Geldverkehrs	15,00	
			1400	Vorsteuer	19,38	
			3300	VLL		121,38

Zu Nr. 50: Die Verbuchung der Vorsteuerminderung kann auch erfolgswirksam über das Konto „5200 Warenaufwand" vorgenommen werden, wenn davon auszugehen ist, dass die Waren bereits verkauft sind. Für die Verbuchung der Wechselzinsen wurde unterstellt, dass kein Kreditgeschäft vorliegt. Die Vorsteuer erhöht sich trotz der Minderung insgesamt um 19,38 € – 13,89 € = 5,49 €. Der Betrag setzt sich aus einer durch die Weiterberbelastung zuviel verrechneten Vorsteuerminderung von 2,64 € und einer zuviel verrechneten Umsatzsteuer für die Wechselspesen von 2,85 € zusammen.

6.2.2 Verbuchungsprobleme bei internen Geschäften

6.2.2.1 Erfolgswirksamkeit und umsatzsteuerliche Wirkungen von Produktionsgeschäften

Regel 13: Innerbetriebliche Produktionsgeschäfte sind zunächst durch den Produktionsinput, d. h. durch den Verbrauch der zum Einsatz kommenden Produktionsfaktoren bestimmt. Aus der Sicht der Finanzbuchführung lösen sie stets eine erfolgswirksame Verbuchung von Aufwendungen aus. Verbraucht werden abnutzbare Anlagegüter, Roh-, Hilfs- und Betriebsstoffe sowie Waren, Dienstleistungen und Nutzungen. Innerhalb der Dienstleistungen und Nutzungen ist zwischen solchen, die von außen beschafft werden, und solchen, die im Unternehmen selbst erstellt werden, zu unterscheiden.

Für den Zeitpunkt der maßgeblichen **Aufwandsverbuchung** gilt Folgendes: Von außen beschaffte Dienstleistungen und Nutzungen gelten im Zeitpunkt der Erfüllung des Lieferanten für die Produktion als verbraucht, die Verbuchung des Beschaffungsgeschäftes und des Produktionsgeschäftes fallen zeitlich zusammen. Der Verbrauch im Unternehmen selbst erzeugter Dienstleistungen und Nutzungen wird nicht selbständig verbucht, der Werteverzehr dieser Produktionsfaktoren in der Finanzbuchführung damit auch nicht selbständig abgebildet. Verbucht werden lediglich die bei der Produktion dieser Produktionsfaktoren verbrauchten Einsatzgüter, wobei Wertgleichheit zwischen den verbrauchten Einsatzgütern sowie den erzeugten Produktionsfaktoren unterstellt wird. Sog. „**Innerbetriebliche Leistungen**" werden also in der Finanzbuchführung generell nicht gebucht. Auf mögliche Folgen einer Eignung der Finanzbuchführung für das operative Controlling sei hier lediglich hingewiesen.

Der Verbrauch der abnutzbaren Anlagegüter erfolgt permanent. Dieser zeitlichen Anforderung folgt die Finanzbuchführung regelmäßig nicht, d. h., die Verbuchung des Abnutzungsverbrauchs – also der **Abschreibungen** – wird vielfach nur ein Mal pro Jahr am Jahresende bei Aufstellung des Jahresabschlusses vorgenommen. Dabei ist aber zu beachten, dass aus der Finanzbuchführung während des Jahres abgerufene Zwischenergebnisse insoweit verfälscht sind.

Entsprechendes gilt für den Verbrauch von Roh-, Hilfs-, Betriebsstoffen und Waren. Aus verschiedensten Gründen wird der Verbrauch dieser Umlaufgüter regelmäßig nicht im Verbrauchszeitpunkt gebucht. Entweder wird bei der Verbuchung unterstellt, die zugegangenen Güter gelten – ähnlich wie beschaffte Dienstleistungen und Nutzungen – im Zugangszeitpunkt als verbraucht, oder die Verbrauchsbuchung erfolgt für das gesamte Geschäftsjahr am Jahresende mit Hilfe einer einzigen Aufwandsbuchung. In beiden Fällen gilt, dass die Finanzbuchführung während des Jahres nur unvollständige bzw. unzutreffende Ergebnisse liefert. Folgt man dieser Verbuchungspraxis bleibt für eine laufende Verbuchung der in Handelsbetrieben nur selten auftretende Fall einer eigenen Werkherstellung mit Hilfe beschaffter Roh-, Hilfs- und Betriebsstoffe. In Industrie- und Handwerksbetrieben sind Eigenleistungen hingegen häufig, z. B. durch den eigenen Werkzeug- und Anlagenbau.

Regel 14: In Industrie- und Handwerksbetrieben müssten bei zeitnaher Verbuchung weiterhin alle fertig gestellten Produkte (Erzeugnisse), d. h. der Produktionsoutput, mit den jeweiligen Herstellungskosten als Ertrag eingebucht werden. Dies gilt allerdings grundsätzlich nicht bei Auftragsfertigung, da der Vermögensgegenstand durch die Abnahme fertig und dann bereits dem wirtschaftlichen Eigentum des Auftraggebers zuzurechnen ist. Durch vertragliche Bestimmungen kann aber auch in diesen Fällen ein Produktionsertrag verwirklicht werden. Für unfertige Erzeugnisse wird regelmäßig keine laufende Buchung vorgenommen, die den Fortschritt der Fertigstellung (das „innerbetriebliche Wachstum" bzw. die „innerbetriebliche Wertschöpfung") ausweisen würde. Insoweit besteht eine weitere Darstellungslücke der wirklichkeitsgerechten Abbildung des Fertigungsgeschehens durch die laufende Finanzbuchführung. Alle diese Probleme bestehen aber bei Handelsbetrieben oder anderen Dienstleistungsbetrieben, z. B. Bank- oder Versicherungsbetrieben, nicht, da branchentypisch keine Vermögensgegenstände produziert werden und damit kein Ertrag für den Produktionsoutput gebucht werden muss.

Regel 15: Innengeschäfte lösen keine umsatzsteuerlichen Wirkungen aus; es werden weder Vorsteuern noch Umsatzsteuerschulden verursacht.

6.2.2.2 Eigene Werkherstellungen

Eigene Werkherstellungen betreffen insbesondere das Anlagevermögen. Dabei ist aber zu beachten, dass die Herstellung immaterieller Anlagegüter, z. B. Software, gemäß § 248 Abs. 2 HGB nicht zu in der Finanzbuchführung aktivierbaren Vermögensgegenständen führt. Fraglich ist daneben, wie die eigene Werkherstellung zu bewerten ist. Nach § 255 Abs. 2 HGB gehören zu den Herstellungskosten die Materialkosten, die Fertigungskosten, die Sonderkosten der Fertigung, angemessene Teile der notwendigen Materialgemeinkosten, der notwendigen Fertigungsgemeinkosten und des Werteverzehrs des Anlagevermögens. Kosten der allgemeinen Verwaltung brauchen nicht eingerechnet zu werden. § 255 Abs. 3 HGB regelt die Berücksichtigung von Fremdkapitalzinsen bei der Ermittlung von Herstellungskosten.

Aufwendungen/Kostenart	Pflicht- (P) und Wahlbestandteile (W) der Herstellungskosten Handelsbilanz
Materialeinzelkosten	P
+ Materialgemeinkosten	W
+ Fertigungseinzelkosten	P
+ Fertigungsgemeinkosten	W
+ Sondereinzelkosten der Fertigung	P
+ Abschreibungen für der Fertigung dienende Anlagegegenstände	W
+ allgemeine Verwaltungskosten	W
+ Kosten für soziale Einrichtungen und freiwillige soziale Leistungen	W
+ Aufwendungen für betriebliche Altersversorgung	W
+ Schuldzinsen nach § 255 Abs. 3 HGB	W
Summe	Herstellungskosten (Wertuntergrenze = Summe P; Wertobergrenze = Summe P + W)

Abbildung 6.6: Schema zur Berechnung der Herstellungskosten
nach § 255 Abs. 2 und 3 HGB

Einzelne Komponenten handelsrechtlicher Herstellungskosten

Materialeinzelkosten: Rohstoff-, Vorprodukte-, Einbauteilkosten, Hilfs- und Betriebsstoffkosten als unechte Kostenträgergemeinkosten,

Materialgemeinkosten: Kosten der Materiallagerung, z. B. lt. Betriebsabrechnungsbogen,

Fertigungseinzelkosten: Fertigungseinzellöhne inkl. aller proportionalen gesetzlichen und tariflichen Sozialleistungen,

Fertigungsgemeinkosten: Kosten der Herstellung der Erzeugnisse, z. B. lt. Betriebsabrechnungsbogen,

Sondereinzelkosten der Fertigung: Kosten für Sonderformen, Einzelwerkzeuge, Produktverpackung, nicht jedoch Entwicklungskosten,

Abschreibungen für der Fertigung dienende Anlagegegenstände: Maschinenabschreibungen, Förderbandabschreibungen ohne Sonderabschreibungen,

allgemeine Verwaltungskosten: Aufwendungen für Geschäftsleitung, EDV-Abteilung, Rechnungswesen, Betriebsrat,

Kosten für soziale Einrichtungen und freiwillige soziale Leistungen: Kantinenkosten, Kindergartenkosten, Sozialstation, außertarifliche Lohnzuschläge, Umsatz- und Gewinnbeteiligungen, Wohnungsbeihilfen,

Aufwendungen für betriebliche Altersversorgung: Rückstellungen für Pensionen, Direktversicherungen, Zuwendungen an Pensions- und Unterstützungskassen,

Für Vertriebsgemeinkosten und Sondereinzelkosten des Vertriebs, z. B. Versandkosten, Werbekosten, Frachten, Verkaufsprovisionen, Transportversicherungen, besteht ein Einbeziehungsverbot, d. h. solche Kosten gehören niemals zu den Herstellungskosten.

51. 4.8.08: Der Betriebsinhaber kauft in einem Heimwerkermarkt folgende Artikel: Regalbretter für insgesamt 400,00 € + 76,00 € USt = 476,00 €; Stahlrohre für 650,00 € + 123,50 € USt = 773,50 €; Schrauben für 35,70 € inkl. 19 % USt. Am 20.8. baut er aus diesen Materialien unter Einsatz von im Betrieb vorhandenen Werkzeugen Lagerregale zusammen; für seine Arbeitszeit rechnet er 200,00 € Unternehmerlohn; die Materialien wurden insgesamt bar bezahlt.

Vorkontierung

Nr.	Datum	Beleg	Kto.	Kontenname	Soll	Haben
51.	4.8.08	4012	1000	Roh-, Hilfs-, Betriebsstoffe	1.080,00	
			1400	Vorsteuer	205,20	
			1600	Kasse		1.285,20

Anschließend sind die Herstellungskosten der Regale zu berechnen. Dabei ist zu beachten, dass der Unternehmerlohn nicht als Herstellungskosten erfasst werden darf. Für die Berechnung sämtlicher Gemeinkosten wird zulässiger Weise ein summarischer Zuschlag von 5 % auf die Einzelkosten verrechnet.

Rohstoffkosten	1.050,00
Hilfsstoffkosten	30,00
Summe Einzelkosten	1.080,00
+ 5 % Gemeinkosten	54,00
= Herstellungskosten	1.134,00

Bei dieser Berechnung der Herstellungskosten ist unterstellt, dass die Hilfsstoffkosten dem Regal einzeln zugerechnet werden können und nicht im Gemeinkostenzuschlag enthalten sind.

Vorkontierung

Nr.	Datum	Beleg	Kto.	Kontenname	Soll	Haben
51.	20.8.08	5015	5000	Roh-, Hilfs-, Betriebsstoffaufwand	1.080,00	
			1000	Roh-, Hilfs-, Betriebsstoffe		1.080,00
		5016	0650	Betriebs- und Geschäftsausstattung	1.134,00	
			4820	Andere aktivierte Eigenleistungen		1.134,00

Zu Nr. 51: Die Aufwendungen, die den verrechneten Gemeinkosten entsprechen, können nicht direkt verbucht werden. Sie wurden entweder bereits verbucht, z. B. Stromaufwendungen, oder werden in summarischen Buchungen am Jahresende verbucht, z. B. die Abschreibungen für den Werkzeuggebrauch. Diese Aufwendungen werden insgesamt durch die Verbuchung der Erträge aus aktivierten Eigenleistungen erfolgsmäßig neutralisiert. Zusätzlicher Aufwand entsteht aber durch die Abschreibung der Regale selbst. Zu beachten ist weiterhin, dass handelsrechtlich anders als steuerrechtlich keine Pflicht besteht, die Gemeinkosten zu aktivieren.

6.2.2.3 Produktion von Fertigerzeugnissen auf Lager

Die Produktion auf Lager verursacht in Höhe der angesetzten Herstellungskosten **Erträge**, aber keine Gewinne. Der Produktionsertrag ist noch kein Verkaufsertrag.

52. 31.8.08: Es werden Einbauteile aus Blech für die Autoindustrie hergestellt. Im Monatsabschluss soll ein möglichst niedriger Gewinn ausgewiesen werden. Der Gewinn für den August 2008 beträgt vor Berücksichtigung der Herstellungskosten für unverkaufte Einbauteile 1.100.000,00 €. Zusätzlich sollen die Folgen für die Steuerbilanz beachtet werden. Für die Aufstellung des Monatsabschlusses sind dabei u. a. folgende Sachverhalte zu berücksichtigen: Laut Inventur für den 31.8.08 befanden sich noch 28.000 Stck. Einbauteile unverkauft auf dem Lager. Unfertige Einbauteile waren nicht vorhanden. Im August 2008 wurden insgesamt 580.000 Einbauteile produziert, für die insgesamt folgende Aufwendungen bzw. Kosten entstanden sind: Rohblechverbrauch lt. Rechnung (Einkauf = Verbrauch): 1.160.000,00 € + 220.400,00 € USt = 1.380.400,00 €; Zahlung nach Abzug von 2 % Skonto: 1.352.792,00 €; lt. vorliegenden Transportrechnungen wurden für die Anlieferung des Bleches insgesamt 28.400,00 € + 5.396,00 € USt = 33.796,00 € aufgewendet, davon wurden Rechnungen in Höhe von 20.000,00 € + 3.800,00 € = 23.800,00 € bis zum Jahresende bezahlt. Diese Transportaufwendungen sind einzeln zurechenbar. Durch Abholung mit eigenem Lkw wurden au-

ßerdem einzeln zurechenbare Transportleistungen in Höhe von 6.000,00 € netto erbracht.

Bruttoarbeitslöhne (Stücklöhne für die Einbauteile): 880.000,00 € (darin enthalten 63.400,00 € Überstundenzahlungen und 98.000,00 € Lohnfortzahlungen im Krankheitsfall);

Arbeitgeberanteil zur Sozialversicherung (Fertigungsstücklöhne): 120.000,00 €;

freiwillige soziale Leistungen an Arbeitnehmer in der Produktion: 81.000,00 €;

anteilige Gehälter für die Geschäftsleitung: 53.000,00 €;

anteilige Kosten der Verkaufsabteilung für Werbung: 86.000,00 €;

anteilige Reisekosten für die Verkaufsvertreter: 21.000,00 €;

anteilige Brennstoff- und Energiekosten für den Produktionsbereich: 27.000,00 €;

anteilige Abschreibungen der Fertigungsanlagen (lineare Abschreibung): 38.000,00 €;

anteilige Kosten der Qualitätsprüfung für Rohblech: 6.400,00 €;

anteiliges kalkulatorisches Wagnis: 16.500,00 €;

anteilige Gewerbeertragsteuer: 5.600,00 €;

anteilige kalkulatorische Eigenkapitalzinsen: 4.650,00 €;

Schuldzinsenanteil 2008 für die ausschließlich fremdfinanzierte Einbauteilproduktionsanlage: 3.100,00 €.

Berechnung der Wertunter- und Wertobergrenze der Herstellungskosten für die Bewertung der am Stichtag auf Lager befindlichen Einbauteile (ET) für den Monatsabschluss 2008 nach HGB.

	Rechnung	Skonto 2 %	Zahlung
Rohstoffe	1.160.000,00	23.200,00	1.136.800,00
+ 19 % USt	220.400,00	4.408,00	215.992,00
	1.380.400,00	27.608,00	1.352.792,00

	Handelsbilanz
Rohstoffausgaben	1.136.800,00
+ Anschaffungsnebenkosten	28.400,00
= Anschaffungskosten Rohstoffe	1.165.200,00
+ Lohnkosten[9]	880.000,00
+ Arbeitgeberanteil	120.000,00
= Herstellungskosten Untergrenze HGB	2.165.200,00
+ Energiekosten	27.000,00
+ AfA Fertigung	38.000,00
+ Qualitätsprüfung	6.400,00
= Herstellungskosten Untergrenze EStG	
+ freiwillige Sozialleistungen	81.000,00
+ Schuldzinsen	3.100,00
+ Gehälter Geschäftsführung	53.000,00
Herstellungskosten Obergrenze HGB	2.373.700,00
+ Gewerbeertragsteuer[10]	0,00
+ Kosten VK Werbung	0,00
+ Reisekosten Vertreter	0,00
+ kalkulatorische Miete	0,00
+ kalkulatorischer Eigenkapitalzins	0,00
durchschnittliche Herstellungskosten/Stck. Untergrenze	3,73
durchschnittliche Herstellungskosten/Stck. Obergrenze	4,09

---

9 Die Lösung folgt der Vorgehensweise in der Praxis. Nach Ansicht des Verfassers sind Akkordlohnkosten niemals Kostenträgereinzelkosten, da sie – obwohl stückabhängig berechnet – stets überwiegend zeitabhängig vergütet werden.

10 Handelsrechtlich besteht ein Aktivierungsverbot, da die Entstehung der Gewerbeertragsteuer nicht von der Herstellung i. S. v. § 255 Abs. 2 Satz 1 HGB, sondern vom Verkauf der Produkte verursacht wird. Produkte, die nie verkauft werden und entsorgt werden müssen, lösen keine Gewerbeertragsteuer aus.

Berechnung der handelsrechtlichen Ergebnisauswirkung

	handelsrechtlich	
Jahresergebnis vorläufig	1.100.000,00	1.100.000,00
+ Bestandserhöhung 28.000 ET · 3,73 €	104.526,90	
+ Bestandserhöhung 28.000 ET · 4,09 €		114.592,41
endgültiges Jahresergebnis	1.204.526,90	1.214.592,41

Vorkontierung

Nr.	Datum	Beleg	Kto.	Kontenname	Soll	Haben
52.	31.8.08	5017	1100	Fertigerzeugnisse	104.526,90	
			4800	Bestandserhöhung Fertigerzeugnisse		104.526,90

Zu Nr. 52: Für steuerliche Zwecke müsste die Bestandserhöhung als Untergrenze aufgrund der Vorschriften in R 33 EStR höher mit 107.973,79 € angesetzt werden. Dies kann durch eine Zuschreibung außerhalb der Handelsbilanz in einer sog. Mehr- oder Wenigerrechnung um 107.973,79 € – 104.526,90 € = 3.446,89 € erfolgen. Im Vergleich zur Handelsbilanz entsteht insoweit ein höherer Ertrag, aber kein Gewinn. Soweit z. B. nichts verkauft wird, ist lediglich der steuerliche Verlust in Höhe der nicht aktivierten Gemeinkosten geringer als der handelsrechtliche Verlust.

6.2.3 Verbuchung von Absatzgeschäften

Grundsätzlich ist es zweckmäßig, zwischen ordentlichen ("normalen") und außerordentlichen Absatzgeschäften zu unterscheiden. Zu den ordentlichen Absatzgeschäften der Handelsbetriebe gehört der Absatz von Handelswaren, in Industriebetrieben der Verkauf von Fertigerzeugnissen. Außerordentliche Absatzgeschäfte betreffen demzufolge den Verkauf von Vermögensgegenständen des Anlagevermögens, von bestimmten Vermögensgegenständen des Umlaufvermögens sowie von Dienstleistungen und Nutzungen, die nicht typisch für Handels- und Industriebetriebe sind.

6.2.3.1 Erfolgswirksamkeit und Umsatzsteuer beim Verkauf von Vermögensgegenständen

Regel 16: Der Verkauf von Vermögensgegenständen sowie Dienstleistungen und Nutzungen verursacht stets Ertrag. Verkaufsgeschäfte müssen also stets über Ertragskonten gebucht werden. Dies gilt selbst dann, wenn die Geschäfte insgesamt mit einem Verlust abschließen, wenn also die zum Verkaufsgeschäft gehörigen Aufwendungen höher sind als die Erträge. Dies wird in der Praxis entgegen dem eindeutigen Wortlaut in § 246 Abs. 2 HGB oft missachtet. Häufig werden statt Erträgen „Gewinne" und statt Aufwendungen „Verluste" gebucht.

Regel 17: Beim Verkauf von Vermögensgegenständen muss – anders als beim Verkauf von Dienstleistungen und Nutzungen – grundsätzlich auch ein Aufwand in Höhe des Buchwertes der verkauften Gegenstände gebucht werden. In der Praxis wird diese Aufwandsbuchung oft unterlassen, da ein Buchwert zum Verkaufszeitpunkt nicht existiert. Dies ist darauf zurückzuführen, dass entweder der Einkauf der verkauften Waren bereits als Aufwand gebucht wurde oder, dass Fertigerzeugnisse im Zeitpunkt der Fertigstellung nicht aktiviert werden oder, dass der Aufwand für sämtliche Verkaufsgeschäfte einer Abrechnungsperiode als vorbereitende Abschlussbuchung nachgebucht wird.

Regel 18: Soweit beim Verkauf Umsatzsteuer entsteht, muss sie generell als Umsatzsteuerschuld gebucht werden. Vorsteuern können durch Verkaufsgeschäfte nicht verursacht werden.

6.2.3.2 Verbuchung von Warenverkaufsgeschäften in Handelsbetrieben

In Handelsbetrieben ist vielfach die Besonderheit zu beobachten, dass die Anschaffungskosten der verkauften Waren nicht ohne größeren Aufwand feststellbar sind. Andererseits wäre die Kenntnis der Anschaffungskosten erforderlich, um die den einzelnen Verkaufsgeschäften zurechenbaren Abgänge von Waren im Verkaufszeitpunkt tatsächlich verbuchen zu können. Probleme bereiten dabei vor allem die Berücksichtigung von nachträglichen Skontoabzügen und von Anschaffungsnebenkosten. Soweit ersichtlich, ist auch bei Einsatz von EDV-Anlagen bislang keine entscheidende Verbesserung dieser Bewertungsprobleme erreichbar. Möglicherweise besitzt die Praxis aber auch kein verstärktes Interesse an der Lösung dieser Fragen.

Die dargestellte Situation der Buchführungspraxis hat zur Folge, dass bei der laufenden Verbuchung ordentlicher Absatzgeschäfte lediglich die vom Kunden erhaltene bzw. in absehbarer Zukunft zu erhaltende Gegenleistung – also die Umsatzerlöse –, nicht aber der zugehörige Wareneinsatz bzw. der Warenaufwand als wertmäßiger Ausdruck der für die jeweiligen Absatzgeschäfte verbrauchten Warenvorräte verbucht werden.

Die Nichtverbuchung des Warenaufwandes der laufenden Warenverkaufsgeschäfte ist damit eine weitere wichtige Ursache für die eingeschränkte Aussagekraft der laufenden Buchführung. Dazu folgende Beispiele:

53. 6.9.08: Warenverkaufsgeschäfte: Tageslosung 7.140,00 €, Barschecks in Höhe von 476,00 €. Die Tageslosung und die Schecks werden noch am gleichen Tag vom Sicherheitsservice zur Bank gebracht.

Vorkontierung

Nr.	Datum	Beleg	Kto.	Kontenname	Soll	Haben
53.	6.9.08	4013	1600	Kasse	7.140,00	
			4000	Umsatzerlöse		6.000,00
			3800	Umsatzsteuerschuld		1.140,00
		3035	1800	Bank	476,00	
			4000	Umsatzerlöse		400,00
			3800	Umsatzsteuerschuld		76,00
		3036	1800	Bank	7.140,00	
		4014	1600	Kasse		7.140,00

Zu Nr. 53: Die Barschecks dürfen nicht als Kassenzugang gebucht werden. Die Barschecks werden i. d. R. sofort als Bankzugänge gebucht. Eine Verbuchung auf dem Konto „Schecks" wäre aber bis zur endgültigen Gutschrift auf dem Bankkonto wirklichkeitsgerechter. Es fehlen die Aufwandsbuchungen für die verkauften Waren, der Gewinn wird zu hoch ausgewiesen. Der Abgang der verkauften Waren könnte laufend nur verbucht werden, wenn die Anschaffungskosten bzw. Buchwerte der verkauften Waren einzeln und gesondert ermittelt bzw. geschätzt würden.

54. 7.9.08: Zielverkauf von Waren an die Fa. Fritz Bauer für 2.800,00 € + 200,00 € Fracht + 570,00 € USt = 3.570,00 €.

Vorkontierung

Nr.	Datum	Beleg	Kto.	Kontenname	Soll	Haben
54.	7.9.08	2000	1200	FLL	3.570,00	
			4000	Umsatzerlöse		3.000,00
			3800	Umsatzsteuerschuld		570,00

Zu Nr. 54.: Die Ausführungen zu Nr. 53 gelten analog → vgl. S. 216. Die Forderungen aus Lieferungen und Leistungen beinhalten in gleicher Weise wie die sofortige Zahlung nach dem Prinzip der Sollbesteuerung den entsprechenden Umsatzsteuerbetrag.

Die laufend nicht gebuchten Warenaufwendungen müssen spätestens für die Aufstellung des Jahresabschlusses ermittelt und verbucht werden. Die vom Kunden zu tragenden Frachtkosten werden für die Verbuchung wie die Warenlieferung selbst behandelt und auf kein gesondertes Konto gebucht.

6.2.3.3 Verbuchung von Verkäufen von Fertigerzeugnissen

In Industriebetrieben benötigt man für die Verbuchung der Absatzgeschäfte – anders als bei Handelsbetrieben – die Herstellungskosten der selbst produzierten Fertigerzeugnisse. Die Herstellungskosten sind nach den oben gezeigten Regeln → vgl. S. 208 ff. zu berechnen. Die Berechnung wäre vergleichsweise einfach, wenn die „Einzelkosten" als Wertuntergrenze gewählt werden. Sobald Gemeinkosten in die Berechnung einbezogen werden, muss für eine zeitnahe Verbuchung der Herstellungskosten eine Kosten- und Leistungsrechnung installiert werden. Auch bei der Berechnung von Herstellungskosten ergeben sich Probleme aus der zutreffenden Berücksichtigung von nachträglichen Skontoabzügen und von Anschaffungsnebenkosten.

Ähnlich wie bei Handelsbetrieben ist auch bei Industriebetrieben zu beobachten, dass bei der laufenden Verbuchung ordentlicher Absatzgeschäfte lediglich die vom Kunden erhaltene bzw. in absehbarer Zukunft zu erhaltende Gegenleistung – also die Umsatzerlöse –, nicht aber der zugehörige Fabrikateaufwand als wertmäßiger Ausdruck der für die jeweiligen Absatzgeschäfte verbrauchten Fertigerzeugnisse verbucht werden. Zutreffend ist diese Verbuchungspraxis aber bei Auftragsfertigung, da im Zeitpunkt der Abnahme durch den Kunden, der zugleich der Zeitpunkt der Fertigstellung ist, zugleich das wirtschaftliche Eigentum unmittelbar auf den Kunden übergeht, ein Lagerzugang beim Fabrikanten also anders als bei Lagerproduktion nicht möglich ist.

55. 8.9.08: Zielverkauf von 10.000 Stck. Einbauteilen → vgl. Nr. 52, S. 214 an die Fa. Franz Lang für 6,00 €/Stck. zzgl. 19 % USt. Der Aufwand für die verkauften Einbauteile wird sofort gebucht.

Vorkontierung

Nr.	Datum	Beleg	Kto.	Kontenname	Soll	Haben
55.	8.9.08	2001	1200	FLL	71.400,00	
			4000	Umsatzerlöse		60.000,00
			3800	Umsatzsteuerschuld		11.400,00

Nr.	Datum	Beleg	Kto.	Kontenname	Soll	Haben
		5018	4800	Bestandsveränderungen fertige Erzeugnisse	37.300,00	
			1100	Fertigerzeugnisse		37.300,00

Zu Nr. 55: Die Aktivierung zu möglichst niedrigen Herstellungskosten führt zum 31.8.08 zu einem vergleichsweise niedrigen Gewinn. Für steuerliche Zwecke hätten die Fertigerzeugnisse nicht mit 3,73 € pro Stck., sondern mit 3,86 € pro Stck. aktiviert werden müssen. Steuerlich wäre also ein höherer Gewinn auszuweisen gewesen. Im Verkaufszeitpunkt dreht sich das Ergebnis: handelsrechtlich entsteht ein Gewinn von 60.000,00 € – 37.300,00 € = 22.700,00 €, steuerlich wird hingegen nur ein Gewinn von 60.000,00 € – 38.600,00 € = 21.400,00 € realisiert. Damit wird deutlich, dass unterschiedliche Vorschriften für die Herstellungskostenberechnung lediglich zu zeitlichen Gewinnverlagerungen (mit entsprechenden Zinseffekten), nicht aber zu absoluten Gewinnerhöhungen oder Gewinnverminderungen führen. Auch im Verlustfall – z. B. bei einer Absatzpreissenkung auf 3,00 € pro Stck. – wäre der handelsrechtliche Verlust geringer als der steuerliche Verlust. Dies gilt auch für die unterschiedlichen Bewertungsvorschriften nach IFRS und US-GAAP.

6.2.3.4 Verbuchung außerordentlicher Absatzgeschäfte

6.2.3.4.1 *Verkauf von Vermögensgegenständen des Anlagevermögens*

Die Besonderheit gegenüber den Warenverkaufsgeschäften ist bei Verkaufsgeschäften des abnutzbaren bzw. nicht abnutzbaren Anlagevermögens vor allem darin zu sehen, dass der aktuelle Buchwert des verkauften Vermögensgegenstandes i. d. R. vergleichsweise einfach festzustellen ist. Dies hat zur Folge, dass bereits bei der laufenden Verbuchung sowohl der Abgang des Vermögensgegenstandes als **Aufwand** und die empfangene bzw. noch zu gewährende Gegenleistung als **Ertrag** gebucht werden kann. Die zugehörigen Erfolgskonten heißen: „6900 Aufwendungen aus dem Abgang von Gegenständen des Anlagevermögens" bzw. „4900 Erträge aus dem Abgang von Gegenständen des Anlagevermögens".

Zu beachten ist, dass bei abnutzbaren Vermögensgegenständen die Abnutzung des Gegenstandes bis zum Ausscheidenszeitpunkt berechnet und als Abschreibung verbucht werden muss.

56. 14.9.08: Verkauf eines Schreibtisches der Geschäftsausstattung für 600,00 € an einen Privatkunden gegen Barzahlung. Die Abschreibungen bis zum Ausscheidenszeitpunkt betragen 600,00 €, der Schreibtisch hat am Verkaufstag einen Buchwert von 1.000,00 €.

Vorkontierung

Nr.	Datum	Beleg	Kto.	Kontenname	Soll	Haben
56.	14.9.08	4015	1600	Kasse	600,00	
			4900	Erträge aus dem Abgang von Gegenständen des Anlagevermögens		504,20
			3800	Umsatzsteuerschuld		95,80
		5019	6220	Abschreibungen auf Sachanlagen	600,00	
			0650	Betriebs- u. Geschäftsausstattung		600,00
		5020	6900	Aufwendungen aus dem Abgang von Gegenständen des Anlagevermögens	1.000,00	
			0650	Betriebs- u. Geschäfts- ausstattung		1.000,00

Zu Nr. 56: Auch ohne gesonderten Ausweis der Umsatzsteuer ist das Absatzgeschäft für den Kaufmann umsatzsteuerpflichtig. Sein Verkaufsverlust erhöht sich damit von 400,00 € auf 495,80 €. Die laufende Verbuchung der Abschreibungen könnte aus Gründen der Erfolgsermittlung scheinbar unterlassen werden. Allerdings würde dann zwar laufend keine Abschreibung verbucht, der Verkaufsverlust würde aber auf 1.095,80 € steigen. Diese Art der Verbuchung entspricht jedoch zum einen nicht der Realität, da der Schreibtisch noch bis zum Ausscheidenszeitpunkt einer betrieblich verursachten Abnutzung unterlag, zum anderen könnten für Außenstehende aufgrund der anders strukturierten Information Fehlentscheidungen veranlasst sein.

57. 16.9.08: Eine gebrauchte Maschine wird für 7.500,00 € + 1.425,00 USt € = 8.925,00 € gegen Verrechnungsscheck verkauft. Die Maschine hat am 31.12.04 einen Restbuchwert von 8.000,00 €. Die Maschine wurde bislang degressiv mit 20 % abgeschrieben. Ein Wechsel zur linearen AfA ist für 2008 nicht vorgesehen.

Vorkontierung

Nr.	Datum	Beleg	Kto.	Kontenname	Soll	Haben
57.	16.9.08	5021	6220	Abschreibungen auf Sachanlagen	1.200,00	
			0440	Maschinen		1.200,00

Nr.	Datum	Beleg	Kto.	Kontenname	Soll	Haben
		3037	1800	Bank	8.925,00	
			4900	Erträge aus dem Abgang von Gegenständen des Anlagevermögens		7.500,00
			3800	Umsatzsteuerschuld		1.425,00
		5022	6900	Aufwendungen aus dem Abgang von Gegenständen des Anlagev.	6.800,00	
			0650	Betriebs- u. Geschäftsausstattung		6.800,00

Zu Nr. 57: Die Abschreibung ist für neun Monate (angefangene Monate werden aufgerundet) zu berechnen, also ¾ von 20 % von 8.000,00 € = 1.200,00 €. Durch die vorherige Verbuchung der Abschreibung entsteht ein Veräußerungsgewinn von 7.500,00 € – 6.800,00 € = 700,00 €. Ohne Abschreibung würde durch das Verkaufsgeschäft ein Veräußerungsverlust von 500,00 € realisiert. In der handelsrechtlichen Buchführung werden allerdings weder Veräußerungsgewinne noch Veräußerungsverluste, sondern nur Erträge und Aufwendungen gebucht.

6.2.3.4.2 *Verkauf von Vermögensgegenständen des sonstigen Umlaufvermögens*

Für den Verkauf von Umlaufgegenständen, die nicht Waren oder Fertigerzeugnisse sind, gilt das zum Verkauf von Anlagegütern Gesagte entsprechend. Allerdings sind bei Umlaufgütern keine Abschreibungen für Abnutzung zu ermitteln. Die Abgänge sind auf einem gesonderten Aufwandskonto, die Gegenleistung auf einem gesonderten Ertragskonto zu verbuchen. Die Verwendung von **gemischten Konten**, d. h. von Konten, auf denen zugleich Bestandsänderungen und die dadurch verursachten Erfolgswirkungen dargestellt werden, die in nahezu allen Lehrbüchern besonders für die Verkaufsgeschäfte von Umlaufgütern empfohlen wird, wird hier abgelehnt. Nicht nur, dass die Verwendung gemischter Konten systemwidrig ist, sie ist auch aufgrund des in § 246 Abs. 2 HGB normierten Verrechnungsverbots von Aufwendungen und Erträgen für alle Rechtsformen unzulässig.

Dennoch tritt besonders bei den hier angesprochenen Umlaufgütern – ähnlich wie bei den Warenvorräten – vielfach das Problem auf, dass die dem Verkaufsgeschäft zuzuordnenden Anschaffungskosten nicht festgestellt werden können. Dies gilt besonders für Wertpapiere des Umlaufvermögens die nicht in einem Streifbanddepot, sondern in einem Girosammeldepot verwahrt werden. Da bei einer Verwahrung im Girosammeldepot die Identität des veräußerten mit einem bestimmten beschafften Wertpapier nummernmäßig nicht nachgewiesen werden kann, kann bei laufender Verbuchung nur die Gegenleistung, nicht aber der Wertpapierabgang gebucht werden. Daraus folgt eine weitere Einschränkung der Aussagefähigkeit der laufenden Buchführung.

58. 20.9.08: Verkauf von 20 Aktien zum Kurswert von 3.000,00 €. Die Anschaffungskosten der Aktien betrugen 2.500,00 €. Die Bank schickt folgende Abrechnung:

Kurswert		3.000,00
– Bankprovision 1 %	30,00	
– Maklergebühr 0,08 %	2,40	
		32,40
Gutschrift		2.967,60

Die Verbuchung hängt davon ab, ob der Verkauf in einem Personenunternehmen oder in einer Kapitalgesellschaft vorgenommen wird.

In einem Personenunternehmen sind entstandene Veräußerungsgewinne nach § 3 Nr. 40 a EStG zur Hälfte steuerfrei. Veräußerungsverluste und anfallende Nebenkosten sind nach § 3 c Abs. 2 EStG nur zur Hälfte abzugsfähig. In einer Kapitalgesellschaft sind die Veräußerungsgewinne nach § 8 b Abs. 2 KStG zu 100 % steuerfrei, allerdings sind auch damit zusammenhängende Betriebsausgaben zu 100 % nicht abziehbar. Die steuerliche Behandlung legt es nahe, auch handelsrechtlich bereits Gewinne oder Verluste, statt zutreffend Erträge und Aufwendungen zu buchen. Beachtet man aber das handelsrechtliche Verrechnungsverbot, ergeben sich folgende Buchungen:

Vorkontierung

Nr.	Datum	Beleg	Kto.	Kontenname	Soll	Haben
58.	20.9.08	3038	6855	Nebenkosten des Geldverkehrs	16,20	
			6856	Nicht abziehbare Nebenkosten des Geldverkehrs	16,20	
			1800	Bank		32,40
		3039	1800	Bank	1.500,00	
			4905	Erträge aus dem Abgang von Gegenständen des Umlaufvermögens		1.500,00
		5023	6905	Aufwendungen aus dem Abgang von Gegenständen des Umlaufvermögens	1.250,00	
			1510	Wertpapiere		1.250,00

Nr.	Datum	Beleg	Kto.	Kontenname	Soll	Haben
		3040	1800	Bank	1.500,00	
			7103	Laufende Erträge aus Anteilen an Kapitalgesellschaften 100 %/50 % steuerfrei		1.500,00
		5024	7350	Zinsen und ähnliche Aufwendungen 100 %/50 % nicht abzugsfähig	1.250,00	
			1510	Wertpapiere		1.250,00

Zu Nr. 58: Der Gebührenabrechnung liegt ein Beschaffungsgeschäft von Dienstleistungen zu Grunde. Es ist trotz der anders lautenden Abrechnung der Bank getrennt zu verbuchen. Dadurch wird auch verhindert, dass der Veräußerungsgewinn gekürzt wird.

Die Aufschlüsselung der Verkaufsbuchung folgt der steuerlichen Abrechnungslogik. Einfachere Verbuchungsmöglichkeiten sind vorstellbar, werden aber dem handelsrechtlichen Verrechnungsverbot nicht gerecht. In einer Kapitalgesellschaft würde die Verbuchung entsprechend erfolgen. Allerdings würden die Gebühren insgesamt als steuerfrei verbucht und die Erträge und Aufwendungen in voller Höhe als steuerfrei verbucht.

59. 30.9.08: Verkauf von 8-%igen Bundesanleihen durch die beauftragte Bank, Nennwert 4.000,00 €, Kurswert 4.400,00 €. Der laufende Zinsschein – Zinstermine 31. Mai/30. November – wird mitveräußert. Die Bank verrechnet für ihre Dienstleistung 25,60 € Provision und 2,40 € Maklergebühr, die vom Veräußerungserlös einbehalten werden. Die Anschaffungskosten der Wertpapiere betrugen 3.940,20 €. Die Bank schickt folgende Abrechnung:

Kurswert		4.400,00
– Bankprovision	25,60	
– Maklergebühr 0,08 %	2,40	
		– 28,00
		4.372,00
– Stückzinsen		133,33
Gutschrift		4.505,33

Vorkontierung

Nr.	Datum	Beleg	Kto.	Kontenname	Soll	Haben
59.	30.9.08	3041	6855	Nebenkosten des Geldverkehrs	28,00	
			1800	Bank		28,00
		3042	1800	Bank	4.400,00	
			4905	Erträge aus dem Abgang von Gegenständen des Umlaufvermögens		4.400,00
		5025	6905	Aufwendungen aus dem Abgang von Gegenständen des Umlaufvermögens	3.940,20	
			1510	Wertpapiere		3.940,20
		3043	1800	Bank	133,33	
			7100	Zinsen und ähnliche Erträge		133,33

Zu Nr. 59: Da der Buchwert der Wertpapiere am Verkaufstag gegeben ist, kann der Abgang der Wertpapiere laufend sofort als Aufwand gebucht werden. Die für fünf Monate aufgelaufenen Zinsen werden dem Käufer gesondert in Rechnung gestellt. Man bezeichnet diese Zinsen als Stückzinsen. Ob diese Zinsen aufgrund dieser verrechnungstechnischen Maßnahme bei der Bank handelsrechtlich als Zinsertrag und beim Erwerber entsprechend als Zinsaufwand zu behandeln sind, ist nicht abschließend geklärt. Der Zinsbetrag könnte beim Verkäufer – ohne Auswirkung auf das Gesamtergebnis – auch als Wertpapierertrag und beim Erwerber als Anschaffungskosten zu behandeln sein. In diesem Fall müsste allerdings der Erwerber auf eine Erfolgsverminderung verzichten. Die obige Verbuchung folgt der gegenwärtig wohl überwiegenden Buchungspraxis.

60. 1.10.08: Ein Besitzwechsel über 7.140,00 € wird bei der Bank diskontiert. Die Bank schreibt nach Abzug von 103,50 € Diskont und 20,00 € Spesen 7.016,50 € gut.

Vorkontierung

Nr.	Datum	Beleg	Kto.	Kontenname	Soll	Haben
60.	1.10.08	3044	1800	Bank	7.016,50	
			7300	Zinsen und ähnliche Aufwendungen	103,50	
		5026	6855	Nebenkosten des Geldverkehrs	20,00	
			1200	FLL		7.140,00

Zu Nr. 60: Die Wechseldiskontierung wurde nicht als Verkaufsgeschäft, sondern als eine besondere Art des Tauches von Forderungen bzw. Buchgeld gegen Entgelt behandelt. Daher wurden insoweit keine Erträge und Aufwendungen gebucht. Praxisüblich wurde auch auf die Trennung des eigentlichen Austauschgeschäftes und der Bankdienstleistung durch gesonderte Buchungen verzichtet. Die Praxis vermeidet i. d. R. eine getrennte Buchung der Einzelgeschäfte, um den von der Bank gutgeschriebenen Betrag auf dem Sachkonto wieder zu finden.

6.2.3.4.3 *Verkauf von Vermögensgegenständen nach EU- und Drittländern*
Lieferungen von Gegenständen können entweder in das übrige Gemeinschaftsgebiet (§ 3 Abs. 1 b UStG) oder in ein Drittland erfolgen. Lieferungen in ein Land des übrigen Gemeinschaftsgebietes – sog. innergemeinschaftliche Lieferungen nach § 6 a UStG – sind nach § 4 Nr. 1 b UStG steuerbefreit, wenn der Leistungsempfänger diese Lieferungen versteuert. Dazu ist er verpflichtet, wenn er dem liefernden Unternehmer seine Umsatzsteuer-Identifikationsnummer (USt-Id.-Nr.) mitteilt.

61. 1.10.08: Ein Regensburger Unternehmer (dt. USt-Id.-Nr.) verkauft Handelswaren auf Ziel an einen tschechischen Unternehmer (tsch. USt-Id.-Nr.) im Wert von 15.000,00 € ohne USt. Die Voraussetzungen der §§ 17 a ff. UStDV sind erfüllt. Eine ordnungsgemäße Rechnung ist ausgestellt.

Vorkontierung

Nr.	Datum	Beleg	Kto.	Kontenname	Soll	Haben
61.	1.10.08	2002	1200	FLL	15.000,00	
			4125	Steuerfreie ig Lieferung		15.000,00

Zu Nr. 61: Die nach § 1 Abs. 1 Nr. 1 UStG steuerbare innergemeinschaftliche Lieferung i. S. v. § 6 a UStG ist nach § 4 Nr. 1b UStG steuerbefreit.

62. 1.10.08: Ein deutscher Unternehmer verkauft an einen amerikanischen Unternehmer Waren im Wert von 100.000 USD auf Ziel; die Rechnung ist in US-Dollar zu begleichen. Der amtliche Briefkurs lt. BMF beträgt 1,3511 USD für 1 €.

Vorkontierung

Nr.	Datum	Beleg	Kto.	Kontenname	Soll	Haben
62.	1.10.08	2003	1200	FLL	74.013,77	
			4120	Steuerfreie Umsätze § 4 Nr. 1 a UStG		74.013,77

Zu Nr. 62: Die nach § 1 Abs. 1 Nr. 1 UStG steuerbare Ausfuhrlieferung i. S. v. § 6 UStG ist nach § 4 Nr. 1 a UStG steuerbefreit. Der Wert der Rechnung bestimmt sich für die Zwecke der Umsatzbesteuerung nach § 16 Abs. 6 UStG.

6.2.3.4.4 *Verkauf von Dienleistungen und Nutzungen*
Neben dem Absatz der eigentlichen Dienstleistung des Handels treten in der Praxis häufig andere Absatzgeschäfte auf, z. B. Vermietung von Räumen, Verpachtung von Grundstücken, Gewährung verzinslicher Darlehen oder entgeltliche Überlassung von Know-how. Die Besonderheit dieser Geschäfte ist zunächst darin zu sehen, dass mit dem Verkauf von Dienstleistungen und Nutzungen kein Abgang von Vermögensgegenständen verbunden ist, die entsprechende **Aufwandsbuchung** somit entfällt. Der durch die Verkaufsgeschäfte verursachte Verbrauch an abnutzbaren Anlagegütern, Arbeitsleistungen oder sonstigen beschafften Dienstleistungen und Nutzungen ist entweder bereits verbucht (beschaffte Dienstleistungen und Nutzungen) oder wird anlässlich der Aufstellung des Jahresabschlusses nachgebucht. Laufend wird somit bei diesen Geschäften lediglich die bereits empfangene bzw. noch zu erhaltende Gegenleistung als **Ertrag** verbucht.

63. 1.10.08: Bankgutschrift der Miete für vermietete Lagerräume für Monat September 2.000,00 €.

Vorkontierung

Nr.	Datum	Beleg	Kto.	Kontenname	Soll	Haben
63.	1.10.08	3045	1800	Bank	2.000,00	
			4860	Grundstückserträge		2.000,00

Zu Nr. 63: Die Vermietung von Wohn- oder Geschäftsräumen ist nach § 4 Nr. 12 a UStG umsatzsteuerbefreit.

64. 1.10.08: Zinstermin einer 8-%igen Schuldverschreibung jeweils 1.5./1.10. nachträglich; Nennwert 40.000,00 €. Gutschrift der Zinsen auf dem Bankkonto.

Vorkontierung

Nr.	Datum	Beleg	Kto.	Kontenname	Soll	Haben
64.	1.10.08	3046	1800	Bank	1.600,00	
			7100	Zinsen und ähnliche Erträge		1.600,00

65. 1.10.08: Dividendenzahlung der X-AG: 7,00 € pro Stück
Abrechnung der Bank:

Dividende (400 Stück 7,00 €)	2.800,00
– 20 % KapErtSt	– 560,00
– 5,5 % SolZ von 560,00 €	– 30,80
Gutschrift Bankkonto	2.209,20

Die Verbuchung hängt davon ab, ob die Dividenden in einem Personenunternehmen oder in einer Kapitalgesellschaft eingenommen werden.

In einem Personenunternehmen sind Dividendengewinne nach § 3 Nr. 40 d EStG zur Hälfte steuerfrei. Ab 2009 werden Gewinnausschüttungen in einem Personenunternehmen nur noch zu 40 % freigestellt, 60 % der Gewinnausschüttung sind zu versteuern (Teileinkünfteverfahren). Kapitalgesellschaften können Gewinnausschüttungen zu 95 % steuerfrei vereinnahmen.

Vorkontierung in einem Personenunternehmen

Nr.	Datum	Beleg	Kto.	Kontenname	Soll	Haben
65.	1.10.08	3047	1800	Bank	2.209,20	
			2100	Privatentnahmen	590,80	
			7100	Zinsen und ähnliche Erträge		1.400,00
			7103	Lfde. Erträge aus Anteilen an KapGes. (Umlaufvermögen) 100 %/50 % steuerfrei		1.400,00

Zu Nr. 65: Die Kapitalertragsteuer und der Solidaritätszuschlag sind als Vorauszahlungen für die privat veranlasste Einkommensteuer zu behandeln. Da der Betrieb diese Vorauszahlungen für den Privatbereich in Form von Mindereinzahlungen leistet, sind diese Mindereinzahlungen als Privatentnahmen zu buchen.

Vorkontierung in einer Kapitalgesellschaft

Nr.	Datum	Beleg	Kto.	Kontenname	Soll	Haben
65.	1.10.08	3047	1800	Bank	2.209,20	
			7630	Anrechenbare Kapitalertragsteuer	560,00	
			7635	Anrechenbarer Solidaritätszuschlag	30,80	
			7103	Lfde. Erträge aus Anteilen an KapGes. (Umlaufvermögen) 100 %/50 % steuerfrei		2.800,00

Zu Nr. 65: Eigentlich würde man erwarten, dass Dividendenausschüttungen an Kapitalgesellschaften von der Erhebung der Kapitalertragsteuer und des Solidaritätszuschlages befreit sind. Diesen Weg hat der Gesetzgeber nicht gewählt, daher werden auch Dividenden um diese Steuervorauszahlungen gekürzt, obwohl sie beim Empfänger steuerbefreit (ab 2009 teilweise befreit) sind.

6.2.3.4.5 *Besonderheiten bei der Verbuchung des Absatzentgelts*
Die übliche Zahlungsform für Warenverkaufsgeschäfte des Einzelhandels ist die Barzahlung bzw. die bargeldlose Zahlung mit Scheck oder Kundenkreditkarte. Während beim Einzelhandel daher Zielverkäufe eher die Ausnahme bilden, sind im Großhandel und in der Industrie Zielverkaufsgeschäfte (mit oder ohne Absicherung durch Wechselakzepte) die Regel. Größere Bedeutung besitzen im Einzelhandel hingegen Ratengeschäfte sowie – vor allem bei außerordentlichen Absatzgeschäften – Anzahlungen oder Voraus- bzw. Vorschusszahlungen durch Kunden. Eine weitere Besonderheit der Entgeltsgewährung stellen schließlich die Tauschgeschäfte dar. Ehe auf diese Besonderheiten eingegangen wird, soll zunächst die Verbuchung von nachträglichen Entgeltänderungen und die Vorausentrichtung von Entgelten dargestellt werden.

Wichtigste Formen der Gewährung von nachträglichen Preisnachlässen gegenüber Kunden sind die Einräumung von **Kundenboni**. **Kundenskonti** sind hingegen als Zahlungsnachlässe zu interpretieren. Während Preisnachlässe am Entgelt/Stck. anknüpfen, beziehen sich Zahlungsnachlässe auf die Entrichtung des (Gesamt)-Entgeltes. Da das Entgelt regelmäßig als Ertrag zu verbuchen ist, sind nachträgliche Preis- und Zahlungsnachlässe systematisch zutreffend als Ertragsminderungen zu verbuchen.

Demgegenüber wählt die Verbuchungspraxis in Anlehnung an die Kontensystematik des GKR bzw. daraus abgeleiteter Kontenrahmen, nicht selten die Verbuchung als Aufwand, z. B. als Skontiaufwand. Diese Art der Verbuchung wird im Wesentlichen mit der „Zinstheorie" der Skontoverrechnung begründet, die aber oben bereits abgelehnt worden ist. Folgerichtig sind z. B. nach dem IKR Kundenskonti zwar auf ein gesondertes Konto zu verbuchen, dieses Konto ist aber kein Aufwandskonto, sondern wird mit der Bezeichnung „Erlösschmälerungen" innerhalb der Ertragskonten (Klasse 5) als Ertragsunterkonto geführt, das am Jahresende über das zugehörige Erlöskonto abzuschließen ist. Im Ergebnis wird also eine Verminderung der Umsatzerlöse verbucht. Dies gilt auch für die Buchung von an Kunden nachträglich gewährten Bonibeträgen und nachträglich gewährten Preisnachlässen aufgrund von Mängelrügen oder sonstigen Gründen.

In der Praxis finden sich gelegentlich Sachverhaltsgestaltungen, die scheinbar eine abweichende Lösung erforderlich machen. Wird z. B. nachträglich auf bestehende Forderungen gegenüber Kunden vollständig oder teilweise verzichtet, versucht man nicht selten diesen Vorgang je nach Grund des Verzichts als Forderungsabschreibung oder als Spendenaufwand zu deklarieren. Dabei wird aber übersehen, dass gegenüber den Kunden zunächst freiwillig auf die Erlöse verzichtet wird, insoweit also eine Erlösberichtigung vorzunehmen ist. Im anders gelagerten Fall eines Forderungsausfalls aufgrund einer Kundeninsolvenz ist dagegen eine Forderungsabschreibung und keine Erlösberichtigung vorzunehmen. Obwohl die Erfolgswirkung in beiden Fällen dieselbe ist, sollten die Unterschiede beachtet werden, zumal sich z. B. bei einer EDV-Buchführung Probleme mit einer automatischen Umsatzsteuerberichtigung ergeben können. Ist beabsichtigt, den Erlösverzicht als Spende an den Kunden zu deuten, kann nach der Buchung „Erlösschmälerungen und USt-Schuld an Forderungen aus Lieferungen und Leistungen" eine Umbuchung des Betrages ohne Umsatzsteuer mit dem Buchungssatz „Spendenaufwand an Erlösschmälerungen" erfolgen. Aus steuerlicher Sicht sind dabei aber mögliche Folgen aus § 4 Abs. 5 EStG zu beachten.

Warenrücksendungen von Kunden sind dagegen nicht über Erlösschmälerungen und Aufwandsminderungen auf den durch die Verbuchung des zugrunde liegenden Verkaufsgeschäftes berührten Konten zu verbuchen. Soweit bei Warenverkaufsgeschäften laufend nur die Gegenleistung verbucht wird, ist die Ertragsminderung auch nur auf den dadurch betroffenen Konten vorzunehmen. Der erneute Zugang der Waren im Warenlager wird auf diese Weise allerdings nicht abgebildet.

66. 11.10.08: Der Kunde Hofer (Debitorennummer 10220) begleicht seine Schulden (Rechnungsbetrag der Ausgangsrechnung: 1.000,00 € + 190,00 € USt = 1.190,00 €) durch Abzug von 3 % Skonto per Banküberweisung.

Rechnung	Rechnung	– 3 % Skonto	Zahlung
Entgelt	1.000,00	30,00	970,00
+ 19 % USt	190,00	5,70	184,30
= Rechnungsbetrag	1.190,00	35,70	1.154,30

Vorkontierung

Nr.	Datum	Beleg	Kto.	Kontenname	Soll	Haben
66.	11.10.08	3048	1800	Bank	1.154,30	
			4000	Umsatzerlöse	30,00	
			3800	Umsatzsteuerschuld	5,70	
			1200	FLL oder		1.190,00
			10220	Debitor Hofer		1.190,00

Zu Nr. 66: In der EDV-Buchführung ist das Sachkonto „1200 Forderungen aus Lieferungen und Leistungen" regelmäßig für die laufenden Buchungen gesperrt. Die Verbuchung erfolgt auf dem Personenkonto, die Buchung auf dem Sachkonto wird im Hintergrund vorgenommen.

67. 11.10.08: Kunde Walter (Debitorennummer 10312) – Rechnungsbetrag der Ausgangsrechnung: 700,00 € + 133,00 € USt = 833,00 € – sendet Waren zum Rechnungsbetrag von 119,00 € (19 % USt) zurück. Den Restbetrag seiner Schuld in Höhe von 714,00 € begleicht er unter Abzug von 3 % Skonto durch Banküberweisung.

Rechnung	Rechnung	Rück-sendung	neue Rechnung	– 3 % Skonto	Zahlung
Entgelt	700,00	100,00	600,00	18,00	582,00
+ 19 % USt	133,00	19,00	114,00	3,42	110,58
= Rechnungsbetrag	833,00	119,00	714,00	21,42	692,58

Vorkontierung

Nr.	Datum	Beleg	Kto.	Kontenname	Soll	Haben
67.	11.10.08	5027	4000	Umsatzerlöse	100,00	
			3800	Umsatzsteuerschuld	19,00	
			1200	FLL oder		119,00
			10312	Debitor Walter		119,00

Nr.	Datum	Beleg	Kto.	Kontenname	Soll	Haben
		3049	1800	Bank	692,58	
			4000	Umsatzerlöse	18,00	
			3800	Umsatzsteuerschuld	3,42	
			1200	FLL oder		714,00
			10312	Debitor Walter		714,00

68. 15.10.08: Dem Kunden J. Wild (Debitorennummer 10748) wurde eine rechts-verbindliche Boni-Zusage in Höhe von 600,00 € gegeben. Das Debitoren-Kontokorrent von J. Wild weist derzeit keine Außenstände auf.

Vorkontierung

Nr.	Datum	Beleg	Kto.	Kontenname	Soll	Haben
68.	15.10.08	5028	4000	Umsatzerlöse	504,20	
			3800	Umsatzsteuerschuld	95,80	
			3500	sonstige Verbind-lichkeiten		600,00
			10748	Debitor Wild		600,00

Zu Nr. 68: Infolge der rechtsverbindlichen Zusage ist die USt-Schuld zu vermindern. Eine Verminderung der Kundenforderungen kommt aufgrund fehlender offener Posten grundsätzlich nicht in Betracht, daher ist der Boni-Betrag auf dem Konto sonstige Verbindlichkeiten zu verbuchen. In der Praxis wird aber häufig auch in diesen Fällen auf dem Personenkonto gebucht.

6.2.3.4.6 *Vorausentrichtung von Entgelten durch Kunden*

Verkaufsgeschäfte durch Anzahlungen oder Vorauszahlungen sind nicht erfolgswirksam, sie verursachen keine Erträge. Bei Anzahlungen für Vermögensgegenstände ist das Konto „3250 Erhaltene Anzahlungen" zu verwenden. Bei erhaltenen Vorauszahlungen (Vorschusszahlungen, Abschlagszahlungen) für Leistungen und Nutzungen ist das Konto „3500 Sonstige Verbindlichkeiten" oder das Konto „3900 Passive Rechnungsabgrenzungsposten" zu verwenden. Passive Rechnungsabgrenzungsposten sind gemäß § 250 Abs. 1 HGB zu bilden, wenn die Nutzung oder Dienstleistung zeitbestimmt erfüllt wird, z. B. bei erhaltenen Zinsvorauszahlungen, Mietvorauszahlungen u. a. In anderen Fällen, z. B. erhaltene Vorschüssen für eigene Werkleistungen, sind „Sonstige Verbindlichkeiten" auszuweisen.

Erhaltene Anzahlungen oder Vorauszahlungen sind nach § 13 Abs. 1 Nr. 1 a UStG grundsätzlich umsatzsteuerpflichtig. Dies gilt nicht für Vorauszahlungen für umsatzsteuerbefreite Leistungen, z. B. für umsatzsteuerbefreite Mietvorauszahlungen. Bei der

Verbuchung der Umsatzsteuer ist zu prüfen, ob die Brutto- oder Nettomethode anzuwenden ist.

Bei der Nettomethode werden die erhaltenen Anzahlungen ohne USt-Anteil ausgewiesen, im Sinne der handelsrechtlichen Rechnungslegungsvorschriften liegt grundsätzlich ein unzutreffender Ausweis vor. Bei Anwendung der Bruttomethode werden zwar die Anzahlungen zutreffend ausgewiesen, die fällige USt-Schuld muss dann aber als Aufwand gebucht werden, was als (buchmäßiger) Verstoß gegen das System der Umsatzbesteuerung anzusehen ist, wonach ein Unternehmer grundsätzlich nicht mit Umsatzsteuer belastet werden darf. Soweit die Bruttomethode angewendet wird, ist die fällige Umsatzsteuer auf das Konto 7650 sonstige Steuern zu buchen. Die als Aufwand gebuchte Umsatzsteuer wird – soweit der Vorgang am Jahreswechsel noch nicht abgerechnet ist – gemäß § 5 Abs. 5 Satz 2 Nr. 2 EStG als aktiver RAP ausgewiesen. Dadurch wird verhindert, dass die Umsatzsteuer den Jahresgewinn vermindert.

Bei einer Vorausentrichtung von Entgelten durch Kunden können also je nach Art der zu erbringenden Leistung folgende Konten betroffen sein:

Geschäftsvorfall	Sollbuchung auf Konto	Habenbuchung auf Konto
Erhaltene Anzahlungen		3250
Sonstige Verbindlichkeiten		3500
Passive Rechnungsabgrenzung		3900
sonstige Steuern	7650	

69. 15.10.08: Ein privater Kunde leistet eine Baranzahlung von 2.380,00 € (USt 19 %); er erhält eine Quittung für diese Baranzahlung. Die Lieferung der Waren zum Verkaufspreis von 5.950,00 € erfolgt am 20.10.2008. Buchung nach der Netto- und der Bruttomethode.

Vorkontierung

Nr.	Datum	Beleg	Kto.	Kontenname	Soll	Haben
69.	15.10.08	4016	1600	Kasse	2.380,00	
	Netto-		3250	erhaltene Anzahlungen		2.000,00
	methode		3800	Umsatzsteuerschuld		380,00
	Brutto-		1600	Kasse	2.380,00	
	methode		3250	erhaltene Anzahlungen		2.380,00
			7650	sonstige Steuern	380,00	
			3800	Umsatzsteuerschuld		380,00

70. Barzahlung der Abschlussrechnung durch den Kunden: 5.950,00 € – 2.380,00 € = 3.570,00 € (kein USt-Ausweis, da privater Kunde). Buchung nach der Netto- und der Bruttomethode.

Vorkontierung

Nr.	Datum	Beleg	Kto.	Kontenname	Soll	Haben
70.	20.10.08	4017	1600	Kasse	3.570,00	
	Netto-		3250	erhaltene Anzahlungen	2.000,00	
	methode		4000	Umsatzerlöse		5.000,00
			3800	Umsatzsteuerschuld		570,00
	Brutto-		1600	Kasse	3.570,00	
	methode		3250	erhaltene Anzahlungen	2.380,00	
			7650	sonstige Steuern		380,00
			4000	Umsatzerlöse		5.000,00
			3800	Umsatzsteuerschuld		570,00

71. 20.10.08: Vorschusszahlung eines Kunden für eine im November auszuführende Reparatur 2.380,00 € in bar; für die Zahlung wurde eine Quittung mit gesondertem USt-Ausweis erteilt.

Vorkontierung

Nr.	Datum	Beleg	Kto.	Kontenname	Soll	Haben
71.	20.10.08	4018	1600	Kasse	2.380,00	
			3500	Sonstige Verbindlichkeiten		2.000,00
			3800	Umsatzsteuerschuld		380,00

Zu Nr. 71: Der Ausweis als sonstige Verbindlichkeit ist zwingend, da weder Anzahlungen auf Bestellungen i. S. v. § 266 Abs. 3 C. 3. HGB noch Verbindlichkeiten aus Lieferungen und Leistungen vorliegen.

72. 31.10.08: Vorauszahlung einer umsatzsteuerbefreiten Miete durch den Mieter für die Zeit vom 1.11.08–30.4.09 18.000,00 € durch Banküberweisung.

Vorkontierung

Nr.	Datum	Beleg	Kto.	Kontenname	Soll	Haben
72.	31.10.08	3050	1800	Bank	18.000,00	
			3900	Passive Rechnungs-abgrenzung		18.000,00

Zu Nr. 72: Die Passive Rechnungsabgrenzung ist über die Monate der Mietdauer durch Ausbuchung aufzulösen. Die monatlichen Folgebuchungen (1.12., 31.12., 1.2...) lauten jeweils:

Nr.	Datum	Beleg	Kto.	Kontenname	Soll	Haben
	1.12.08		3900	Passive Rechnungs-abgrenzung	3.000,00	
			4860	Grundstückserträge		3.000,00
	31.12.08		3900	Passive Rechnungs-abgrenzung	3.000,00	
			4860	Grundstückserträge		3.000,00

Diese Art der Verbuchung bewirkt eine periodengerechte Erfolgsverwirklichung. Am Jahresende muss zudem kein passiver Rechnungsabgrenzungsposten neu gebildet werden. Der Rechnungsabgrenzungsbetrag steht in richtiger Höhe auf dem passiven Bestandskonto (12.000,00 €) und kann von dort direkt in die Bilanz übernommen werden. Vorbereitende Abschlussbuchungen werden damit nicht erforderlich. Würde man den Rechnungsabgrenzungsposten für Dezember analog zu den vorangegangenen Buchungen erst am 1.1.09 auflösen, was an sich zutreffend wäre, würde die gesamte monatliche Ertragsverwirklichung dem Folgejahr zugerechnet werden. Dies wäre richtig, wenn man der Ansicht ist, die Ertragsverwirklichung tritt nicht kontinuierlich, sondern sprunghaft ein.

6.2.3.4.7 *Tauschgeschäfte*
Eine besondere Form der Entgeltsgewährung erfolgt bei Realtauschgeschäften. Nach der jeweiligen rechtlichen Einordnung ist zwischen den Tauschgeschäften i. S. v. § 480 BGB sowie den tauschähnlichen Geschäften zu unterscheiden. Für die Verbuchung ist allgemein zu beachten, dass Tauschgeschäfte immer zugleich als Absatz- und Beschaffungsgeschäfte interpretiert werden können. Dies gilt auch für die umsatzsteuerliche Behandlung. Umsatzsteuerpflichtig sind somit grundsätzlich die Leistung und die Gegenleistung des Tauschgeschäftes.

73. 31.10.08: Von einem Lieferanten werden Rohstoffe gegen eigene Fertigerzeugnisse eingetauscht. Der Rechnungsbetrag der Fertigerzeugnisse beträgt 20.000,00 € + 3.800,00 € USt = 23.800,00 €. Die Herstellungskosten der Fertigerzeugnisse bewertet zu Einzelkosten betragen 8.000,00 €. Für die Rohstoffe wird vom Lieferanten eine Rechnung über 20.000,00 € + 3.800,00 € USt = 23.800,00 € erteilt.

Vorkontierung

Nr.	Datum	Beleg	Kto.	Kontenname	Soll	Haben
73.	31.10.08	1032	1000	Rohstoffe	20.000,00	
			1400	Vorsteuer	3.800,00	
		2002	4000	Umsatzerlöse		20.000,00
			3800	Umsatzsteuerschuld		3.800,00

Zu Nr. 73: Der Abgang der Fertigerzeugnisse braucht laufend nicht gebucht zu werden, wenn die Fertigerzeugnisse nicht als Lagerzugang gebucht werden, weil z. B. das wirtschaftliche Eigentum mit der Fertigerstellung auf den Besteller (Abnehmer) übergeht. Die Umsatzsteuer darf nicht mit der Vorsteuer verrechnet werden. Werden die Fertigerzeugnisse dem bereits gebuchten Lagerbestand entnommen, wäre laufend zusätzlich zu buchen:

Nr.	Datum	Beleg	Kto.	Kontenname	Soll	Haben
	31.10.08	5029	4800	Bestandsveränderungen	8.000,00	
			1100	Fertigerzeugnisse		8.000,00

Diese Buchung verdeutlicht, dass bei Realtauschgeschäften Gewinne oder Verluste realisiert werden. Der in der Literatur zum Teil vertretenen Ansicht, dass diese Gewinne nicht realisiert werden müssen, d. h. die eingetauschten Rohstoffe lediglich zu den Herstellungskosten der Fertigerzeugnisse angesetzt werden müssen, wird hier nicht gefolgt.

74. 1.11.08: Kauf eines neuen betrieblichen Kleinlastwagens; der alte Lkw (Restbuchwert am Verkaufstag: 12.000,00 €) wird in Zahlung gegeben. Die Rechnung lautet (in €):

1 Klein-Lkw	85.000,00	
+ Überführungskosten	1.000,00	
		86.0000,00
+ 19 % USt		16.340,00
		102.340,00
abzüglich Inzahlungnahme		
des gebrauchten Lkw	15.000,00	
+ 19 % USt	2.850,00	
		− 17.850,00
Banküberweisung des Restbetrages		84.490,00

Vorkontierung

Nr.	Datum	Beleg	Kto.	Kontenname	Soll	Haben
74.	1.11.08	3051	0520	Fuhrpark	86.000,00	
			1400	Vorsteuer	16.340,00	
			1800	Bank		84.490,00
			4900	Anlagenerträge		15.000,00
			3800	Umsatzsteuerschuld		2.850,00
			6900	Anlagenaufwendungen	12.000,00	
			0520	Fuhrpark		12.000,00

Zu Nr. 74: Die Umsatzsteuer darf nicht mit der Vorsteuer verrechnet werden.

6.2.4 Verbuchungsprobleme bei Geschäften mit der sonstigen Umwelt

Um alle denkbaren Fälle, die diesem Bereich zuzuordnen sind, erfassen zu können, ist der Begriff des „Geschäftes" weit zu fassen. Geschäfte sind nicht nur Leistungsbeziehungen mit Personen des sonstigen betrieblichen Umfeldes, sondern alle Einflüsse und Wirkungen auf den Betrieb, aber auch nicht direkt personenbezogene Außenwirkungen des Unternehmens selbst, z. B. Emissionen. Wichtigstes Merkmal der in diesem Bereich einzuordnenden Geschäfte ist das Fehlen marktmäßiger Leistungsaustauschbeziehungen. Im Einzelnen ist zu unterscheiden zwischen einseitigen Leistungen des Unternehmens an seine Umwelt, z. B. betriebliche Steuerzahlungen, Bußgelder oder Spenden bzw. „echte" Geschenke, sowie zwischen einseitigen Leistungen der Umwelt an das Unternehmen, z. B. staatliche Zuschüsse, Zulagen oder Beihilfen. Des weiteren gehören zu diesem Bereich Vorgänge, die zwar buchungspflichtig sind, die aber nicht als (einseitige) Leistungen, sondern als Schädigungen anzusehen sind, z. B. Diebstähle,

Umweltkatastrophen oder Umweltverschmutzungen durch das Unternehmen selbst. Soweit mit diesen Vorgängen Zahlungen verbunden sind, gilt das bisher Gesagte analog, d. h. in Bezug auf die Entstehung der Rechtsansprüche sind Vorauszahlungen, Zahlungen Zug-um-Zug sowie Zahlungsstundungen bzw. -aufschübe denkbar. Entsprechendes gilt für die Zahlungsarten.

Eine Besonderheit gilt schließlich bezüglich der Schuldentstehung. Während bei Leistungsaustauschbeziehungen die Schuldentstehung durch die Zug-um-Zug-Erfüllung vorgegeben ist, ist bei den hier betrachteten Vorgängen häufig die Entstehung dem Grunde, der Höhe oder der Zeit nach ungewiss, d. h. Vorgänge, die dem sonstigen Umweltbereich zuzuordnen sind, lösen häufig die Bildung von Rückstellungen aus. Der grundsätzlich ebenfalls denkbare umgekehrte Vorgang der Bildung ungewisser Forderungen, z. B. für ungewisse realisierbare Schadenersatzforderungen gegenüber Außenstehenden, ist, wie bereits dargelegt, bei einer Rechnungslegung nach handelsrechtlichen Vorschriften nicht zulässig. Für steuerliche Zwecke ist schließlich § 4 Abs. 5 EStG zu beachten, der für bestimmte Vorgänge, die diesem Bereich zuzuordnen sind, die handelsrechtlichen Aufwandsbuchungen für die Zwecke der steuerlichen Gewinnermittlung nicht anerkennt und somit deren Abzug verbietet.

6.2.4.1 Leistungen an die Umwelt

75. 30.10.08: Vorauszahlung der betrieblichen Kfz-Steuer für die Zeit vom 1.11.08 – 31.10.09 durch Abbuchung vom betrieblichen Bankkonto 600,00 €.

Vorkontierung

Nr.	Datum	Beleg	Kto.	Kontenname	Soll	Haben
75.	30.10.08	3052	1900	Aktive Rechnungs-abgrenzung	600,00	
			1800	Bank		600,00

Zu Nr. 75: Obwohl die Vorauszahlung für die Kfz-Steuer mangels Gegenleistung nicht forderungsähnlich ist, muss sie aktiv abgegrenzt werden. Die aktive Rechnungsabgrenzung ist über die Monate der Mietdauer durch Ausbuchung aufzulösen. Die monatlichen Folgebuchungen (1.12., 31.12., 1.2…) lauten jeweils:

Nr.	Datum	Beleg	Kto.	Kontenname	Soll	Haben
	1.12.08		7685	Kfz-Steuer	50,00	
			1900	Aktive Rechnungs-abgrenzung		50,00

76. 2.11.08: Kauf eines Sachgeschenkes für einen Geschäftsfreund für 300,00 + 57,00 € USt = 357,00 € durch electronic-cash.

Nr.	Datum	Beleg	Kto.	Kontenname	Soll	Haben
76.	2.11.08	3053	6620	Geschenke über 35,00 €	357,00	
			1800	Bank		357,00
			6645	Nicht abzugsfähige Betriebsausgaben	357,00	
			4689	Unentgeltliche Zuwendungen ohne USt		357,00

Zu Nr. 76: Bei Geschenken an Geschäftsfreunde, z. B. Kunden, Lieferanten, Unternehmensberater oder selbständige Handelsvertreter, ist die Freigrenze von 35,00 € des § 4 Abs. 5 Nr. 1 EStG zu beachten.[11] Wird die Grenze überschritten, dürfen die Ausgaben für die Geschenke den steuerlichen Gewinn nicht mindern.

6.2.4.2 Leistungen von der Umwelt

77. 4.11.08: Nachträgliche Gewährung eines Ansiedelungszuschusses für den bislang noch gestundeten Kaufpreis eines unbebauten Grundstückes in Höhe von 50.000,00 € durch Banküberweisung. Der Grundstückskaufpreis beträgt inkl. Anschaffungsnebenkosten 200.000,00 €.

Vorkontierung

Nr.	Datum	Beleg	Kto.	Kontenname	Soll	Haben
77.	4.11.08	3054	1800	Bank	50.000,00	
			4830	Sonstige betriebliche Erträge		50.000,00

Zu Nr. 77: Die erfolgswirksame Verbuchung des Zuschusses hat zur Folge, dass der Betrag ungekürzt der Gewinnbesteuerung unterliegt und insoweit nicht in voller Höhe der ursprünglichen Zweckbestimmung zugeführt werden kann. Der Zuschuss ist als

---

11 Für Geschenke an Mitarbeiter ist nach § 8 Abs. 2 EStG ein **Freibetrag** von 44,00 € pro Kalendermonat zu beachten. Weiterhin ist zu prüfen, ob nicht stattdessen der **Rabattfreibetrag** nach § 8 Abs. 3 EStG in Höhe von 1.080,00 € für die um 4 % gekürzten Endpreise in Betracht kommt. In beiden Fällen ergeben sich aber keine nicht abzugsfähigen Betriebsausgaben, sondern lediglich lohnsteuerliche und sozialversicherungsrechtliche Konsequenzen; schließlich ist die u.U. innerhalb eines Jahres mehrfach auszuschöpfende **Freigrenze von 40,00 €** für sog. **Aufmerksamkeiten**, d. h. für geringwertige Sachzuwendungen aufgrund eines **besonderen Anlasses**, zu beachten. Letztere stellen keinen Arbeitslohn dar.

Geldgeschenk aufzufassen und kann nicht unmittelbar als Preisnachlass für das Grundstück umgedeutet werden. Für das Grundstück muss der volle Kaufpreis an den Verkäufer entrichtet werden. Um die aus der Gewinnerhöhung resultierenden steuerlichen Folgen zu vermeiden, darf für steuerliche Zwecke dennoch eine erfolgsunwirksame Verbuchung als Anschaffungskostenminderung durchgeführt werden. Aufgrund dieser an sich nicht systemgerechten Verbuchung resultiert bei abnutzbarem Anlagevermögen eine Erfolgswirkung nur aus dem dadurch verringerten Abschreibungsvolumen. Im vorliegenden Fall eines nicht abnutzbaren Anlagegegenstandes ergibt sich die Erfolgswirkung erst im Zeitpunkt des Verkaufes des Grundstückes. Um die sofortige Besteuerung des Zuschusses zu vermeiden, ist daher wie folgt zu buchen:

Vorkontierung

Nr.	Datum	Beleg	Kto.	Kontenname	Soll	Haben
77.	4.11.08		1800	Bank	50.000,00	
			0215	Unbebaute Grundstücke		50.000,00

78. 5.11.08: Ein befreundeter Lieferant überlässt uns unentgeltlich eine gebrauchte Ladeneinrichtung zum geschätzten Marktpreis von 3.000,00 € + 570,00 € USt = 3.570,00 €.

Da mangels eigener Anschaffungsausgaben lediglich ein mengenmäßiger Zugang vorliegt, ist keine Verbuchung möglich. Die Vermögensgegenstände sind allerdings im Inventar zu verzeichnen. Umsatzsteuerlich liegt eine unentgeltliche Lieferung i. S. v. § 3 Abs. 1b Nr. 3 UStG (unentgeltliche Zuwendung) vor. Das Geschenk ist daher auf Seiten des Schenkers nach § 1 Abs. 1 Nr. 1 UStG steuerbar, da im Zeitpunkt des Erwerbs die Vorsteuer voll abziehbar war und insoweit auch die Voraussetzung des § 3 Abs. 1b Satz 2 UStG erfüllt ist. Bemessungsgrundlage für die Umsatzsteuer ist nach § 10 Abs. 4 Nr. 1 UStG der Einkaufspreis zzgl. Nebenkosten zum Zeitpunkt des Umsatzes. Aus der Umsatzsteuerpflicht für den Schenker ergibt sich aber grundsätzlich kein Vorsteuerabzugsrecht für den Beschenkten.

6.2.4.3 Schädigungen
Die Verbuchung bestimmter Schadensfälle, wie z. B. Diebstahl oder Forderungsausfälle durch Insolvenz, wurde bereits dargelegt. Nachfolgend werden noch einige Beispiele eigener und fremder Schädigungen erörtert:

79. 10.11.08: Der Insolvenzverwalter der Sturz OHG (Debitoren-Nr. 14500) teilt mit, dass mit einer Insolvenzquote von 40 % zu rechnen ist. Gegen die Sturz OHG besteht eine Forderung in Höhe von 2.618,00 € inkl. 19 % USt.

Rechnung	Rechnung	– 40 % Ausfall	Buchwert
Entgelt	2.200,00	– 880,00	1.320,00
+ 19 % USt	418,00		418,00
= Rechnungsbetrag	2.618,00	– 880,00	1.738,00

Vorkontierung

Nr.	Datum	Beleg	Kto.	Kontenname	Soll	Haben
79.	10.11.08	5023	1240	Zweifelhafte Forderungen	2.618,00	
			14500	Sturz OHG		2.618,00
		5024	6930	Forderungsverluste	880,00	
			1240	Zweifelhafte Forderungen		880,00

Zu Nr. 79: Zunächst ist es zweckmäßig, aber nicht unbedingt erforderlich, die zweifelhafte Forderung aus dem Bestand der anscheinend sicheren Forderungen auszugliedern. Da die Insolvenzquote lediglich geschätzt ist, darf die anteilige Umsatzsteuerschuld nicht vermindert werden. Der wahrscheinliche Ausfallbetrag der Netto-Forderung ist als Abschreibung zu verbuchen. Der Buchwert in Höhe von 1.738,00 € ist am Jahresende auf das Konto „1200 FLL" umzubuchen.

80. 13.11.08: Beim Umbau des eigenen Geschäftsgebäudes wurde das Nachbargebäude beschädigt. Nach einem Gutachten eines Bausachverständigen ist dadurch ein Schaden in Höhe von mindestens 140.000,00 € ohne Umsatzsteuer entstanden.

Vorkontierung

Nr.	Datum	Beleg	Kto.	Kontenname	Soll	Haben
80.	13.11.08	5025	7500	Außerordentliche Aufwendungen	140.000,00	
			3070	Sonstige Rückstellungen		140.000,00

Zu Nr. 80: Der Schaden steht nicht mit Sicherheit fest. Da aber davon auszugehen ist, dass der Schaden ersetzt werden muss, liegt insoweit eine ungewisse Verbindlichkeit vor, für die eine Rückstellung zu bilden ist. Die Rückstellungsbildung ist erfolgswirksam. Ob die Rückstellung bereits während der laufenden Verbuchung oder erst bei

Aufstellung des Jahresabschlusses zu buchen ist, ist nicht eindeutig geklärt. Aus dem Sinnzusammenhang der §§ 242 ff. HGB könnte zu folgern sein, dass eine laufende Verbuchung der Rückstellung nicht erforderlich ist.

81. 14.11.08: Der Lack und das Blech eines teilkaskoversicherten Betriebsfahrzeuges wurden auf einer Geschäftsfahrt von einem Unbekannten beschädigt. Laut Kostenvoranschlag der Reparaturwerkstätte belaufen sich die Reparaturkosten auf ca. 2.000,00 € zzgl. 19 % USt. Es wird beschlossen, die Reparatur nicht durchzuführen.

Zunächst ist zu prüfen, ob eine außerplanmäßige Abschreibung vorzunehmen ist. Nach dem Wortlaut des § 253 Abs. 2 HGB ist diese Prüfung erst am Bilanzstichtag vorzunehmen, eine laufende Abschreibungsbuchung wäre danach nicht möglich. Da die Reparatur nicht durchgeführt wird, kommt die Bildung einer Rückstellung wegen unterlassener Instandhaltung gemäß § 249 Abs. 1 Nr. 1 HGB nicht in Betracht.

Als vorbereitende Abschlussbuchung wäre zu buchen:

Vorkontierung

Nr.	Datum	Beleg	Kto.	Kontenname	Soll	Haben
81.	31.12.08		6230	Außerplanmäßige Abschreibungen auf Sachanlagen	2.000,00	
			0520	Fuhrpark		2.000,00

6.2.5 Verbuchungsprobleme bei privat veranlassten Geschäften

Privat veranlasste Geschäfte sind Entnahmen von Vermögensgegenständen, Dienstleistungen und Nutzungen aus dem Betriebsvermögen in das Privatvermögen (Privatentnahmen) bzw. Einlagen von Vermögensgegenständen, Dienstleistungen und Nutzungen aus dem Privatvermögen in das Betriebsvermögen (Privateinlagen). Dabei sind insbesondere folgende Punkte zu beachten:

Regel 19: Durch Privatentnahmen von Vermögensgegenständen können grundsätzlich handelsrechtlich weder Verluste noch Gewinne verursacht werden. Handelsrechtlich werden also für Privatentnahmen grundsätzlich keine Erfolgskonten benötigt. Für Zwecke der steuerlichen Gewinnermittlung ist aber zu beachten, dass Entnahmen von Wirtschaftsgütern (Vermögensgegenständen) nach § 6 Abs. 1 Nr. 4 und 5 EStG grundsätzlich mit dem Teilwert zu bewerten sind. Soweit der Teilwert von entnommenen Vermögensgegenständen über deren aktuellem Buchwert liegt, wird durch die Entnahme für die steuerliche Gewinnermittlung ein Gewinnbeitrag realisiert. In der Buchführungspraxis werden daher auch Privatentnahmen von Vermögensgegenständen über Erfolgskonten abgewickelt, selbst dann, wenn der Buchwert gleich dem Teilwert ist.

Regel 20: Bei Entnahmen von Dienstleistungen und Nutzungen, für die keine expliziten Bewertungsvorschriften existieren, werden für die Zwecke der steuerlichen Gewinnermittlung ebenfalls besondere Ertragskonten geführt. Betrachtet man die Entnahmen von Dienstleistungen und Nutzungen nicht als Leistungsabgaben des Unternehmens an das Privatvermögen, kommt für die handelsrechtliche Buchung grundsätzlich keine Ertrags- sondern eine Aufwandsstornobuchung in Betracht. Eine weitere Möglichkeit wäre, für den Privatanteil von vornherein keinen Aufwand zu buchen, dann könnte auf eine Privatentnahmebuchung vollständig verzichtet werden. Im Folgenden wird aber wie in der steuerlichen Praxis mit Erfolgskonten gebucht, weil dann auch die leistungsabhängige Verbuchung der Umsatzsteuer konsequent dargestellt werden kann.

Regel 21: Im Gegensatz zu Privatentnahmen lösen Privateinlagen von Vermögensgegenständen Aufwendungen unmittelbar nur dann aus, wenn zugleich die Ausnahmeregeln für Beschaffungsgeschäfte erfüllt sind, insbesondere also die Regeln über den Sofortverbrauch, die Festbewertung, Ersatzteilbeschaffung oder die Sofortabschreibung geringwertiger Wirtschaftsgüter → vgl. Regel 6 und Regel 7, S. 165.

Die Einlage von Dienstleistungen oder Nutzungen, für die ebenfalls keine expliziten Bewertungsvorschriften existieren, ist grundsätzlich erfolgswirksam, es sei denn, die Einlage führt zu einer Werterhöhung eines Vermögensgegenstandes des Betriebsvermögens, z. B. als Anschaffungsnebenkosten oder Herstellungsaufwand.

Umsatzsteuerpflicht von Privatentnahmen und Privateinlagen

Regel 22: Im Unterschied zu Privateinlagen sind Privatentnahmen mit Ausnahme von Barentnahmen und steuerbefreiten Entnahmen umsatzsteuerpflichtig. Die Umsatzsteuer bemisst sich nach § 10 Abs. 4 Nr. 1 UStG für die Entnahme von Gegenständen grundsätzlich nach dem Einkaufspreis zuzüglich den Nebenkosten bzw. nach den Selbstkosten. Bei der Entnahme von Dienstleistungen und Nutzungen bemisst sich die Umsatzsteuer nach § 10 Abs. 4 Nr. 2 und Nr. 3 UStG nach den entstandenen Kosten. Soweit diese Bemessungsgrundlagen von den handelsrechtlich maßgeblichen Werten abweichen, muss auch für die handelsrechtliche Rechnungslegung derjenige Umsatzsteuerbetrag als Privatentnahme verbucht werden, der sich aus der umsatzsteuerlichen Bemessungsgrundlage errechnet. Im Folgenden wird allerdings unterstellt, dass der handelsrechtliche Wert und die umsatzsteuerliche Bemessungsgrundlage übereinstimmen.

6.2.5.1 Privatentnahmen von Vermögensgegenständen, Dienstleistungen und Nutzungen

82. 16.11.08: Entnahme eines Schreibtisches für private Zwecke. Der Buchwert und auch der Teilwert betragen nach Abschreibung im Entnahmezeitpunkt 900,00 €.

Vorkontierung

Nr.	Datum	Beleg	Kto.	Kontenname	Soll	Haben
82.	16.11.08	5026	2100	Privatentnahmen	1.071,00	
			4620	Entnahme durch Unternehmer für Zwecke außerhalb des Unternehmens mit USt		900,00
			3800	USt-Schuld		171,00
			6900	Aufwendungen aus dem Abgang von Gegenständen des Anlagevermögens	900,00	
			0650	Betriebs- u. Geschäftsausstattung		900,00

Zu Nr. 82: Diese von steuerlichen Anforderungen geprägte Buchung erfordert auch eine Aufwandsbuchung für den Restbuchwert, um eine Gewinnerhöhung zu vermeiden. Dadurch wird aber unzutreffender Weise der Eindruck erweckt, dass der entnommene Vermögensgegenstand vollständig im Betriebsvermögen verbraucht worden wäre. Dieser Eindruck ließe sich nur vermeiden, wenn die Entnahme direkt aus dem aktiven Bestandskonto ausgebucht und gleichzeitig kein Ertrag gebucht würde. Die Umsatzsteuerberechnung und -verbuchung müsste dann an dem Restbuchwertabgang anknüpfen.

83. 17.11.08: Entnahme von Bargeld aus der Betriebskasse 400,00 €.

Vorkontierung

Nr.	Datum	Beleg	Kto.	Kontenname	Soll	Haben
83.	17.11.08	4018	2100	Privatentnahmen	400,00	
			1600	Kasse		400,00

Zu Nr. 83: Barentnahmen sind nicht umsatzsteuerbar.

Zu den häufigsten Fällen einer Nutzungsentnahme gehört die Nutzung eines zum Betriebsvermögen gehörenden Pkw für private Zwecke des Kaufmanns. Explizite Regelungen gibt es dabei nur für die steuerliche Gewinnermittlung und die Umsatzbesteuerung. Dabei ist zu unterscheiden, ob der Anteil der privaten Nutzung pauschal oder mit einem Fahrtenbuch ermittelt wird. Für die Ermittlung der privaten Nutzungsanteile ist weiterhin zu unterscheiden, ob rein private Fahrten oder Fahrten zwischen Betriebsstätte und Wohnung vorgenommen werden. Für einkommensteuerliche Zwecke gilt, dass Fahrten zwischen Wohnung und Betriebstätte des Kaufmanns mit einem dem Betriebsvermögen zugehörigen Pkw nach § 4 Abs. 5 a EStG ab 2006 keine Betriebsausgaben verursachen. Für die Berechnung der privaten Fahrten mit einem Betriebs-Pkw sind für die Berechnung des privaten Anteils grundsätzlich für jeden Kalendermonat 1 % des inländischen auf volle Hundert € abgerundeten Listenpreises des Pkw im Zeitpunkt der Erstzulassung zuzüglich der Kosten für Sonderausstattung einschließlich Umsatzsteuer anzusetzen. Ein Pkw muss für die Anwendung dieser Vorschrift die Voraussetzung erfüllen, dass er zu mehr als 50 % zum Betriebsvermögen gehört (§ 6 Abs. 1 Nr. 4 EStG). Für die Berechnung des Betriebsvermögensanteils gelten evtl. Fahrten zwischen Wohnung und Betriebsstätte als betriebliche Fahrten, obwohl deren betriebliche Veranlassung in § 4 Abs. 5 a EStG ausgeschlossen wurde. Bei Führung eines Fahrtenbuches können davon abweichend die auf die Privatfahrten entfallenden Aufwendungen angesetzt werden, wenn die für das Kraftfahrzeug insgesamt entstehenden Aufwendungen durch Belege nachgewiesen werden, was allerdings bei gegebener Buchführungspflicht selbstverständlich ist. Der so berechnete Nutzungsanteil ist zudem gemäß § 3 Abs. 9 a Nr. 1 i.V.m § 1 Abs. 1 Nr. 1 UStG umsatzsteuerpflichtig.

Bemessungsgrundlage sind nach § 10 Abs. 4 Nr. 2 UStG die bei der Ausführung dieser Umsätze entstandenen Ausgaben, soweit sie zum vollen oder teilweisen Vorsteuerabzug berechtigt haben. Soweit also für die Ausgaben kein Vorsteuerabzug möglich war, z. B. bei Ausgaben für die Kfz-Steuer, die Kfz-Versicherung oder bei einem Kauf des Pkw von einer Privatperson, fällt keine Umsatzsteuer für die Privatentnahme an. Für die pauschale 1 %-Berechnung der Privatnutzung gilt nach den Umsatzsteuerrichtlinien, dass 20 % des (monatlichen) Nutzungswertes pauschal wegen der Umsatzsteuerfreiheit der zugrunde liegenden Aufwendungen (z. B. Kfz-Steuer oder Kfz-Versicherung) ohne Umsatzsteuer verrechnet werden. Die Umsatzsteuer ist daher lediglich auf den anteiligen Nutzungswert (80 %) zu berechnen.

84. 1.12.08: Ein betrieblich und privat genutzter Pkw hatte einen Listenpreis bei Erstzulassung von 31.500,00 € + 19 % USt 5.985,00 € = 37.485,00 €. Der Pkw
wird auch für Fahrten zwischen Betriebsstätte und Wohnung benutzt. Die Strecke
von 30 Entfernungskilometern wurde im November tatsächlich an 20 Arbeitstagen jeweils einmal hin und zurück gefahren und für die Berechnung des betrieblichen Anteils als Betriebsfahrten gerechnet.

Private Monatsnutzung:		
Abgerundeter Listenpreis inkl. USt	37.400,00	
Monatsnutzung	1 %	374,00

Vorkontierung

Nr.	Datum	Beleg	Kto.	Kontenname	Soll	Haben
84.	1.12.08	5027	2100	Privatentnahmen	356,05	
			4640	Verwendung von Gegen- ständen für Außenzwecke mit USt		299,20
			3800	USt-Schuld		56,85
			2100	Privatentnahmen	74,80	
			4639	Verwendung von Gegen- ständen für Außenzwecke ohne USt		74,80

Zu Nr. 84: Die pauschale Berechnung des Entnahmewertes für Privatfahrten darf aber
nur angewendet werden, wenn die Nutzung des Pkw zu mehr als 50 % betrieblich ist.
Ist die Nutzung zwischen 50 % und 10 % muss der Nutzungswert der Privatentnahme
nach den insgesamt entstehenden (geschätzten) Aufwendungen berechnet werden. Bei
einer betrieblichen Nutzung unter 10 % gehört der Pkw zu 100 % zum Privatvermögen, die Buchung einer Entnahme entfällt. Zu prüfen ist dann, ob für die betrieblich verursachten Fahrten eine Nutzungseinlage zu erfassen ist.
Die Fahrten zwischen Wohnung und Betriebsstätte gelten für die Prüfung der Zuläs-
sigkeit der pauschalen Berechnung des Nutzungswertes als betriebliche Nutzung. Da
diese Fahrten nach § 4 Abs. 5 a EStG keine Betriebsausgaben verursachen, sind handelsrechtlich Privatentnahmen zu buchen. Eine handelsrechtliche Buchung als Aufwendungen ist anders als bei steuerlich nicht abziehbaren Betriebsausgaben nicht möglich. Da § 9 Abs. 2 EStG nach § 4 Abs. 5 a EStG entsprechend anzuwenden ist, dürfen
zur Abgeltung erhöhter Aufwendungen für die Wege zwischen Wohnung und Betriebsstätte ab dem 21. Entfernungskilometer für jeden Geschäftstag, an dem der Un-

ternehmer die Betriebsstätte aufsucht, für jeden vollen Kilometer der Entfernung eine Entfernungspauschale von 0,30 Euro wie Betriebsausgaben angesetzt werden.

Berechnung der pauschalen Beträge für Fahrten zwischen Betriebsstätte und Wohnung:

Listenpreis abgerundet	37.400,00 €
Pauschaler nicht betrieblicher Anteil § 4 Abs. 5 a EStG	0,03 %
Betrag pro Entfernungskilometer und Monat	11,22 €
Entfernungskilometer	30 km
Monatsanteil der Fahrten zwischen Wohnung und Betriebsstätte (= 11,22 €/km/Monat · 30 km)	336,60 €
davon abzugsfähig:	
Satz pro Entfernungskilometer nach § 9 Abs. 1 Nr. 4 a) EStG	0,30 €/km
pro Arbeitstag damit 0,30 €/km · 10 km =	3,00 €
tatsächliche Arbeitstage pro Monat	20 Tage
Monatsanteil der Fahrten zwischen Wohnung und Betriebsstätte zugleich abzugsfähige Betriebsausgaben	60,00 €
Privatentnahmen ohne Umsatzsteuer (336,60 € – 60,00 €)	276,60 €

Wird die Regelung der begrenzt abzugsfähigen km-Pauschale vom Bundesverfassungsgericht wieder geändert, können z. B. nicht 0,30 €/km · 10 km, sondern 0,30 €/km · 30 km = 9,00 € pro Arbeitstag bzw. 180,00 € pro Monat als Betriebsausgabe angesetzt werden.

Die Privatentnahmen sind auf das Konto „4660 unentgeltliche Erbringung einer sonstigen Leistung mit USt" gegen zu buchen. Es liegt eine Privatentnahme vor, die umsatzsteuerlich steuerbar ist. Obwohl die Aufwendungen für die Mehrkilometer nur als „Quasi-Betriebsausgaben" anzusehen sind, kann auf eine Umbuchung auf ein spezielles Konto verzichtet werden.

Vorkontierung

Nr.	Datum	Beleg	Kto.	Kontenname	Soll	Haben
84.	1.12.08		2100	Privatentnahmen	329,15	
			4660	unentgeltliche Erbringung einer sonstigen Leistung mit USt		276,60
			3800	USt-Schuld		52,55

85. 17.11.08: Telefongebühren in Höhe von 450,00 € zzgl. 19 % USt werden vom Bankkonto abgebucht (Privatanteil 10 %). Die Telefonanlage ist gemietet.

	Rechnung	90 % betrieblich	10 % privat
Entgelt	450,00	405,00	45,00
+ 19 % USt	85,50	76,95	8,55
= Rechnungsbetrag	535,50	481,95	53,55

Vorkontierung

Nr.	Datum	Beleg	Kto.	Kontenname	Soll	Haben
85.	17.11.08	3055	6800	Allgemeine Büro- und Verwaltungs- aufwendungen	405,00	
			1400	Vorsteuer	76,95	
			2100	Privatentnahmen	53,55	
			1800	Bank		535,50

Zu Nr. 85: Die nichtunternehmerische Nutzung der Telefonanlage ist keine sonstige Leistung i. S. v. § 3 Abs. 9a Satz 1 Nr. 2 UStG. Daher muss die Vorsteuer in einen abziehbaren und einen nicht abziehbaren Anteil aufgeteilt werden [vgl. A 192 Abs. 21 Nr. 1 UStR]. Eine Verbuchung auf dem Ertragskonto „4639 Verwendung von Gegenständen für Zwecke außerhalb des Unternehmens ohne USt" kommt daher nicht in Betracht.

86. 18.11.08: Telefongebühren in Höhe von 420,00 € zzgl. 19 % USt werden vom Bankkonto abgebucht (Privatanteil 10 %). Es entstehen keine Mietkosten, da die Telefonanlage gekauft wurde (lineare AfA monatlich 30,00 €).

	Rechnung	davon 90 % betrieblich	davon 10 % privat	10 % der Abschreibung
Entgelt	420,00	378,00	42,00	3,00
+ 19 % USt	79,80	71,82	7,98	0,57
= Rechnungsbetrag	499,80	449,82	49,98	3,57

Vorkontierung

Nr.	Datum	Beleg	Kto.	Kontenname	Soll	Haben
86.	18.11.08	3056	6800	Allgemeine Büro- und Verwaltungs- aufwendungen	378,00	
			1400	Vorsteuer	60,48	
			2100	Privatentnahmen	49,98	
			1800	Bank		499,80
			6220	Abschreibungen auf Sachanlagen	30,00	
			0650	Betriebs- u. Geschäftsausstattung		30,00
			2100	Privatentnahmen	3,57	
			4640	Verwendung von Gegen- ständen für Zwecke außerhalb des Unter- nehmens mit USt		3,00
			3800	USt-Schuld		0,57

Zu Nr. 86: Die Nutzung einer eigenen Telefonanlage für private Zwecke ist eine sonstige Leistung gemäß § 3 Abs. 9a S. 1 Nr. 1 UStG. Für die Verbuchung ist daher das oben aufgeführte Ertragskonto zu verwenden. Die Bemessungsgrundlage ist nach § 10 Abs. 4 Nr. 2 UStG i. V. m. Abschn. 155 Abs. 2, Abschn. 192 Abs. 21 UStR der private Anteil der Abschreibung in Höhe von 3,00 €, die Umsatzsteuer beträgt daher 19 % von 3,00 € = 0,57 €. Alternativ könnten sowohl die Abschreibung als auch die private Nutzung nicht monatlich, sondern nur einmal pro Jahr gebucht werden. In diesem Fall wären 10 % von 360,00 € Jahresabschreibung als vorbereitende Abschlussbuchung zu erfassen.

87. 30.11.08: Der Kaufmann nutzt eine Wohnung eines vollständig zum Betriebsvermögen gehörigen Gebäudes ausschließlich für private Zwecke. Der steuerlich anzusetzende Mietwert beträgt pro Monat 1.500,00 €.

Vorkontierung

Nr.	Datum	Beleg	Kto.	Kontenname	Soll	Haben
87.	30.11.08	5027	2100	Privatentnahmen	1.500,00	
			4639	Verwendung von Gegenständen für Zwecke außerhalb des Unternehmens ohne USt		1.500,00

Zu Nr. 87: Vermietungsumsätze von Grundstücken sind nach § 4 Nr. 12 a UStG umsatzsteuerbefreit.

6.2.5.2 Privateinlagen von Vermögensgegenständen, Dienstleistungen und Nutzungen

88. 30.11.08: Kauf eines ausschließlich betrieblich genutzten Pkw für 35.000,00 €
+ 6.650,00 € USt = 41.650,00 €. Als Gegenleistung wurde ein ausschließlich
privat genutzter Pkw für 10.000,00 € in Zahlung gegeben. Der Rest des Kaufpreises wurde per Electronic Cash beglichen.

Vorkontierung

Nr.	Datum	Beleg	Kto.	Kontenname	Soll	Haben
88.	30.11.08	3057	0520	Fuhrpark	35.000,00	
			1400	Vorsteuer	6.650,00	
			1800	Bank		31.650,00
		5028	2180	Privateinlagen		10.000,00

Zu Nr. 88: Bei dieser Verbuchung geht man davon aus, dass der in Zahlung gegebene Pkw privat veräußert wird und der dafür erlöste Betrag in das Betriebsvermögen eingelegt wird. Anders ausgedrückt: es wird unterstellt, dass zunächst eine betriebliche Schuld entsteht, die anschließend durch den Privattransfer getilgt wird. Man könnte aber auch davon ausgehen, dass das private Fahrzeug zunächst in das Betriebsvermögen eingelegt und anschließend in Zahlung gegeben wird. In diesem Fall ist zunächst zu prüfen, mit welchem Wert der Pkw einzulegen ist. Da die Einlage nicht umsatzsteuerbar ist, beläuft sich der Einlagewert auf 10.000,00 €. Es ist zu buchen: Fuhrpark 10.000,00 € an Privateinlage 10.000,00 €. Anschließend wird der Pkw in Zahlung gegeben. In diesem Fall ist zu beachten, dass ein umsatzsteuerpflichtiges Tauschgeschäft vorliegt. Es ist daher insgesamt wie folgt zu buchen:

Vorkontierung

Nr.	Datum	Beleg	Kto.	Kontenname	Soll	Haben
	30.11.08		0520	Fuhrpark	35.000,00	
			1400	Vorsteuer	6.650,00	
			1800	Bank		31,650,00
			3300	VLL		10.000,00
			0520	Fuhrpark	10.000,00	
			2180	Privateinlagen		10.000,00
			3300	VLL	10.000,00	
			4900	Erträge aus dem Abgang von Gegenständen des Anlagev.		8.403,36
			3800	Umsatzsteuerschuld		1.596,64
			6900	Aufwendungen aus dem Abgang von Gegenständen des Anlagevermögens	10.000,00	
			0520	Fuhrpark		10.000,00

Nach dieser Art der Fallbehandlung entsteht anders als beim Fall der Schuldbefreiung durch Privateinlage ein steuerlicher Verlustbeitrag in Höhe der Umsatzsteuerschuld: 10.000,00 € – 8.403,36 € = 1.596,64 €.

89. 1.12.08: Mit einem sonst ausschließlich privat genutzten Pkw (betriebliche Nutzung pro Jahr unter 10 %) wurden Waren von München in das Geschäft nach Regensburg befördert. Die Benzinrechnung für 260 km beträgt 59,50 €. Pro Fahrkilometer wird ein Satz von 0,30 € km verrechnet.

Vorkontierung

Nr.	Datum	Beleg	Kto.	Kontenname	Soll	Haben
89.	30.11.08	5029	1140	Warenvorräte	78,00	
			2180	Privateinlagen		78,00

Zu Nr. 89: Grundsätzlich wären die tatsächlichen Kilometer-Kosten maßgebend. Dabei müssen aber neben den Benzinkosten auch die sonstigen anteiligen Pkw-Kosten (z. B. Abschreibungen, Steuern, Versicherungen) erfasst werden. Die Berechnungen ergeben einen Kostenanteil von 78,00 €. Zusätzlich ist zu beachten, dass es sich bei den Transportkosten nach § 255 Abs. 1 HGB um Anschaffungsnebenkosten der Warenvorräte handelt; eine erfolgswirksame Verbuchung kommt daher unmittelbar nicht in Betracht. Aufwand wird erst beim Verkauf dieser Waren verwirklicht. Werden die Warenvorräte hingegen als Sofortverbrauch auf das Konto „5200 Warenaufwand" gebucht, wären für die steuerliche Praxis die Anschaffungsnebenkosten ebenfalls sofort als Aufwand zu buchen (Konto „5800 Anschaffungsnebenkosten"). Privateinlagen von Dienstleistungen und Nutzungen sind nicht umsatzsteuerbar, für die Einlage ist daher keine Vorsteuer zu erfassen.

Zusammenfassung

Für die systematische Darstellung der Regeln zur Verbuchung laufender Geschäftsvorfälle scheint die funktionale Typisierung der Unternehmenswirklichkeit in Beschaffungsgeschäfte, Innengeschäfte, Absatzgeschäfte, sonstige Geschäfte und privat veranlasste Geschäfte vorteilhaft. Besondere Bedeutung kommt dabei der Ableitung von Regeln zur Erfolgswirksamkeit zu.

Dabei gelten insbesondere folgende Regeln:
- Beschaffungsgeschäfte verursachen niemals Ertrag.
- Die Beschaffung von Vermögensgegenständen ist grundsätzlich nicht erfolgswirksam, es sei denn, es handelt sich um Sofortverbrauch, sofortigen Einbau von beschafften Ersatzteilen, Beschaffung von Vermögensgegenständen, die der Festbewertung unterliegen, sowie die Beschaffung von sog. geringwertigen Wirtschaftsgütern. Diese Beschaffungsgeschäfte können (müssen) entgegen der Grundregel sofort als Aufwand gebucht werden.
- Die Beschaffung von Dienstleistungen und Nutzungen verursacht hingegen grundsätzlich Aufwand, es sei den es handelt sich um (nachträgliche) Anschaffungsnebenkosten oder Herstellungsaufwand.
- Zahlungen vor der Leistung sind erfolgsunwirksam; der kaufmännische Erfolg wird generell nicht durch Zahlung, sondern durch Leistung realisiert.
- Der Input von Produktionsgeschäften verursacht generell Aufwand. Der Output von industriellen Produktionsgeschäften verursacht in Höhe der jeweils angesetzten Herstellungskosten Ertrag. Die Produktionsleistung von Dienstleistungsunternehmen wird nicht gebucht.
- Absatzgeschäfte verursachen generell Ertrag und zwar unabhängig davon, ob das Geschäft insgesamt einen Gewinn- oder Verlustbeitrag zum Periodenergebnis liefert. Beim Verkauf von Vermögensgegenständen ist grundsätzlich Aufwand in Höhe des Buchwertes der verkauften Vermögensgegenstände zu buchen. Diese Buchung kann entfallen, wenn z. B. in Handelsbetrieben bereits der Einkauf der

Waren aufgrund der Sofortverbrauchsregel als Aufwand gebucht wurde. Entsprechend kann die Aufwandsbuchung zu Herstellungskosten auch bei Industriebetrieben entfallen, wenn der Output der Produktion nicht gebucht wurde.

- Sonstige Geschäfte sind mangels Leistung oder Gegenleistung stets erfolgswirksam. Je nach Art der Geschäftsvorfälle sind sie als Aufwand oder Ertrag zu buchen.
- Privat veranlasste Geschäftsvorfälle sind nur bei Personenunternehmen, nicht bei Kapitalgesellschaften zu buchen. Privatentnahmen sind eher mit Absatzgeschäften „verwandt". Zumindest für die steuerlichen Buchungen werden Privatentnahmen – obwohl handelsrechtlich nicht erfolgswirksam – regelmäßig über Ertragskonten gebucht. Privateinlagen sind eher mit Beschaffungsgeschäften „verwandt", daher gelten für die Erfolgswirksamkeit auch Regeln für Beschaffungsgeschäfte. Die Einlagen von Vermögensgegenständen sind generell nicht erfolgswirksam, es sei denn, es greifen ausnahmsweise die Ausnahmevorschriften, wie sie auch für Beschaffungsgeschäfte gelten.

Kontrollfragen

1. Welche typischen Beschaffungsgeschäfte sind zu unterscheiden?
2. Wie sind Beschaffungsgeschäfte von Vermögensgegenständen des Umlaufvermögens zu buchen?
3. Wie sind Beschaffungsgeschäfte von Vermögensgegenständen des Anlagevermögens zu buchen?
4. Wie sind Beschaffungsgeschäfte von Dienstleistungen und Nutzungen zu buchen?
5. Wie sind Anzahlungen, Vorauszahlungen, Vorschusszahlungen bei Beschaffungsgeschäften zu buchen?
6. Wie sind Entgeltsminderungen bei Beschaffungsgeschäften zu buchen?
7. Welche Innengeschäfte sind laufend zu buchen? Welche branchenbedingten Besonderheiten sind dabei zu beachten?
8. Wie werden eigene Werkherstellungen gebucht?
9. Wie werden Lagerproduktionen gebucht?
10. Kann man durch Lagerproduktionen Erträge und Gewinne erzielen?
11. Welche typischen Verkaufsgeschäfte sind zu unterscheiden?
12. Wie ist die Erfolgswirksamkeit von Verkaufsgeschäften grundsätzlich geregelt?
13. Wie sind Verkaufsgeschäfte von Vermögensgegenständen des Umlaufvermögens in Handelsbetrieben zu buchen?
14. Wie sind Verkaufsgeschäfte von Vermögensgegenständen des Umlaufvermögens in Industriebetrieben zu buchen?

15. Wie ist der Verkauf von Vermögensgegenständen des Anlagevermögens zu buchen?
16. Wie ist der Verkauf von Dienstleistungen und Nutzungen zu verbuchen?
17. Wie sind Anzahlungen, Vorauszahlungen und Vorschusszahlungen bei Verkaufsgeschäften zu buchen?
18. Wie sind Entgeltsminderungen bei Verkaufsgeschäften zu buchen?
19. Wie sind Tauschgeschäfte zu buchen?
20. Wie sind sonstige Geschäfte definiert?
21. Wie sind sonstige Geschäfte mit Leistungen an die Umwelt zu buchen?
22. Wie sind sonstige Geschäfte mit Leistungen von der Umwelt zu buchen?
23. Wie sind Schädigungen zu buchen?
24. Wie sind privat veranlasste Geschäfte abzugrenzen?
25. Wie werden Privatentnahmen von Vermögensgegenständen, Dienstleistungen und Nutzungen gebucht?
26. Wie werden Privateinlagen von Vermögensgegenständen, Dienstleistungen und Nutzungen gebucht?
27. Wie werden private bzw. betriebliche Nutzungen eines Betriebs-Pkw gebucht?

7 Aufstellung des Jahresabschlusses auf der Grundlage der laufenden Buchführung und der Inventurergebnisse für den Abschlussstichtag

7.1 Vorbereitende und eigentliche Abschlussbuchungen

Ziel der Abschlussbuchungen ist es, den Jahresabschluss gemäß den §§ 242 ff. HGB bestehend aus Bilanz und Gewinn- und Verlustrechnung unter Berücksichtigung der Inventurergebnisse aus der laufenden Buchführung zu entwickeln. Beachtet man, dass die Verbuchung auf den Sachkonten lediglich die Folge einer systematischen Bilanzzerlegung ist, liegt es nahe, den Jahresabschluss bildlich ausgedrückt, durch „Zusammenbau" der zerlegten Bilanz aus ihren Bestandteilen – den Sachkonten – bei gleichzeitiger Einrichtung einer Gewinn- und Verlustrechnung abzuleiten. Dieser „Zusammenbau" müsste mit Hilfe sog. **eigentlicher Abschlussbuchungen** spiegelbildlich zur Bilanzzerlegung erfolgen. Dabei sind allerdings einige Probleme zu beachten, die vor der Durchführung der eigentlichen Abschlussbuchungen eine Reihe sog. **vorbereitender Abschlussbuchungen** erforderlich machen.

Die schon mehrfach angesprochenen vorbereitenden Abschlussbuchungen lassen sich wie in Abbildung 7.1 systematisieren:

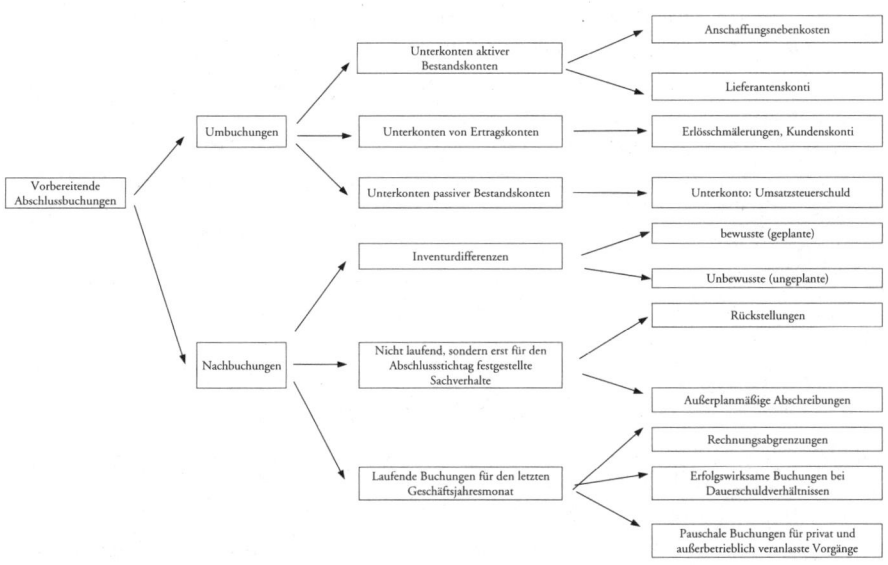

Abbildung 7.1: System der vorbereitenden Abschlussbuchungen

Die Abbildung 7.1 zeigt, dass zwei Gruppen von Buchungen das System vorbereitender Abschlussbuchungen bestimmen:
- **Umbuchungen** zum Abschluss von Unterkonten und
- **Nachbuchungen** zur Beseitigung von erst für den Abschlussstichtag festgestellten Inventurdifferenzen und zur Erfassung anderer während der laufenden Buchführung nicht berücksichtigter Sachverhalte.

Den Schwerpunkt der vorbereitenden Abschlussbuchungen bilden dabei die Nachbuchungen. Ursachen für zum Abschlussstichtag erforderliche Nachbuchungen sind insbesondere:

1. Laufend werden folgende Vorgänge, die eigentlich permanent zu buchen wären, bewusst nicht gebucht, z. B.:
- laufende Abnutzung des abnutzbaren Anlagevermögens (keine laufende Buchung von Abschreibungen),
- der Warenverbrauch für die laufenden Warenverkaufsgeschäfte wird laufend nicht gebucht (der laufende Warenaufwand wird nicht gebucht),
- jeder Einkauf von Waren wird sofort als Aufwand gebucht, auch wenn sich die Waren noch auf Lager befinden,
- der Materialverbrauch für die laufende Produktion wird nicht als Aufwand gebucht,
- jeder Materialeinkauf wird sofort als Aufwand gebucht, auch wenn die Materialien noch nicht in der Produktion verbraucht sind,
- laufend bereits eingetretene Risiken werden nicht als Rückstellungen oder außerplanmäßige Abschreibungen gebucht,
- laufende Privatentnahmen und Privateinlagen werden nicht laufend gebucht,
- der laufende Stromverbrauch, Wasserverbrauch, Wärmeverbrauch wird nicht laufend gebucht.
- Laufend werden folgende Vorgänge, die eigentlich laufend zu buchen wären, nicht gebucht, weil sie bis zum Abschlussstichtag nicht bekannt waren und erst durch sorgfältige Inventurmaßnahmen aufgedeckt werden, z. B.:
- bis zur Stichtagsinventur nicht erkannter Diebstahl,
- bislang nicht erkannte und erst bei der Inventur festgestellte Schäden oder
- eine nicht erkannte Zahlungsunfähigkeit von Kunden.

2. Dann sind Fälle zu unterscheiden, die zwar laufend gebucht wurden, die aber aufgrund von Sachverhaltsirrtümern oder im Buchungszeitpunkt fehlenden Informationen im Nachhinein betrachtet unbewusst falsch gebucht wurden. Beispiele dafür sind etwa Vorgänge, wie nicht deklarierte Privatentnahmen oder verdeckte Gewinnausschüttungen, falsche Interpretation von Buchungsbelegen oder Fehleinschätzungen der unternehmerischen Wirklichkeit.

3. Der Fall, dass laufend bewusst falsch gebucht wurde, sollte eigentlich nicht vorkommen, da insoweit ein Gesetzesverstoß verwirklicht wird. Grenzfälle sind aber Buchungen auf Konten, die keine Bilanzposten repräsentieren, z. B. Durchgangskonten, Interimskonten, zu klärende Posten, Conto pro Diverse im Sachkontenbereich, Transitkonten; weiterhin werden z. B. bei Privateinlagen Vorsteuerbeträge gebucht, obwohl der Umsatz von einem Privatmann kommt und damit nicht steuerbar ist. Ähnliches gilt für nicht angemessene Bewirtungsaufwendungen, die dennoch als Aufwand gebucht werden. Wegen unklarer gesetzlicher Bestimmungen sind auch die bewusste Nichtbildung aktiver und passiver Rechnungsabgrenzungsposten sowie die Auflösung und Neubildung von Rückstellungen während der laufenden Buchführung Grenzfälle in diesem Sinne. Grenzfälle sind allerdings nicht mehr gegeben, wenn verdeckte (versteckte) Gewinnausschüttungen in Kapitalgesellschaften nicht gebucht werden, oder wenn für eigene Schädigungen der Umwelt oder für nicht gerechtfertigte Vermeidung von Steuerzahlungen keine Rückstellungen gebucht werden.

4. Schließlich darf aber nicht übersehen werden, dass die für den Stichtag durchzuführende Inventur fehlerhaft sein kann. Diese Fehler wirken sich dann in (fehlerhaften) vorbereitenden Abschlussbuchungen oder in fehlenden Abschlussbuchungen aus. In jedem Fall führen Inventurfehler dieser Art zu einer unmittelbaren Änderung des Jahresergebnisses.

7.2 Inventur und Abgrenzung des Aufhellungszeitraumes

Ehe die Abschlussbuchungen durchgeführt werden können, sind das Vermögen und die Schulden des Kaufmanns zum Abschlussstichtag durch Inventur festzustellen.

Nach § 240 Abs. 1 und 2 HGB muss der Kaufmann in jedem Geschäftsjahr für den Schluss des betreffenden Geschäftsjahres seine Vermögensgegenstände und Schulden erfassen, beschreiben und bewerten. Diese Tätigkeit bezeichnet man als INVENTUR → Glossar. Im HGB wird der Begriff Inventur nicht direkt definiert.

Bei der Erfassung der Vermögensgegenstände und Schulden sind die Vereinfachungsvorschriften nach den §§ 240 Abs. 3 und 4, 241 HGB sowie die vom Gesetz explizit nur für die Bilanz formulierten Gebote der Vollständigkeit und die Verbote bzw. Beschränkungen der Verrechnung und des Ausweises bestimmter Positionen (Posten) gemäß §§ 246–251 HGB zu beachten.

Die erfassten Vermögensgegenstände und Schulden sind – soweit eine körperliche Erfassung durch **Messen**, **Zählen** oder **Wiegen** möglich ist – mengenmäßig nachzuweisen und grundsätzlich **einzeln** zu bewerten. Soweit keine mengenmäßige Bestandsaufnahme möglich ist, erfolgt die Aufnahme durch Berechnung der Bestände. Bewerten heißt: Zuweisen eines €-Betrages unter Beachtung der handels- bzw. steuerrechtlichen Bewertungsvorschriften. Für die Bewertung gelten dieselben gesetzlichen Vorschriften wie für die Aufstellung des Jahresabschlusses, insbesondere also die §§ 252–256 HGB.

Die Ergebnisse der Inventur sind in einem INVENTAR → Glossar darzustellen. Das Inventar ist der schriftliche Nachweis über die Ergebnisse der Inventur. Aus den gesetzlichen Vorschriften lassen sich aber allenfalls indirekte Anhaltspunkte für die formale Gestaltung des Inventars gewinnen. Durch höchstrichterliche Rechtsprechung und langjährige kaufmännische Übung haben sich folgende Gestaltungsgrundsätze durchgesetzt.

Gestaltungsgrundsätze

1. Das Inventar wird in der Regel in **Staffelform** erstellt und gliedert sich zunächst in Vermögensgegenstände und Schulden. Innerhalb der Vermögensgegenstände ist zwischen Anlage- und Umlaufvermögen zu differenzieren. Innerhalb der beiden Vermögensgruppen erfolgt – in der Staffel von oben nach unten betrachtet – jeweils eine Detailgliederung der Vermögensgegenstände nach zunehmendem Liquiditätsgrad. Das bedeutet, dass die liquiden Mittel am Ende des Inventarvermögens auszuweisen sind.

2. Die Vermögensgegenstände sind grundsätzlich einzeln aufzunehmen und auszuweisen und mit den ermittelten Mengengrößen und Werten zu versehen. Soweit dadurch das (Haupt-)Inventar „überladen" wird, können zu den einzelnen Positionen Anlagen erstellt werden. Geringwertige Anlagegüter werden nicht im Inventar aufgeführt. Vollständig abgeschriebene Anlagegüter werden mit einem **Erinnerungswert** oder Ausbuchungswert – i. d. R. 1 € (soweit dieser Wert erreicht wird) –, „wertlose" Umlaufgüter werden lediglich mengenmäßig erfasst. Nach R 31 Abs. 2 EStR dürfen Vermögensgegenstände des Anlagevermögens, die eine geschlossene Anlage bilden, statt in ihren einzelnen Teilen als Gesamtanlage in ein Bestandsverzeichnis eingetragen werden. Voraussetzung ist, dass die Absetzungen für Abnutzung auf die Gesamtanlage einheitlich vorgenommen werden. Weiterhin dürfen Anlagegegenstände der gleichen Art unter Angabe der Stückzahl im Bestandsverzeichnis zusammengefasst werden, wenn sie

- in demselben Geschäftsjahr angeschafft worden sind,
- die gleiche Nutzungsdauer haben,
- die gleichen Anschaffungskosten haben und
- nach der gleichen Methode abgeschrieben werden.

3. Nach dem Wortlaut des Gesetzes sind im Inventar als Belastungsposten lediglich die Schulden aufzunehmen. In der Praxis wird man überwiegend auch Rückstellungen ohne (ungewissen) Schuldcharakter, passive Rechnungsabgrenzungsposten so-

wie gewisse Rücklagenpositionen ins Inventar übernehmen, um insoweit eine Angleichung an die Bilanz zu erreichen. Die „Schulden" gliedert man in Anlehnung an die bilanzielle Behandlung in die Gruppen Verbindlichkeiten, Rückstellungen sowie Rechnungsabgrenzungsposten. Innerhalb der einzelnen Gruppen erfolgen weitere Untergliederungen; so werden z. B. die Verbindlichkeiten unterteilt in Verbindlichkeiten gegenüber Kreditinstituten, aus Lieferungen und Leistungen, aus Schuldwechsel sowie in sonstige Verbindlichkeiten. Bei Kapitalgesellschaften werden innerhalb dieser Gruppe Verbindlichkeiten mit einer Restlaufzeit bis zu einem Jahr besonders gekennzeichnet (§ 268 Abs. 5 HGB). Da entsprechende Angaben nach § 285 Nr. 1 u. 2 HGB für den Anhang des Jahresabschlusses benötigt werden, empfiehlt sich eine weitere Kennzeichnung der Verbindlichkeiten mit einer Restlaufzeit von mehr als fünf Jahren sowie Angaben über die Absicherung durch Pfandrechte und ähnliche Rechte.

4. Die Ermittlung des sog. **Reinvermögens** bildet keinen Pflichtbestandteil des Inventars. Zudem ist zu beachten, dass sich das Reinvermögen des Inventars und das Eigenkapital der Bilanz betragsmäßig grundsätzlich nicht entsprechen müssen. Selbst bei weitgehender Angleichung, müssen (können) in der Bilanz unter den Voraussetzungen des § 249 Abs. 1 und 2 HGB bestimmte Rückstellungen gebildet werden, die keine Schulden im Sinne des Inventars darstellen. In Höhe dieser Beträge differieren Reinvermögen und Eigenkapital, wenn man die gesetzlichen Vorschriften beachtet.

Inventar des Konfektionsgroßhandelsbetriebes Albert Meier *93055 Regensburg, für den 31.12.20..*		
Vermögensgegenstände (Art, Menge, Einzelwert) und Schulden		
A. Vermögen	€	€
II. Anlagevermögen		
1. Bebautes Grundstück, Donaustrasse 18		
a) Grund und Boden		260.000
b) Gebäude		416.000
2. Fuhrpark		
a) Pkw BMW		36.000
b) Lieferwagen Ford		40.000
c) Lieferwagen VW		24.000
3. Büro- und Geschäftsausstattung lt. besonderem Verzeichnis, Anlage 1		146.432

A. Vermögen	€	€
II. Umlaufvermögen		
1. Waren		
a) Anzüge lt. besonderem Verzeichnis, Anlage 2	840.000	
b) Hosen lt. besonderem Verzeichnis, Anlage 3	360.000	
c) Sakkos lt. besonderem Verzeichnis, Anlage 4	520.000	
d) Mäntel lt. besonderem Verzeichnis, Anlage 5	734.000	
e) Berufskleidung lt. besonderem Verzeichnis, Anlage 6	212.000	
f) Herrenartikel lt. besonderem Verzeichnis, Anlage 7	378.000	
Summe Warenvorräte		3.044.000
2. Verpackung lt. besonderem Verzeichnis, Anlage 8		86.000
3. Betriebsstoffe lt. besonderem Verzeichnis, Anlage 9		107.000
4. Forderungen aus Lieferungen und Leistungen		
Fa. Franz Knott, Werkstr. 8, 81929 München	11.900	
Fa. Elvira GmbH, Ottostr. 11, 81243 München	19.040	
Fa. Gabi Müller, Hofweg 3, 93053 Regensburg	5.950	
Fa. Ottfried Heiß, Erlanger Str. 9, 90425 Nürnberg	23.800	
Fa. Importa GmbH, Landstr. 11, 80336 München	101.150	
Summe Forderungen aus Lieferungen u. Leistungen		161.840
5. Bankguthaben		
a) Commerzbank Regensburg	14.127	
b) Sparkasse Regensburg	22.468	
Summe Bankguthaben		36.595
6. Postscheckguthaben		1.545
7. Kasse (Bargeld und Wertmarken)		4.978
III. Aktive Rechnungsabgrenzung		6.400
Summe des Vermögens		4.370.790

B. Schulden	€	€
I. Verbindlichkeiten		
1. Verbindlichkeiten gegenüber Kreditinstituten		
a) Deutsche Bank (Darlehen)	1.000.000	
b) Commerzbank (Darlehen)	150.000	
Summe Verbindlichkeiten gegenüber Kreditinstituten		1.150.000
2. Verbindlichkeiten aus Lieferungen und Leistungen		
Fa. Holler OHG, Ringstr. 14, 93073 Neutraubling	119.000	

B. Schulden	€	€
Fa. Italo Textil, Mailand, Italien	89.250	
Fa. Kagan u. Co., Schillerstr. 8, 80336 München	59.500	
Fa. Boss GmbH, Bosstr. 12, 72555 Metzingen	232.050	
Summe Verbindlichkeiten aus Lieferungen und Leistungen		499.800
3. sonstige Verbindlichkeiten inkl. Kundenanzahlungen lt. besonderem Verzeichnis, Anlage 10		65.000
II. Rückstellungen		
1. Rückstellungen für Gewerbesteuer	14.170	
2. Pensionsrückstellungen, Berechnung lt. Anlage 11	352.000	
3. sonstige Rückstellungen lt. besonderem Verzeichnis, Anlage 12	44.000	
Summe Rückstellungen		410.170
III. Passive Rechnungsabgrenzung		2.800
Summe der Schulden		2.127.770
C. Ermittlung des Reinvermögens		
Summe des Vermögens		4.370.790
– Summe der Schulden		2.127.770
= Reinvermögen		2.243.020
Regensburg, 4.1.20..		

Abbildung 7.2: Beispiel eines Inventars

Zur Frage, wann das Inventar aufgestellt werden muss, bestimmt § 240 Abs. 2 HGB lediglich, dass die Aufstellung innerhalb der einem ordnungsmäßigen Geschäftsgang entsprechenden Zeit zu bewirken ist. Im Gegensatz zum Zeitpunkt der Bilanzaufstellung bestehen auch für Kapitalgesellschaften keine präzisen Aufstellungsfristen für das Inventar. Einigkeit besteht aber darüber, dass die Abspeicherung des Inventars in einer EDV-Anlage ausreichend ist, d. h. das Inventar nicht mehr ausgedruckt werden muss. Das Inventar muss – insoweit folgerichtig – zudem vom Kaufmann nicht unterschrieben werden. Ungeachtet dessen, wie zügig das Inventar und der Jahresabschluss aufgestellt wird, ist nicht zu vermeiden, dass zwischen Abschlussstichtag und endgültiger Aufstellung des Jahresabschlusses ein mehr oder minder langer Zeitraum verstreicht, der auch bei bestens organisierten Großunternehmen trotz intensiver EDV-Unterstützung mehrere Monate betragen kann. Diesen Zeitraum wird als **Aufhellungszeitraum** bezeichnet. In § 252 Abs. 1 Nr. 4 HGB heißt es dazu wörtlich: „Es ist vorsichtig zu bewerten, namentlich sind alle vorhersehbaren Risiken und Verluste, die bis zum Abschlussstichtag entstanden sind, zu berücksichtigen, selbst wenn diese erst zwischen dem Abschlussstichtag und dem Tag der Aufstellung des Jahresabschlusses bekannt geworden sind; Gewinne sind nur zu berücksichtigen, wenn sie am Abschlussstichtag realisiert sind." Schon vor der Übernahme dieser Vorschrift in das HGB unterschied die steuerliche Rechtsprechung für diese Sachverhalte nicht ganz präzise zwischen wertaufhellenden und wertbeeinflussenden Ereignissen zwischen Bilanzstichtag und Tag der tatsächlichen Bilanzaufstellung. Der Bundesfinanzhof versteht unter wertaufhellenden Ereignissen solche, die die tatsächliche Situation am Bilanzstichtag wiedergeben und daher für die Bewertung eines Bilanzpostens auch dann berücksichtigt werden müssen, wenn sie am Abschlussstichtag noch nicht eingetreten (verursacht?) oder bekannt waren.

Im Einzelfall kann die Unterscheidung zwischen am Bilanzstichtag nicht mehr zu berücksichtigenden **wertbeeinflussenden** Ereignissen des neuen Geschäftsjahres und **wertaufhellenden** Vorgängen für den Bilanzstichtag schwierig sein. Vielfach ist man dabei auf Schätzungen angewiesen. Werden z. B. Warenvorräte wegen modischer Entwertung für den Abschlussstichtag erfolgswirksam abgewertet, können aber im neuen Geschäftsjahr wider Erwarten doch zu den ursprünglichen Verkaufspreisen verkauft werden, ist in dem Verkauf ein wertbeeinflussendes Ereignis des neuen Geschäftsjahres zu sehen. Die für den Bilanzstichtag vorgenommene Abwertung bleibt daher bestehen. Wird andererseits innerhalb des Aufhellungszeitraumes bekannt, dass eine anscheinend sichere Kundenforderung mit großer Wahrscheinlichkeit ausfällt, wobei die Ursachen nicht in Ereignissen des neuen Geschäftsjahres zu suchen sind, ist die Forderung für den Bilanzstichtag abzuschreiben. Wird dagegen umgekehrt durch eine Sanierung im neuen Geschäftsjahr verhindert, dass eine für den Bilanzstichtag bereits abgeschriebene Forderung tatsächlich ausfällt, liegt ein wertbeeinflussender Vorgang des neuen Geschäftsjahres vor, die Abschreibung der Forderung für den Bilanzstichtag wird nicht korrigiert.

Ein wichtiger Anwendungsbereich wertaufhellender Tatsachen ist, abgesehen von den bereits gezeigten Beispielen, die Bildung von Rückstellungen und Verbindlichkeiten für den Abschlussstichtag. Ungewisse Verbindlichkeiten, deren Ursache im vergangenen Geschäftsjahr liegt, können dem Grunde und oder der Höhe nach präzisiert ("aufgehellt") werden. Ein zum Abschlussstichtag noch unsicherer Prozessausgang, für den bereits früher eine Rückstellung gebildet worden ist, kann sich im Aufhellungszeitraum endgültig begünstigend oder belastend erledigen. Die Frage, ob hier die Rückstellung für den Bilanzstichtag erfolgserhöhend aufzulösen ist bzw. erfolgsunwirksam in den Bilanzposten sonstige Verbindlichkeiten umzugliedern ist, ist umstritten. Hier wird die Ansicht vertreten, dass die Gerichtsentscheidung ein wertbeeinflussendes Ereignis ohne bilanzielle Rückwirkung auf den Bilanzstichtag des vergangenen Geschäftsjahres darstellt.

Davon zu unterscheiden ist aber z. B. der Fall, dass ein Lieferant, der seine Lieferung oder Leistung noch im alten Jahr erbracht hat, seine Forderungen aber erst im neuen

Jahr durch eine Rechnung oder eine Lastschrift realisiert. Aufgrund des für den Buchungszeitpunkt geltenden Erfüllungskriteriums sind für derartige Vorgänge in der Schlussbilanz Verbindlichkeiten aus Lieferungen und Leistungen auszuweisen. Dies gilt allerdings auch dann, wenn die Abrechnung und oder Belastung erst nach Aufstellung des Jahresabschlusses erfolgt. Vor allem bei Buchungspflichtigen, die sich für die Abgrenzung buchungspflichtiger Sachverhalte vornehmlich auf externe Belege verlassen, bleiben aber derartige Sachverhalte häufig unberücksichtigt.

7.3 Reihenfolge der vorbereitenden Abschlussbuchungen

Es gibt keine vorgeschriebene Reihenfolge der vorbereitenden Abschlussbuchungen. Eine mögliche Reihenfolge ist die Gruppierung der vorbereitenden Abschlussbuchungen nach den betrieblichen Funktionen:

Absatz, Produktion, Beschaffung, sonstiger Bereich und Privatbereich sowie der abschließenden Bildung von Rückstellungen für alle Bereiche mit Ausnahme des Privatbereichs.

1		Durchführung der Inventur
2		Aufstellung des Inventars
3		Durchführung und Vorkontierung der vorbereitenden Abschlussbuchungen in einer Buchungsliste
	3.1	Abgrenzung des sog. Aufhellungszeitraumes (Zeitraum zwischen Abschlussstichtag und Tag der Abschlussaufstellung) und Aufklärung von Sachverhalten, die für das abgelaufene Jahr noch zu buchen sind, für die aber noch keine Belege existieren
	3.2	Umbuchungen der Salden von Unterkonten aktiver Bestandskonten und Erfolgskonten, z. B. Erlösschmälerungen, Kunden- und Lieferantenskonti, Anschaffungsnebenkosten
	3.3	Absatzbereich: Berechnung und Verbuchung der Erzeugnisbestandsveränderungen
	3.4	Absatzbereich: Abschluss des Warenvorratskontos
	3.5	Absatzbereich: Einzelwertberichtigung und Pauschalwertberichtigung von Forderungen gegenüber Kunden
	3.6	Absatzbereich: Bildung bzw. Auflösung passiver Rechnungsabgrenzungsposten
	3.7	Absatzbereich: Überprüfung von Forderungen oder Verbindlichkeiten aus Dauerleistungsgeschäften
	3.8	Produktionsbereich: Berechnung und Verbuchung von Materialaufwendungen
	3.9	Produktionsbereich: Berechnung und Verbuchung von Abschreibungen

	3.10	Beschaffungsbereich: Überprüfung von Forderungen oder Verbindlichkeiten aus Dauerleistungsgeschäften
	3.11	Beschaffungsbereich: Überprüfung der Geldbestände und Schulden
	3.12	Alle Bereiche: Bildung und Auflösung von Rückstellungen ohne Rückstellungen für Ertragsteuern
	3.13	Privatbereich und außerbetrieblicher Bereich: Berechnung und Verbuchung privater Nutzungsanteile und nicht abzugsfähiger Betriebsausgaben; bei Kapitalgesellschaften Erfassung und Verbuchung verdeckter Gewinnausschüttungen und verdeckter Einlagen
	3.14	Sonstiger Bereich: Bildung der Ertragsteuerrückstellungen
	3.15	Sonstiger Bereich: Abschluss der Umsatzsteuerkonten
4		Einbuchung der vorbereitenden Abschlussbuchungen in die Um- bzw. Nachbuchungsspalte der Hauptabschlussübersicht
5		Errechnung und Abstimmung der Summen der Soll- und Habenspalte der Um- bzw. Nachbuchungsspalte in der Hauptabschlussübersicht
6		Errechnung der Salden pro Sachkonto und Übertrag in die Soll- bzw. Habenspalte der Saldenbilanz II der Hauptabschlussübersicht
7		Errechnung und Abstimmung der Summen der Soll- und Habenspalte der Saldenbilanz II in der Hauptabschlussübersicht
8		Übertrag der Salden aus der Saldenbilanz II in die Soll- und Habenspalten der Schlussbilanz bzw. Gewinn- und Verlustrechnung der Hauptabschlussübersicht
9		Errechnung und Abstimmung der Summen der Soll- und Habenspalten der Schlussbilanz und der Gewinn- und Verlustrechnung der Hauptabschlussübersicht
10		Errechnung und Übertrag des Gewinns bzw. Verlustes aus der Gewinn- und Verlustrechnung in die Schlussbilanz der Hauptabschlussübersicht
11		Errechnung des Eigenkapitalendbestandes außerhalb der Hauptabschlussübersicht
12		Einbuchung der vorbereitenden Abschlussbuchungen in die Sachkonten
13		Eintragung der vorbereitenden Abschlussbuchungen in das Journal
14		Abschluss der Erfolgskonten über das GuV-Konto
15		Abschluss der Privatkonten auf das Eigenkapitalkonto
16		Abschluss der aktiven und passiven Bestandskonten über das Schlussbilanzkonto
17		Abschluss der Grundbücher
18		Aufstellung einer gegliederten Schlussbilanz und einer GuV-Rechnung nach dem Gesamtkosten- oder Umsatzkostenverfahren
19		Aufstellung eines Anhangs bei Kapitalgesellschaften

Abbildung 7.3: Gesamtüberblick über die Jahresabschlussmaßnahmen

7.4 Vorbereitende Abschlussbuchungen des Absatzbereiches

7.4.1 Ausbuchung von Inventurdifferenzen im Fabrikatebestand

Würde die Neuentstehung von Fertigerzeugnissen und der Verbrauch von Fertigerzeugnissen für Verkäufe laufend zutreffend gebucht, wäre für den Abschlussstichtag nur dann eine VORBEREITENDE ABSCHLUSSBUCHUNG → Glossar erforderlich, wenn wegen des strengen Niederstwertprinzips eine Abwertung auf den niedrigeren Börsen- oder Marktpreis erforderlich wäre. Voraussetzung ist allerdings, dass am Abschlussstichtag Lagerbestände fertiger Erzeugnisse oder Bestände unfertiger Erzeugnisse im Fertigungsprozess vorhanden sind. Steuerlich wäre in diesem Fall eine Abschreibung auf den niedrigeren Teilwert gemäß § 6 Abs. 1 Nr. 1 u. 2 EStG nur zulässig, wenn die Wertminderung von Dauer wäre. Eine Abwertungspflicht besteht steuerlich jedoch nicht.

Bei zutreffender laufender Verbuchung wären also keine Bestandserhöhungen oder Bestandsverminderungen zu buchen. Solche Buchungen verstoßen grundsätzlich auch gegen das Verrechnungsverbot des § 246 Abs. 2 HGB. Leider hat der Gesetzgeber in der Regelung des Gesamtkostenverfahrens für Kapitalgesellschaften offenbar unterstellt, dass diese Vorgehensweise in der Praxis nicht die Regel darstellt, sondern dass laufend weder der Zugang noch der Abgang neuer Fertigerzeugnisse gebucht wird. Anders ist es nicht zu erklären, dass in § 275 Abs. 2 HGB entgegen § 246 Abs. 2 HGB Bestandsänderungen von Erzeugnissen, also verrechnete (saldierte) Erträge und Aufwendungen auszuweisen sind. Beim UMSATZKOSTENVERFAHREN → Glossar werden die Zugänge der Fertigerzeugnisse als Aufwandsstornierungen durchgeführt, eine Praxis, die die Unternehmenswirklichkeit noch unzutreffender abbildet als das GESAMTKOSTENVERFAHREN → Glossar. Dies erscheint auch deswegen bemerkenswert, da das Umsatzkostenverfahren in der Praxis vor allem von globalisierenden Unternehmen vermehrt verwendet wird.

Folgt man dem Gesetzgeber und der überwiegenden Vorgehensweise in der Praxis sind am Jahresende im Bereich der Erzeugnisse entweder Bestandserhöhungen oder Bestandsminderungen, im Grenzfall auch keine Bestandsänderungen, zu berechnen und zu verbuchen. Welche Berechnungen für den Abschlussstichtag dabei im Einzelnen durchzuführen und welche Abschlussbuchungen damit auszuführen sind, wenn sich eine Erhöhung von Lagerbeständen ergibt, wurde bereits gezeigt. Im Folgenden werden einige zusätzliche Beispiele unter Berücksichtigung der steuerlichen Bewertungsvorschriften dargestellt.

90. 31.12.08: Für die Bewertung der fertigen Kleinmaschinen vom Typ A liegen folgende Daten vor:

Anfangsbestand 1.1.08		300.000,00
Materialeinzelkosten 31.12.08	150.000,00	
Materialgemeinkosten 31.12.08	35.000,00	
Fertigungseinzelkosten 31.12.08	100.000,00	
Fertigungsgemeinkosten 31.12.08	50.000,00	
Herstellkosten 31.12.08		335.000,00
Verwaltungsgemeinkosten 31.12.08	20.000,00	
Herstellungskosten Obergrenze 31.12.08		355.000,00
Vertriebsgemeinkosten 31.12.08	15.000,00	
Teilwert bei verlustfreier Bewertung, aber keine nachhaltige Wertminderung 31.12.08		330.000,00

Für den handelsrechtlichen Jahresabschluss soll eine möglichst niedrige Bewertung der Vorräte erfolgen.

		handels-rechtlich Pflicht
Anfangsbestand 1.1.08	300.000,00	300.000,00
Materialeinzelkosten 31.12.08	150.000,00	150.000,00
Materialgemeinkosten 31.12.08	35.000,00	
Fertigungseinzelkosten 31.12.08	100.000,00	100.000,00
Fertigungsgemeinkosten 31.12.08	50.000,00	
Bilanzansatz Handelsbilanz 31.12.08		250.000,00
Bestandsminderung		50.000,00

Steuerlich greift der niedrigere Teilwert nicht, da keine nachhaltige Wertminderung i. S. v. § 6 Abs. 1 Nr. 1 u. 2 EStG vorliegt.

Vorkontierung der handelsrechtlichen Bewertung

Nr.	Datum	Beleg	Kto.	Kontenname	Soll	Haben
90.	31.12.08	6001	4800	Bestandsveränderungen fertiger Erzeugnisse	50.000,00	
			1100	fertige Erzeugnisse		50.000,00

Zu Nr. 90: Obwohl die Bestandsminderung keine Ertragsminderung, sondern Aufwand darstellt, wird eine Verbuchung im Soll des Ertragskontos „4800 Bestandsveränderungen fertiger Erzeugnisse" vorgenommen. Auch eine Verbuchung auf einem Aufwandskonto wäre nicht korrekt, da die Bestandsänderung eine verrechnete Erfolgsgröße darstellt. Die Verbuchung von verrechneten Erfolgsgrößen verstößt grundsätzlich gegen § 246 Abs. 2 HGB.

7.4.2 Ausbuchung von Inventurdifferenzen im Warenbestand

Ob im Bereich des Warenbestandes regelmäßig vorbereitende Abschlussbuchungen vorzunehmen sind, hängt insbesondere von der laufenden Verbuchung der Verkaufsgeschäfte ab. Dabei sind grundsätzlich folgende Möglichkeiten zu unterscheiden:
1. Bei der Verbuchung der laufenden Verkaufsgeschäfte werden die Warenaufwendungen stets mitgebucht, dies kann über Scannerlösungen oder über automatisch gebuchte Schätzanteile erfolgen. In diesem Fall werden die vorbereitenden Abschlussbuchungen auf ein Minimum beschränkt, außerdem weist die laufende Gewinnermittlung eher zutreffende Ergebnisse aus → **Beispiel vgl. Nr. 91, S. 266.**
2. Laufend wird jeder Wareneinkauf sofort als Aufwand verbucht. Diese Sofortverbrauchsbuchung kann je nach Branche die Aufwandsverursachung zeitnah wiedergeben. Soweit dies nicht der Fall ist, ist für den Abschlussstichtag auf jeden Fall eine vorbereitende Abschlussbuchung durchzuführen. In wachsenden Unternehmen ist dabei eher eine Bestandserhöhung der Warenvorräte bei gleichzeitiger Stornierung des Warenaufwands zu buchen. Werden über das gesamte Jahr im Vergleich zum Vorjahr die Lagerbestände abgebaut, müssen Bestandsminderungen gebucht werden → **Beispiel vgl. Nr. 92, S. 267.**
3. Während des Jahres werden nur die Erträge der Warenverkaufsgeschäfte, nicht aber die dadurch verursachten Aufwendungen gebucht. Diese vor allem in früheren Jahren weit verbreitete Übung dürfte mit dem vermehrten Einsatz von Warenwirtschaftssystemen heutzutage aber eher selten anzutreffen sein → **Beispiel vgl. Nr. 93, S. 267.**

91. (Beispiel zu 1.) 31.12.08: Das Konto „1140 Warenvorräte" weist nach Durchführung aller laufenden Buchungen einen vorläufigen Endbestand von 240.000,00 aus. Lt. Inventur wurde für den 31.12.08 zunächst ein Warenbestand von 239.000,00 € festgestellt. Die Differenz ist vermutlich auf nicht erkannte Warendiebstähle zurückzuführen. Nach Abwertung von nur schwer verkäuflichen Waren beträgt der Inventurbestand zum 31.12.08 230.000,00 €. Dies ist zugleich der Teilwert der Waren, wobei die Wertminderung von Dauer ist.

Bestand lt. Konto 1140		240.000,00
– vermutlicher Diebstahl		1.000,00
– Abwertung		9.000,00
= Bilanzwert Warenvorräte HB und StB		230.000,00

Vorkontierung der vorbereitenden Abschlussbuchung

Nr.	Datum	Beleg	Kto.	Kontenname	Soll	Haben
91.	31.12.08	6002	5200	Warenaufwand	9.000,00	
			7500	Außerordentliche Aufwendungen	1.000,00	
			1140	Warenvorräte		10.000,00

Zu Nr. 91: Statt einer Verbuchung auf außerordentliche Aufwendungen ist auch eine Verbuchung auf sonstige betriebliche Aufwendungen möglich. Eine Verbuchung auf dem Konto Warenaufwendungen ist für Diebstahlsaufwendungen eher irreführend und daher zu vermeiden.

Das Konto Warenvorräte könnte zum 31.12.08 nach Verbuchung der vorbereitenden und eigentlichen Abschlussbuchungen z. B. wie folgt aussehen:

Soll		1140 Warenvorräte		Haben
1.1. Anfangsbestand	220.000,00	12.1. Verkauf		180.000,00
2.3. Einkauf	170.000,00	30.3. Verkauf		230.000,00
3.4. Einkauf	120.000,00	6.5. Verkauf		140.000,00
4.6. Einkauf	230.000,00	5.9. Verkauf		130.000,00
12.8. Einkauf	140.000,00	12.12. Verkauf		280.000,00
20.10. Einkauf	170.000,00	31.12. Diebstahl		1.000,00
4.12. Einkauf	70.000,00	31.12. Abwertung		9.000,00
10.12. Einkauf	80.000,00	31.12. Endbestand		230.000,00
	1.200.000,00			1.200.000,00

92. (Beispiel zu 2.) 31.12.08: Das Konto „1140 Warenvorräte" weist nach Durchführung aller laufenden Buchungen lediglich den Anfangsbestand in Höhe von 220.000,00 € auf. Sämtliche Wareneinkäufe wurden sofort über das Konto „5200 Warenaufwendungen" gebucht. Im Haben des Warenvorratskontos erfolgten laufend keine Buchungen. Lt. Inventur wurde für den 31.12.08 zunächst ein Warenbestand von 239.000,00 € festgestellt. Nach Abwertung von nur schwer verkäuflichen Waren beträgt der Inventurbestand zum 31.12.08 230.000,00 €. Dies ist zugleich der Teilwert der Waren, wobei die Wertminderung von Dauer ist. Wei-

tere Differenzen – z. B. wegen möglicher Warendiebstähle – konnten aufgrund der vereinfachten Buchung nicht festgestellt werden.

Endbestand lt. Lt. Inventur	239.000,00
– Abwertung	9.000,00
= Bilanzwert Warenvorräte HB und StB	230.000,00
– Anfangsbestand lt. Konto 1140 Warenvorräte	220.000,00
= Bestandserhöhung Warenvorräte	10.000,00

Vorkontierung der vorbereitenden Abschlussbuchung

Nr.	Datum	Beleg	Kto.	Kontenname	Soll	Haben
92.	31.12.08	6003	1140	Warenvorräte	10.000,00	
			5200	Warenaufwand		10.000,00

Zu Nr. 92: Die Buchung repräsentiert keine eigentliche Bestandserhöhung, da es sich bei dem Betrag von 10.000,00 € nicht um genau identifizierbare Warenzugänge handelt. Die vorbereitende Abschlussbuchung wirkt vielmehr als Stornierung laufend zuviel gebuchter Aufwendungen. Das Konto Warenvorräte wird bei dieser Art laufender Verbuchung für das gesamte Geschäftsjahr auf folgende Darstellungsform reduziert:

Soll		1140 Warenvorräte	Haben	
Anfangsbestand	220.000,00	Endbestand		230.000,00
Bestandserhöhung	10.000,00			
	230.000,00			230.000,00

93. (Beispiel zu 3.) 31.12.08: Das Konto „1140 Warenvorräte" weist nach Durchführung aller laufenden Buchungen (inkl. Anschaffungsnebenkosten und Anschaffungskostenminderungen) einen vorläufigen Endbestand von 1.200.000,00 € auf. Alle Wareneinkäufe wurden auf der Sollseite des Warenvorratskontos geführt. Auf der Habenseite des Warenvorratskontos erfolgten laufend keine Buchungen. Lt. Inventur wurde für den 31.12.08 zunächst ein Warenbestand von 239.000,00 € festgestellt. Nach Abwertung von nur schwer verkäuflichen Waren beträgt der Inventurbestand zum 31.12.08 230.000,00 €. Dies ist zugleich der Teilwert der Waren, wobei die Wertminderung von Dauer ist. Weitere Differenzen – z. B. wegen möglicher Warendiebstähle – konnten aufgrund der vereinfachten Buchung nicht festgestellt werden.

Endbestand lt. Lt. Inventur	239.000,00
– Abwertung	9.000,00
= Bilanzwert Warenvorräte HB und StB	230.000,00
– vorläufiger Endbestand lt. Konto 1140 Warenvorräte	1.200.000,00
= Bestandsminderungen Warenvorräte vom 1.1. – 31.12.08	970.000,00

Vorkontierung der vorbereitenden Abschlussbuchung

Nr.	Datum	Beleg	Kto.	Kontenname	Soll	Haben
93.	31.12.08	6004	5200	Warenaufwand	970.000,00	
			1140	Warenvorräte		970.000,00

Zu Nr. 93: Die Buchung repräsentiert keine in der Realität abgrenzbare Bestandsminderung, da es sich bei dem Betrag von 970.000,00 € nicht um genau identifizierbare Warenabgänge handelt. Die vorbereitende Abschlussbuchung wirkt vielmehr als Nachbuchung laufend nicht gebuchter Aufwendungen. Obwohl der Warenbestand gegenüber dem Vorjahr um 10.000,00 € gestiegen ist, wird eine Bestandsminderung gebucht. Das Konto Warenvorräte wird bei dieser Art von laufender Verbuchung auf folgende Darstellungsform reduziert:

Soll	1140 Warenvorräte		Haben
Anfangsbestand	220.000,00	Warenaufwand	970.000,00
2.3. Einkauf	170.000,00	Endbestand	230.000,00
3.4. Einkauf	120.000,00		
4.6. Einkauf	230.000,00		
12.8. Einkauf	140.000,00		
20.10. Einkauf	170.000,00		
4.12. Einkauf	150.000,00		
	1.200.000,00		1.200.000,00

7.4.3 Abgrenzungsbuchungen für Forderungen aus Dienstleistungen und Nutzungen

Nach § 252 Abs. 1 Nr. 5 HGB sind Erträge des Geschäfts unabhängig von den entsprechenden Zahlungen im Jahresabschluss für das abgelaufene Geschäftsjahr zu berücksichtigen. Der Kaufmann muss danach am Jahresende vor allem im Bereich der Dauerschuldverhältnisse prüfen, inwieweit bereits Leistungen erbracht und verbraucht wurden, für die noch keine Zahlung erfolgte. Auf der Absatzseite gilt dies vor allem für erbrachte Miet- und Pachtleistungen sowie für Kreditgewährungen aller Art. Für bis zum Abschlussstichtag nach den allgemeinen Erfüllungskriterien realisierte Leistungen müssen die dafür entstandenen Ansprüche erfolgswirksam eingebucht werden. Der noch schwebende Teil der Dauerschuldverhältnisse bleibt dagegen nach den Grundsätzen der (Nicht-) Verbuchung schwebender Geschäfte unberücksichtigt.

Bei zeitnaher Verbuchung ist grundsätzlich davon auszugehen, dass es sich dabei lediglich um Ansprüche des unmittelbar vorangegangenen Monats handelt, da die Forderungen für die früheren Monate bereits an den jeweiligen Monatsenden eingebucht wurden.

94. 31.12.08: Ein umsatzsteuerbefreites Mietverhältnis läuft laut Mietvertrag jeweils vom 1.11.–31.10.; die monatlich in Höhe von je 500,00 € fälligen Mietzahlungen werden vom Mieter vereinbarungsgemäß vierteljährlich nachträglich durch Banküberweisung in Höhe von 1.500,00 € beglichen. Die Mieterträge für November sind bereits gebucht.

Vorkontierung der vorbereitenden Abschlussbuchung

Nr.	Datum	Beleg	Kto.	Kontenname	Soll	Haben
94.	31.12.08	6005	1200	FLL	500,00	
			4860	Grundstückserträge		500,00

Zu Nr. 94: Da das Konto „1200 FLL" in EDV-Buchführungen häufig nicht direkt bebuchbar ist, kann entweder ein anderes (bebuchbares) Teilkonto des Bilanzpostens oder das Konto „1300 sonstige Vermögensgegenstände" verwendet werden. Für letztere Verbuchung spricht z. B. eine vereinfachte Abstimmung der Salden der Debitorenkontokorrente mit dem Hauptbuchbestand des Kontos „1200 Forderungen aus Lieferungen und Leistungen". Andererseits handelt es sich bei den Mieten eindeutig um Entgelte für Absatzleistungen, die zwar umsatzsteuerbefreit sind, die aber dennoch einen Ausweis in dem Bilanzposten Forderungen aus Lieferungen und Leistungen erforderlich machen. Statt einer Zuordnung zum Bilanzposten „sonstige Vermögensgegenstände" ist daher die Einrichtung eines Teilkontos für den Bilanzposten Forderungen aus Lieferungen und Leistungen vorzuziehen.

95. 31.12.08: Am 10.1. schickt die Bank die Zinsabrechnung für das abgelaufene Jahr, mit einer Gutschrift von 2.640,00 €.

Vorkontierung der vorbereitenden Abschlussbuchung

Nr.	Datum	Beleg	Kto.	Kontenname	Soll	Haben
95.	31.12.08	6006	1200	FLL	2.640,00	
			7100	Zinsen und ähnliche Erträge		2.640,00

Zu Nr. 95: Zur Verbuchung der Zinsforderungen auf das Konto „1300 sonstige Vermögensgegenstände" → vgl. Anmerkungen zu Nr. 94, S. 269.

96. 31.12.08: Für festverzinsliche Wertpapiere im Nennwert von 40.000,00 € besteht ein Zinszahlungszeitraum vom 30.9. – 31.3. Die Wertpapiere sind nachschüssig mit 7,5 % zu verzinsen. Am 31.12. besteht eine Zinsforderung in Höhe von 750,00 €.

Vorkontierung der vorbereitenden Abschlussbuchung

Nr.	Datum	Beleg	Kto.	Kontenname	Soll	Haben
96.	31.12.08	6007	1200	FLL	750,00	
			7100	Zinsen und ähnliche Erträge		750,00

Zu Nr. 96: Zur Verbuchung der Zinsforderungen auf das Konto „1300 sonstige Vermögensgegenstände" → vgl. Anm. zu 94, S. 269.

7.4.4 Einzel- und Pauschalwertberichtigung für Forderungen aus Lieferungen und Leistungen

Während der Inventur sind aus dem Gesamtbestand der Debitoren zunächst diejenigen auszugliedern, deren vollständiger oder teilweiser Ausfall unter Berücksichtigung des nach § 252 Abs. 1 Nr. 4 HGB zu beachtenden Wertaufhellungszeitraumes am Bilanzstichtag sicher ist. Diese Forderungen sind unter gleichzeitiger Berichtigung der Umsatzsteuerschuld einzeln abzuschreiben.

Aus dem verbleibenden Bestand sind dann die sog. zweifelhaften bzw. dubiosen Forderungen auszugliedern, d. h. Forderungen, deren teilweiser oder vollständiger Ausfall zwar wahrscheinlich, aber noch nicht endgültig realisiert ist. Das Ergebnis dieser Inventurmaßnahmen sollte durch Umbuchung der einzelnen ermittelten **zweifelhaften Forderungen** auf ein gesondertes Teilkonto „1240 Dubiose Forderungen" in den Büchern festgehalten werden. Eine Pflicht zur Einrichtung dieses Teilkontos besteht aber nicht. Eine Umbuchung der bei Aufstellung des Jahresabschlusses endgültig sicheren Ausfälle auf das Konto „1240 Dubiose Forderungen" ist dagegen fachlich unzutreffend.

Der Bestand der dubiosen Forderungen ist anschließend daraufhin zu untersuchen, inwieweit ein teilweiser oder vollständiger Ausfall wahrscheinlich ist. In Höhe der wahrscheinlichen Ausfälle sind ebenfalls Abschreibungen zu verbuchen; die Umsatzsteuerschuld darf in diesen Fällen allerdings mangels endgültig sicheren Forderungsausfalls nicht vermindert werden.

Aufgrund des allgemeinen Kreditrisikos ist schließlich auch der Bestand der anscheinend sicheren Forderungen abzuschreiben. Die Abschreibung erfolgt dabei aber nicht einzeln, d. h. gesondert für jede Forderung, sondern pauschal durch Anwendung eines bestimmten Prozentsatzes für den Gesamtbestand der anscheinend sicheren Forderungen. Der Prozentsatz für diese sog. **Pauschalwertberichtigung** (Delkredere-Wertberichtigung) – im Folgenden mit PWB abgekürzt – bleibt i. d. R. über die Jahre hinweg unverändert und wird nach den jeweiligen Erfahrungen der einzelnen Branche gebildet. Üblich sind Wertberichtigungssätze zwischen 1 % und 4 %. Vielfach werden neben einem Abschlag aufgrund des allgemeinen Kreditrisikos zusätzliche Abschläge wegen des Erlösschmälerungsrisikos (Skontoabzug durch Kunden), eines Verzögerungsrisikos durch verspäteten Zahlungseingang und daher notwendiger eigener Kreditaufnahme sowie zur Berücksichtigung von Mahn- und Beitreibungskosten errechnet. Ob dabei ein einheitlicher Prozentsatz gebildet wird, der gleichzeitig alle Einflussfaktoren beinhaltet, oder ob jede Risikoart durch einen besonderen Prozentsatz berücksichtigt wird, ist von nachrangiger Bedeutung. Zu beachten ist, dass die Höhe der PWB nur vom Netto-Forderungsbestand gebildet wird, da die Umsatzsteuerschuld nur bei endgültigem Forderungsausfall vermindert werden darf.

Nicht abschließend geklärt ist, ob in die Pauschalwertberichtigung der scheinbar sichere Anteil der zuvor einzelwertberichtigten Forderungen einzubeziehen ist. Hier soll der wohl überwiegenden Praxis gefolgt werden, wonach eine Forderung entweder pauschal- oder einzelberichtigt werden kann, eine gleichzeitige Einzel- und Pauschalwertberichtigung pro Einzelforderung damit nicht möglich ist.

Um die Verbuchung der PWB transparenter zu gestalten, erscheint es zweckmäßig, auch die PWB auf einem eigenen Konto zu verbuchen. Dieses Konto ist jedoch kein selbständiges Bestandskonto, sondern ein Unterkonto zum Konto „Forderungen aus Lieferungen und Leistungen".

Im Jahr der erstmaligen Bildung der PWB wird der gesamte Abschreibungsbetrag dem Unterkonto PWB gutgeschrieben und auf dem Konto Abschreibungen für Forderungen aus Lieferungen und Leistungen belastet. Anschließend wird die PWB auf das Bestandskonto „Forderungen aus Lieferungen und Leistungen" umgebucht, mit der Folge, dass der in der Schlussbilanz auszuweisende Endbestand dieses Kontos um den Abschreibungsbetrag vermindert ist.

Zu Beginn des Folgejahres wird die PWB des Vorjahres auf ein entsprechend neu einzurichtendes Unterkonto ausgebucht. Dadurch wird bewirkt, dass der Forderungsbestand wieder in ursprünglicher Höhe ausgewiesen wird. Diese Buchung ist nicht erfolgswirksam. Während der laufenden Verbuchung wird das Unterkonto „Pauschalwertberichtigungen auf Forderungen aus Lieferungen und Leistungen" grundsätzlich nicht benötigt. Eine Ausnahme besteht lediglich beim Ausfall von am vorangegangenen Bilanzstichtag anscheinend sicheren Forderungen sowie beim Ausfall von neuen Forderungen des laufenden Jahres. In Höhe des jeweiligen Forderungsausfalls wird die PWB dann durch eine laufende Buchung aufgelöst. Diese Buchung ist nicht erfolgswirksam.

97. Der Vorjahres-Bilanzbestand an Forderungen aus Lieferungen Leistungen beträgt 292.500,00 €; dabei wurden 5.000,00 € als PWB abgesetzt. Der Inventurbestand des laufenden Jahres vor Berücksichtigung der nachfolgenden Vorgänge beträgt 357.000,00 €.
    - Am 2.2. des Folgejahres noch vor Aufstellung des Jahresabschlusses wird bekannt, dass in diesem Betrag eine Forderung gegenüber dem Kunden Bogner in Höhe von 5.950,00 € enthalten ist, der zum Ende des abgelaufenen Jahres Insolvenz angemeldet hat. Der Antrag auf Eröffnung des Insolvenzverfahrens wurde zwischenzeitlich mangels Masse abgelehnt. Der Ausfall der Forderung ist damit unzweifelhaft.
    - Der Bestand der dubiosen Forderungen umfasst einen Gesamtbetrag von 15.827,00 €. Darin sind folgende Einzelforderungen enthalten:
        - Kunde Fauler, der für seine Schuld in Höhe von 4.760,00 € einen Vergleich mit einer Quote von 40 % vorgeschlagen hat;
        - Kunde Abel mit einer Schuld von 3.332,00 €. Abel behauptet, dass die Gesamtlieferung vollständig unbrauchbar war; die Frage, ob die Forderung überhaupt zu Recht eingebucht wurde, ist bei Aufstellung des Jahresabschlusses noch nicht endgültig geklärt.
        - Kunde Holler mit einer Schuld von 7.735,00 €; diesem Kunden wurde ein zinsfreier Zahlungsaufschub für ein Jahr gewährt. Der Zinsverlust beträgt 700,00 €.
    - Auf den Bestand der anscheinend sicheren Forderungen ist eine PWB aufgrund des allgemeinen Kreditrisikos in Höhe von 2 % des Forderungsbestandes zu bilden. Der Vorjahresbetrag der PWB beträgt 5.000,00 €.

Nach Aufstellung des Jahresabschlusses für das Vorjahr wird das Unterkonto PWB im laufenden Jahr mit dem für das Vorjahr errechneten und verbuchten PWB-Betrag mit einer laufenden Buchung – z. B. am 31.3. – neu eröffnet:

Vorkontierung der laufenden Buchung

Nr.	Datum	Beleg	Kto.	Kontenname	Soll	Haben
	31.3.08	6000	1200	FLL	5.000,00	
			1248	PWB		5.000,00

Einzelwertberichtigung für den endgültigen Forderungsausfall:

Vorkontierung der vorbereitenden Abschlussbuchung

Nr.	Datum	Beleg	Kto.	Kontenname	Soll	Haben
97.	31.12.08	6008	6923	Einstellung in die Einzelwertberichtigung zu FLL	5.000,00	
			3800	USt-Schuld	950,00	
			1200	FLL		5.950,00

Umbuchung der zweifelhaften Forderungen:

Vorkontierung der vorbereitenden Abschlussbuchung

Nr.	Datum	Beleg	Kto.	Kontenname	Soll	Haben
97.	31.12.08	6010	1210	Zweifelhafte FLL	15.827,00	
			1200	FLL		15.827,00

Einzelwertberichtigungen für nicht endgültige Forderungsausfälle, eine Berichtigung der USt-Schuld ist nicht zulässig:

Vorkontierung

Nr.	Datum	Beleg	Kto.	Kontenname	Soll	Haben
97.	31.12.08	6011	6923	Einstellung in die Einzelwertberichtigung zu Forderungen	2.400,00	
			1210	Zweifelhafte FLL		2.400,00
		6012	6923	Einstellung in die Einzelwertberichtigung zu Forderungen	2.800,00	
			1210	Zweifelhafte FLL		2.800,00
		6013	6923	Einstellung in die Einzelwertberichtigung zu Forderungen	700,00	
			1210	Zweifelhafte FLL		700,00

Berechnung der PWB:

Forderungsbestand am Bilanzstichtag vor den Abschlussbuchungen	357.000,00
– endgültiger Forderungsausfall	– 5.950,00
– dubiose Forderungen	– 15.827,00
= Bestand der anscheinend sicheren Forderungen	335.332,00
– darin enthaltene Umsatzsteuer (19 %)	– 53.523,00
= Forderungsnettobetrag anscheinend sicher	281.700,00
davon 2 % PWB	5.634,00
– Anfangsbestand PWB	– 5.000,00
= erfolgswirksamer Berichtigungsbetrag	634,00

Bestand der anscheinend sicheren Forderungen		335.332,00
– 2 % PWB		– 5.634,00
Summe dubioser Forderungen	15.827,00	
– Einzelwertberichtigung Fauler	– 2.400,00	
– Einzelwertberichtigung Abel	– 2.800,00	
– Einzelwertberichtigung Holler	– 700,00	
= anscheinend sicherer Anteil der dubiosen Forderungen		9.927,00
= Bilanzbestand der Forderungen aus Lieferungen und Leistungen		339.516,00

Im Beispielsfall ist nur die auf die Forderungserhöhung entfallende Abschreibung in Höhe von 5.634,00 € – 5.000,00 € = 634,00 € zu buchen:

Vorkontierung der vorbereitenden Abschlussbuchung

Nr.	Datum	Beleg	Kto.	Kontenname	Soll	Haben
97.	31.12.08	6014	6920	Einstellung in die PWB	634,00	
			1248	PWB FLL		634,00

Für die Aufstellung der Bilanz ist der gesamte PWB-Betrag auf das Konto Forderungen aus Lieferungen und Leistungen umzubuchen:

Vorkontierung der vorbereitenden Abschlussbuchung

Nr.	Datum	Beleg	Kto.	Kontenname	Soll	Haben
97.	31.12.08	6015	1248	PWB FLL	5.634,00	
			1200	FLL		5.634,00

Anschließend ist der anscheinend sichere Betrag der dubiosen Forderungen umzubuchen, da ein Ausweis zweifelhafter Forderungen nach der Abschreibung nicht mehr möglich ist:

Vorkontierung der vorbereitenden Abschlussbuchung

Nr.	Datum	Beleg	Kto.	Kontenname	Soll	Haben
97.	31.12.08	6016	1200	FLL	9.927,00	
			1210	Zweifelhafte FLL		9.927,00

Zusammenfassende Darstellung der Buchungen auf Konten:

Soll		1200 FLL		Haben
AB	292.500,00	Diverse		16.500,00
(6008)	5.000,00	(6009)		5.950,00
Diverse	476.000,00	(6010)		15.827,00
(6016)	9.927,00	(6015)		5.634,00
		EB		339.516,00
	783.427,00			783.427,00

Soll		1248 PWB auf FLL		Haben
(6015)	5.634,00	(6008)		5.000,00
		(6014)		634,00
	5.634,00			5.634,00

Soll		1210 Zweifelhafte Forderungen		Haben
(6010)	15.827,00	(6011)		2.400,00
		(6012)		2.800,00
		(6013)		700,00
		(6016)		9.927,00
	15.827,00			15.827,00

Soll	6923 Einstellung in die Einzelwertberichtigung zu FLL		Haben
(6009)	5.000,00	GuV	10.900,00
(6011)	2.400,00		
(6012)	2.800,00		
(6013)	700,00		
	10.900,00		10.900,00

Soll	6920 Einstellung in die Pauschalwertberichtigung zu FLL		Haben
(6014)	634,00	GuV	634,00
	634,00		634,00

Soll	3800 Umsatzsteuerschuld		Haben
(6009)	950,00	EB	950,00
	950,00		950,00

7.4.5 Auflösung (Bildung) von passiven Rechnungsabgrenzungsposten

Voraussetzung für den Ansatz von passiven RECHNUNGSABGRENZUNGSPOSTEN → Glossar sind Vorauszahlungen von Kunden, die Ertrag für eine bestimmte Zeit nach dem Abschlussstichtag darstellen. Aus der Formulierung in § 250 Abs. 2 HGB könnte zu folgern sein, dass Rechnungsabgrenzungsposten nur am Abschlussstichtag zu bilden sind, eine laufende Einbuchung der Rechnungsabgrenzungen, wie sie oben befürwortet wurde, vom Gesetzgeber somit nicht vorgesehen ist. Insoweit liegt der Sachverhalt ähnlich wie bei den Rückstellungen und gewissen Abschreibungen. Insgesamt wird jedoch davon auszugehen sein, dass der Gesetzgeber kein Verbot der laufenden Einbuchung von Rechnungsabgrenzungen aussprechen wollte, die gesetzliche Bestimmung soll lediglich sicherstellen, dass am Jahresende in jedem Fall gegenüber Kunden bestehende Verpflichtungen durch entsprechende passive Bilanzposten ausgewiesen werden. Soweit die Rechnungsabgrenzungsposten bereits bei der laufenden Verbuchung gebildet worden sind, werden sie durch die monatlichen Ertragsbuchungen aufgelöst. Eine gesonderte Bildung passiver Rechnungsabgrenzungsposten anlässlich der vorbereitenden Abschlussbuchungen ist dann nicht erforderlich. Sofern allerdings während der laufenden Verbuchung fälschlicherweise bereits die gesamte Zahlung als Ertrag gebucht worden ist – der Ertrag realisiert sich erst im Zeitablauf –, muss diese Buchung zum Jahresende durch Bildung eines passiven Rechnungsabgrenzungspostens anteilig storniert werden.

Aus der gesetzlichen Einordnung folgt zugleich eine Aussage zum Inhalt der passiven Rechnungsabgrenzung. Der Posten bringt zum Ausdruck, dass eine zeitbezogene Leistungsverpflichtung gegenüber Kunden durch deren Vorauszahlung besteht. Im Grenzfall der Nichtleistung durch den Kaufmann ist die Vorauszahlung zurückzuerstatten. Das vom Gesetz dabei geforderte Zeitmoment ist insbesondere bei folgenden Leistungen erfüllt: Mietleistungen, Kreditleistungen oder zeitbezogenen Honoraren.

98. 31.12.08: Die Halbjahreszinsen für ein an Kunden gewährtes Darlehen in Höhe von 660,00 € wurden vom Kunden durch Überweisung auf das betriebliche Bankkonto vorausbezahlt; Laufzeit des Darlehens vom 1.9. – 31.8. Am 1.9.08 wurde gebucht:
1800 Bank an 7100 Zinserträge 660,00 €.
Weitere Buchungen erfolgten bislang nicht.

Vorkontierung der vorbereitenden Abschlussbuchung

Nr.	Datum	Beleg	Kto.	Kontenname	Soll	Haben
98.	31.12.08	6017	7100	Zinserträge	440,00	
			3900	Passive Rechnungs-abgrenzung		440,00

Zu Nr. 98: Zwei Drittel des Jahresertrages werden erst im Folgejahr ertragswirksam; außerdem wird dem Darlehensgeber noch für acht Monate die Darlehensnutzung geschuldet.

99. 31.12.08: Die monatliche Miete für vermietete Geschäftsräume in Höhe von 1.000,00 € wurde vom Mieter für die Zeit vom 1.11.08–31.1.09 am 1.11.08 durch Banküberweisung vorausbezahlt. Am 1.11. wurde gebucht:
1800 Bank an 4860 Grundstückserträge 3.000,00 €.
Weitere Buchungen erfolgten bislang nicht.

Vorkontierung der vorbereitenden Abschlussbuchung

Nr.	Datum	Beleg	Kto.	Kontenname	Soll	Haben
99.	31.12.08	6018	4860	Grundstückserträge	1.000,00	
			3900	Passive Rechnungs-abgrenzung		1.000,00

Zu Nr. 99: Ein Drittel der Mietvorauszahlung wird erst im Folgejahr ertragswirksam; außerdem wird dem Mieter noch für einen Monat die Nutzung der Geschäftsräume geschuldet.

7.5 Abschlussbuchungen des Produktionsbereiches

7.5.1 Verbuchung der Abschreibungen auf das abnutzbare Anlagevermögen

Vermögensgegenstände des Anlagevermögens sind dazu bestimmt, dauernd dem Unternehmen zu dienen. Diese Gegenstände unterliegen über ihre Lebensdauer hinweg Wertminderungen, die verschiedene Ursachen haben können. Die periodischen Wertminderungen bestimmen unter Berücksichtigung geplanter werterhaltender Reparaturen zugleich die Lebensdauer der Anlagegegenstände.

Ursachen für Wertminderungen

- Wertminderungen durch Abnutzung der Vermögensgegenstände durch Produktionseinsatz, Witterungseinflüsse, Zeitablauf von Nutzungsrechten (Konzessionen, Lizenzen, Patente) und Substanzverminderung bei Unternehmen der Grundstoffindustrie (Kies-, Erz- oder Kohleabbau),
- Wertminderungen durch Änderung der wirtschaftlichen Verhältnisse, z. B. Nachfrageverschiebungen (Substitutionsgüter, Modeeinflüsse), fallende Wiederbeschaffungskosten der Anlagegüter
- Wertminderungen durch technischen Fortschritt und
- Wertminderungen durch Beschädigungen, z. B. durch Unfall oder Naturkatastrophen und durch erhöhte Inanspruchnahme.

Zu beachten ist, dass eine unmittelbare Feststellung mengenmäßiger Minderungen bei Anlagegütern nicht möglich ist. Insofern können auch keine Inventurdifferenzen errechnet werden, da für diese Vermögensgegenstände kein mengenmäßiger Istbestand feststellbar ist. Anders als z. B. bei den Vorratskonten des Umlaufvermögens kann daher auch kein aufgrund des Ist-Inventurbestandes errechneter mengenmäßiger Sollproduktions- oder Sollwareneinsatz verbucht werden.

In der Finanzbuchführung werden vielmehr alle Formen von Wertminderungen des abnutzbaren Anlagevermögens aufgrund von Abschreibungsplänen im Voraus für die jeweiligen Abrechnungsperioden der gesamten Nutzungsdauer geschätzt und das Ergebnis dieser Schätzungen, die sog. Abschreibungen, in den Büchern erfasst.

Regelfall der Verbuchung bildet die **ABSCHREIBUNG** → Glossar für Abnutzung des abnutzbaren Anlagevermögens. Handelsrechtlich wird diese Abschreibung als planmäßige Abschreibung bezeichnet [vgl. § 253 Abs. 2 HGB]. Der planmäßigen Abschreibung entspricht für die Zwecke der steuerlichen Gewinnermittlung die Absetzung für Abnutzung (AfA) oder Absetzung für Substanzverringerung (AfS) i. S. v. § 7 EStG. Für die Abschreibungsursachen „Änderung der wirtschaftlichen Verhältnisse", „technischer Fortschritt" sowie „Beschädigungen" sind handelsrechtlich außerplanmäßige Abschreibungen i. S. v. § 253 Abs. 2 HGB zu verrechnen. Dabei sind aber für

Kapitalgesellschaften die Grenzen des § 279 Abs. 1 HGB zu beachten. Der außerplanmäßigen Abschreibung entsprechen die steuerlichen Abschreibungen für außergewöhnliche technische oder wirtschaftliche Abnutzung (AfaA) i. S. v. § 7 Abs. 1 EStG sowie die Teilwertabschreibung i. S. v. § 6 Abs. 1 Nr. 1 u. 2 EStG. Für steuerliche Zwecke sind daneben noch eine Reihe von Sonderabschreibungsmöglichkeiten zu beachten, vor allem die für kleinere Betriebe bedeutsamen Sonder- und Ansparabschreibungen gemäß § 7 g EStG.

Im Vordergrund der nachfolgenden Ausführungen stehen die Abschreibungen für Abnutzungen, wobei die Abschreibungsursachen Substanzverminderung und Abnutzung durch Zeitablauf außer Betracht bleiben.

Im Einzelnen sind dabei folgende Fragen zu klären:
• Abschreibungspflicht oder -wahlrecht,
• Kreis der abzuschreibenden Anlagegegenstände,
• Bemessungsgrundlage für die Abschreibungsberechnung,
• Berechnung der Abschreibungen nach den handelsrechtlich zulässigen Abschreibungsmethoden,
• Verbuchung der Abschreibungen.

Im Anschluss daran ist auf einige Sonderfragen einzugehen, z. B. die Berechnung und Verbuchung von Abschreibungen bei Zugang oder Abgang von abnutzbaren Anlagegütern während des Geschäftsjahres.

Abschreibungspflicht

In § 253 Abs. 2 HGB wird eindeutig festgelegt, dass planmäßige Abschreibungen vorgenommen werden müssen („sind"). Der Kaufmann hat insoweit kein Abschreibungswahlrecht. Ausnahmen bestehen lediglich für Vermögensgegenstände, die für das Anlagevermögen beschafft wurden, die aber innerhalb des Geschäftsjahres angeschafft und sofort wieder veräußert werden. Diese Vermögensgegenstände werden nicht abgeschrieben. Eine Besonderheit besteht auch bei sog. geringwertigen Anlagegütern, die einer Abnutzung unterliegen. Soweit solche Güter Anschaffungskosten von nicht mehr als 50,00 € (ohne Umsatzsteuer) verursachen, dürfen sie sofort als Aufwand verrechnet werden; sie werden zudem inventurmäßig zumindest für die steuerliche Einkommensermittlung nicht erfasst. Ähnlich müssen geringwertige Wirtschaftsgüter i. S. v. § 6 Abs. 2 EStG (Anschaffungs- oder Herstellungskosten bis einschließlich 150,00 € ohne Umsatzsteuer), die einer selbständigen Nutzung fähig sind, im Jahr der Anschaffung, Herstellung oder Einlage sofort als Aufwand verbucht werden, wenn sie in einem gesonderten Anlagenverzeichnis erfasst werden bzw. wenn entsprechende Angaben aus der Buchführung ersichtlich sind. Bewegliche Wirtschaftsgüter des Anlagevermögens mit Anschaffungs- oder Herstellungskosten von mehr als 150,00 € bis einschließlich 1.000,00 € sind in einen jahrgangsbezogenen Sammelposten einzustellen, der über einen Zeitraum von fünf Jahren gleichmäßig verteilt gewinnmindernd aufzulösen ist.

Nach § 253 Abs. 4 HGB sind daneben Abschreibungen im Rahmen vernünftiger kaufmännischer Beurteilung zulässig. Für Kapitalgesellschaften ist diese Vorschrift aber wegen § 279 Abs. 1 HGB nicht anzuwenden.

Kreis der abzuschreibenden Anlagegegenstände

Abzuschreiben sind alle abnutzbaren Vermögensgegenstände des abnutzbaren Anlagevermögens – mit Ausnahme der geringwertigen Anlagegüter –, die sich in wirtschaftlichem Eigentum des Kaufmanns befinden. Der wirtschaftliche Eigentümer ist damit zugleich der Abschreibungsberechtigte und -verpflichtete. Mit dem Zeitpunkt des Übergangs des wirtschaftlichen Eigentums ist zugleich der Zeitpunkt des Abschreibungsbeginns festgelegt (wird in der Literatur zum Teil bestritten!). Bei eigener Herstellung ist der Zeitpunkt der Fertigstellung – bei Gebäuden der Zeitpunkt der Bezugsfertigkeit – maßgebend.

Bemessungsgrundlage für die Abschreibungsberechnung

Die planmäßigen Abschreibungen sind nach § 253 Abs. 2 HGB durch Verteilung der Anschaffungs- oder Herstellungskosten zu berechnen.

Die nach den gesetzlichen Vorschriften berechneten Anschaffungskosten bilden grundsätzlich die Bemessungsgrundlage für die Berechnung der Abschreibungen für alle Perioden der gesamten Nutzungsdauer. Von diesem Grundsatz gibt es folgende wichtige Ausnahmen:

- Entstehung nachträglicher Anschaffungs-, Herstellungs- oder Abbruchkosten in den Folgeperioden oder
- Berechnung der Abschreibung auf der Grundlage der periodischen Restbuchwerte.

In diesen Fällen gelten für die Folgeperioden von den Anschaffungs- oder Herstellungskosten abweichende Bemessungsgrundlagen. So müssen etwa im Fall nachträglicher Anschaffungs- oder Herstellungskosten, z. B. aufgrund von Umbaumaßnahmen, ab dem Realisationszeitpunkt, z. B. dem Zeitpunkt der Bezugsfertigkeit, neue Anschaffungs- oder Herstellungskosten berechnet werden. Dabei ist auch zu prüfen, ob sich durch die betreffenden Maßnahmen die Gesamtnutzungsdauer verlängert oder nicht. Im letzten Fall ist die Abschreibung ab dem Realisationszeitpunkt so zu berechnen, dass die neuen Anschaffungs- oder Herstellungskosten über die ursprüngliche restliche Nutzungsdauer abgeschrieben werden.

Fraglich ist schließlich, wie die Bemessungsgrundlage und auch die Nutzungsdauer beim Erwerb gebrauchter Anlagegüter zu berechnen ist. Generell gilt, dass der Erwerber unabhängig von den Abschreibungen seines Rechtsvorgängers sowohl die Bemessungsgrundlage als auch die Nutzungsdauer neu zu bestimmen hat. Eine sog. „Buchwertverknüpfung" findet somit grundsätzlich nicht statt. Ausnahmen ergeben sich

z. B. bei der Gesamtrechtsnachfolge durch Erbschaft oder bei bestimmten Umwandlungs- und Verschmelzungsvorgängen.

Berechnung der Abschreibungen nach den handelsrechtlich zulässigen Abschreibungsmethoden

Das Handelsrecht schreibt keine bestimmte Abschreibungsmethode vor, nach der die Anschaffungs- oder Herstellungskosten auf die Geschäftsjahre zu verteilen sind, in denen der Vermögensgegenstand voraussichtlich genutzt werden kann. Dieser Zeitraum wird allgemein als Nutzungsdauer bezeichnet. Da der aus der Nutzungsdauer abgeleitete Abschreibungsplan auf einer Vorausschätzung beruht, die i. d. R. mit erheblichen Unsicherheitsfaktoren belastet ist, sind grundsätzlich alle Abschreibungsmethoden zulässig, die nicht gegen das in § 253 Abs. 4 HGB zum Ausdruck kommende Willkürverbot verstoßen. Um die Vorausschätzung der Nutzungsdauern zu erleichtern, werden von der Finanzverwaltung „betriebsgewöhnliche Nutzungsdauern" von Anlagegütern in sog. AfA-Tabellen festgesetzt, die von vielen Unternehmen auch für die Berechnung der handelsrechtlichen Abschreibungen zugrunde gelegt werden, soweit neben der Steuerbilanz überhaupt ein gesonderter handelsrechtlicher Jahresabschluss aufgestellt wird.

Die beiden wichtigsten Abschreibungsverfahren der Praxis sind danach die sog. lineare Abschreibung (zeitlich gleich bleibende Abschreibung von den tatsächlichen Anschaffungskosten) sowie die degressive Abschreibung (Abschreibung mit jährlich abfallenden Abschreibungsbeträgen). Die Abschreibung mit ansteigenden Beträgen (progressive Abschreibung) sowie die in Abhängigkeit von schwankender Leistung berechnete (variable) Abschreibung bilden dagegen eher die Ausnahme. Hinzuweisen ist noch auf die Kombination verschiedener Abschreibungsmethoden, z. B. durch Übergang von der degressiven zur linearen Abschreibung innerhalb der planmäßigen Nutzungsdauer des Vermögensgegenstandes.

Lineare Abschreibung

Die lineare Abschreibung, bei der die Anschaffungs- oder Herstellungskosten gleichmäßig auf die Nutzungsdauer verteilt werden, berechnet sich grundsätzlich wie folgt:

$$a_t = \frac{A}{n}$$

wobei a_t den Abschreibungsbetrag des Geschäftsjahres, A die Anschaffungskosten und n die Anzahl der Geschäftsjahre, auf die die Anschaffungskosten verteilt werden sollen, angibt.

Da davon auszugehen ist, dass die gesamten Anschaffungskosten innerhalb der Nutzungsdauer restlos verrechnet werden, kann die Abschreibung auch in Form eines auf die Anschaffungskosten anzuwendenden Abschreibungssatzes angegeben werden:

$$q = \frac{1}{n} \cdot 100$$

wobei q den Abschreibungsprozentsatz angibt.

Beispiel

Die planmäßige Nutzungsdauer eines Pkw mit Anschaffungskosten von 25.000,00 € beträgt abweichend von der steuerlichen AfA-Tabelle 4 Jahre. Die lineare Jahresabschreibung berechnet sich wie folgt:

$$a_t = \frac{25.000{,}00}{4} \cdot 6.250{,}00 [\text{€}/\text{Jahr}]$$

Degressive Abschreibung
Geometrisch-degressive Abschreibung

Die geometrisch-degressive Abschreibungsmethode ermittelt die jährlichen Abschreibungsbeträge als festen Prozentsatz des Buchwerts. Im Anschaffungs- oder Herstellungsjahr entspricht der Buchwert den Anschaffungs- oder Herstellungskosten, in den Folgejahren dem um die Abschreibungen des (der) Vorjahrs (Vorjahre) verminderten Buchwert. Durch die Anwendung eines konstanten Abschreibungssatzes auf die jeweiligen Restbuchwerte kann innerhalb der planmäßigen Nutzungsdauer keine Vollabschreibung der Bemessungsgrundlage erreicht werden. Für die Berechnung des Abschreibungssatzes muss daher ein angemessener Restbuchwert, z. B. in Höhe des erwarteten Schrottwertes, vorgegeben werden. Dabei gilt, dass der Abschreibungssatz umso höher sein muss, je niedriger der Restwert am Ende der Nutzungsdauer festgesetzt wird. Der auf den jeweiligen Buchwert anzuwendende Abschreibungssatz berechnet sich wie folgt:

$$q = 100\left(\sqrt[1-n]{\frac{R_n}{R_0}} \right)$$

wobei R_0 die Anschaffungs- oder Herstellungskosten und R_n den nach n Jahren angestrebten Restwert angibt.

Für das obige Beispiel errechnet sich bei einem angestrebten Restwert von 1.000,00 € folgender jährlich anzuwendender Abschreibungssatz:

$$q = 100\left(\sqrt[1-4]{\frac{1.000}{25.000}} \right) = 55{,}28 \,\%$$

Für die steuerliche Gewinnermittlung ist die geometrisch-degressive Abschreibung nach § 7 Abs. 2 EStG nur anwendbar, wenn der geometrisch-degressive Abschreibungssatz kleiner bzw. gleich dem zweifachen linearen Abschreibungssatz ist und zudem nicht höher als 30 % ist. Im vorliegenden Beispiel ist weder die erste Bedingung erfüllt (2 · 30 % = 60 %) noch die zweite Bedingung erfüllt. Für die steuerliche Nichtanwendung des degressiven Abschreibungssatzes würde aber bereits die Verletzung einer Bedingung gelten. Weiterhin darf die Abschreibung nach § 7 Abs. 2 EStG nur für bewegliche Wirtschaftsgüter verwendet werden; sie ist daher nicht für Gebäude und für sämtliche immaterielle Wirtschaftsgüter zulässig, z. B. für Software. Die Abschreibung nach § 7 Abs. 2 und 3 EStG ist aber letztmalig für bewegliche Wirtschaftsgüter möglich, die vor dem 1.1.2008 angeschafft wurden.

Arithmetisch-degressive Abschreibung

Im Gegensatz zur geometrisch-degressiven rechnet die arithmetisch-degressive Abschreibung mit einem jährlich abnehmenden Abschreibungssatz, der auf die Anschaffungs- oder Herstellungskosten angewendet wird. Die Abschreibungssätze für die einzelnen Jahre berechnen sich nach folgender Formel:

$$q = \frac{b_t}{\frac{n \cdot (n+1)}{2}} \cdot 100$$

wobei b_t die verbleibende Nutzungsdauer vom Jahresanfang an gerechnet angibt und t = 1,....,n. Für das Beispiel ergeben sich danach folgende Abschreibungssätze: 40 %, 30 %, 20 %, 10 %.

Für die steuerliche Gewinnermittlung ist die arithmetisch-degressive Abschreibung nicht zulässig. Die Abschreibungsverläufe bei linearer und degressiver Abschreibung für das Zahlenbeispiel zeigt nachfolgende Tabelle:

	linear	geometrisch-degressiv	arithmetisch-degressiv	§ 7 Abs. 2 EStG
Anschaffungskosten	25.000,00	25.000,00	25.000,00	25.000,00
1. Abschreibungsrate	6.250,00	13.820,00	10.000,00	7.500,00
Buchwert	18.750,00	11.180,00	15.000,00	17.500,00
2. Abschreibungsrate	6.250,00	6.180,00	7.500,00	5.250,00
Buchwert	12.500,00	5.000,00	7.500,00	12.250,00
3. Abschreibungsrate	6.250,00	2.764,00	5.000,00	3.675,00
Buchwert	6.250,00	2.236,00	2.500,00	8.575,00
4. Abschreibungsrate	6.249,00	1.235,00	2.499,00	2.572,50
Buchwert	1,00	1.000,00	1,00	6.002,50

Tabelle 7.1: Vergleich verschiedener Abschreibungsmethoden

Da die steuerlich zulässige degressive Abschreibung im ersten Jahr die höheren Abschreibungsbeträge liefert, wäre sie zumindest für steuerliche Zwecke von Anfang der linearen Abschreibung vorzuziehen. Will man den hohen Restbuchwert am Ende der Nutzungsdauer vermeiden, wäre es daher zweckmäßig noch während der Nutzungsdauer von der steuerlich geometrisch-degressiven Abschreibung zur linearen Abschreibung zu wechseln. Erst bei einer Nutzungsdauer von über drei Jahren ist die degressive Abschreibung aber gegenüber der linearen Abschreibung grundsätzlich im Vorteil (lineare Abschreibung bei drei Jahren: 33,33 %, bei vier Jahren, 25 %; bei fünf Jahren 20 %; steuerlich zulässige degressive Abschreibung stets 30 %) und als „Startabschreibung" zu wählen. Für obiges Beispiel ergeben sich für den Wechsel von der degressiven zur linearen Abschreibung folgende Werte:

	linear	§ 7 Abs. 2 EStG	Prüfung	Mehr-abschreibung
Anschaffungskosten	25.000,00	25.000,00		
1. Abschreibungsrate	6.250,00	7.500,00		
Buchwert	18.750,00	17.500,00		
2. Abschreibungsrate	6.250,00	5.250,00	5.833,33	583,33
Buchwert	12.500,00	12.250,00		
3. Abschreibungsrate	6.250,00	3.675,00	5.833,33	2.158,33
Buchwert	6.250,00	8.575,00		
4. Abschreibungsrate	6.249,00	2.572,50	5.832,33	3.260,83
Buchwert	1,00	6.002,50	1,00	6.002,50

Tabelle 7.2: Wechsel der Abschreibungsmethode

Unter diesen Voraussetzungen wäre es grundsätzlich sinnvoll, mit der degressiven Abschreibung zu beginnen und unter Beachtung von § 7 Abs. 3 EStG auf die lineare Abschreibung zu wechseln. Der günstigste Zeitpunkt für den Wechsel ist gegeben, wenn bei Verteilung des Restbuchwertes auf die Restnutzungsdauer die weitere degressive Abschreibung niedriger wird als die lineare Abschreibung. Dies ist hier nach dem ersten Jahr der Nutzung gegeben. Der Restbuchwert in Höhe von 1,00 € nach Ablauf der planmäßigen (betriebsgewöhnlichen) Nutzungsdauer zeigt an, dass sich der Pkw noch im Betriebsvermögen befindet.

Verbuchung der Abschreibungen
Abschreibungen sind stets erfolgswirksam, sie stellen handelsrechtlich Aufwand, steuerrechtlich Betriebsausgaben dar. Die Verbuchung muss daher auf einem entsprechenden Aufwandskonto, z. B. „Gebäudeabschreibung", „Abschreibungen für Geschäfts-

ausstattung" oder „Abschreibungen für Fuhrpark", erfolgen. Die Gegenbuchung ist direkt auf dem betreffenden Bestandskonto, z. B. „Gebäude", „Geschäftsausstattung" oder „Fuhrpark", vorzunehmen. Für den Beispielsfall lautet der Buchungssatz bei linearer Abschreibung:

Nr.	Datum	Beleg	Kto.	Kontenname	Soll	Haben
		6019	6220	Abschreibungen auf Sachanlagen	6.250,00	
			0520	Fuhrpark		6.250,00

Abschreibungen im Jahr des Zugangs und Abgangs von abnutzbaren Vermögensgegenständen

Vermögensgegenstände werden in der Regel nur ausnahmsweise zum Jahresbeginn angeschafft. Bei einer Beschaffung während des Jahres ist die Abschreibung monatsanteilig (pro rata temporis) zu berechnen (§ 7 Abs. 1 Satz 4 EStG). Angefangene Monate werden aus Vereinfachungsgründen aufgerundet. Eine Ausnahme besteht für die steuerliche Gebäudeabschreibung nach § 7 Abs. 5 EStG oder für Sonderabschreibungen nach 7 g EStG. Hier ist im Jahr der Anschaffung oder Herstellung jeweils der Ansatz der vollen Jahresabschreibung zulässig.

100. 31.12.08: Das neu erbaute Geschäftsgebäude, das nicht zu Wohnzwecken dient, wurde am 25.9.08 bezugsfertig fertiggestellt, Herstellungskosten 450.000,00 €, planmäßige Nutzungsdauer 50 Jahre; lineare Abschreibung; das Gebäude wurde am 10.10.08 bezogen. Die Herstellungskosten wurden in voller Höhe auf dem Konto „0240 Gebäude" gebucht.

Herstellungskosten 25.9.08		450.000,00
– AfA nach § 253 Abs. 2 HGB und		
§ 7 Abs. 4 Nr. 1 EStG 3 % von		
450.000,00 € pro Jahr	13.500,00	
davon für 4 Monate (9. – 12.)		– 4.500,00
Buchwert zum 31.12.2008		445.500,00

Vorkontierung der vorbereitenden Abschlussbuchung

Nr.	Datum	Beleg	Kto.	Kontenname	Soll	Haben
100.	31.12.08	6020	6220	Abschreibungen auf Sachanlagen	4.500,00	
			0240	Gebäude		4.500,00

101. 31.12.08: Anlieferung einer EDV-Anlage am 26.6.08; Kaufpreis 12.000,00 € + 2.280,00 € USt = 14.280,00 €; planmäßige und betriebsgewöhnliche Nutzungsdauer 5 Jahre; lineare Abschreibung; die Anlage wurde am 10.7.08 installiert. Für die Installation wurden zusätzlich 1.000,00 € + 190,00 € USt = 1.190,00 € berechnet.

Anschaffungskosten 26.6.08		12.000,00
– AfA nach § 253 Abs. 2 HGB i. V. m. § 7 Abs. 1		
EStG 20 % von 12.000,00 € pro Jahr	2.400,00	
nachträgliche Anschaffungskosten 10.7.08		1.000,00
20 % von 1.000,00 € pro Jahr	200,00	
Jahresabschreibung	3.600,00	
Davon für ½ Jahr (monatsanteilig Juli – Dezember)		– 1.800,00
Buchwert zum 31.12.2008		11.200,00

Vorkontierung der vorbereitenden Abschlussbuchung

Nr.	Datum	Beleg	Kto.	Kontenname	Soll	Haben
101.	31.12.08	6021	6220	Abschreibungen auf Sachanlagen	1.800,00	
			0650	Betriebs- u. Geschäfts- ausstattung		1.800,00

Abschreibung im Ausscheidungszeitpunkt

Grundsätzlich gilt, dass für abnutzbare Anlagegüter, solange sie dem Betriebsvermögen zuzurechnen sind, Abschreibungen verrechnet werden müssen. Scheiden demnach abnutzbare Anlagegüter während des Jahres aus, so müssen bis zum Ausscheidenszeitpunkt Abschreibungen verrechnet werden. Auf die Ursache des Ausscheidens kommt es dabei nicht an. Die Abschreibung ist wie beim Zugang pro rata temporis zu berechnen, wobei angefangene Monate mitgerechnet werden. Die Abschreibungsbuchung beim Ausscheiden stellt im Grunde keine vorbereitende Abschlussbuchung, sondern eine laufende Buchung dar. In der Praxis führt die Gewohnheit, Abschreibungen stets als Abschlussbuchungen aufzufassen, vielfach aber dazu, dass die Abschreibungsbuchung für während des Jahres ausgeschiedene Anlagegüter vergessen wird. Dies hat z. B. bei einer Privatentnahme solcher Güter zur Folge, dass der Gewinn zu hoch ausgewiesen wird. Soweit z. B. bei Verkaufsvorgängen die Bildung einer steuerfreien

Rücklage nach § 6 b EStG möglich wäre, wären der ohne Abschreibung berechnete Veräußerungsgewinn und entsprechend auch die Rücklage zu niedrig.

102. 31.12.08: Entnahme eines zu 60 % privat genutzten Pkw am 16.3.08. Buchwert des Pkw am 31.12.07 (vorletztes Jahr der Nutzung: 5.000,00 €; Jahresabschreibung 5.000,00 €; Teilwert = Selbstkosten am 16.3.08: 4.500,00 €.

Buchwert am 1.1.2008	5.000,00
– AfA nach § 253 Abs. 2 HGB i. V. m. § 7 Abs. 1 EStG	
bis zum 16.3.2008 1/4 von 5.000,00 €	– 1.250,00
Buchwert am 16.3.2008	3.750,00
Teilwert am 16.3.2008	4.500,00
davon 19 % USt	855,00
Privatentnahme	5.355,00
steuerlicher Entnahmegewinn	750,00

Vorkontierung der vorbereitenden Abschlussbuchung

Nr.	Datum	Beleg	Kto.	Kontenname	Soll	Haben
102.	31.12.08	6022	6220	Abschreibungen auf Sachanlagen	1.250,00	
			0520	Fuhrpark		1.250,00
			6900	Aufwendungen aus dem Abgang von Gegenständen des Anlagev.	3.750,00	
			0520	Fuhrpark		3.750,00
			2100	Privatentnahmen	5.355,00	
			4620	Entnahme durch Unternehmer für Zwecke außerhalb des Unternehmens mit USt		4.500,00
			3800	Umsatzsteuerschuld		855,00

Zu Nr. 102: Die Entnahme eines privat genutzten Pkw (nach § 15 Abs. 1 Satz 2 UStG nicht weniger als 10 % Nutzung für das Unternehmen des Steuerpflichtigen) unterliegt der Umsatzsteuer. Für steuerliche Zwecke errechnet sich aus der Entnahme zudem ein steuerlicher Gewinn.

7.5.2 Berechnung und Verbuchung des Verbrauchs an Roh-, Hilfs- und Betriebsstoffen

Ähnlich wie beim Einkauf von Waren, finden sich auch beim Einkauf von Roh-, Hilfs- und Betriebsstoffen in der Praxis grundsätzlich drei verschiedene Methoden, den Verbrauch dieser Vorräte (z. B. den Verbrauch von Rohblechen, Schrauben, Nägeln, Verpackungsmaterialien, Büromaterialien, Heizöl u. a.) während der laufenden Verbuchung zu berücksichtigen. Entsprechend unterschiedlich ist die Behandlung dieser Vorgänge bei den vorbereitenden Abschlussbuchungen:

1. Bei der aufwändigsten Methode wird der Verbrauch laufend sofort richtig, z. B. aufgrund von Materialentnahmescheinen, verbucht. Die laufende Buchung des Verbrauchs ermöglicht die Ermittlung eines Sollendbestandes zum Jahresende, der grundsätzlich mit dem Inventurendbestand übereinstimmen müsste. Mögliche Differenzen zwischen Soll- und Istbestand können auf Schadensfälle, z. B. durch Diebstahl, zurückzuführen sein. Die laufenden Buchungen aufgrund der Materialentnahmescheine lauten grundsätzlich: „5100 Roh-, Hilfs- bzw. Betriebsstoffaufwendungen an 1000 Roh-, Hilfs- bzw. Betriebsstoffbestand".

2. Vielfach wird aber eine laufende Verbuchung des Verbrauchs – ähnlich wie bei den Warenaufwendungen – aus praktischen Gründen nicht möglich sein. Laufend werden nur die Zugänge gebucht. Dies gilt z. B. für den Heizölverbrauch. In diesen Fällen wird am Jahresende der Inventurendbestand durch Bewertung mit den durchschnittlichen Anschaffungskosten oder mit dem niedrigeren Börsen- oder Marktpreis ermittelt und der Verbrauch wie bei den Warenvorräten durch Rückrechnung mit Hilfe der Bestandsänderungsgleichung errechnet:

Anfangsbestand + Zugänge – Inventurendbestand = Verbrauch

Statt mit durchschnittlichen Anschaffungskosten kann der Endbestand auch über Verbrauchsfolgefiktionen errechnet werden, z. B. kann unterstellt werden:

- dass der Verbrauch nach der Regel „zuerst gekauft, zuerst verbraucht (first in – first out-Methode bzw. abgekürzt Fifo-Methode)" verursacht wird oder
- dass der Verbrauch nach der Regel „zuletzt gekauft, zuerst verbraucht (last in – first out-Methode bzw. abgekürzt Lifo-Methode)" verursacht wird oder als reine Wertregel
- dass der Verbrauch nach der Regel „Vermögensgegenstände mit den höchsten Anschaffungskosten gelten als zuerst verbraucht (highest in – first out-Methode bzw. abgekürzt Hifo-Methode)" berechnet wird. Weitere Fiktionen sind möglich, z. B. die lowest in – first out-Methode bzw. abgekürzt Lofo-Methode. Gleichartige Vermögensgegenstände können für die Bewertung zu einer Gruppe zusammengefasst werden. Da für die steuerliche Gewinnermittlung nach § 6 Abs. 1 Nr. 2a EStG nur die Lifo-Methode zulässig ist, besitzen die anderen Verbrauchsfolgeverfahren in der Praxis eher nur geringe Bedeutung.

Für den 31.12. ist dann ebenfalls folgende vorbereitende Abschlussbuchung durchzuführen: „5100 Roh-, Hilfs- bzw. Betriebsstoffaufwendungen an 1000 Roh-, Hilfs- bzw. Betriebsstoffbestand", und zwar unabhängig davon, ob der Endbestand höher oder niedriger als der Anfangsbestand ist.

3. Laufend wird jeder Materialeinkauf sofort als Aufwand verbucht. Diese Sofortverbrauchsbuchung kann je nach Branche die Aufwandsverursachung zeitnah wiedergeben. Soweit dies nicht der Fall ist, ist für den Abschlussstichtag auf jeden Fall eine vorbereitende Abschlussbuchung durchzuführen. Regelmäßig ist dabei eher eine Bestandserhöhung der Materialien bei gleichzeitiger Stornierung des verbuchten RHB-Aufwands zu buchen. In Ausnahmefällen sind auch Bestandsminderungen möglich. Der Wert des Inventurendbestandes kann wie unter 1. dargestellt berechnet werden. Sonderfälle dieser Gruppe sind laufende Aufwandsbuchungen bei Festbewertung; hier wird am Jahresende nur bei Überschreitung der Grenzen des § 240 Abs. 3 HGB eine vorbereitende Abschlussbuchung erforderlich.

103. 31.12.08: Das Lagerbuch (Skontro) zeigt für eine Gruppe gleichartiger und gleichwertiger Rohstoffarten A und B im Jahre 2008 folgende Bewegungen im Rohstofflager (Auszug ohne Lagerabgänge):

Text	Menge A (Stck.)	Menge B (Stck.)	Anschaffungskosten/Stck.	Anschaffungskosten gesamt
Anfangsbestand	20.000	22.000	3,70	155.400,00
Zukauf	21.000	24.000	3,75	168.750,00
Zukauf	26.000	24.000	3,85	192.500,00
Zukauf	18.000	22.000	3,90	156.000,00
Zukauf	33.000	22.000	3,80	209.000,00

Die Zukäufe wurden jeweils sofort über das Konto „5100 Rohstoffverbrauch" als Aufwand gebucht (Sofortverbrauchsfiktion). Am 31.12.08 betragen die aus den Marktpreisen abgeleiteten Anschaffungskosten 3,85 €/Stck., dieser Betrag ist zugleich der Teilwert i. S. v. § 6 Abs. 1 Nr. 2 EStG. Der Rohstoffbestand beträgt laut körperlicher Inventur zum 31.12.08: 60.000 Stck. Gruppenbewertung des Rohstoffendbestandes der Gruppe AB nach der Durchschnittsmethode, dem Perioden-Lifo- und dem Perioden-Fifo-Verfahren.

Text	Menge (Stck.)	Anschaffungskosten/Stck.	Anschaffungskosten gesamt
Anfangsbestand	42.000	3,70	155.400,00
1. Zukauf	45.000	3,75	168.750,00

Text	Menge (Stck.)	Anschaffungs- kosten/Stck.	Anschaffungskosten gesamt
2. Zukauf	50.000	3,85	192.500,00
3. Zukauf	40.000	3,90	156.000,00
4. Zukauf	55.000	3,80	209.000,00
Summen	232.000		881.650,00

$$\text{Durchschnittliche Anschaffungskosten} = \frac{881.650,00\ €}{232.000\ \text{Stck.}} = 3,80\ €/\text{Stck.}$$

Daraus errechnet sich für die Gruppe AB ein Endbestand von 60.000 Stck. · 3,80 €/Stck. = 228.000,00 €.

Nach dem Lifo-Verfahren errechnet sich folgender Wert des Inventurbestandes (Layerdarstellung):

Anfangsbestand	42.000 Stck. · 3,70 €/Stck.	155.400,00
1. Zukauf	18.000 Stck. · 3,75 €/Stck.	67.500,00
	60.000 Stck.	222.900,00

Nach dem Fifo-Verfahren errechnet sich folgender Wert des Inventurbestandes (Layerdarstellung):

4. Zukauf	55.000 Stck. · 3,80 €/Stck.	209.000,00
3. Zukauf	5.000 Stck. · 3,90 €/Stck.	19.500,00
	60.000 Stck.	228.500,00

Da eine Bewertung zu Marktpreisen am Stichtag zu einem Bestandswert von 231.000,00 € führen würde, greift das strenge Niederstwertprinzip auf der Basis der Marktpreisbewertung für die oben errechneten Bestandswerte nicht. Grundsätzlich sind alle drei Wertansätze zulässig. Für steuerliche Zwecke käme jedoch die Bewertung zum Fifo-Wert nicht in Betracht. Der Lifo-Wert kann unter Beachtung der steuerlichen Voraussetzungen grundsätzlich angesetzt werden. Zumindest tendenziell wirkt das Lifo-Verfahren bei steigenden Preisen einer Scheingewinnbesteuerung entgegen: die Preissteigerungen wirken sich sofort gewinnschmälernd aus. Wird allerdings in den Folgejahren der Layer und auch der Anfangsbestand abgebaut, wird diese an sich positive Folge wieder abgeschwächt.

Legt man den Durchschnittswert für Bilanzierung der **ROHSTOFFE** → Glossar im Jahresabschluss zugrunde, ist folgende vorbereitende Abschlussbuchung durchzuführen:

Vorkontierung der vorbereitenden Abschlussbuchung

Nr.	Datum	Beleg	Kto.	Kontenname	Soll	Haben
103.	31.12.08	6023	1000	Roh-, Hilfs- und Betriebsstoffe	72.600,00	
			5100	Verbrauch von Roh-, Hilfs- und Betriebsstoffen		72.600,00

Zu Nr. 103: Bei dieser Buchung handelt es sich systematisch um eine Stornobuchung. Der unzutreffender Weise zu viel verbuchte RHB-Aufwand wird am Jahresende storniert. Bei Anwendung der Lifo-Methode wären Aufwendungen in Höhe von 222.900,00 € – 155.400,00 € = 67.500,00 €, bei Anwendung der Fifo-Methode Aufwendungen in Höhe von 228.500,00 € – 155.400,00 € = 73.100,00 € zu stornieren.

7.6 Abschlussbuchungen des Beschaffungsbereiches

7.6.1 Abstimmung der Inventurergebnisse im Geldkontenbereich

Die Geldkonten werden hier dem Beschaffungsbereich zugeordnet. Diese Zuordnung ist selbstverständlich nicht zwingend, soll aber aus Vereinfachungsgründen beibehalten werden. Im Grunde dürfte zwischen dem Kassenbestand am 31.12. und dem Abschlussbestand des Kassenbestandskontos keine Differenz auftreten. Ähnliches gilt für die Saldenbestätigungen der Banken für den 31.12. und die auf den Bankkonten in der Buchführung errechneten Endbestände. Dennoch sind Unstimmigkeiten in der Praxis nicht selten. Gelegentlich soll sogar der Fall auftreten, dass der Kaufmann über das Jahr hinweg mehr Kassenausgaben aufgezeichnet hat als Kasseneinnahmen.

Ist der Kasseninventurbestand höher als der Endbestand auf dem Kassenkonto und ist die Ursache für die Differenz nicht aufzuklären, bestehen grundsätzlich zwei Buchungsmöglichkeiten: entweder der Mehrbetrag wird als Privateinlage gedeutet, dann ist zu buchen „1600 Kassenkonto an 2180 Privateinlage", oder die Differenz wird als eine Art ungerechtfertigte Bereicherung an Kundengeldern gedeutet, dann ist zu buchen 1600 Kassenkonto an „7400 außerordentliche Erträge". Die erste Buchungsmethode ist nicht erfolgswirksam, während die zweite den Erfolg erhöht. Ist der Kasseninventurbestand niedriger als der Kontoendbestand, ist analog zu verfahren, d. h. der

Differenzbetrag ist entweder als außerordentlicher Aufwand oder als Privatentnahme zu verbuchen.

Gelegentlich wird die Auffassung vertreten, Inventurdifferenzen im Kassenbereich könnten durch Einlage oder Entnahme der entsprechenden Beträge ohne Verbuchung „bereinigt" werden. Da diese Maßnahme aber selbst wieder ein buchungspflichtiger Geschäftsvorfall ist, verstößt die Nichtverbuchung gegen den Vollständigkeitsgrundsatz. Eine Verbuchung der „Bereinigung" verfehlt aber den angestrebten Zweck, da die Inventurdifferenz bestehen bleibt.

104. 31.12.08: Die vorläufige Kassenabrechnung für den 31.12.08 weist folgende Geschäftsvorfälle aus:

Kassenbarbestand am 31.12.08	17.850,00
– Barabhebung vom betrieblichen Bankkonto	2.115,00
+ Barspende Bund Naturschutz	10,50
+ Barkauf Büromaterial (inkl. 19 % USt)	59,50
+ Barzahlung für ein Flugticket anlässlich einer Geschäftsreise vom 3.1.09–12.1.09 (Quittung mit offenem USt-Ausweis 16 %)	2.380,00
– Kassenbarbestand vom 30.12.08	4.500,00
= Einnahmen aus Barverkäufen (inkl. 19 % USt)	13.685,00

Das Zählergebnis der Kasseninventur liefert einen endgültigen Kassenbestand von 17.848,00 € und damit eine Inventurdifferenz von 17.850,00 € – 17.848,00 € = 2,00 €.

Vorkontierung der Buchungen für den 31.12.

Nr.	Datum	Beleg	Kto.	Kontenname	Soll	Haben
104.	31.12.08	4019	1600	Kasse	2.115,00	
			1800	Bank		2.115,00
			2100	Privatentnahmen	10,50	
			1600	Kasse		10,50
			6800	Allgemeine Büro- und Verwaltungs- aufwendungen	50,00	
			1400	Vorsteuer	9,50	
			1600	Kasse		59,50

Nr.	Datum	Beleg	Kto.	Kontenname	Soll	Haben
			1300	sonstige Vermögens-gegenstände	2.000,00	
			1400	Vorsteuer	380,00	
			1600	Kasse		2.380,00
			1600	Kasse	13.685,00	
			4000	Umsatzerlöse		11.500,00
			3800	Umsatzsteuerschuld		2.185,00
			2100	Privatentnahmen	2,00	
			1600	Kasse		2,00

Zu Nr. 104: Wenn die Kassendifferenz nicht aufgeklärt werden kann, sollte bei Personenunternehmen von Privatentnahmen ausgegangen werden. Bei Kapitalgesellschaften müsste ein Kassenminus generell als Aufwand ausgebucht werden.

7.6.2 Bildung (Auflösung) von aktiven Rechnungsabgrenzungsposten

Für die Auflösung (Bildung) aktiver RECHNUNGSABGRENZUNGSPOSTEN → Glossar gilt das oben für passive Rechnungsabgrenzungsposten Ausgeführte entsprechend, vor allem also, dass bereits im Vorauszahlungszeitpunkt gebucht werden muss, wobei bewusste Falschbuchungen, z. B. durch vorzeitige Aufwandsbuchungen, zu vermeiden sind. Wird laufend zutreffend gebucht, werden aktive Rechnungsabgrenzungsposten zum Abschlussstichtag nur in seltenen Fällen neu gebildet. Einige dieser Beispiele werden nachfolgend gezeigt. Entsprechendes gilt für die Auflösung, die ebenfalls über laufende Buchungen erfolgt. Die Entstehung aktiver Rechnungsabgrenzungsposten ist überwiegend durch Beschaffungsgeschäfte bedingt. Ausnahmen sind aktive Rechnungsabgrenzungen für Steuerzahlungen, die dem sonstigen Bereich zuzuordnen sind, insbesondere die Kfz-Steuervorauszahlungen.

Begriffsmerkmale aktiver Rechnungsabgrenzungen sind somit Vorauszahlungen des Kaufmanns für zeitbezogene Dienstleistungen und Nutzungen, die Aufwand für eine bestimmte Zeit nach dem Abschlussstichtag darstellen (§ 250 Abs. 1 HGB). Nach dem Wortlaut des Gesetzes dürften Vorauszahlungen für zeitbezogene Dienstleistungen und Nutzungen, die werterhöhend zu verrechnen sind, grundsätzlich nicht abgegrenzt werden. Ob solche Fälle überhaupt möglich sind, kann hier nicht vertieft werden.

105. 31.12.08: Bezahlung der Geschäftsmiete am 28.12.08 für Januar 09 aus privaten Mitteln in bar 1.000,00 €.

Vorkontierung der vorbereitenden Abschlussbuchung

Nr.	Datum	Beleg	Kto.	Kontenname	Soll	Haben
105.	31.12.08	6029	1900	Aktive Rechnungs-abgrenzung	1.000,00	
			2180	Privateinlagen		1.000,00

106. 31.12.08: Bezahlung der betrieblichen Haftpflichtversicherung am 31.12.08 für den Zeitraum 1.1. – 30.6.09 in Höhe von 1.500,00 € durch betriebliche Banküberweisung.

Vorkontierung der vorbereitenden Abschlussbuchung

Nr.	Datum	Beleg	Kto.	Kontenname	Soll	Haben
106.	31.12.08	3057	1900	Aktive Rechnungs-abgrenzung	1.500,00	
			1800	Bank		1.500,00

107. 31.12.08: Zinsen in Höhe von 1.200,00 € für eine auf dem Geschäftsgebäude ruhende Hypothek sind am 31.12.08 für ein Vierteljahr durch betriebliche Banküberweisung vorausbezahlt worden; monatlicher Zinsbetrag 400,00 €.

Vorkontierung der vorbereitenden Abschlussbuchung

Nr.	Datum	Beleg	Kto.	Kontenname	Soll	Haben
107.	31.12.08	3058	1900	Aktive Rechnungs-abgrenzung	1.200,00	
			1800	Bank		1.200,00

7.6.3 Abgrenzungsbuchungen für Verbindlichkeiten aus Dienstleistungen und Nutzungen

Auch hier gilt das oben für den Absatzbereich Ausgeführte analog. Am Jahresende sind daher die in Frage stehenden Beschaffungsgeschäfte auf Ziel auf möglicherweise vorzunehmende Abschlussbuchungen zu überprüfen.

108. 31.12.08: Am 3.1.09 wird die Geschäftsmiete i.H.v. 800,00 € für Dezember 2008 in bar aus privaten Mitteln bezahlt.

Vorkontierung der vorbereitenden Abschlussbuchung

Nr.	Datum	Beleg	Kto.	Kontenname	Soll	Haben
108.	31.12.08	6030	6305	Raumkosten	800,00	
			3300	VLL		800,00

Zu Nr. 108: Die Mietschuld wird noch im abgelaufenen Jahr verursacht und auf das Konto „Verbindlichkeiten aus Lieferungen und Leistungen" gebucht.

109. 31.12.08: Abbuchung der betrieblichen Telefonrechnung für Dezember 2008 (Ablesung: 31.12.08) am 12.1.09 vom betrieblichen Bankkonto 260,00 € + 49,40 € = 309,40 €. Das Telefon wird nicht für private Zwecke genutzt.

Vorkontierung der vorbereitenden Abschlussbuchung

Nr.	Datum	Beleg	Kto.	Kontenname	Soll	Haben
109.	31.12.08	6031	6800	Allgemeine Büro- und Verwaltungs- aufwendungen	260,00	
			1434	Vorsteuer im Folge- jahr abziehbar	49,40	
			3500	Sonstige Verbind- lichkeiten		309,40

Zu Nr. 109: Da die Rechnung erst im Folgejahr erteilt wird, ist die Vorsteuer im laufenden Jahr nicht abziehbar. Statt auf dem Konto „3500 Sonstige Verbindlichkeiten" könnte auch eine Verbuchung auf dem Konto „3300 Verbindlichkeiten aus Lieferungen und Leistungen" erfolgen.

110. 31.12.08: Die Schuldzinsenabrechnung der Sparkasse für den betrieblichen Kontokorrentkredit vom 1.10.08–31.12.08 in Höhe von 665,00 € wird am 4.1.09 vom betrieblichen Bankkonto abgebucht.

Vorkontierung der vorbereitenden Abschlussbuchung

Nr.	Datum	Beleg	Kto.	Kontenname	Soll	Haben
110.	31.12.08	6032	7300	Zinsen und ähnliche Aufwendungen	665,00	
			3500	Sonstige Verbind- lichkeiten		665,00

Zu Nr. 110: Die Abbuchung vom Bankkonto darf erst im Folgejahr vorgenommen werden. Nach obiger Buchung ist die Abbuchung im Folgejahr erfolgsunwirksam. Dies ist systemgerecht, da die Schuldzinsen im abgelaufenen Jahr verursacht wurden.

7.7 Abschlussbuchungen des sonstigen Bereiches

Spezifische Abschlussbuchungen des sonstigen Bereichs sind zunächst alle Abschlussbuchungen, die durch betriebliche Steuerzahlungen ausgelöst werden, insbesondere die aktive Rechnungsabgrenzung für die Kfz-Steuervorauszahlungen, die Bildung von Steuerrückstellungen sowie die umsatzsteuerlichen Abschlussbuchungen, auf die im Folgenden näher eingegangen wird. Dabei ist allerdings zu beachten, dass vor den Umsatzsteuerabschlussbuchungen zunächst noch die Abschlussbuchungen für nicht abzugsfähige Betriebsausgaben und bei Personenunternehmen die Abschlussbuchungen des Privatbereichs auszuführen sind, da hierbei regelmäßig noch Änderungen der Umsatzsteuerschuld verursacht werden.

111. 31.12.08: Vor Durchführung der vorbereitenden Abschlussbuchungen sind folgende Salden der Umsatzsteuerkonten gegeben:
Saldo Konto „1400 abziehbare Vorsteuer" 91.200,00 €, Saldo Konto „1420 USt-Vorauszahlungen" 130.625,00 €, Saldo Konto „3800 USt-Schuld" 281.200,00 €.

Berechnung der Abführungsverpflichtung:

Saldo Konto 3800	281.200,00
− Saldo Konto 1400	91.200,00
= Umsatzsteuerschuld	190.000,00
− Saldo Konto 1420	130.625,00
= USt-Abführungsverpflichtung	59.375,00

Vorkontierung der vorbereitenden Abschlussbuchung

Nr.	Datum	Beleg	Kto.	Kontenname	Soll	Haben
111.	31.12.08	6033	3800	Umsatzsteuerschuld	91.200,00	
			1400	Vorsteuer		91.200,00
			3800	Umsatzsteuerschuld	130.625,00	
			1420	USt-Vorauszahlungen		130.625,00
			3800	Umsatzsteuerschuld	59.375,00	

Nr.	Datum	Beleg	Kto.	Kontenname	Soll	Haben
			3500	Sonstige Verbind-lichkeiten		59.375,00

Zu Nr. 111: Am Jahresende können allerdings die Ansprüche aus Vorsteuern und USt-Vorauszahlungen die USt-Schuld auch übersteigen. Angenommen, in obigem Beispiel würde der Saldo des USt-Vorauszahlungskontos vor Umbuchung 192.375,00 € betragen, dann würde sich ein Erstattungsanspruch von 2.375,00 € errechnen.
Berechnung der Erstattung:

Saldo Konto 3800	281.200,00
− Saldo Konto 1400	91.200,00
= Umsatzsteuerschuld	190.000,00
− Umbuchung auf Konto 1420	190.000,00
− Saldo Konto 1420 vor Umbuchung	− 192.375,00
= USt-Erstattung	− 2.375,00

Vorkontierung der vorbereitenden Abschlussbuchung

Nr.	Datum	Beleg	Kto.	Kontenname	Soll	Haben
	31.12.08		3800	Umsatzsteuerschuld	91.200,00	
			1400	Vorsteuer		91.200,00
			3800	Umsatzsteuerschuld	190.000,00	
			1420	USt-Vorauszahlungen		190.000,00
			1300	Sonstige Ver-mögensgegenstände	2.375,00	
			1420	USt-Vorauszahlungen		2.375,00

Daneben gehören zum sonstigen Bereich Abschlussbuchungen, die steuerlich als nicht abzugsfähige Betriebsausgaben nach § 4 Abs. 5 EStG behandelt werden. Dies gilt vor allem für nicht abzugsfähige Repräsentations- und ähnlichen Aufwendungen, z. B. Bewirtungsaufwendungen, Reisekosten, Überentnahmen, Geschenke an Geschäftsfreunde, die Nutzung von zum Betriebsvermögen gehörenden Repräsentationsgütern und Kostenanteile von Fahrten zwischen privater Wohnung und Unternehmen des Kaufmanns.

Handelsrechtlich wäre für diese Vorgänge grundsätzlich keine besondere Buchung erforderlich, da die Tatsache der steuerlichen Nichtanerkennung solcher bereits als Aufwand verbuchter Repräsentationsaufwendungen nicht durch eine doppelte Buchung erfasst werden kann. Eine Berichtigung ist stets nur außerhalb des Buchungskreislaufes möglich. Üblicherweise werden solche nicht abzugsfähigen Betriebsausgaben bei der Ermittlung des steuerpflichtigen Gewinns außerhalb der Hauptabschlussübersicht dem in der Hauptabschlussübersicht errechneten (handelsrechtlichen) Gewinn hinzugerechnet. Dennoch sind auch innerhalb der handelsrechtlichen Buchführung für diese Fälle zwei Besonderheiten zu beachten:

1. Ähnlich wie die meisten Privatentnahmen lösen nicht abzugsfähige Betriebsausgaben zum Teil umsatzsteuerliche Folgen aus. Die durch diese Sachverhalte ausgelöste Umsatzsteuer muss daher auch handelsrechtlich gebucht werden.

2. Damit die zutreffende Erfassung dieser Vorgänge während der vorbereitenden Abschlussbuchungen nicht vergessen wird, ist es zweckmäßig, die entsprechenden Aufwendungen zusammen mit der dadurch ausgelösten Umsatzsteuer bereits laufend, spätestens aber bei Aufstellung des Jahresabschlusses auf gesonderte Aufwandskonten zu verbuchen. Die steuerliche Buchungspraxis bevorzugt dabei vor allem die Aufwandskonten „6620 Geschenke über 35,00 €", „6644 Nicht abzugsfähige Bewirtungskosten", „6645 Nicht abzugsfähige Betriebsausgaben" oder „6860 Nicht abziehbare Vorsteuer". Die gesonderte Verbuchung auf diesen Konten ändert aber am Aufwandscharakter für die handelsrechtliche Gewinnermittlung nichts. Die Gegenbuchung kann auf dem „üblichen" Aufwandskonto erfolgen.

Im Übrigen stellen Abschlussbuchungen für Transaktionen mit der Privatsphäre des Kaufmanns eher die Ausnahme dar. Dazu folgendes Beispiel:

112. 31.12.08: Am 30.12.08 trifft der Einkommensteuerbescheid für das vorangegangene Jahr ein. Er weist eine Einkommensteuererstattung von 1.800,00 € aus. Die Zahlung erfolgt am 15.1.09 durch Überweisung auf das betriebliche Bankkonto. Am 31.12.08 ist beabsichtigt, den Steuerbetrag dem Betriebsvermögen als Privateinlage zuzuführen.

Vorkontierung der vorbereitenden Abschlussbuchung

Nr.	Datum	Beleg	Kto.	Kontenname	Soll	Haben
112.	31.12.08	6034	1300	Sonstige Forderungen	1.800,00	
			2180	Privateinlagen		1.800,00

7.8 Bildung und Auflösung von Rückstellungen

7.8.1 Bildung von Rückstellungen

Die Möglichkeiten zur Bildung von RÜCKSTELLUNGEN → Glossar sind ausführlich in § 249 HGB geregelt. Danach sind Rückstellungen für ungewisse Verbindlichkeiten sowie für drohende Verluste aus schwebenden Geschäften zu bilden. Ferner dürfen sog. Aufwands-Rückstellungen für bestimmte Aufwendungen gebildet werden, z. B. für unterlassene Instandhaltungsaufwendungen, für Großreparaturen oder Gebäuderenovierungen.

Die Bildung von Rückstellungen ist für alle Unternehmensbereiche zu prüfen. Rückstellungen für ungewisse Verbindlichkeiten können den Beschaffungsbereich oder den sonstigen Bereich, Aufwandsrückstellungen den Produktionsbereich, Rückstellungen für drohende Verluste aus schwebenden Geschäften den Beschaffungs- und Absatzbereich betreffen. Für Transaktionen mit dem Privatbereich können hingegen grundsätzlich keine Rückstellungen gebildet werden.

Die eigentlichen Schwierigkeiten der Bildung von Rückstellungen liegen in der Feststellung der Rückstellungsursachen und in der Berechnung der Rückstellungshöhe. Dabei ist insbesondere auch zwischen den Wertverhältnissen am Bilanzstichtag und am Tage der Aufstellung des Jahresabschlusses und den dadurch verursachten Rückwirkungen zu unterscheiden. Eine vertiefende Darstellung dieser Fragen ist nicht Gegenstand dieses Buches. Nachfolgend steht vielmehr die Verbuchung der Rückstellungen im Vordergrund.

Grundsätzlich ist dabei zu beachten, dass die Bildung von Rückstellungen für Sachverhalte ohne unmittelbare Gegenleistung stets Aufwand verursacht. Die Verbuchung ist daher auf einem Aufwandskonto vorzunehmen. Für die steuerliche Gewinnermittlung dürfen nach § 5 Abs. 4 a EStG allerdings Rückstellungen nicht gebildet werden, wenn sie in nachfolgenden Wirtschaftsjahren als Anschaffungs- oder Herstellungskosten eines Wirtschaftsgutes zu aktivieren sind.

Schließlich dürfen Rückstellungen stets nur „netto", d. h. ohne Umsatzsteuer, gebildet werden. Der Überlegung, dass auch die ungewisse Vorsteuer zurückgestellt werden könnte, muss wohl u. a. damit begegnet werden, dass die Vorsteuer bei dieser Behandlung entgegen der Zwecksetzung des Umsatzsteuergesetzes aufgrund der Eigenkapitalverminderung belastend für den Unternehmer wirken würde. Die Möglichkeit der Verbuchung einer noch nicht abziehbaren Vorsteuer bleibt damit auf buchungspflichtige Sachverhalte beschränkt, die am Abschlussstichtag durch den Lieferanten zwar erfüllt sind, eine Verbindlichkeit somit besteht, für die aber erst im neuen Jahr eine Rechnung erteilt wird. Aufgrund der Tatbestandsmerkmale des § 15 UStG ist damit für das abgelaufene Jahr noch kein Vorsteuerabzug möglich. Obwohl die Verbindlichkeit inkl. Vorsteuer zu passivieren ist, darf aber auch in diesem Fall die Vorsteuer nicht als Aufwand verbucht werden, sie muss vielmehr in die Schlussbilanz als aktiver Ausgleichsposten „noch nicht bzw. im Folgejahr abziehbare Vorsteuer" übernommen werden.

Wichtige Regeln für die Bildung von Rückstellungen

1. Rückstellungen sind wie Abschreibungen stets Schätzgrößen.
2. Jeder Euro neu gebildete Rückstellung ist als Aufwand zu verbuchen, kürzt also den Gewinn (erhöht den Verlust).
3. Soweit bei Rückstellungen überhaupt Umsatzsteuern in Betracht kommen, dürfen sie in die Rückstellungsbildung nicht einbezogen werden, Rückstellungen sind also immer netto zu bilden. Beispiel: ein Handwerker hat seinen Auftrag erfüllt; es existiert aber bis jetzt lediglich ein Kostenvoranschlag über 10.000,00 € + 1.900,00 € USt = 11.900,00 €. Eine Rückstellung darf nur in Höhe von 10.000,00 € gebildet werden.
4. Für privat veranlasste Vorgänge dürfen keine Rückstellungen gebildet werden.

113. 31.12.08: Voraussichtliche Gebühr für die Aufstellung des Jahresabschlusses durch die beauftragte Wirtschaftsprüfung-GmbH: 10.000,00 € + 1.900,00 € USt = 11.900,00 €.

Vorkontierung der vorbereitenden Abschlussbuchung

Nr.	Datum	Beleg	Kto.	Kontenname	Soll	Haben
113.	31.12.08	6035	6825	Rechts- und Beratungskosten	10.000,00	
			3070	Sonstige Rückstellungen		10.000,00

114. 31.12.08: Wie auch in den Vorjahren wird für das Folgejahr mit Gewährleistungen gegenüber Kunden in Höhe von ungefähr 50.000,00 € gerechnet; die Vorjahres-Rückstellung wurde zum Beginn des Geschäftsjahres aufgelöst.

Vorkontierung der vorbereitenden Abschlussbuchung

Nr.	Datum	Beleg	Kto.	Kontenname	Soll	Haben
114.	31.12.08	6036	6790	Aufwand für Gewährleistung	50.000,00	
			3070	Sonstige Rückstellungen		50.000,00

115. 31.12.08: Die für das abgelaufene Geschäftsjahr an die Mitarbeiter voraussichtlich zu zahlenden Tantiemen belaufen sich auf 12.000,00 €.

Vorkontierung der vorbereitenden Abschlussbuchung

Nr.	Datum	Beleg	Kto.	Kontenname	Soll	Haben
115.	31.12.08	6037	6000	Löhne und Gehälter	12.000,00	
			3070	Sonstige Rück-stellungen		12.000,00

116. 31.12.08: Die in Abständen von zwei Monaten durch Lastschrift abgebuchten Energieabschlagszahlungen beliefen sich jeweils auf 2.500,00 €. Der geschätzte Verbrauch für 2008 belief sich auf 14.000,00 €.

In Höhe der Verbrauchsschätzung ist eine Rückstellung zu bilden. Die in der Praxis verbreitete Übung, die Abschlagszahlungen entgegen ihres Forderungscharakters sofort als Aufwand zu verbuchen, hätte am Jahresende zur Folge, dass statt des geschätzten Verbrauchs in Höhe von 14.000,00 € tatsächlich $6 \cdot 2.500,00 = 15.000,00$ € als Aufwand, mithin also 1.000,00 € Aufwand zu viel verbucht wären. In diesem Fall wäre also eine Aufwandsstornobuchung in Höhe von 1.000,00 € zu Lasten des Kontos „1300 Sonstige Vermögensgegenstände" vorzunehmen, womit zwar der Erfolg, nicht allerdings die durch die Abschlagszahlungen entstandenen Ansprüche zutreffend ausgewiesen werden, wenn die Schätzung der Wirklichkeit entspricht.

Vorkontierung der vorbereitenden Abschlussbuchung

Nr.	Datum	Beleg	Kto.	Kontenname	Soll	Haben
116.	31.12.08	6038	6310	Energieaufwendungen	14.000,00	
			3070	Sonstige Rück-stellungen		14.000,00

117. 31.12.08: Der Bestand an weitergegebenen Wechseln beträgt am 31.12.08 200.000,00 €. Nach bisherigen Erfahrungen ist mit einem Wechselrisiko von 3 % zu rechnen. Am Tag der Aufstellung des Jahresabschlusses (28.2.09) waren lediglich Wechsel im Gesamtbetrag von 5.000,00 € noch nicht eingelöst.

Nach der Rechtsprechung des Bundesfinanzhofes darf eine Rückstellung für Wechselobligo am Jahresende lediglich in Höhe der noch nicht eingelösten Wechsel gebildet werden, nach vorliegendem Sachverhalt daher nicht in Höhe von 6.000,00 € (= 3 % von 200.000,00 €), sondern nur in Höhe von 5.000,00 €.

Vorkontierung der vorbereitenden Abschlussbuchung

Nr.	Datum	Beleg	Kto.	Kontenname	Soll	Haben
117.	31.12.08	6039	7211	Aufwendungen für Wechselobligo	5.000,00	
			3070	Sonstige Rückstellungen		5.000,00

118. 31.12.08: Für 50 Arbeiter sind am Jahresende 410 rückständige Urlaubstage zu berücksichtigen. Dafür ist eine Rückstellung zu bilden. Dabei wird nicht das Einzelverfahren, sondern das Pauschalverfahren angewendet. Bei diesem Verfahren werden die maßgeblichen Jahreslohnaufwendungen (2.500.000,00 € inkl. Arbeitgeberanteile zur Sozialversicherung) durch die Zahl der regulären Arbeitstage (250 Tage) vermindert um den neuen Urlaubsanspruch (z. B. 22 Tage) und um zu erwartende Ausfallzeiten (z. B. 7 Tage) = 221 Tage dividiert. Steuerlich ist mit den ungekürzten Arbeitstagen (250 Tage) zu rechnen. Anschließend ist der Tagessatz pro Arbeitnehmer zu berechnen. Für die Ermittlung der Rückstellungshöhe ist der so errechnete Tagessatz dann mit der Anzahl der erwarteten Urlaubstage zu multiplizieren.

Lohn- und Gehaltsaufwendungen	2.500.000,00
Maßgebliche Arbeitstage	221
Gesamtbetrag pro Tag	11.312,22
Zahl der Arbeitnehmer	50
Durchschnittliches Entgelt pro Arbeitnehmer pro Tag	226,24
Rückständige Urlaubstage	410
Urlaubsrückstellung	92.760,18

Vorkontierung der vorbereitenden Abschlussbuchung

Nr.	Datum	Beleg	Kto.	Kontenname	Soll	Haben
118.	31.12.08	6040	6000	Löhne und Gehälter	92.760,18	
			3070	Sonstige Rückstellungen		92.760,18

Zu Nr. 118: In der Handelsbilanz kann also eine höhere Rückstellung gebildet werden als in der Steuerbilanz, mit der Folge, dass Handels- und Steuerbilanz voneinander abweichen.

In Personenunternehmen können private Steuern wie die Einkommensteuer, der Solidaritätszuschlag oder die Kirchensteuer des Kaufmanns nicht als Aufwand gebucht werden. Für diese Steuern kommt daher keine Rückstellungsbildung in Betracht. In Kapitalgesellschaften muss die Körperschaftsteuer handelsrechtlich als Aufwand gebucht werden. Decken die Steuervorauszahlungen des abgelaufenen Geschäftsjahres die Körperschaftsteuerschuld inkl. Solidaritätszuschlag nicht ab, ist in Höhe der Differenz eine Rückstellung zu bilden. Für andere Aufwandssteuern, wie etwa die Grundsteuer für Betriebsgrundstücke oder die Kfz-Steuer für Betriebsfahrzeuge ist aufgrund der besonderen Erhebungsform im Regelfall keine Rückstellungsbildung möglich. Eine Besonderheit bildet hingegen die stets als Aufwand zu buchende Gewerbesteuer. Sie wird im abgelaufenen Geschäftsjahr verursacht; während des Geschäftsjahres sind zudem pro Quartal Vorauszahlungen an die Finanzbehörde zu entrichten, deren Höhe sich nach dem Betrag der Gewerbesteuerschuld des Vorjahres richtet. Die Steuererklärung wird im neuen Jahr abgegeben, der Erklärung erfolgt der Steuerbescheid durch Finanzbehörde. So lange der Steuerbescheid nicht erteilt ist, ist die Steuerschuld unsicher. Daran ändert auch die Tatsache nichts, dass viele Steuerpflichtige in der Lage sind, die Steuerschuld exakt vorauszuberechnen. Da die Gewerbesteuerschuld am Bilanzstichtag regelmäßig unsicher ist, muss eine Steuerrückstellung gebildet werden. Die Gewerbesteuer ist aber nach § 4 Abs. 5 b EStG steuerlich nicht als Betriebsausgabe abzugsfähig, darf daher die Bemessungsgrundlagen bei der Berechnung der Gewerbe- und der Einkommen- bzw. Körperschaftsteuer nicht mindern.

119. 31.12.08: Für die Berechnung der Gewerbesteuer-Rückstellung eines Personenunternehmens gelten folgende Daten: Gewinn lt. handelsrechtlicher Hauptabschlussübersicht zzgl. Ergebniserhöhungen aufgrund spezieller steuerlicher Gewinnermittlungsvorschriften, aber vor Einbuchung der Gewerbesteuer-Rückstellung: 919.784,00 €; Hinzurechnungen: Dauerschuldzinsen (¼ von 48.000,00 €) 12.000,00 €, Kürzungen beim Gewerbeertrag 4.200,00 €; als Aufwand gebuchte Gewerbesteuer-Vorauszahlungen in 2008: 90.000,00 €; Hebesatz der Gemeinde: 440 %.

vorläufige Einkünfte vor GewSt-RSt § 7 GewStG	919.784,00
+ GewSt-Vorauszahlungen	90.000,00
= Gewerbeertrag vor Abzug der Gewerbesteuer	1.009.784,00
+ Hinzurechnung 1/4 Dauerschuldzinsen § 8 Nr. 1 GewStG	12.000,00
– Kürzungen § 9 Nr. 1 GewStG	– 4.200,00
= vorläufiger Gewerbeertrag	1.017.584,00

Übertrag		1.017.584,00
– Abrundung lt. § 11 Abs. 1 GewStG		– 84,00
– Freibetrag § 11 Abs. 1 Satz 2 GewStG		– 24.500,00
= maßgebender Gewerbeertrag § 10 GewStG		993.000,00
3,5 %		
= Steuermessbetrag § 14 GewStG		· 34.755,00
· Hebesatz 440 % § 16 GewStG		
= voraussichtliche GewSt-Schuld		152.922,00
– GewSt-Vorauszahlungen		– 90.000,00
= GewSt-Rückstellung		62.922,00

Abbildung 7.4: Berechnung der Gewerbesteuerrückstellung

Vorkontierung der vorbereitenden Abschlussbuchung

Nr.	Datum	Beleg	Kto.	Kontenname	Soll	Haben
119.	31.12.08	6041	7610	Gewerbesteuer	62.922,00	
			3020	Steuerrückstellungen		62.922,00

Zu Nr. 119: Rückstellungen werden i. d. R. als volle €-Beträge gebildet. Bei Kapitalgesellschaften gibt es keinen Freibetrag gemäß § 11 Abs. 1 Satz 2 GewStG.

7.8.2 Auflösung von Rückstellungen

Die Auflösung von Rückstellungen wird erforderlich, wenn die unsicheren Schulden nicht mehr bestehen, weil sie z. B. beglichen oder überhaupt nicht realisiert wurden bzw. mittlerweile Verbindlichkeiten in entsprechender Höhe verwirklicht sind. Die Auflösung kann während des Jahres als laufende Buchung oder für die Aufstellung des Jahresabschlusses als vorbereitende Abschlussbuchung erforderlich werden.

120. 31.12.08: Ein Schadenersatzprozess, für den im Vorjahr eine Rückstellung in Höhe von 6.000,00 € gebildet worden war, konnte ohne jegliche Ersatzleistung noch vor dem Tag der Aufstellung des Jahresabschlusses am 30.4.09 beendet werden.
Die gebildete Rückstellung ist nach der Rechtsprechung des Bundesfinanzhofes, wonach wertaufhellende Tatsachen auch dann zu berücksichtigen sind, wenn sie am Stichtag zwar noch nicht realisiert waren, die Wertverhältnisse aber „objektiv" aufzeigen, zum Jahresende aufzulösen. Nach § 249 Abs. 3 HGB dürfen Rückstellungen allerdings erst aufgelöst werden, soweit der Grund hierfür entfal-

len ist. Inwieweit damit auch die Wertaufhellungstheorie des Bundesfinanzhofes abgedeckt ist, lässt das Gesetz offen.

Systematisch zutreffend wäre in diesem Fall eine Aufwandsstornierung vorzunehmen. In der Praxis wird aber häufig auf ein Ertragskonto gebucht.

Vorkontierung der vorbereitenden Abschlussbuchung

Nr.	Datum	Beleg	Kto.	Kontenname	Soll	Haben
120.	31.12.08	6045	3070	Sonstige Rückstellungen	6.000,00	
			4930	Erträge aus der Auflösung von Rückstellungen		6.000,00

121. Wenn der Sachverhalt, für den eine Rückstellung gebildet wurde, nicht mehr existiert, muss die Rückstellung aufgelöst werden. Leider ist der Gesetzestatbestand diesbezüglich nicht ganz eindeutig. In der Praxis werden einmal gebildete Rückstellungen häufig nie mehr aufgelöst. Es wird vielmehr nicht selten wie in folgender Abbildung verfahren.

Rückstellung für Garantiefälle im Jahr 2007:	1.000.000,00
eingetretene Fälle im Jahr 2008:	300.000,00
nicht eingetretene Fälle im Jahr 2008:	700.000,00
neue Garantiezusagen im Jahre 2008:	1.200.000,00
an sich erforderliche gewinnerhöhende Auflösung für eingetretene Fälle in 2008:	300.000,00
an sich erforderliche gewinnerhöhende Auflösung für nicht eingetretene Fälle in 2008 spätestens Ende 2008:	700.000,00
an sich erforderliche gewinnmindernde Neubildung in 2008:	1.200.000,00
tatsächlich werden gewinnmindernd neu nur gebildet:	200.000,00
Endbestand Rückstellungen in 2008:	1.200.000,00

Abbildung 7.5: Auflösung von Rückstellungen

An sich wären die Rückstellungen für die in 2008 eingetretenen Fälle erfolgsunwirksam aufzulösen. Allerdings wird für die laufenden Garantiearbeiten nur der Aufwand in Höhe von 300.000,00 €, nicht aber die erzielte Wertschöpfung als Ertrag gebucht. Da der Aufwand zu diesem Zeitpunkt zweifach gebucht worden ist, müsste die Rückstellung als laufende Buchung erfolgswirksam durch eine Aufwandsstorno- oder Ertragsbuchung in Höhe von 300.000,00 € aufgelöst werden. Die laufende Auflösung der Rückstellung wird in der Praxis oftmals nicht gebucht, sondern die entsprechenden Vorgänge werden für die Aufstellung des Jahresabschlusses vorgemerkt.

Bei Aufstellung des Jahresabschlusses für das Jahr 2008 wäre der Gewinn durch die Neubildung einer Rückstellung um 1.200.000,00 € zu vermindern. Löst man die für 2007 zu hoch gebildete Rückstellung in Höhe von 700.000,00 € aber nicht auf, wäre nur eine Neubildung von 500.000,00 € erforderlich. Hat man weiterhin für die in 2008 eingetretenen Fälle keine gewinnerhöhende Auflösung der Rückstellungen in Höhe von 300.000,00 € vorgenommen, darf der Gewinn jetzt nur noch um 200.000,00 € gekürzt werden. Die vorbereitende Abschlussbuchung für den 31.12.2008 lautet bei dieser Vorgehensweise, die gelegentlich als Anpassungsmethode bezeichnet wird, dann:

Vorkontierung der vorbereitenden Abschlussbuchung

Nr.	Datum	Beleg	Kto.	Kontenname	Soll	Haben
121.	31.12.08		6790	Aufwand für Gewährleistung	200.000,00	
			3070	Sonstige Rückstellungen		200.000,00

Würde im Jahr 2009 in diesem Bereich nicht weiter produziert und träten auch keine Garantiefälle auf, müsste die Rückstellung spätestens für den 31.12.09 vollständig mit der nachfolgenden Buchung aufgelöst werden:

Vorkontierung der vorbereitenden Abschlussbuchung

Nr.	Datum	Beleg	Kto.	Kontenname	Soll	Haben
	3070			Sonstige Rückstellungen	1.200.000,00	
	4930			Erträge aus der Auflösung von Rückstellungen		1.200.000,00

Über die Jahre 2007–2009 ergäben sich danach folgende Gewinnauswirkungen:

Jahr	2007	2008	2009
Gewinn	− 1.000.000,00	− 200.000,00	+1.200.000,00

Der in 2008 verursachte Garantieaufwand in Höhe von 300.000,00 € wird bereits in 2007 ausgewiesen. In 2007 wird zudem ein Garantieaufwand in Höhe von 700.000,00 € ausgewiesen, der in 2008 und auch in späteren Jahren nicht verursacht wird. Nachträglich betrachtet sind die 700.000,00 € kein Aufwand, obwohl sie in 2007 als Aufwand ausgewiesen werden. Dies gilt auch für die in 2008 zusätzlich ausgewiesenen Garantieaufwendungen in Höhe von 200.000,00 € aus der Sicht des Jahres 2009. Wie erklärt sich, dass die Gewinnauswirkung der Rückstellung über drei Jahre 0,00 € beträgt, obwohl im Jahr 2008 Garantiearbeiten in Höhe von 300.000,00 € durchgeführt wurden? Dazu müssen die gesamten Gewinn- und Verlustauswirkungen dieses Sachverhalts beachtet werden:

Jahr 2007:

Aufwendungen	GuV 31.12.2007		Erträge
Garantieaufwand	1.000.000,00	Verlust	1.000.000,00

Jahr 2008:

Aufwendungen	GuV 31.12.2008		Erträge
Materialaufwand Garantiearbeiten	100.000,00	Verlust	500.000,00
Personalaufwand Garantiearbeiten	80.000,00		
Abschreibungsaufwand Garantiearbeiten	40.000,00		
sonstiger Aufwand Garantiearbeiten	80.000,00		
Zuführung Garantierückstellungen	200.000,00		

Jahr 2009:

Aufwendungen	GuV 31.12.2009		Erträge
Gewinn	1.200.000,00	Erträge Auflösung Garantierückstellung	1.200.000,00

Daraus errechnet sich ein Gesamtverlust von: -1.000.000,00 € − 500.000,00 € + 1.200.000,00 € = − 300.000,00 €.

Obwohl sich also die Garantierückstellungen über die drei Jahre erfolgsmäßig ausgleichen, ist ein Verlust (Schaden) durch die Garantiearbeiten in Höhe von

300.000,00 € entstanden, der aber in den laufenden Aufwandsbuchungen im Zusammenhang mit den Garantiearbeiten versteckt ist. Das kleine Beispiel belegt zugleich die Schwierigkeiten und auch Unzulänglichkeiten einer periodischen Erfolgsmessung auf der Basis von Erträgen und Aufwendungen. Ex post wird der Gewinn in 2007 um 700.000,00 € und in 2008 um 200.000,00 € zu niedrig ausgewiesen. In 2009 wird der Gewinn um 1.200.00,00 € erhöht. Bei (natürlich nicht möglicher) zutreffender Prognose der Garantiearbeiten wäre der Gewinn in 2007 nur um 300.000,00 € gekürzt worden, in den Jahren 2008 und 2009 wären keine Erfolgsauswirkungen auszuweisen. Daraus wird nochmals deutlich, dass Gewinne (Verluste) bloße Rechengrößen sind, die in der Wirklichkeit nicht überprüft werden können.

7.9 Eigentliche Abschlussbuchungen für die Aufstellung des Jahresabschlusses

In EDV-Buchführungssystemen brauchen selbst im Gründungszeitpunkt keine Eröffnungsbuchungen mehr vorgenommen werden. Insoweit sind heute Eröffnungsbuchungen generell – d. h. auch in den Folgejahren – nicht mehr erforderlich. Entsprechendes gilt für die eigentlichen Abschlussbuchungen. Traditionelle Aufgabe der eigentlichen Abschlussbuchungen war es, aus den durch Umbuchungen und Nachbuchungen vorbereiteten Sachkonten den Jahresabschluss zu entwickeln. Streng genommen sind dabei Buchungen im Sinne der doppelten Buchführung nur erforderlich, wenn ein Kontenabschluss mit einem GuV-Konto und einem Schlussbilanzkonto durchgeführt wird. Bei einer nicht EDV-gestützten Buchführung kann jedoch der Kontenabschluss grundsätzlich unterbleiben, wenn eine Hauptabschlussübersicht benutzt wird, die als Kontenabschluss definiert wird. In EDV-gestützten Buchführungen werden die eigentlichen Abschlussbuchungen aufgrund von als Stammdaten programmierten Zuweisungen der Kontensalden zu Bilanz- und GuV-Posten überflüssig. Ein GuV-Konto und ein Schlussbilanzkonto werden nicht mehr benötigt.

Welche Buchungen traditionell als EIGENTLICHE ABSCHLUSSBUCHUNGEN → Glossar gebucht worden sind und in welcher Reihenfolge die Sachkonten abzuschließen sind, wurde bei der allgemeinen Darstellung des Kontenabschlusses → vgl. S. 93 ff. und im Abschnitt 5.2 → vgl. S. 138 ff. gezeigt. Die Reihenfolge wird hier nochmals kurz wiederholt:

1. Abschluss der Aufwandskonten über das GuV-Konto
   Buchungen: GuV-Konto an Aufwandskonto
2. Abschluss der Ertragskonten über das GuV-Konto
   Buchungen: Ertragskonten an GuV-Konto

3. Abschluss des GuV-Kontos
   Buchungen im Gewinnfall: GuV-Konto an Eigenkapitalkonto
   Buchungen im Verlustfall: Eigenkapitalkonto an GuV-Konto
4. Abschluss der Privatkonten bei Personenunternehmen
   Buchungen: Privateinlagekonto an Eigenkapitalkonto und
   Eigenkapitalkonto an Privatentnahmekonto
5. Abschluss der aktiven Bestandskonten
   Buchungen: Schlussbilanzkonto an aktive Bestandskonto
6. Abschluss der passiven Bestandskonten
   Buchungen: passive Bestandskonten an Schlussbilanzkonto

7.10 Berechnung und Verbuchung der Ergebnisverwendung in einer Aktiengesellschaft

Für die Verwendung des Jahresergebnisses einer Aktiengesellschaft sind eine Reihe gesetzlicher Vorschriften zu beachten. Hätte sich der Gesetzgeber um eine klare Terminologie bemüht, hätte er im Bereich der Rechnungslegung und Ergebnisverwendung von Aktiengesellschaften nur die Begriffe Jahresüberschuss bzw. Jahresfehlbetrag sowie den Begriff Bilanzgewinn[12] verwenden dürfen. Leider verwendet er daneben in abwechslungsreicher Vielfalt in diesem Zusammenhang auch die Begriffe Gewinn bzw. Jahresgewinn oder Ergebnis. Dem Gesetzesanwender bleibt es überlassen, sich die jeweils richtige Interpretation vor allem unter Beachtung der §§ 158 AktG und 275 HGB herauszusuchen.

Einzelheiten zur Verwendung des Jahresüberschusses – ein Jahresfehlbetrag kann nicht verwendet werden – sind in § 58 Abs. 1–4 AktG geregelt:

„(1) Die Satzung kann nur für den Fall, dass die Hauptversammlung den Jahresabschluss feststellt, bestimmen, dass Beträge aus dem Jahresüberschuss in **andere Gewinnrücklagen** einzustellen sind. Auf Grund einer solchen Satzungsbestimmung kann höchstens die Hälfte des Jahresüberschusses in andere Gewinnrücklagen eingestellt werden. Dabei sind Beträge, die in die gesetzliche Rücklage einzustellen sind, und ein Verlustvortrag vorab vom Jahresüberschuss abzuziehen.

(2) Stellen Vorstand und Aufsichtsrat den Jahresabschluss fest, so können sie einen Teil des Jahresüberschusses, höchstens jedoch die Hälfte, in **andere Gewinnrücklagen** einstellen. Die Satzung kann Vorstand und Aufsichtsrat zur Einstellung eines größeren

---

12 Eigentlich ist auch die Bezeichnung Bilanzgewinn verfehlt, da es nur einen Gewinn gibt, der aber bei der Kapitalgesellschaft Jahresüberschuss heißt. Die Bezeichnung Bilanzgewinn gibt gerade beim Lernenden oder nicht versierten Bilanzleser regelmäßig Anlass zu Missverständnissen.

oder kleineren Teils, bei Gesellschaften, deren Aktien zum Handel an einer Börse zugelassen sind, nur eines größeren Teils des Jahresüberschusses ermächtigen. Auf Grund einer solchen Satzungsbestimmung dürfen Vorstand und Aufsichtsrat keine Beträge in andere Gewinnrücklagen einstellen, wenn die anderen Gewinnrücklagen die **Hälfte des Grundkapitals** übersteigen oder soweit sie nach der Einstellung die Hälfte übersteigen würden. Absatz 1 Satz 3 gilt sinngemäß.

(2a) Unbeschadet der Absätze 1 und 2 können Vorstand und Aufsichtsrat den Eigenkapitalanteil von Wertaufholungen bei Vermögensgegenständen des Anlage- und Umlaufvermögens und von bei der steuerrechtlichen Gewinnermittlung gebildeten Passivposten, die nicht im Sonderposten mit Rücklageanteil ausgewiesen werden dürfen, in andere Gewinnrücklagen einstellen. Der Betrag dieser Rücklagen ist entweder in der Bilanz gesondert auszuweisen oder im Anhang anzugeben.

(3) Die Hauptversammlung kann im Beschluss über die Verwendung des Bilanzgewinns weitere Beträge in **Gewinnrücklagen** einstellen oder als Gewinn vortragen. Sie kann ferner, wenn die Satzung sie hierzu ermächtigt, auch eine andere Verwendung als nach Satz 1 oder als die Verteilung unter die Aktionäre beschließen.

(4) Die Aktionäre haben Anspruch auf den Bilanzgewinn, soweit er nicht nach Gesetz oder Satzung, durch Hauptversammlungsbeschluss nach Absatz 3 oder als zusätzlicher Aufwand auf Grund des Gewinnverwendungsbeschlusses von der Verteilung unter die Aktionäre ausgeschlossen ist."

In § 60 AktG wird anschließend die (Bilanz-) **Gewinn**verteilung geregelt. Dabei erhebt sich zunächst die Frage, welcher Unterschied zwischen der **Verwendung** des Jahresüberschusses nach § 58 AktG und der Gewinnverteilung nach § 60 AktG besteht. Verwendung bedeutet im Unterschied zur Verteilung, dass die Jahresüberschüsse einbehalten (**thesauriert**) werden. Verteilt werden kann lediglich der **Bilanzgewinn** inkl. eines evtl. Gewinnvortrages. Für die **Gewinnverteilung** einer Aktiengesellschaft gilt demnach Folgendes:

„(1) Die Anteile der Aktionäre am Gewinn bestimmen sich nach dem Verhältnis der Aktiennennbeträge.

(2) Sind die Einlagen auf das Grundkapital nicht auf alle Aktien in demselben Verhältnis geleistet, so erhalten die Aktionäre aus dem verteilbaren Gewinn vorweg einen Betrag von **vier vom Hundert** der geleisteten Einlagen. Reicht der Gewinn dazu nicht aus, so bestimmt sich der Betrag nach einem entsprechend niedrigeren Satz. Einlagen, die im Laufe des Geschäftsjahrs geleistet wurden, werden nach dem Verhältnis der Zeit berücksichtigt, die seit der Leistung verstrichen ist.

(3) Die Satzung kann eine andere Art der Gewinnverteilung bestimmen."

Fraglich ist weiterhin, wie Vorstands- und Aufsichtsratstantiemen einer Aktiengesellschaft zu behandeln sind. In Publikums-Aktiengesellschaften werden in letzter Zeit – verursacht durch eine extensive (um nicht zu sagen exzessive) Anwendung einer anteilseignerorientierten (= Beachtung der Ziele der Share- bzw. Stockholder) Unternehmens- und Rechnungslegungspolitik vermehrt Tantiemen bezahlt, die an der Börsenkursentwicklung anknüpfen. Die Pflege der Börsenkurse steht daher im Vordergrund, die Ansichten von Fondsmanagern werden zu mächtigen Einflussfaktoren auf die Unternehmenspolitik. Dabei ist nicht gesagt, dass ein hoher Jahresüberschuss bzw. eine hohe Dividende zugleich einen Anstieg des Börsenkurses bedingt. Traditionell knüpfen allerdings die Tantiemen der Vorstände und Aufsichtsräte an den Jahresüberschüssen an bzw. nach der Terminologie des AktG an den „Jahresgewinnen" an.

Für die Gewinnbeteiligung der Vorstandsmitglieder bestimmt § 86 AktG:
„(1) Den Vorstandsmitgliedern kann für ihre Tätigkeit eine Beteiligung am Gewinn gewährt werden. Sie soll in der Regel in einem Anteil am Jahresgewinn der Gesellschaft bestehen.

(2) Wird den Vorstandsmitgliedern ein Anteil am Jahresgewinn der Gesellschaft gewährt, so berechnet sich der Anteil nach dem **Jahresüberschuss**, vermindert um einen Verlustvortrag aus dem Vorjahr und um die Beträge, die nach Gesetz oder Satzung aus dem Jahresüberschuss in Gewinnrücklagen einzustellen sind. Entgegenstehende Festsetzungen sind nichtig."

Für die Gewinnbeteiligung der Aufsichtsratsmitglieder bestimmt § 113 AktG:
„(1) Den Aufsichtsratsmitgliedern kann für ihre Tätigkeit eine Vergütung gewährt werden. Sie kann in der Satzung festgesetzt oder von der Hauptversammlung bewilligt werden. Sie soll in einem angemessenen Verhältnis zu den Aufgaben der Aufsichtsratsmitglieder und zur Lage der Gesellschaft stehen. Ist die Vergütung in der Satzung festgesetzt, so kann die Hauptversammlung eine Satzungsänderung, durch welche die Vergütung herabgesetzt wird, mit einfacher Stimmenmehrheit beschließen.

(2) Den Mitgliedern des ersten Aufsichtsrats kann nur die Hauptversammlung eine Vergütung für ihre Tätigkeit bewilligen. Der Beschluss kann erst in der Hauptversammlung gefasst werden, die über die Entlastung der Mitglieder des ersten Aufsichtsrats beschließt.

(3) Wird den Aufsichtsratsmitgliedern ein Anteil am Jahresgewinn der Gesellschaft gewährt, so berechnet sich der Anteil nach dem **Bilanzgewinn**, vermindert um einen Betrag von mindestens **vier vom Hundert** der auf den Nennbetrag der Aktien geleisteten Einlagen. Entgegenstehende Festsetzungen sind nichtig."
Für die Berechnung der Aufsichtsratstantiemen ist also der Bilanzgewinn abzüglich der Gewinnanteile („Vordividende") i. S. v. 60 Abs. 2 AktG maßgebend.

Für die **Verwendung** des Jahresüberschusses sind neben § 58 AktG die Vorschriften des § 150 AktG über gesetzlichen Rücklagen und die Kapitalrücklagen zu beachten:
„(1) In der Bilanz des nach den §§ 242, 264 des Handelsgesetzbuchs aufzustellenden Jahresabschlusses ist eine gesetzliche Rücklage zu bilden.

(2) In diese ist der **zwanzigste Teil** des um einen Verlustvortrag aus dem Vorjahr geminderten Jahresüberschusses einzustellen, bis die gesetzliche Rücklage und die Kapitalrücklagen nach § 272 Abs. 2 Nr. 1 bis 3 des Handelsgesetzbuchs zusammen den **zehnten** oder den in der Satzung bestimmten höheren **Teil** des Grundkapitals erreichen.

Übersteigen die gesetzliche Rücklage und die Kapitalrücklagen nach § 272 Abs. 2 Nr. 1 bis 3 des Handelsgesetzbuchs zusammen nicht den zehnten oder den in der Satzung bestimmten höheren Teil des Grundkapitals, so dürfen sie nur verwandt werden

1. zum Ausgleich eines Jahresfehlbetrags, soweit er nicht durch einen Gewinnvortrag aus dem Vorjahr gedeckt ist und nicht durch Auflösung anderer Gewinnrücklagen ausgeglichen werden kann;
2. zum Ausgleich eines Verlustvortrags aus dem Vorjahr, soweit er nicht durch einen Jahresüberschuss gedeckt ist und nicht durch Auflösung anderer Gewinnrücklagen ausgeglichen werden kann.

Übersteigen die gesetzliche Rücklage und die Kapitalrücklagen nach § 272 Abs. 2 Nr. 1 bis 3 des Handelsgesetzbuchs zusammen den zehnten oder den in der Satzung bestimmten höheren Teil des Grundkapitals, so darf der übersteigende Betrag verwandt werden

1. zum Ausgleich eines Jahresfehlbetrags, soweit er nicht durch einen Gewinnvortrag aus dem Vorjahr gedeckt ist;
2. zum Ausgleich eines Verlustvortrags aus dem Vorjahr, soweit er nicht durch einen Jahresüberschuss gedeckt ist;
3. zur Kapitalerhöhung aus Gesellschaftsmitteln nach den §§ 207 bis 220.

Die Verwendung nach den Nummern 1 und 2 ist nicht zulässig, wenn gleichzeitig Gewinnrücklagen zur Gewinnausschüttung aufgelöst werden."

Wie die Verwendung des Jahresüberschusses in der **Bilanz** und in der **Gewinn**- und **Verlustrechnung** dargestellt werden muss, bestimmt sich nach aktienrechtlichen und handelsrechtlichen Vorschriften.

Den Ausweis der **Kapitalrücklagen** in der Bilanz regeln die §§ 152 Abs. 2 AktG

„(2) Zu dem Posten „Kapitalrücklage" sind in der Bilanz oder im Anhang gesondert anzugeben

1. der Betrag, der während des Geschäftsjahrs eingestellt wurde;
2. der Betrag, der für das Geschäftsjahr entnommen wird."

und 272 Abs. 2 HGB:

„(2) Als Kapitalrücklage sind auszuweisen

1. der Betrag, der bei der Ausgabe von Anteilen einschließlich von Bezugsanteilen über den Nennbetrag oder, falls ein Nennbetrag nicht vorhanden ist, über den rechnerischen Wert hinaus erzielt wird;
2. der Betrag, der bei der Ausgabe von Schuldverschreibungen für Wandlungsrechte und Optionsrechte zum Erwerb von Anteilen erzielt wird;

3. der Betrag, von anderen Zuzahlungen, die Gesellschafter gegen Gewährung eines Vorzugs für ihre Anteile leisten;

4. der Betrag von anderen Zuzahlungen, die Gesellschafter in das Eigenkapital leisten."

Den Ausweis der **Gewinnrücklagen** einschließlich der gesetzlichen Rücklagen in der Bilanz regeln die §§ 152 Abs. 3 AktG u. 272 Abs. 3 u. 4 HGB. Nach § 152 Abs. 3 AktG gilt:

„(3) Zu den einzelnen Posten der Gewinnrücklagen sind in der Bilanz oder im Anhang jeweils gesondert anzugeben

1. die Beträge, die die Hauptversammlung aus dem Bilanzgewinn des Vorjahrs eingestellt hat;

2. die Beträge, die aus dem Jahresüberschuss des Geschäftsjahrs eingestellt werden;

3. die Beträge, die für das Geschäftsjahr entnommen werden".

Nach 272 Abs. 3 und 4 HGB gilt:

„(3) Als Gewinnrücklagen dürfen nur Beträge ausgewiesen werden, die im Geschäftsjahr oder in einem früheren Geschäftsjahr aus dem Ergebnis gebildet worden sind. Dazu gehören aus dem Ergebnis zu bildende gesetzliche oder auf Gesellschaftsvertrag oder Satzung beruhende Rücklagen und andere Gewinnrücklagen.

(4) In eine Rücklage für eigene Anteile ist ein Betrag einzustellen, der dem auf der Aktivseite der Bilanz für die eigenen Anteile anzusetzenden Betrag entspricht. Die Rücklage darf nur aufgelöst werden, soweit die eigenen Anteile ausgegeben, veräußert oder eingezogen werden oder soweit nach § 253 Abs. 3 auf der Aktivseite ein niedrigerer Betrag angesetzt wird. Die Rücklage, die bereits bei der Aufstellung der Bilanz vorzunehmen ist, darf aus vorhandenen Gewinnrücklagen gebildet werden, soweit diese frei verfügbar sind. Die Rücklage nach Satz l ist auch für Anteile eines herrschenden oder eines mit Mehrheit beteiligten Unternehmens zu bilden."

Die Möglichkeiten zum Erwerb eigener Anteile einer AG werden in § 71 Abs. 1 AktG genau vorgeschrieben. Durch die Bildung einer Gewinnrücklage für eigene Anteile soll verhindert werden, dass durch die durch Aktivierung der eigenen Anteile möglicherweise verminderte Haftungssubstanz kompensiert wird. Dies wird auch aus § 71 Abs. 3 AktG deutlich:

„(2) Der Gesamtnennbetrag der zu den Zwecken nach Absatz 1 Nr. 1 bis 3 und 7 erworbenen Aktien darf zusammen mit dem Betrag anderer Aktien der Gesellschaft, welche die Gesellschaft bereits erworben hat und noch besitzt, **zehn vom Hundert** des Grundkapitals nicht übersteigen. Dieser Erwerb ist ferner nur zulässig, wenn die Gesellschaft die nach § 272 Abs. 4 des Handelsgesetzbuchs vorgeschriebene Rücklage für eigene Aktien bilden kann, **ohne das Grundkapital oder eine nach Gesetz oder Satzung zu bildende Rücklage zu mindern**, die nicht zu Zahlungen an die Aktionäre verwandt werden darf. In den Fällen des Absatzes 1 Nr. 1, 2, 4 und 7 ist der Erwerb nur zulässig, wenn auf die Aktien der Nennbetrag oder der höhere Ausgabebetrag voll geleistet ist."

Zur Darstellung der Verwendung des Jahresüberschusses ist die in § 275 HGB geregelte Gliederung der Gewinn- und Verlustrechnung nach § 158 Abs. 1 AktG um folgende Positionen zu ergänzen:

„(1) Die Gewinn- und Verlustrechnung ist nach dem Posten „Jahresüberschuss/Jahresfehlbetrag" in Fortführung der Nummerierung um die folgenden Posten zu ergänzen:

1. Gewinnvortrag/Verlustvortrag aus dem Vorjahr
2. Entnahmen aus der Kapitalrücklage
3. Entnahmen aus Gewinnrücklagen
   a) aus der gesetzlichen Rücklage
   b) aus der Rücklage für eigene Aktien
   c) aus satzungsmäßigen Rücklagen
   d) aus anderen Gewinnrücklagen
4. Einstellungen in Gewinnrücklagen
   a) in die gesetzliche Rücklage
   b) in die Rücklage für eigene Aktien
   c) in satzungsmäßige Rücklagen
   d) in andere Gewinnrücklagen
5. Bilanzgewinn/Bilanzverlust.

Die Angaben nach Satz 1 können auch im Anhang gemacht werden."

Der Vorstand hat den Jahresabschluss und den Lagebericht unverzüglich nach ihrer Aufstellung dem Aufsichtsrat vorzulegen. Außerdem ist er nach § 170 Abs. 2 AktG verpflichtet, einen Vorschlag zur Verwendung des Bilanzgewinnes zu machen und diesen Vorschlag ebenfalls dem Aufsichtsrat zur Prüfung vorzulegen:

„(2) Zugleich hat der Vorstand dem Aufsichtsrat den Vorschlag vorzulegen, den er der Hauptversammlung für die Verwendung des Bilanzgewinns machen will. Der Vorschlag ist, sofern er keine abweichende Gliederung bedingt, wie folgt zu gliedern:

1. Verteilung an die Aktionäre
2. Einstellung in Gewinnrücklagen
3. Gewinnvortrag
4. Bilanzgewinn."

Der Jahresabschluss ist festgestellt, wenn ihn der Aufsichtsrat billigt. Der Aufsichtsrat und der Vorstand können aber beschließen, die Feststellung des Jahresabschlusses der Hauptversammlung zu überlassen (§ 172 AktG). Die Hauptversammlung darf jedoch bei der Feststellung des Jahresabschlusses nur die Beträge in die Gewinnrücklagen einstellen, die nach Gesetz oder Satzung einzustellen sind (§ 173 Abs. 3 AktG). Schließlich beschließt die Hauptversammlung über die Verwendung des Bilanzgewinnes (§ 174 AktG). Dieser Beschluss führt nicht mehr zu einer Änderung des festgestellten Jahresabschlusses. Eine Änderung könnte sich z. B. ergeben, wenn durch eine Änderung der Gewinnverteilung eine Änderung der Körperschaftsteuer ausgelöst wird.

Zwischen dem Jahresüberschuss/Jahresfehlbetrag einer Kapitalgesellschaft dem Bilanzgewinn und der Ausschüttung an die Anteilseigner besteht also folgender Zusammenhang:

	Beschlussfassung über Verwendung bzw. Verteilung
Jahresüberschuss/Jahresfehlbetrag	V, AR
+ Gewinnvortrag des Vorjahres	V, AR
− Verlustvortrag des Vorjahres	V, AR
+ Entnahmen aus den Kapitalrücklagen	V, AR
+ Entnahmen aus den Gewinnrücklagen	V, AR
− Einstellungen in die Gewinnrücklagen	V, AR
= Bilanzgewinn	V, AR
− Einstellungen in die Gewinnrücklagen	HV
− Gewinnvortrag	HV
= Ausschüttung	HV

V = Vorstand; AR = Aufsichtsrat; HV = Hauptversammlung

Nach dieser Berechnungsmethode kann sich auch ein Bilanzgewinn ergeben, wenn in der Abrechnungsperiode ein Jahresfehlbetrag erzielt wurde, wenn also die Aufwendungen höher als die Erträge waren. Damit sind Ausschüttungen von Dividenden grundsätzlich auch in „Verlustjahren" möglich. Umgekehrt kann sich aber kein Bilanzverlust errechnen, wenn die Periode mit einem Jahresüberschuss abgeschlossen wird und kein Verlustvortrag existiert.

Beispiel

Eine AG weist nach dem Gewinnverteilungsbeschluss für 2007 im Geschäftsjahr 2008 in einer Zwischenbilanz unter der Position A. Eigenkapital folgende Positionen aus:

I. Gezeichnetes Kapital	45.000.000,00 €
II. Kapitalrücklage	675.000,00 €
III. Gewinnrücklagen:	
1. Gesetzliche Rücklage	1.350.000,00 €
2. Rücklage für eigene Aktien	225.000,00 €
3. Satzungsmäßige Rücklage	450.000,00 €
4. Andere Gewinnrücklagen	191.250,00 €
IV. Bilanzgewinn	10.000,00 €
− davon Gewinnvortrag	10.000,00 €

Der vorläufige Jahresüberschuss für das Geschäftsjahr 2008 beträgt 2.700.000,00 €.
Im Jahresabschluss 2008 sollen die satzungsmäßige Rücklage um 70.000,00 €, die anderen Gewinnrücklagen um 40.000,00 € aufgestockt werden. Der Gewinnvortrag aus der Ergebnisverwendung für das Vorjahr beträgt 10.000,00 €. Im laufenden Geschäftsjahr sind für 50.000,00 € eigene Aktien erworben worden. Die Vorstandstantieme für 2008 beträgt 75.000,00 €, die Aufsichtsratstantieme 45.000,00 €. Aufgrund der gesetzlichen Bestimmung in § 60 Abs. 2 AktG erhalten die Aktionäre aus dem verteilbaren Gewinn vorweg einen Betrag von **vier vom Hundert** der geleisteten Einlagen. Das gezeichnete Kapital ist voll eingezahlt. Anschließend soll der Prozentsatz für die Restdividende so berechnet werden, dass sich ein möglichst niedriger Gewinnvortrag für 2010 ergibt.

1. Ermittlung des auszuschüttenden Gewinns
Die Erhöhung der Kapitalrücklage (§ 272 Abs. 2 HGB), der gesetzlichen Rücklage (§ 150 Abs. l AktG) und der Rücklage für eigene Anteile (§ 270 Abs. 2 HGB) ist bereits bei Aufstellung des Jahresabschlusses durch den Vorstand vorzunehmen. Im vorliegenden Fall sind die Bestimmungen des § 150 Abs. 2 AktG zu beachten, die gesetzliche Rücklage muss erhöht werden. Die Zuführung zu den anderen Gewinnrücklagen kann entweder bereits im Verwendungsvorschlag des Vorstandes oder erst durch die Hauptversammlung erfolgen. Hier erfolgt die Zuführung zu den anderen Gewinnrücklagen nach der Hauptversammlung. Die Rücklage für eigene Anteile wird aber gemäß § 272 Abs. 4 HGB bereits während der Aufstellung des Jahresabschlusses durch den Vorstand gebildet.

vorläufiger Jahresüberschuss	2.700.000,00 €
– Vorstandstantieme	75.000,00 €
– Aufsichtsratstantieme	45.000,00 €
= endgültiger Jahresüberschuss	2.580.000,00 €
– Zuführung zur gesetzlichen Rücklage (1/20 von 2.580.000 €)	129.000,00 €
– Zuführung zur Rücklage für eigene Anteile	50.000,00 €
– Zuführung zur satzungsmäßigen Rücklage	70.000,00 €
= Bilanzgewinn	2.331.000,00 €
+ Gewinnvortrag aus 2007	10.000,00 €
= verteilbarer Gewinn § 60 Abs. 2 AktG	2.341.000,00 €
– 4 % d. gezeichneten Kapitals	1.800.000,00 €
– 1,1 % des gezeichneten Kapitals	495.000,00 €
= Gewinnvortrag nach 2009	46.000,00 €
an die Aktionäre auszuschüttender Betrag nach § 174 Abs. 2 Nr. 2 AktG	**2.295.000,00 €**

2. Buchungen für die Aufstellung des Jahresabschlusses durch den Vorstand

Text	Kontenname	Kto.-Nr.	Soll	Haben
Vorstandstantieme	Tantiemen	6026	75.000,00	
Aufsichtsratstantieme	Tantiemen	6026	45.000,00	
	sonstige Verbindlichkeiten	3500		120.000,00
Rücklagenbildung	GuV-Konto	8002	249.000,00	
	gesetzliche Gewinn-Rücklage	2930		129.000,00
	Rücklage für eigene Anteile	2940		50.000,00
	satzungsmäßige Gewinn-Rücklagen	2950		70.000,00
Bilanzgewinn	GuV-Konto	8002	2.331.000,00	
	Bilanzgewinn	2975		2.331.000,00

3. Gliederung der Eigenkapitalpositionen im Jahresabschluss 2008:

Gezeichnetes Kapital	45.000.000,00
Kapitalrücklage	675.000,00
Gewinnrücklagen:	
1. Gesetzliche Rücklage	1.479.000,00
2. Rücklage für eigene Aktien	275.000,00
3. Satzungsmäßige Rücklage	520.000,00
4. Andere Gewinnrücklagen	191.250,00
IV. Bilanzgewinn	2.341.000,00
– davon Gewinnvortrag für 2009	46.000,00

4. Verbuchung der Beschlüsse der Hauptversammlung

Text	Kontenname	Kto.-Nr.	Soll	Haben
Gewinnverteilung	Bilanzgewinn	2975	2.341.000,00	
	andere Gewinn-Rücklagen	2960		40.000,00
	sonstige Verbindlichkeiten	3500		2.295.000,00
	Ergebnisvortrag	2979		6.000,00
Gewinnausschüttung	sonstige Verbindlichkeiten	3500	1.689.693,75	
nach 25 % Kapitalertrag-steuer u. 5,5 % SolZ	Bank	1800		1.689.693,75
Überweisung der	sonstige Verbindlichkeiten	3500	605.306,25	
Kapitalertragsteuer und des SolZ	Bank	1800		605.306,25

Bei Ausschüttung müssen nach § 43 a Abs. 1 Nr. 1 EStG 25 % Kapitalertragsteuer und 5,5 % Solidaritätszuschlag einbehalten und an die Finanzbehörde überwiesen werden. Die Verbuchung der Ausschüttung als Verbindlichkeit verdeutlicht auch die Trennung zwischen dem Vermögen der juristischen Person und den Vermögensansprüchen der Anteilseigner.

Zur Verdeutlichung sind ergänzend noch folgende Punkte anzuführen:

1. Ein BILANZGEWINN → Glossar tritt nur in der Bilanz von Kapitalgesellschaften auf; Einzelunternehmen und Personengesellschaften weisen keinen Bilanzgewinn aus. Der Gewinn dieser Unternehmen darf nicht mit dem Jahresüberschuss von Kapitalgesellschaften verwechselt werden. Jahresüberschuss ist die positive Differenz zwischen Erträgen und Aufwendungen einer Abrechnungsperiode. Der Bilanzgewinn von Aktiengesellschaften ist eine Ergebnisgröße, die den Betrag angibt, der nach § 57 Abs. 3 AktG grundsätzlich als Dividende unter die Aktionäre verteilt werden darf. Werden aus dem Bilanzgewinn Beträge für andere Zwecke entnommen, z. B. für Zwecke i. S. v. § 58 Abs. 3 AktG, so haben die Aktionäre einen Ausschüttungsanspruch auf den verbleibenden (Rest-) Bilanzgewinn. In einer GmbH haben die Gesellschafter nach § 29 Abs. 1 GmbHG grundsätzlich Anspruch auf Verteilung des (korrigierten) Jahresüberschusses. Wird die Bilanz einer GmbH unter teilweiser Ergebnisverwendung aufgestellt oder werden Rücklagen aufgelöst, so haben auch hier die Gesellschafter Anspruch auf den Bilanzgewinn (§ 29 Abs. 1 Satz 2 GmbHG). Ein Bilanzgewinn wird also in der Bilanz einer AG oder GmbH

nur ausgewiesen, wenn der Jahresabschluss nach § 268 Abs. 1 HGB unter Berücksichtigung der teilweisen Verwendung des Jahresergebnisses aufgestellt wird. In diesem Fall tritt an die Stelle der Posten „Jahresüberschuss/Jahresfehlbetrag" und „Gewinnvortrag/Verlustvortrag" der Posten „Bilanzgewinn/Bilanzverlust"; ein vorhandener Gewinn- oder Verlustvortrag ist in den Posten „Bilanzgewinn/Bilanzverlust" einzubeziehen und in der Bilanz oder im Anhang gesondert anzugeben. Allerdings ist bei Aktiengesellschaften die Aufstellung eines Jahresabschlusses unter Berücksichtigung einer teilweisen Ergebnisverwendung und damit der Ausweis von Bilanzgewinnen in der Bilanz der Regelfall, da Vorstand und Aufsichtsrat nach § 58 Abs. 2 AktG grundsätzlich nur die Hälfte des Jahresüberschusses in andere Gewinnrücklagen einstellen dürfen.

2. Ein Bilanzgewinn kann auch ausgewiesen werden, wenn die Gesellschaft in der Abrechnungsperiode einen Jahresfehlbetrag ausgewiesen hat, wenn also die Aufwendungen die Erträge überstiegen haben.

3. Wird der Jahresfehlbetrag nicht durch Rücklagenauflösungen ausgeglichen, entsteht ein **BILANZVERLUST** → Glossar, der als Verlustvortrag in die nächste Abrechnungsperiode übernommen wird.

4. Ein Gewinnvortrag entsteht, wenn die Hauptversammlung nicht den gesamten Bilanzgewinn für Ausschüttungen und Rücklagenbildung verwendet. Er wird in der nächsten Periode unter den Voraussetzungen des § 268 Abs. 1 HGB in die Berechnung des Bilanzgewinns der Folgeperiode einbezogen.

5. Ein Verlustvortrag entsteht, wenn sich nach obiger Berechnung ein Bilanzverlust ergibt. Er wird in der nächsten Periode unter den Voraussetzungen des § 268 Abs. 1 HGB in die Berechnung des Bilanzgewinns/-verlustes der Folgeperiode einbezogen.

Zusammenfassung

Nach Durchführung der Inventur können die eigentlichen Abschlussbuchungen zur Aufstellung des Jahresabschlusses durchgeführt werden, wenn keine Inventurdifferenzen, als Unterschiede zwischen tatsächlichem Vermögen und Schulden lt. Inventur und den rechnerischen Endbeständen der Bestandskonten auftreten. Dies ist aber ein eher unrealistischer Ausnahmefall. In der Regel bestehen erwartete und nicht erwartete Unterschiede zwischen den vorläufigen Endbeständen der Bestandskonten und den Inventurbeständen. Zur Beseitigung dieser Inventurdifferenzen müssen vorbereitende Abschlussbuchungen in Form von Nachbuchungen durchgeführt werden. Um die für den Vergleich zutreffenden vorläufigen Kontoendbestände zu erhalten, müssen aber zuvor die Salden der Bestandsunterkonten durch Umbuchungen auf die Oberkonten übertragen werden.

Bei Kapitalgesellschaften sind für den Abschlussstichtag besondere Ergebnisverwendungsbuchungen vorzunehmen, die die Beschlüsse der verantwortlichen Organe abbilden. Abschlussbuchungen sind bei einer Aktiengesellschaft nur die Buchungen, die die Ergebnisverwendungskompetenz von Vorstand und Aufsichtsrat betreffen. Buchungen, die durch die Beschlüsse der Hauptversammlung ausgelöst werden, sind grundsätzlich laufende Buchungen der Folgeperiode. Das gilt sowohl für die Auszahlung der Dividenden und die aufgrund der Ausschüttung abzuführenden Steuern.

Typische vorbereitende Abschlussbuchungen sind:
- der Abschluss des Warenverkehrs
- der Abschluss der Material- und Erzeugniskonten
- die Berechnung und Verbuchung von Abschreibungen
- die Einzel- und Pauschalabschreibung von Forderungen aus Lieferungen und Leistungen
- die Bildung und Auflösung von Rechnungsabgrenzungsposten
- die Bildung und Auflösung von Rückstellungen und der Abschluss der Umsatzsteuerkonten.

Bei Kapitalgesellschaften sind für den Abschlussstichtag besondere Ergebnisverwendungsbuchungen vorzunehmen, die die Beschlüsse der verantwortlichen Organe abbilden. Abschlussbuchungen sind bei einer Aktiengesellschaft nur die Buchungen, die die Ergebnisverwendungskompetenz von Vorstand und Aufsichtsrat betreffen. Buchungen, die durch die Beschlüsse der Hauptversammlung ausgelöst werden, sind grundsätzlich laufende Buchungen der Folgeperiode. Das gilt sowohl für die Auszahlung der Dividenden und die aufgrund der Ausschüttung abzuführenden Steuern.

Kontrollfragen

1. Warum sind Abschlussbuchungen erforderlich und welche Typen von Abschlussbuchungen sind zu unterscheiden?
2. Was versteht man unter dem Aufhellungszeitraum?
3. In welcher Reihenfolge sollen die vorbereitenden Abschlussbuchungen durchgeführt werden?
4. Welche Abschlussbuchungen sind insbesondere in Handelsunternehmen vorzunehmen?
5. Welche Abschlussbuchungen sind insbesondere in Industrieunternehmen vorzunehmen?

6. Welche Buchungen sind für Abgrenzungen für Forderungen aus Dienstleistungen und Nutzungen vorzunehmen?

7. Wie sind Forderungen aus Lieferungen und Leistungen zu bewerten? Wie sind die Bewertungsergebnisse zu verbuchen?

8. Welche Buchungen sind für die Auflösung bzw. Bildung von passiven Rechnungsabgrenzungsposten vorzunehmen?

9. Welche grundsätzliche Probleme ergeben sich bei der Berechnung und Verbuchung von Abschreibungen?

10. Besteht eine Abschreibungspflicht oder ein Abschreibungswahlrecht?

11. Welche Vermögensgegenstände sind abzuschreiben?

12. Von welchem Betrag ist die Abschreibung zu berechnen?

13. Nach welchen Methoden kann die Abschreibung berechnet werden?

14. Wie sind die Abschreibungen zu verbuchen?

15. Wie ist die Abschreibung im Zugangsjahr und im Abgangsjahr zu verbuchen?

16. Welche Abschlussbuchungen sind im Materialbereich vorzunehmen?

17. Wann und nach welchen Regeln sind aktive Rechnungsabgrenzungsposten zu bilden und aufzulösen?

18. Welche Buchungen sind für Abgrenzungen für Verbindlichkeiten aus Dienstleistungen und Nutzungen vorzunehmen?

19. Wie sind die Umsatzsteuerkonten abzuschließen?

20. Was ist grundsätzlich bei der Bildung von Rückstellungen zu beachten?

21. Wie ist die Rückstellung für Gewerbesteuer zu bilden?

22. Wann und nach welchen Regeln sind Rückstellungen aufzulösen?

23. Wie sind die eigentlichen Abschlussbuchungen in einer nicht EDV-gestützten Buchführung vorzunehmen?

24. Wie muss die Verwendung des Jahresüberschusses in der Bilanz und in der Gewinn- und Verlustrechnung dargestellt werden?

25. Was ist der Unterschied zwischen Jahresüberschuss und Bilanzgewinn?

26. Unter welchen Voraussetzungen kann es einen Bilanzgewinn geben, wenn in der gleichen Periode ein Jahresfehlbetrag erzielt wird?

27. Wodurch unterscheidet sich ein Bilanzverlust von einem Jahresfehlbetrag?

28. Welcher Zusammenhang besteht zwischen einer Gewinnausschüttung (Dividendenzahlung) und dem Jahresüberschuss von Kapitalgesellschaften?

Glossar

ABSCHREIBUNGEN

Für das abnutzbare Anlagevermögen lässt sich kein mengenmäßiger Verbrauch feststellen. Die **Wertminderungen** des abnutzbaren Anlagevermögens werden in der Finanzbuchführung aufgrund von Abschreibungsplänen im Voraus für die jeweiligen Abrechnungsperioden der gesamten (planmäßigen oder betriebsgewöhnlichen) Nutzungsdauer geschätzt und das Ergebnis dieser Schätzungen, die sog. Abschreibungen, in den Büchern erfasst. Für den Bereich der steuerlichen Gewinnermittlung spricht man nach § 7 EStG von Absetzungen für Abnutzung (AfA). Abschreibungen werden daneben auch für das nicht abnutzbare Anlagevermögen und das Umlaufvermögen als Wertminderungen erfasst und verbucht.

ANSCHAFFUNGSKOSTEN

Die Anschaffungskosten bilden den zentralen Wertmaßstab für die Bewertung des Vermögens des Kaufmanns. Was handelsrechtlich unter Anschaffungskosten zu verstehen ist und wie die Anschaffungskosten zu berechnen sind, bestimmt § 255 Abs. 1 HGB. Danach berechnen sich die Anschaffungskosten aus den Aufwendungen, die geleistet werden, um einen → VERMÖGENSGEGENSTAND zu erwerben und ihn in einen betriebsbereiten Zustand zu versetzen, soweit sie dem Vermögensgegenstand einzeln zugeordnet werden können. Zu den Anschaffungskosten gehören auch die Nebenkosten sowie die nachträglichen Anschaffungskosten. Anschaffungspreisminderungen müssen abgezogen werden. Kosten der Geldbeschaffung sind keine Anschaffungskosten.

AUFWAND

Eigenkapitalminderung auf betrieblicher Grundlage.

BESITZWECHSEL

Noch nicht fällige Wechselforderung, die durch einen gültigen Wechsel (Schuldschein mit Zahlungsversprechen)belegt werden kann. Besitzwechsel werden in der Bilanz nicht gesondert ausgewiesen, sie sind im Bilanzposten Forderungen aus Lieferungen und Leistungen enthalten.

BETRIEBSSTOFFE

Betriebsstoffe sind Materialien, die bei der Produktion oder anderen betrieblichen Zwecken verbraucht werden, aber nicht körperliche Bestandteile der Fertigerzeugnisse werden. Typische Beispiele: Büromaterial, Heizöl, Benzin für Fuhrpark, Putzmittel u. a.

BETRIEBSVERMÖGEN

Betriebsvermögen ist kein handelsrechtlicher, sondern ein steuerrechtlicher Begriff. Handelsrechtlich spricht man vom Vermögen des Kaufmanns bzw. vom Vermögen der

Gesellschafter, wobei in § 264 Abs. 3 HGB das sonstige Vermögen der Gesellschafter auch als Privatvermögen bezeichnet wird. Das steuerrechtliche Betriebsvermögen wird nach den Vorschriften der §§ 4 ff. EStG abgegrenzt, wobei Betriebsvermögen teilweise als steuerliches Eigenkapital zu deuten ist.

BILANZ

Die Bilanz ist eine zweiseitige Darstellung des Vermögens des Kaufmanns sowie der wertgleichen Ansprüche, die auf dem Vermögen lasten. Gläubigeransprüche sind aus der Sicht des Kaufmanns Schulden; seine eigenen Ansprüche auf sein Vermögen werden in der Bilanz unter dem Posten Eigenkapital zusammengefasst [vgl. auch § 242 Abs. 1 HGB].

BILANZGEWINN

Der Bilanzgewinn darf nicht mit dem → JAHRESÜBERSCHUSS verwechselt werden. Der Bilanzgewinn von Aktiengesellschaften ist eine Ergebnisgröße, die den Betrag angibt, der nach § 57 Abs. 3 AktG grundsätzlich als Dividende unter die Aktionäre verteilt werden darf. Vergleichbares gilt für die GmbH nach § 29 Abs. 1 GmbHG. Der in der → BILANZ unter dem Posten → EIGENKAPITAL ausgewiesene Bilanzgewinn repräsentiert den Wert der Verteilungsansprüche der Anteilseigner an das Vermögen der Kapitalgesellschaft.

BILANZVERLUST

Wird ein → JAHRESFEHLBETRAG zzgl. eines evtl. Verlustvortrages nicht durch Auflösung von → RÜCKLAGEN oder Gesellschafterzuzahlungen ausgeglichen, entsteht ein Bilanzverlust, der als Verlustvortrag in die nächste Abrechnungsperiode übernommen und als Minusposten im → EIGENKAPITAL der laufenden Abrechnungsperiode ausgewiesen wird. Der Bilanzverlust darf nicht mit einem Jahresfehlbetrag verwechselt werden. Ein Bilanzverlust kann auch entstehen, wenn der Verlustvortrag den → JAHRESÜBERSCHUSS der Abrechnungsperiode übersteigt und die verbleibende Verlustsumme nicht durch Rücklagenauflösung oder Gesellschafterzuzahlungen getilgt wird. Der Bilanzverlust verkörpert keine Nachschusspflicht für Anteilseigner.

BONUS

Bonus ist ein Preisnachlass, der vom Lieferanten regelmäßig umsatzabhängig nachträglich an den Kunden gewährt wird. Die Bonusgewährung besitzt Ähnlichkeit mit der Schenkung von Geld bzw. Waren aus betrieblichem Anlass.

BUCHUNG

Buchung ist jede (ordnungsgemäße) Aufzeichnung in den vom Kaufmann pflichtgemäß oder freiwillig zu führenden Büchern verstanden.

BUCHUNGSPFLICHTIGE GESCHÄFTSVORFÄLLE

Buchungspflichtige Geschäftsvorfälle sind damit alle Geschäftsvorfälle (Sachverhalte), die Bilanzposten **wertmäßig** verändern.

BUCHUNGSSATZ

Der traditionelle Buchungssatz ist stets so aufgebaut, dass zunächst das bzw. diejenigen Konten genannt werden, die auf der → SOLLSEITE berührt werden, anschließend das oder die Konten, die auf der → HABENSEITE betroffen sind. Die → BUCHUNGEN im Soll und im Haben werden durch das Wort „an" verbunden. Die Buchung im Soll wurde früher durch das Wort „per" eingeleitet. Zusätzlich werden die jeweiligen €-Beträge, das Buchungsdatum, evtl. Belegdatum, die Belegnummern und die Belegtexte angegeben. Entscheidend ist schließlich, dass auf den Konten im Soll in der Summe genau derselbe Betrag verbucht wird wie auf den Konten im Haben.

DEBITOR

Kunde allgemein oder Kunde, der noch Ausgangsrechnungen zu begleichen hat.

DOPPELTE BUCHFÜHRUNG

Was unter doppelter Buchführung zu verstehen ist, wird in der Literatur zumeist **formal** begründet. Danach wird das Wesen der doppelten Buchführung dadurch bestimmt, dass jeder Geschäftsvorfall (wenigstens) zwei → KONTEN berührt, und zwar ein Konto im Soll und ein Konto im Haben. Zum anderen soll es in einer doppelten Buchführung möglich sein, den Periodenerfolg auf zweifache (doppelte?) Weise zu ermitteln: einmal durch Eigenkapitalvergleich und zum anderen durch eine Verrechnung von → ERTRÄGEN und → AUFWENDUNGEN. Schließlich wird auch die Aufzeichnung im Hauptbuch und in den Grundbüchern als systembestimmend für eine doppelte Buchführung angesehen. Im Schrifttum finden sich neben diesen mehr formalen Beschreibungen des Wesens der doppelten Buchführung auch Hinweise zur **materiellen** Bedeutung. Danach soll es aufgrund der in der Natur eines jeden Geschäftsvorfalles liegenden Leistungs-Gegenleistungskomponente zwangsläufig zu einer doppelten Darstellung kommen. Aber auch diese Begründung erscheint kaum ausreichend für die Beschreibung des Systems der doppelten Buchführung, da auch Diebstähle, Spenden oder Steuerzahlungen trotz eindeutig fehlender Gegenleistung nicht nur einfach verbucht werden. Dass solche Geschäftsvorfälle dennoch doppelt verbucht werden, ergibt sich ausschließlich daraus, dass durch derartige Vorgänge zugleich eine (erfolgswirksame) Minderung des → EIGENKAPITALS verursacht wird, die auch verbucht wird. Umgekehrt lösen nicht alle doppelt zu verbuchenden Geschäftsvorfälle eine → ERFOLGSWIRKSAME Eigenkapitalbestandsänderung aus. Aus diesem Grunde reicht auch der Hinweis auf die Erfolgswirksamkeit von Geschäftsvorfällen nicht für eine lückenlose Beschreibung des Systems der doppelten Buchführung aus. Zusammenfassend kann festgehalten werden, dass die doppelte Buchführung kein logisch geschlossenes System, sondern eine Vermischung verschiedener Abrechnungssysteme darstellt.

EIGENKAPITAL

Im HGB ist keine Definition des Eigenkapitals enthalten. Eigenkapital ist der Anspruch des Kaufmanns an sein Vermögen. Eigenkapital im Bilanzsinne darf nicht mit Geld bzw. Liquidität verwechselt werden.

EIGENTLICHE ABSCHLUSSBUCHUNGEN

Eigentlichen Abschlussbuchungen liegen keine Geschäftsvorfälle zugrunde. Sie sind buchtechnische Maßnahmen zum Abschluss der → SACHKONTEN (Personenkonten werden regelmäßig nicht abgeschlossen) und werden in EDV-gestützten Buchführungen grundsätzlich nicht mehr benötigt.

ERFOLGSWIRKSAM

Ein einzelner Geschäftsvorfall ist erfolgswirksam, wenn er entweder → ERTRAG oder → AUFWAND oder Aufwand und Ertrag gleichzeitig verursacht. Davon zu unterscheiden ist, ob der Geschäftsvorfall zugleich gewinn- oder verlustwirksam ist. Bei einem gewinnwirksamen Geschäftsvorfall ist der Ertrag höher als der zugehörige Aufwand (**Grenzfall**: Aufwand = 0), bei einem verlustwirksamen Geschäftsvorfall ist umgekehrt der Aufwand höher als der Ertrag (**Grenzfall**: Ertrag = 0).

ERHALTUNGSAUFWAND

Erhaltungsaufwand wird insbesondere durch den Verbrauch von Dienstleistungen und Nutzungen, aber auch von Vermögensgegenständen, z. B. von → BETRIEBSSTOFFEN, für Maßnahmen an Vermögensgegenständen verursacht, die den Wert dieser Vermögensgegenstände nicht erhöhen und die Wesensart nicht verändern. Erhaltungsaufwendungen sind stets als Aufwendungen zu buchen und kürzen insoweit das Periodenergebnis.

ERTRAG

Eigenkapitalmehrung auf betrieblicher Grundlage.

GESAMTKOSTENVERFAHREN

Das Gesamtkostenverfahren ist eine Gliederungsform für die Darstellung der → GEWINN- UND VERLUSTRECHNUNG, die Kapitalgesellschaften in § 275 Abs. 2 HGB als Wahlmöglichkeit angeboten wird. Beim Gesamtkostenverfahren werden alle Primäraufwendungen der Periode ausgewiesen und zwar auch die, die von den Lagerbestandszunahmen und den unfertigen Erzeugnissen verursacht wurden. Als Erträge werden nicht nur die Umsatzerlöse und sonstige Erträge, sondern auch die Erhöhung der Lagerbestände der fertigen Erzeugnisse und der unfertigen Erzeugnisse in der Produktion ausgewiesen. Der Abbau von Lagerbeständen wird allerdings nicht zu Primär- sondern Sekundäraufwendungen (→ HERSTELLUNGSKOSTEN) ausgewiesen.

GEWINN FORMAL

Gewinne errechnen sich als Differenzen zwischen betrieblichen bzw. gewerblichen Eigenkapitalmehrungen (= → ERTRÄGE) und betrieblichen bzw. gewerblichen Eigenkapitalminderungen (= → AUFWENDUNGEN).

Direkte Berechnung: Gewinn ist die positive Differenz zwischen Erträgen abzüglich Aufwendungen;

Indirekte Berechnung: Gewinn ist die positive Differenz zwischen dem Endbestand des → **EIGENKAPITALS** und dem Anfangsbestand des Eigenkapitals vermehrt um Privatentnahmen und vermindert um Privateinlagen (bei Kapitalgesellschaften: vermehrt und vermindert um gesellschaftlich bedingte Transaktionen). Der Gewinn wird im HGB periodenbezogen (§ 242 Abs. 2 HGB) und geschäftsvorfallsbezogen (§ 252 Abs. 1 Nr. 4 HGB) definiert.

GEWINN FOLGEBEZOGEN

Gewinne verursachen als Ertragsüberschüsse zugleich eine Mehrung des → **EIGENKAPITALS** des Kaufmanns. Der Gewinn einer Periode gibt aber keine unmittelbare Auskunft über eine entsprechende Vermehrung der Geldmittel → vgl. auch § 252 Abs. 1 Nr. 5 HGB.

GEWINN URSACHENBEZOGEN

Gewinne werden grundsätzlich durch Verkaufsgeschäfte verursacht. Ohne Verkauf kein (endgültiger) Gewinn. Sog. Buchgewinne realisieren bei Geltung des Anschaffungswertprinzips allein keinen Eigenkapitalzuwachs.

GEWINNRÜCKLAGEN

Gewinnrücklagen sind Gliederungspositionen des → **EIGENKAPITALS** von Kapitalgesellschaften (§ 266 Abs. 3 A. III.) Nach § 272 Abs. 3 HGB dürfen als Gewinnrücklagen in der → **BILANZ** nur Beträge ausgewiesen werden, die im Geschäftsjahr oder in einem früheren Geschäftsjahr aus dem Ergebnis gebildet worden sind. Dazu gehören aus dem Ergebnis zu bildende gesetzliche oder auf Gesellschaftsvertrag oder Satzung beruhende Rücklagen und andere Gewinnrücklagen. Wie die Einstellung in andere Gewinnrücklagen vorgenommen werden darf wird für die AG und die KGaA in § 58 AktG geregelt. Dabei können u. a. Buchgewinne durch Wertaufholungen für Ausschüttungen gesperrt werden. Für die GmbH existieren keine ausdrücklichen Vorschriften.

GEWINN- UND VERLUSTRECHNUNG

Nach § 242 Abs. 2 HGB ist eine Gewinn- und Verlustrechnung eine Gegenüberstellung der Aufwendungen und Erträge eines Geschäftsjahrs. Hinzuzufügen ist, dass in der Gewinn- und Verlustrechnung zudem die positive oder negative Differenz zwischen Aufwendungen Erträgen, der → **GEWINN** bzw. → **VERLUST**, errechnet werden muss.

GEZEICHNETES KAPITAL

Gezeichnetes Kapital ist eine passive Gliederungsposition in → **BILANZEN** von Kapitalgesellschaften. Nach § 272 Abs. 1 HGB ist das gezeichnete Kapital das Kapital, auf das die Haftung der Gesellschafter für die Verbindlichkeiten der Kapitalgesellschaft gegenüber den Gläubigern beschränkt ist. Bei einer AG entspricht das gezeichnete Kapital dem Grundkapital nach § 6 AktG, das nach § 7 AktG mindestens 50.000,00 € betragen muss. Bei einer GmbH entspricht das gezeichnete Kapital dem Stammkapital (§ 5 GmbHG), das zurzeit mindestens 25.000,00 € betragen muss.

HABENSEITE
Rechte Seite eines in T-Kreuz-Form geführten Sach- oder Personenkontos.

HABENSALDO
Überschuss der → **HABENSEITE** über die → **SOLLSEITE** eines → **KONTOS**. Zum Kontenausgleich wird der Habensaldo stets auf der Sollseite ausgewiesen. In der HÜ steht der Habensaldo hingegen in der Habenspalte.

HERSTELLUNGSAUFWAND
Herstellungsaufwand wird insbesondere durch den Verbrauch von Dienstleistungen und Nutzungen, aber auch von Vermögensgegenständen, z. B. von → **BETRIEBSSTOFFEN**, für Maßnahmen an Vermögensgegenständen verursacht, die den Wert dieser Vermögensgegenstände unmittelbar erhöhen. Dies gilt i. d. R. für nahezu alle Baumaßnahmen im eigentlichen Sinne. Herstellungsaufwendungen werden zwar regelmäßig zunächst als Aufwendungen gebucht; die dadurch realisierte Wertschöpfung muss jedoch als → **ERTRAG** (ausnahmsweise als Aufwandsstorno) gebucht und aktiviert werden; insgesamt tritt durch Herstellungsaufwendungen also keine Kürzung des Periodenergebnisses ein.

HERSTELLUNGSKOSTEN
Herstellungskosten werden für die Bewertung selbsterstellter Vermögensgegenstände für die Bilanz und für die Berechnung der Abgangsleistung im → **UMSATZKOSTENVERFAHREN** benötigt. Nach § 255 Abs. 2 und 3 HGB sind die Herstellungskosten im Minimum mit den Materialeinzelkosten, den Fertigungseinzelkosten und den Sondereinzelkosten der Fertigung anzusetzen. Im Maximum dürfen alle Gemeinkosten mit Ausnahme der Vertriebsgemeinkosten und der Sondereinzelkosten des Vertriebs angesetzt werden. Zwischenwerte sind möglich.

HILFSSTOFFE
Hilfsstoffe werden für die Produktion verbraucht; sie sind in den fertigen oder unfertigen Erzeugnissen enthalten, sind aber regelmäßig nur (wertmäßige) Nebenbestandteile.

INVENTAR
Das Inventar ist der schriftliche Nachweis über die Ergebnisse der → **INVENTUR**. Aus den gesetzlichen Vorschriften lassen sich aber allenfalls indirekte Anhaltspunkte für die formale Gestaltung des Inventars gewinnen.

INVENTUR

Im HGB wird der Begriff Inventur nicht direkt definiert. Nach § 240 Abs. 1 und 2 HGB muss der Kaufmann in jedem Geschäftsjahr für den Schluss des betreffenden Geschäftsjahres seine Vermögensgegenstände und Schulden erfassen, beschreiben und bewerten. Diese Tätigkeit bezeichnet man als **Inventur**. Das Reinvermögen bzw. das → **EIGENKAPITAL** werden in dieser Vorschrift allerdings nicht erwähnt.

JAHRESFEHLBETRAG

→ **VERLUST** bei Kapitalgesellschaften.

JAHRESÜBERSCHUSS

→ **GEWINN** bei Kapitalgesellschaften.

KAPITALRÜCKLAGEN

Kapitalrücklagen sind Gliederungspositionen des → **EIGENKAPITALS** von Kapitalgesellschaften (§ 266 Abs. 3 A. II.). Welche Beträge als Kapitalrücklagen auszuweisen sind wird in § 272 Abs. 2 HGB geregelt.

KONTO

Ein Konto ist eine zweiseitige Abrechnung über Bilanzposten (Bestandskonten) unter Berücksichtigung der Bestandsänderungsgleichung oder als Unterkonto eine zweiseitige Abrechnung über einzelne Bestandsänderungen von Bestandskonten (Erfolgs- und Privatkonten sowie Unterkonten aktiver Bestandskonten). Schließlich können auch für Unterkonten eigene Unterkonten eingerichtet werden, z. B. das Unterkonto Erlösschmälerungen für das Unterkonto Umsatzerlöse. Bei allen Konten heißt die linke Kontenseite → **SOLLSEITE** und die rechte Kontenseite → **HABENSEITE**.

KONTIERUNG

Kontierung bedeutet die Eintragung von Buchungssätzen auf Sach- und/oder Personenkonten mit Saldenwirkung.

KREDITOR

Lieferant allgemein oder Lieferant, dessen Rechnungen (Eingangsrechnungen) noch nicht bezahlt sind.

RABATT

Rabatt ist ein Preisnachlass, der meist in Prozenten des vom Lieferanten geforderten Listen-Kaufpreises ausgedrückt wird. Nach dem Gegenstand ist zwischen Geld-Rabatt und Waren-Rabatt zu unterscheiden. Der Rabatt wird nicht selten verdeckt gewährt und ist aus verlangten schriftlichen Kaufpreisangeboten nicht ersichtlich.

RECHNUNGSABGRENZUNGSPOSTEN

Nach § 250 HGB sind Rechnungsabgrenzungsposten auf der Akiv- und auf der Passivseite auszuweisen. **Aktive** Rechnungsabgrenzungsposten sind Forderungen oder forderungsähnliche Positionen. Die Forderungen resultieren aus Vorauszahlungen des Kaufmanns für an ihn noch zu erbringende Dienstleistungen und Nutzungen und sind nicht auf Geld, sondern auf durch Zeitablauf erfüllte Leistungen gerichtet. Beispiele sind eigene Vorauszahlungen für Miete, Zins, Arbeitsleistungen von Arbeitnehmern, Versicherungen oder Kfz-Steuern. Werden die Forderungen erfüllt, sind die aktiven Rechnungsabgrenzungsposten durch Verbuchung von Aufwendungen abzuschreiben.

Passive Rechnungsabgrenzungsposten sind Verbindlichkeiten des Kaufmanns, die aus Vorauszahlungen an den Kaufmann für von ihm noch zu erbringende Dienstleistungen und Nutzungen resultieren. Diese Verbindlichkeiten sind nicht auf Geld, sondern auf durch Zeitablauf erfüllte Leistungen gerichtet. Beispiele sind an den Kaufmann geleistete Vorauszahlungen für Miete (Leasing), Zins oder auch für Pachtnutzungen. Werden die Verbindlichkeiten durch den Kaufmann erfüllt, sind die passiven Rechnungsabgrenzungsposten durch Verbuchung von Erträgen aufzulösen.

RECHNUNGSBETRAG

Rechnungsbetrag ist die in einer ordnungsgemäßen Rechnung nach § 14 Abs. 4 UStG ausgewiesene Summe aus dem umsatzsteuerpflichtigen Entgelt und der auf dieses Entgelt zu berechnenden Umsatzsteuer.

ROHSTOFFE

Rohstoffe werden für die Produktion verbraucht; sie sind in den fertigen oder unfertigen Erzeugnissen enthalten und sind zugleich (wertmäßige) Hauptbestandteile.

RÜCKLAGEN

Rücklagen sind → EIGENKAPITAL von Kapitalgesellschaften; sie dürfen nicht mit Finanzmitteln und nicht mit → RÜCKSTELLUNGEN verwechselt werden. § 266 Abs. 3 HGB unterscheidet für die Bilanzgliederung von Kapitalgesellschaften die Kapitalrücklagen und die Gewinnrücklagen. Welche Positionen unter Kapital- und Gewinnrücklagen auszuweisen sind, wird in § 272 Abs. 2 und 3 HGB sowie in den §§ 150 Abs. 1 und 2 und 58 AktG näher geregelt.

RÜCKSTELLUNGEN

Nach § 249 Abs. 1 HGB müssen Rückstellungen für dem Grunde und/oder der Höhe und/oder der Zeit nach ungewisse Verbindlichkeiten (Verpflichtungen?) sowie für drohende → VERLUSTE aus schwebenden Geschäften gebildet werden. Zudem müssen Rückstellungen gebildet werden für

1. im Geschäftsjahr unterlassene Aufwendungen für Instandhaltung, die im folgenden Geschäftsjahr innerhalb von drei Monaten, oder für Abraumbeseitigung, die im folgenden Geschäftsjahr nachgeholt werden,
2. Gewährleistungen, die ohne rechtliche Verpflichtung erbracht werden. Für unterlassene Aufwendungen für Instandhaltung dürfen Rückstellungen auch gebildet werden, wenn die Instandhaltung nach Ablauf von drei Monaten innerhalb des Geschäftsjahrs nachgeholt wird. Nach § 249 Abs. 2 HGB besteht schließlich die Möglichkeit, Rückstellungen außerdem für ihrer Eigenart nach genau umschriebene,

dem Geschäftsjahr oder einem früheren Geschäftsjahr zuzuordnende Aufwendungen zu bilden, die am Abschlussstichtag wahrscheinlich oder sicher, aber hinsichtlich ihrer Höhe oder des Zeitpunkts ihres Eintritts unbestimmt sind. Diese Rückstellungen werden als Aufwandsrückstellungen bezeichnet. Ein wichtiges Beispiel sind Rückstellungen für Großreparaturen, die grundsätzlich nicht als Rückstellungen für Instandhaltungen erfasst werden können.

SACHKONTEN
Sachkonten sind sämtliche Bestandskonten, Erfolgskonten und Privatkonten.

SKONTO
Skonto ist ein Nachlass für vorzeitige Zahlung bei Zielgeschäften oder bei sofortiger Zahlung des → RECHNUNGSBETRAGES bei Zug-um-Zug-Geschäften. Um einen Anreiz für die Nichtausschöpfung des eingeräumten Zahlungsziels zu bieten, wird der Abzug von Skonto zugelassen, so dass die Zahlungsbedingungen bei Zielgeschäften z. B. wie folgt lauten: „Rechnungsbetrag zahlbar in 30 Tagen ohne Abzug (rein netto Kasse) oder in 10 Tagen mit 3 % Skonto".

SOLLSALDO
Sollsaldo ist die positive Differenz zwischen der Soll- und → HABENSEITE eines → KONTOS. Der Sollsaldo ist zum Kontenausgleich auf der Habenseite des Kontos auszuweisen. In der HÜ steht der Sollsaldo hingegen in der Sollspalte.

SOLLSEITE
Linke Seite eines in T-Kreuz-Form geführten Sach- oder Personenkontos.

SCHWEBENDE GESCHÄFTSVORFÄLLE
Soweit für grundsätzlich buchungsfähige Geschäftsvorfälle bereits rechtliche Folgen, z. B. durch Vertragsabschluss, eingetreten sind, ohne dass sich Bilanzposten geändert haben, spricht man von schwebenden Geschäftsvorfällen.

STILLE RÜCKLAGEN (RESERVEN)
Stille Reserven sind aus der → BILANZ nicht ersichtliches → EIGENKAPITAL. Stille Reserven können im Vermögen oder in den Schulden enthalten sein. Im Bereich der Schulden ergeben sich vor allem bei → RÜCKSTELLUNGEN stille Reserven, wenn die Rückstellungen aus Vorsichtsgründen zu hoch angesetzt wurden. Negative stille Reserven, d. h. zu hoch ausgewiesenes Eigenkapital, ergeben sich insbesondere, wenn das Vermögen (unwissentlich) zu hoch bewertet wurde bzw. wenn Rückstellungen zu niedrig oder überhaupt nicht gebildet wurden.

UMSATZKOSTENVERFAHREN
Das Umsatzkostenverfahren ist eine Gliederungsform für die Darstellung der → GEWINN- UND VERLUSTRECHNUNG, die Kapitalgesellschaften in § 275 Abs. 3 HGB als Wahlmöglichkeit angeboten wird. Beim Umsatzkostenverfahren werden keine Primär-

aufwendungen, sondern insbesondere Funktionsaufwendungen (Sekundäraufwendungen) der Periode ausgewiesen. In den Funktionsaufwendungen sind die Aufwendungen nicht enthalten, die in den → **HERSTELLUNGSKOSTEN** der Lagerbestandszugänge und der unfertigen Erzeugnisse enthalten sind. Diese Beträge können je nach Ausübung der Bewertungswahlrechte z. B. die Gemeinkosten enthalten oder nicht. Vertriebskosten dürfen aber generell nicht aktiviert werden und sind daher stets im Periodenergebnis erhalten. Bestandsmehrungen fertiger oder unfertiger Erzeugnisse werden nicht als → **ERTRAG** ausgewiesen. Damit wird auch die Ergebnisgleichheit zum → **GESAMTKOSTENVERFAHREN** hergestellt, das den dort mehr ausgewiesenen Aufwendungen entsprechende Erträge aus Bestandserhöhungen gegenüberstellt, womit die Bestandserhöhung ohne Ergebnisauswirkung bleibt. Das gleiche Ergebnis erzielt das Umsatzkostenverfahren durch „Weglassen" der entsprechenden Aufwendungen und Erträge.

VERLUST FORMAL
Verluste errechnen sich als Differenzen zwischen betrieblichen bzw. gewerblichen Eigenkapitalminderungen (=→ **AUFWENDUNGEN**) und betrieblichen bzw. gewerblichen Eigenkapitalmehrungen (=→ **ERTRÄGE**).
Direkte Berechnung: Verlust ist die positive Differenz zwischen Aufwendungen abzüglich Erträgen;
Indirekte Berechnung: Verlust ist die positive Differenz zwischen dem Anfangsbestand des → **EIGENKAPITALS** und dem Endbestand des Eigenkapitals vermehrt um Privatentnahmen und vermindert um Privateinlagen (bei Kapitalgesellschaften: vermehrt und vermindert um gesellschaftlich bedingte Transaktionen). Der Verlust wird im HGB periodenbezogen (§ 242 Abs. 2 HGB) und geschäftsvorfallsbezogen (§ 252 Abs. 1 Nr. 4 HGB) definiert.

VERLUST FOLGEBEZOGEN
Verlust verursacht als Aufwandsüberschuss zugleich eine Minderung des → **EIGENKAPITALS** des Kaufmanns (vgl. auch § 268 Abs. 3 HGB). Der Verlust einer Periode gibt keine unmittelbare Auskunft über eine entsprechende Verminderung der Geldmittel (vgl. auch § 252 Abs. 1 Nr. 5 HGB).

VERLUST URSACHEBEZOGEN
Verluste werden durch Aufwendungen verursacht. Ohne → **AUFWENDUNGEN** gibt es keine Verluste. Allerdings führt eine Aufwandsverursachung nicht zwangsläufig zu Verlusten. Aufwendungen können – anders als → **ERTRÄGE** – in allen Bereichen eines gewerblichen Unternehmens verursacht werden, also bei Einkaufs-, Produktions- und Verkaufsgeschäften, aber auch bei sonstigen Geschäften. Ob sog. Buchverluste zu einer endgültigen Eigenkapitalminderung führen, hängt von deren Überwälzungsmöglichkeit durch Verkaufsgeschäfte ab.

Vermögensgegenstand

Weder im HGB noch in den betroffenen Steuergesetzen ist eine gesetzliche Definition des Begriffes „Vermögensgegenstand" enthalten. Für die Buchführungspraxis könnte etwa folgende Definition als Arbeitsgrundlage für die Bestimmung handelsrechtlicher Vermögensgegenstände dienen: „Vermögensgegenstände sind alle selbständig bewertungsfähigen materiellen und immateriellen Werte (Sachen, Rechte, tatsächliche Zustände, konkrete Möglichkeiten, Vorteile), deren Erlangung der Kaufmann sich etwas kosten lässt und die einer besonderen Bewertung zugänglich sind, und die einzeln oder zusammen mit anderen Werten – zumindest mit dem Betrieb – übertragen werden können [vgl. z. B. BMF vom 19.6.1997, BStBl. 1997 II, S. 808]. Übertragen in diesem Sinne heißt Erwerb bzw. Aufgabe des wirtschaftlichen Eigentums.

Vorbereitende Abschlussbuchungen

Bevor der Jahresabschluss aufgestellt werden kann, müssen u. a. erwartete, aber auch unerwartete Inventurdifferenzen durch sog. Nachbuchungen beseitigt werden. Um einen systematischen Kontenabschluss zu ermöglichen, sind außerdem Umbuchungen von Unterkonten erforderlich. Für die Jahr für Jahr in etwa gleichartigen vorbereitenden Abschlussbuchungen ist keine bestimmte Reihenfolge vorgeschrieben. Es empfiehlt sich aber, → Buchungen für steuerliche Berechnungen, insbesondere für die Berechnung der endgültigen Umsatzsteuerschuld, möglichst zum Schluss durchzuführen.

Vorkontierung

Die Aufzeichnung von Buchungssätzen in Buchungslisten oder auf den Originalbelegen bezeichnet man als Vorkontierung. Ehe Geschäftsvorfälle durch Buchungssätze vorkontiert werden können, müssen die Buchungssätze gebildet werden.

Vorsteuer

Umsatzsteuer aus Einkaufsgeschäften, die vom Finanzamt zurückgefordert werden kann.

Waren, Warenvorräte

Waren (Handelswaren) sind → Vermögensgegenstände, die zum Zweck des Weiterverkaufs so wie sie eingekauft wurden, ohne substantielle Veränderung zum Weiterverkauf und nicht zur Weiterverarbeitung im betreffenden Unternehmen bestimmt sind. Warenvorräte sind die auf Lager befindlichen Handelswaren.

Wirtschaftliches Eigentum

Was unter wirtschaftlichem Eigentum genau zu verstehen ist, ist trotz umfangreicher Rechtsprechung noch nicht abschließend geklärt. Nach dem bisherigen Stand der Diskussion lässt sich das wirtschaftliche Eigentum etwa wie folgt abgrenzen:
Nach Ansicht des Bundesfinanzhofs ist das sog. wirtschaftliche Eigentum ein Sammelausdruck für eine Mehrzahl ungleichartiger bürgerlich-rechtlicher Konstruktionen, die

einem Nichteigentümer Stellungen verschaffen, die unter bestimmten Gesichtspunk-ten der Stellung eines Eigentümers ähneln [vgl. BFH-Urteil vom 27.10.1970, in: BStBl. 1971 II, S. 278]. Bestimmendes Merkmal ist die faktische Verwertungsmög-lichkeit des im Wirtschaftsgut (→ **VERMÖGENSGEGENSTAND**) enthaltenen Nutzungs-potentials auf eigene Rechnung und Gefahr. Diese Rechtsposition wird im Wesentli-chen durch den sog. Eigenbesitz bestimmt, dessen tatbestandsmäßige Abgrenzung allerdings umstritten ist.

Beim Kauf bzw. Verkauf von Vermögensgegenständen auf Ziel unter Eigentumsvor-behalt des Lieferanten ist wirtschaftlicher Eigentümer stets der Leistungsempfänger (Kunde), der die Vermögensgegenstände – soweit sie am Inventurstichtag noch vor-handen sind – für die Aufstellung des → **INVENTARS** und der Bilanz zu erfassen hat. Der Kunde hat aber im Inventar und in der Bilanz zugleich Lieferantenschulden (Ver-bindlichkeiten aus Lieferungen und Leistungen) auszuweisen.

In gleicher Weise ist etwa bei der Sicherungsübereignung von Vermögensgegenständen an einen Kreditgeber der Sicherungsgeber (Kreditnehmer) zugleich wirtschaftlicher Ei-gentümer.

Bei Kommissionsgeschäften (§§ 383 ff. HGB) ist das wirtschaftliche Eigentum unab-hängig davon, ob es sich um eine Einkaufs- oder Verkaufskommission handelt, stets dem Kommittenten zuzurechnen.

Anhang: Kontenplan nach der Bilanz- und GuV-Gliederung

Aktivseite, § 266 Abs. 2 HGB

Kontenklasse 0

0001 Ausstehende Einlagen

A. Anlagevermögen

A. I. Immaterielle Vermögensgegenstände

0100 Konzessionen, Schutzrechte, Lizenzen

0135 EDV-Software

0150 Geschäfts- oder Firmenwert

A. II. Sachanlagen

0215 Unbebaute Grundstücke

0235 Grundstückswerte eigener bebauter Grundstücke

0240 Gebäude

0440 Maschinen

0520 Fuhrpark

0650 Betriebs- und Geschäftsausstattung

0670 Geringwertige Wirtschaftsgüter

0700 Geleistete Anzahlungen und Anlagen im Bau

A. III. Finanzanlagen

0820 Beteiligungen

0900 Wertpapiere

0940 Darlehen

0980 Genossenschaftsanteile

Kontenklasse 1

B. Umlaufvermögen

B. I. Vorräte

1000 Rohstoffe

1020 Hilfsstoffe

1030 Betriebsstoffe

1040 Unfertige Erzeugnisse

1100 Fertige Erzeugnisse

1140 Warenvorräte

1180 Geleistete Anzahlungen auf Vorräte

B. II. Forderungen und sonstige Vermögensgegenstände

1200 Forderungen aus Lieferungen und Leistungen

1230 Wechsel aus Lieferungen und Leistungen (Besitzwechsel)

1240 Zweifelhafte (dubiose) Forderungen

1246 Einzelwertberichtigung zu Forderungen
1248 Pauschalwertberichtigung zu Forderungen
1300 Sonstige Vermögensgegenstände (Forderungen)
1340 Forderungen gegen Personal
1400 Abziehbare Vorsteuer
1402 Abziehbare Vorsteuer aus innergemeinschaftlichem Erwerb
1408 Abziehbare Vorsteuer nach § 13b UStG
1410 Aufzuteilende Vorsteuer
1433 Bezahlte Einfuhrumsatzsteuer
1434 Vorsteuer im Folgejahr abziehbar

B. III. Wertpapiere
1510 Wertpapiere
B. IV. Kassenbestand, Guthaben bei Kreditinstituten
1600 Kasse
1800 Bank
C. Rechnungsabgrenzungsposten
1900 Aktive Rechnungsabgrenzung
1940 Damnum/Disagio

Passivseite, § 266 Abs. 3

Kontenklasse 2
A. Eigenkapital
2000 Eigenkapital
2100 Privatentnahmen
2180 Privateinlagen
2930 Gewinn-Rücklagen
2940 Rücklagen für eigene Anteile
2950 Satzungsmäßige Gewinn-Rücklagen
2960 Andere Gewinn-Rücklagen
2975 Bilanzgewinn
2979 Ergebnisvortrag
2980 Sonderposten mit Rücklageanteil, steuerfreie Rücklagen
2990 Sonderposten mit Rücklageanteil, Sonderabschreibungen

Kontenklasse 3
B. Rückstellungen
3000 Rückstellungen für Pensionen und ähnliche Verpflichtungen
3020 Steuerrückstellungen
3070 Sonstige Rückstellungen

C. Verbindlichkeiten

3150 Verbindlichkeiten gegenüber Kreditinstituten

3250 Erhaltene Anzahlungen auf Bestellungen

3300 Verbindlichkeiten aus Lieferungen und Leistungen

3350 Wechselverbindlichkeiten

3500 Sonstige Verbindlichkeiten

3560 Darlehen

3700 Verbindlichkeiten aus Betriebssteuern und -abgaben

3720 Verbindlichkeiten aus Lohn und Gehalt

3725 Verbindlichkeiten für Einbehaltungen von Arbeitnehmern

3730 Verbindlichkeiten aus Lohn- und Kirchensteuer

3740 Verbindlichkeiten im Rahmen der sozialen Sicherheit

3770 Verbindlichkeiten aus Vermögensbildung

3800 Umsatzsteuer

3802 Umsatzsteuer aus innergemeinschaftlichem Erwerb

3807 Umsatzsteuer aus im Inland steuerpflichtige EU-Lieferungen

3810 Umsatzsteuer nicht fällig

3818 Umsatzsteuer aus im anderen EU-Land
steuerpflichtigen Leistungen

3820 Umsatzsteuervorauszahlungen

3835 Umsatzsteuer nach § 13b UStG

3854 Steuerzahlungen an andere EU-Länder

D. Rechnungsabgrenzungsposten

3900 Passive Rechnungsabgrenzung

G e w i n n – u n d V e r l u s t r e c h n u n g, § 275 Abs. 2 HGB (Gesamtkostenverfahren)

K o n t e n k l a s s e 4

Zu Nr. 1 Umsatzerlöse

4000 Umsatzerlöse

4100 Steuerfreie Umsätze § 4 Nr. 8 ff. UStG

4120 Steuerfreie Umsätze § 4 Nr. 1 a UStG

4125 Steuerfreie innergemeinschaftliche Lieferungen § 4 Nr. 1 b UStG

4150 Sonstige steuerfreie Umsätze (z. B. § 4 Nr. 2–7 UStG)

4315 Erlöse aus im Inland steuerpflichtigen EU-Lieferungen

4320 Erlöse aus im anderen EU-Land steuerpflichtigen Lieferungen

4339 Erlöse aus im anderen EU-Land steuerpflichtigen sonstigen Leistungen

4500 Provisionserlöse

4619 Entnahme durch Unternehmer für Zwecke außerhalb des
Unternehmens (Waren) ohne USt

4620 Entnahme durch Unternehmer für Zwecke außerhalb des Unternehmens (Waren) mit USt

Zu Nr. 4 Sonstige betriebliche Erträge
4639 Verwendung von Gegenständen für Zwecke außerhalb des Unternehmens ohne USt
4640 Verwendung von Gegenständen für Zwecke außerhalb des Unternehmens mit USt
4659 Unentgeltliche Erbringung einer sonstigen Leistung ohne USt
4660 Unentgeltliche Erbringung einer sonstigen Leistung mit USt
Zu Nr. 1 Umsatzerlöse
4679 Unentgeltliche Zuwendung von Waren ohne USt
4680 Unentgeltliche Zuwendung von Waren mit USt

Zu Nr. 4 Sonstige betriebliche Erträge
4686 Unentgeltliche Zuwendung von Gegenständen mit USt
4689 Unentgeltliche Zuwendung von Gegenständen ohne USt
Zu Nr. 1 Umsatzerlöse
4690 Nicht steuerbare Umsätze
4700 Erlösschmälerungen
4724 Erlösschmälerungen aus steuerfreien innergemeinschaftlichen Lieferungen
4726 Erlösschmälerungen aus steuerpflichtigen innergemeinschaftlichen Lieferungen

Zu Nr. 2 Bestandsveränderungen
4800 Bestandsveränderungen – fertige Erzeugnisse
4810 Bestandsveränderungen – unfertige Erzeugnisse

Zu Nr. 3 Andere aktivierte Eigenleistungen
4820 Andere aktivierte Eigenleistungen

Zu Nr. 4 Sonstige betriebliche Erträge
4830 Sonstige betriebliche Erträge
4840 Erträge aus Kursdifferenzen
4860 Grundstückserträge
4900 Erträge aus dem Abgang von Gegenständen des Anlagevermögens
4905 Erträge aus dem Abgang von Gegenständen des Umlaufvermögens
außer Erzeugnissen und Handelswaren
4910 Erträge aus Zuschreibungen des Anlagevermögens
4915 Erträge aus Zuschreibungen des Umlaufvermögens
außer Erzeugnissen und Handelswaren
4920 Erträge aus der Herabsetzung der Pauschalwertberichtigung

zu FLL

4923 Erträge aus Auflösung von Einzelwertberichtigung zu FLL

4925 Erträge aus abgeschriebenen FLL

4930 Erträge aus der Auflösung von Rückstellungen

4935 Erträge aus der Auflösung von Sonderposten mit Rücklageanteil (steuerfreie Rücklagen)

4947 Verrechnete sonstige Sachbezüge mit USt

4949 Verrechnete sonstige Sachbezüge ohne USt

Kontenklasse 5

Zu Nr. 5 Materialaufwand

Nr. 5 a 5000 Rohstoffaufwand

5020 Hilfsstoffaufwand

5030 Betriebsstoffaufwand

5100 Einkauf von Roh-, Hilfs- und Betriebsstoffen (Sofortverbrauch)

5200 Warenaufwand

5425 Innergemeinschaftlicher Erwerb

5700 Nachlässe

5725 Nachlässe aus innergemeinschaftlichem Erwerb

5730 Erhaltene Skonti

5800 Anschaffungsnebenkosten

Zu Nr. 5 b

5900 Fremdleistungen

5920 Leistungen von ausländischen Unternehmen (Vorsteuer und USt)

Kontenklasse 6

Zu Nr. 6 Personalaufwand

Nr. 6 a

6010 Lohnaufwand

6020 Gehaltsaufwand

6026 Tantiemen

6030 Aushilfslöhne

6040 Pauschale Lohnsteuer für Aushilfen

6060 Freiwillig soziale Aufwendungen, lohnsteuerpflichtig

6069 Pauschale Lohnsteuer auf sonstige Bezüge

6080 Vermögenswirksame Leistungen

6090 Fahrtkostenerstattung Wohnung/Arbeitsstätte, lohnsteuerpflichtig

Zu Nr. 6 b

6110 Gesetzlich soziale Aufwendungen

6130 Freiwillig soziale Aufwendungen, lohnsteuerfrei

Zu Nr. 7 Abschreibungen

6200 Abschreibungen auf immaterielle Vermögensgegenstände

6205 Abschreibungen auf den Geschäfts- oder Firmenwert

6220 Abschreibungen auf Sachanlagen

6230 Außerplanmäßige Abschreibungen auf Sachanlagen

6240 Abschreibungen auf Sachanlagen aufgrund steuerlicher Sondervorschriften

6260 Sofortabschreibungen GWG

Zu Nr. 8 Sonstige betriebliche Aufwendungen

6300 Sonstige betriebliche Aufwendungen

6305 Raumkosten (Miete, Heizung, u. a.)

6310 Energieaufwendungen

6350 Sonstige Grundstücksaufwendungen

6400 Versicherungsaufwendungen

6420 Beiträge, Gebühren und sonstige Abgaben

6450 Reparaturen und Instandhaltung von Bauten

6490 Sonstige Reparaturen und Instandhaltungen

6500 Fahrzeugkosten

6600 Werbeaufwendungen

6610 Geschenke abzugsfähig

6620 Geschenke nicht abzugsfähig

6640 Bewirtungskosten

6644 Nicht abzugsfähige Bewirtungskosten

6645 Nicht abzugsfähige Betriebsausgaben

6650 Reisekosten Arbeitnehmer

6670 Reisekosten Unternehmer

6700 Kosten der Warenabgabe

6790 Aufwand für Gewährleistung

6800 Allgemeine Büro- und Verwaltungsaufwendungen

6805 Kommunikationsaufwendungen

6825 Rechts- und Beratungskosten

6840 Mietleasing

6845 Werkzeuge und Kleingeräte

6855 Nebenkosten des Geldverkehrs

6856 Nicht abziehbare Nebenkosten des Geldverkehrs

6859 Aufwendungen für Abraum- und Abfallbeseitigung

6860 Nicht abziehbare Vorsteuer

6880 Aufwendungen aus Kursdifferenzen

6900 Verluste aus dem Abgang von Gegenständen des Anlagevermögens
6905 Aufwendungen aus dem Abgang von Gegenständen des Umlaufvermögens
außer Vorräten
6910 Abschreibungen auf Umlaufvermögen außer Vorräten und
Wertpapieren des Umlaufvermögens
6920 Einstellung in die Pauschalwertberichtigung zu Forderung
6923 Einstellung in die Einzelwertberichtigung zu Forderungen
6925 Einstellung in den Sonderposten mit Rücklageanteil (steuerfreie Rücklagen)
6926 Einstellung in Sonderposten mit Rücklageanteil (Ansparabschreibung)
6930 Forderungsverluste

Kontenklasse 7

Zu Nr. 9 Erträge aus Beteiligungen
7000 Erträge aus Beteiligungen

Zu Nr. 10 Erträge aus anderen Wertpapieren und
Ausleihungen des Finanzanlagevermögens
7010 Erträge aus anderen Wertpapieren und
Ausleihungen des Finanzanlagevermögens
7014 Laufende Erträge aus Anteilen an Kapitalgesellschaften
100 %/50 % steuerfrei

Zu Nr. 11 Sonstige Zinsen und ähnliche Erträge
7100 Zinsen und ähnliche Erträge
7103 Laufende Erträge aus Anteilen an Kapitalgesellschaften. (Umlaufvermögen)
100 %/50 % steuerfrei

Zu Nr. 12 Abschreibungen auf Finanzanlagen und auf
Wertpapiere des Umlaufvermögens
7200 Abschreibungen auf Finanzanlagen
7210 Abschreibungen auf Wertpapiere des Umlaufvermögens
7211 Aufwendungen für Wechselobligo

Zu Nr. 13 Zinsen und ähnliche Aufwendungen
7300 Zinsen und ähnliche Aufwendungen
7350 Zinsen und ähnliche Aufwendungen
100 %/50 % nicht abzugsfähig

Zu Nr. 15 Außerordentliche Erträge
7400 Außerordentliche Erträge

Zu Nr. 16 Außerordentliche Aufwendungen
7500 Außerordentliche Aufwendungen

Zu Nr. 18 Steuern vom Einkommen und Ertrag
7610 Gewerbesteuer
7640 Steuernachzahlungen Vorjahre für Steuern vom Einkommen
und Ertrag
7642 Steuererstattungen Vorjahre für Steuern vom Einkommen
und Ertrag
7644 Erträge aus der Auflösung von Rückstellungen für Steuern
vom Einkommen und Ertrag

Zu Nr. 19 Sonstige Steuern
7650 Sonstige Steuern
7680 Grundsteuer
7685 Kfz-Steuer
7690 Steuernachzahlungen Vorjahre für sonstige Steuern
7692 Steuererstattungen Vorjahre für sonstige Steuern
7694 Erträge aus der Auflösung von Rückstellungen für sonstige Steuern
8000 Eröffnungsbilanzkonto
8001 Schlussbilanzkonto
8002 Gewinn- und Verlustkonto

Abbildungen und Tabellen

Abkürzungen

AB	Anfangsbestand
AG	Aktiengesellschaft
AK	Anschaffungskosten
AktG	Aktiengesetz
AO	Abgabenordnung
ARAP	Aktiver Rechnungsabgrenzungsposten
Aufl.	Auflage
BFH	Bundesfinanzhof
BGA	Betriebs- und Geschäftsausstattung
BGB	Bürgerliches Gesetzbuch
BGH	Bundesgerichtshof
BMF	Bundesministerium der Finanzen
BStBl.	Bundessteuerblatt
DATEV	Datenverarbeitungsorganisation des steuerberatenden Berufes in der BRD e. G.
d. h.	das heißt
e. K.	eingetragene/r Kaufmann (Kauffrau)
EB	Endbestand
EBIT	Earnings Before Interest and Taxes
EBK	Eröffnungsbilanzkonto
EStG	Einkommensteuergesetz
EStR	Einkommensteuerrichtlinien
EStR	Einkommensteuer-Richtlinien
EUSt	Einfuhrumsatzsteuer
f.	folgende (eine)
ff.	folgende (mehrere)
Fifo	First in first out
FLL	Forderungen aus Lieferungen und Leistungen
GAAP	Generally Accepted Accounting Principles
GewSt	Gewerbesteuer
GKV	Gesamtkostenverfahren
GmbH	Gesellschaft mit beschränkter Haftung
GoB	Grundsätze ordnungsmäßiger Buchführung
GrESt	Grunderwerbsteuer
GuV	Gewinn- und Verlustrechnung
GWG	Geringwertige Wirtschaftsgüter
HGB	Handelsgesetzbuch
Hifo	Highest in first out

HÜ	Hauptabschlussübersicht
i. d. R	in der Regel
i. S. d.	im Sinne der (s)
i. V. m.	in Verbindung mit
IAS	International Accounting Standard(s)
IFRS	International Financial Reporting Standard(s)
ig	innergemeinschaftlich
Kfz	Kraftfahrzeug
KG	Kommanditgesellschaft
KGaA	Kommanditgesellschaft auf Aktien
KiSt	Kirchensteuer
KStG	Körperschaftsteuergesetz
Lifo	Last in first out
Lkw	Lastkraftwagen
Lofo	Lowest in first out
OHG	Offene Handelsgesellschaft
Pkw	Personenkraftwagen
PWB	Pauschalwertberichtigung
RAP	Rechnungsabgrenzungsposten
RHB	Roh-, Hilfs- und Betriebsstoffe
S.	Seite
SBK	Schlussbilanzkonto
SolZ	Solidaritätszuschlag
StB	Steuerbilanz
u. a.	und andere (s)
UKV	Umsatzkostenverfahren
US-GAAP	United States-Generally Accepted Accounting Principles
USt	Umsatzsteuer
UStG	Umsatzsteuergesetz
USt-Id-Nr	Umsatzsteuer-Identifikationsnummer
v. H.	vom Hundert
VermBG	Vermögensbildungsgesetz
VLL	Verbindlichkeiten aus Lieferungen und Leistungen
ZM	Zusammenfassende Meldung

Literatur

ADLER, H./DÜRING, W./SCHMALTZ, K. [1995]: Rechnungslegung und Prüfung der Unternehmen, 6. Aufl. in mehreren Teilbänden, bearb. von K.-H. Forster/R. Goerdeler/I. Lanfermann/H.-P. Müller/G. Siepe/K. Stolberg, Teilband 1 bis 6, Stuttgart.

BÄHR, G./FISCHER-WINKELMANN, W. F. [2003]: Buchführung und Jahresabschluss, 8. Aufl., Wiesbaden.

BORNHOFEN, M. [2003]: Buchführung 2, 14. Aufl., Wiesbaden.

COENENBERG, A. G. [2003]: Jahresabschluss und Jahresabschlussanalyse, 19. Aufl., Stuttgart.

COENENBERG, A. G./HALLER, A./MATTNER, G./SCHULTZE, W. [2007]: Einführung in das Rechnungswesen, 2. Aufl., Stuttgart.

EISELE, W. [2002]: Technik des betrieblichen Rechnungswesens, Buchführung und Bilanzierung, Kosten- und Leistungsrechnung, Sonderbilanzen, 7. Aufl., München.

FALTERBAUM, H./BOLK, W./REISS, W. [2002]: Buchführung und Bilanz, 19. Aufl., Achim.

HEINHOLD, M. [2003]: Buchführung in Fallbeispielen, 9. Aufl., Stuttgart.

WEYGANDT, J. J./KIESO, D. E./KIMMEL, P. D. [2002]: Accounting Principles, 6th edition, New York u. a.

WÖHE, G./KUSSMAUL, H. [2002]: Grundzüge der Buchführung und Bilanztechnik, München.

Index

Weiterlesen bei UTB